U0873983

S R

Statistics Series with R

基于R应用的统计学丛书

贝叶斯数据分析

基于R与Python的实现 第2版

BAYES DATA ANALYSIS WITH R AND PYTHON

吴喜之 张 敏 编著

中国人民大学出版社
· 北京 ·

前 言

贝叶斯统计是和基于频率的传统统计 (频率派统计) 不同的一套关于统计推断或决策的理论、方法与实践. 传统统计由于其概率是用频率定义的, 因此有其天生的弱点和缺陷, 许多推断问题无法得到明确的结论. 贝叶斯统计的思维方式与传统统计不同, 成为与传统统计平行的决策体系. 在不同的数据分析问题中, 这两种决策体系各有优劣. 但关于这两种体系在哲学意义上优劣的争论则从来也没有停止过. 当然, 实际工作者们则不会在意这些争论, 而是选择最能够达到他们目标的方法, 无论是传统统计方法、贝叶斯方法还是机器学习方法.

贝叶斯思维在统计建模和数据分析方面具有许多优点. 它提供了一种根据最近的知识更新信仰的机器学习过程. 例如, 它提供比经典统计更具有概率意义的推断, 它还可以使用现代抽样方法评估嵌套模型和非嵌套模型 (区别传统方法) 的概率, 它也很容易拟合使用经典方法很难应付的复杂随机效应模型.

在前计算机时代, 贝叶斯统计的发展曾经被计算资源的有限性拖累, 现在这个问题已经不存在了. 目前贝叶斯建模急剧增长的两个主要原因是: (1) 计算贝叶斯后验分析所需的各种积分算法的持续发展; (2) 现代计算速度的不断加快. 现在人们完全可以使用贝叶斯模型来拟合传统统计方法无法应付的非常复杂的模型.

和传统频率派数理统计类似, 纯粹贝叶斯派的统计属于模型驱动的范畴, 这两种统计与数据驱动或问题驱动的现代数据科学理念有不小的差距. 然而, 贝叶斯统计的某些思维模式对于数据科学的机器学习方法有很大的启发. 除了数据科学常用的朴素贝叶斯分类和贝叶斯网络之外, 在神经网络和深度学习等完全是数据驱动的实践中, 到处都可以看到贝叶斯的影子. 当然, 这些可能不被纯粹的贝叶斯派公开认可, 但的确是受到贝叶斯统计思维的影响. 长期以来, 在英文中, 纯粹贝叶斯派方法一般用“Bayesian”作为形容词, 而那些有些“离经叛道”的方法通常用“Bayes”作为形容词. 现在这两者的区别已经不那么绝对. 任何数学体系面对广大的应用环境, 不可能也没有必要为保持其“纯洁性”而止步不前.

除了介绍贝叶斯统计的基本概念之外, 本书还介绍了不同贝叶斯模型的数学背景、与贝叶斯模型对应的各种计算方法, 并基于数据例子来介绍如何通过各种软件实现数据分析. **本书希望对贝叶斯统计感兴趣的广大群体能够获得强有力的计算能力, 以发挥他们无穷的想象力和创造力.**

除了 R 和 Python 之外, 本书基本上平行地使用两个贝叶斯编程的专用软件: 以 R 为平台的 Stan 和以 Python 为平台的 PyMC, 它们都是人们喜爱的最新的基于 MCMC 和 C++ 编译器的贝叶斯编程软件. 之所以平行使用不同软件, 是因为它们各有优缺点, 适用于有不同编程习惯的人. 当然, 不同软件的使用环境不同, 两个软件的应用不可能也没有必要做到百分之百重合, 相信读者能够通过实践掌握它们 (至少其中之一).

本书的读者对象既包括希望了解贝叶斯统计数学概念的读者, 也包括那些希望利用贝叶斯模型来做实际数据分析的读者. 本书的计算是由编程软件实现的, 我们希望有更多的人通过这本书学会利用编程软件与数据建模.

本书的排版是由笔者使用 LaTeX 实现的, 一切错误由笔者负责.

吴喜之　中国人民大学

张　敏[1] 重庆工商大学

[1]获得国家社科基金青年项目的资助 (23CTJ010); 参与国家社会科学基金重大项目 (21&ZD153).

目 录

第一部分 基础篇 1

第 1 章 引 言

1.1 贝叶斯统计和传统统计 2

1.1.1 让脑筋动起来 2

1.1.2 传统数理统计回顾 2

1.1.3 贝叶斯方法是基于贝叶斯定理发展起来的用于系统地阐述和解决统计问题的方法 4

1.2 贝叶斯编程计算的意义 4

1.3 本书的构成和内容安排 4

1.4 习 题 5

第 2 章 基本概念

2.1 概率的规则及贝叶斯定理 6

2.1.1 概率的规则 6

2.1.2 概率规则的合理性、贝叶斯定理、优势比、后验分布 7

2.1.3 贝叶斯和经典统计基本概念的一些比较 9

2.2 决策的基本概念 13

2.3 贝叶斯统计的基本概念 14

2.3.1 贝叶斯定理 14

2.3.2 似然函数 16

2.3.3 后验分布包含的信息 16

2.3.4 几个简单例子 18

2.3.5 先验分布的形式 21

2.4 共轭先验分布族 24

2.4.1 常用分布及其参数的共轭先验分布 * 24

2.4.2 指数先验分布族的一些结果 * 33

2.5 可能性和最大似然原理 35

2.6 习 题 35

第二部分 几个常用初等贝叶斯模型 37

第 3 章 比例的推断: Bernoulli 试验

3.1 采用简单共轭先验分布 38

3.1.1 例 3.1 的关于 θ 的后验分布及其最高密度区域 39

3.1.2 例 3.1 的关于 θ 的最高密度区域的 R 代码计算 39

3.1.3 例 3.1 的关于 θ 的最高密度区域的 Python 代码计算 40

3.2 稍微复杂的共轭先验分布 41

3.2.1 模型 (3.2.1)～(3.2.3) 拟合例 3.2 数据直接按公式计算的 R 代码 42

3.2.2 模型 (3.2.1)～(3.2.3) 拟合例 3.2 数据直接按公式计算的 Python 代码 45

3.3 习 题 48

第 4 章 发生率的推断: Poisson 模型

4.1 Poisson 模型和例子 49

4.2 对例 4.1 的分析和计算 50

4.2.1 通过 R 代码利用公式分析例 4.1 50

4.2.2 例 4.1 最高密度区域的 Python 代码 52

4.3 习 题 53

第 5 章 正态总体的情况

5.1 正态分布模型 54

5.2 均值未知而精度已知的情况 55

5.2.1 利用公式 (5.2.1)、(5.2.2) 拟合例 5.1 的数据 (R) 55

5.2.2 利用公式 (5.2.1)、(5.2.2) 拟合例 5.1 数据的后验最高密度区域 (Python) 57

5.3 两个参数皆为未知的情况 58

5.3.1 使用公式 (5.3.1)、(5.3.2) 对例 5.1 的分析 (R) 58

5.3.2 使用公式 (5.3.1)、(5.3.2) 对例 5.1 的分析 (Python) 59

5.4 习 题 61

第三部分 算法、概率编程及贝叶斯专门软件 63

第 6 章 贝叶斯推断中的一些算法

6.1 概 述 64
6.2 最大后验概率法 65
6.3 拉普拉斯近似 65
6.4 马尔可夫链蒙特卡罗方法 66
6.4.1 蒙特卡罗积分 67
6.4.2 马尔可夫链 67
6.4.3 MCMC 方法综述 69
6.4.4 Metropolis 算法 69
6.4.5 Metropolis-Hastings 算法 71
6.4.6 Gibbs 抽样 73
6.4.7 Hamiltonian 蒙特卡罗方法 74
6.5 EM 算法 78
6.6 变分贝叶斯近似 80

第 7 章 概率编程/贝叶斯编程

7.1 引 言 82
7.2 概率编程概述 83
7.2.1 概率编程要点 83
7.2.2 先验分布的选择——从概率编程的角度 84
7.3 贝叶斯计算专用软件 85
7.4 R/Stan 86
7.4.1 概述 86
7.4.2 安装 86
7.4.3 对例 7.1 的数据运行 Stan 87
7.5 Python/PyMC 91
7.5.1 概述 91
7.5.2 安装 92
7.5.3 对例 7.1 的数据运行 PyMC 92
7.6 通过一个著名例子进一步熟悉 R/Stan 和 Python/PyMC 95
7.6.1 模型 (7.6.1)∼(7.6.4) 的 Stan 代码 97
7.6.2 模型 (7.6.1)∼(7.6.4) 的 PyMC 代码 104
7.7 R 中基于 Stan 的两个程序包 107
7.7.1 R/Stan/rstanarm 程序包 107
7.7.2 R/Stan/brms 程序包 110
7.8 Python 中的 BayesPy 模块简介 112
7.9 习 题 114

第 8 章 在常用模型中使用 R/Stan 和 Python/PyMC 的例子

8.1 热身: 一些简单例子 116
8.1.1 抛硬币: 二项分布 116
8.1.2 正态分布例子 119
8.1.3 简单回归例子 121
8.1.4 简单 logistic 回归例子 124
8.2 第 3 章例子的贝叶斯编程计算 Bernoulli/二项分布模型参数的后验分布 129
8.2.1 模型 (8.2.1)∼(8.2.3) 的 Stan 代码 129
8.2.2 模型 (8.2.1)∼(8.2.3) 的 PyMC 代码 131
8.3 第 4 章例子的贝叶斯编程计算 Poisson 模型参数的后验分布 132
8.3.1 模型 (4.1.1) 和 (4.1.2) 的 Stan 代码 132
8.3.2 模型 (4.1.1) 和 (4.1.2) 的 PyMC 代码 134
8.4 第 5 章例子的贝叶斯编程计算后验分布的正态分布例子 134
8.4.1 模型 (8.4.1)∼(8.4.3) 的 Stan 代码 135
8.4.2 模型 (8.4.1)∼(8.4.3) 的 PyMC 代码 138
8.5 习 题 138

第四部分 更多的贝叶斯模型 141

第 9 章 贝叶斯广义线性模型

9.1 指数分布族和广义线性模型 142
9.1.1 指数分布族的正则形式 142
9.1.2 广义线性模型和连接函数 143
9.2 线性回归 145
9.2.1 模型 (9.2.1)∼(9.2.6) 的 Stan 代码 146
9.2.2 模型 (9.2.1)∼(9.2.6) 的 PyMC 代码 148
9.3 二水平变量问题: logistic 回归 150
9.3.1 模型 (9.3.2)∼(9.3.4) 的 Stan 代码 151
9.3.2 模型 (9.3.2)∼(9.3.4) 的 PyMC 代码 153
9.4 分层线性回归: 多水平模型 154
9.4.1 模型 (9.4.3)∼(9.4.6) 的 Stan 代码 156
9.4.2 模型 (9.4.3)∼(9.4.6) 的 PyMC 代码 158

9.5 分层 logistic 回归 · · · · · · · · · · · 160
9.5.1 模型 (9.5.2)～(9.5.5) 的 Stan 代码 161
9.5.2 模型 (9.5.2)～(9.5.5) 的 PyMC 代码 · 163
9.6 习 题 · · · · · · · · · · · · · · · · · · · 164

第 10 章 生存分析

10.1 生存分析的基本概念 · · · · · · · · 166
10.1.1 本章的例子 · · · · · · · · · · · · · · 167
10.1.2 Cox PH 模型 · · · · · · · · · · · · · 169
10.1.3 参数 PH 模型 · · · · · · · · · · · · · 169
10.1.4 加速失效时间模型 · · · · · · · · · 170
10.2 数值计算例子 · · · · · · · · · · · · · 173
10.2.1 Cox PH 模型 * · · · · · · · · · · · · 173
10.2.2 AFT-Weibull 模型 · · · · · · · · · · 175
10.2.3 AFT-log-logistic 模型 · · · · · · · · 180
10.2.4 Weibull 模型 · · · · · · · · · · · · · 185
10.3 习 题 · · · · · · · · · · · · · · · · · · · 189

第 11 章 朴素贝叶斯

11.1 基本概念 · · · · · · · · · · · · · · · · · 191
11.1.1 类条件独立性假定 · · · · · · · · · 191
11.1.2 朴素贝叶斯分类器类型 · · · · · 191
11.2 朴素贝叶斯方法分类数值例子 192
11.3 本章的 Python 代码 · · · · · · · · · 193
11.4 习 题 · · · · · · · · · · · · · · · · · · · 194

第 12 章 贝叶斯网络

12.1 概 述 · · · · · · · · · · · · · · · · · · · 196
12.1.1 基本概念 · · · · · · · · · · · · · · · 196
12.1.2 贝叶斯网络的难点及优缺点 · · 197
12.1.3 贝叶斯网络的一个简单例子 · · 197
12.2 学习贝叶斯网络 · · · · · · · · · · · · 202
12.2.1 贝叶斯网络中的条件独立性 · · 202
12.2.2 网络学习算法的种类 · · · · · · · 203
12.2.3 几种可能面对的问题 · · · · · · · 204
12.3 贝叶斯网络的数值例子及计算 207
12.3.1 全部变量是离散变量的情况 · · 208
12.3.2 全部变量是连续变量的情况 · · 212
12.3.3 连续和离散变量混合的情况 · · 214

第 13 章 隐马尔可夫模型 *

13.1 概 述 · · · · · · · · · · · · · · · · · · · 216
13.2 HMM 的三个主要问题 · · · · · · 217
13.2.1 评估问题 · · · · · · · · · · · · · · · 218
13.2.2 解码问题 · · · · · · · · · · · · · · · 218
13.2.3 学习问题 · · · · · · · · · · · · · · · 220
13.3 HMM 的数值例子和计算 · · · · 221
13.3.1 数值例子 · · · · · · · · · · · · · · · 221
13.3.2 使用 HMM 方法于例 13.1 的 R 代码 · 222
13.3.3 使用 HMM 方法于例 13.1 的 Python 代码 · · · · · · · · · · · · · · · · · · 226

第 14 章 贝叶斯深度学习简介

14.1 神经网络概述 · · · · · · · · · · · · · 230
14.1.1 神经网络的结构 · · · · · · · · · · 230
14.1.2 神经网络的训练 · · · · · · · · · · 232
14.2 深度神经网络的局限性和贝叶斯思维 · 233
14.3 贝叶斯神经网络 · · · · · · · · · · · · 234
14.3.1 概述 · · · · · · · · · · · · · · · · · · · 234
14.3.2 抽样方法 · · · · · · · · · · · · · · · 236
14.3.3 变分推断 · · · · · · · · · · · · · · · 237
14.3.4 梯度最优化 · · · · · · · · · · · · · · 237
14.4 贝叶斯深度神经网络 PyTorch 实现 · 239
14.4.1 PyTorch 和传统神经网络 · · · · 239
14.4.2 贝叶斯深度神经网络及例子 · · 242

第 15 章 强化学习中的贝叶斯元素

15.1 强化学习简介 · · · · · · · · · · · · · 247
15.1.1 强化学习的要素 · · · · · · · · · · 247
15.1.2 动态规划和 Bellman 方程 · · · · 248
15.2 在强化学习中的贝叶斯范式 · · 249
15.2.1 多臂老虎机例子 · · · · · · · · · · 249
15.2.2 迷宫的 Q 学习例子 · · · · · · · · 255

参考文献 261

第一部分

基础篇

第 1 章 引 言

1.1 贝叶斯统计和传统统计

1.1.1 让脑筋动起来

首先让我们看下面图 1.1.1 (Depaoli & Schoot, 2015), 它描述了 2000 年至 2013 年期间标题或摘要中含有“贝叶斯估计”的已发表论文数量.

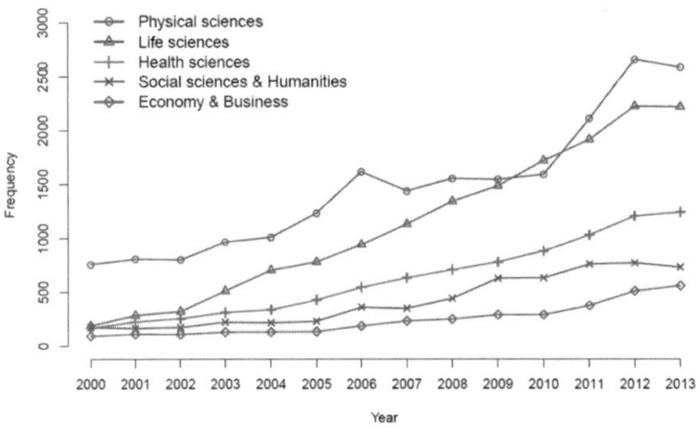

图 1.1.1 标题或摘要中含有“贝叶斯估计”的已发表论文数量

图 1.1.1 自然让人们好奇甚至深思, 实际上, 人们头脑中还会有很多问题, 比如: 我们所学的统计是“频率派”统计还是“贝叶斯派”统计呢? 我们是否知道这两种统计的逻辑基础、理念和结论的区别呢? 到底应该采用哪一种统计作为我们分析数据的基础呢?

读完本书, 读者就会对上述问题有更清楚的认识. 当然, 人们印象最深的关于这两种统计的区别就是: **频率派认为参数是一个固定值, 没有概率; 贝叶斯派认为参数是一个随机变量 (无精确值).**

1.1.2 传统数理统计回顾

虽然频率派统计并不比贝叶斯统计出现得早, 但因为其最终成为主导的统计领域, 因此称为**传统统计**或**经典统计**.

回顾传统的数理统计基本教材, 人们很容易发现以下两点:

1. **数理统计重点关注的是假定分布的参数而非分布本身**

数理统计基本上关注的是假定总体分布的某些参数——特别是均值——的大小.[1] 传统数理统计的主要推断是基于样本矩 (诸如样本均值、样本方差等) 的函数, 产生样本的总体通常假定有正态分布, 以使得样本矩的这些函数或者有正态分布或者有由正态分布导出的

[1] 数理统计过分关注均值, 并以均值作为分布的主要信息是荒唐的.

诸如 t 分布、卡方分布、F 分布等渐近分布.[2] 通过这些分布可导出对一个参数值大小的显著性推断, 这些推断包括显著性检验及等价的置信区间.

传统统计把假定的总体及参数看成不变的固定值, 所有关于参数的结论都是非黑即白的选项式结论.

2. 显著性检验的实质

传统数理统计离不开基于显著性的假设检验 (区间估计仅仅是假设检验的延伸). 但是, 任何假设都不是模型. 许多模型可能对应于一个假设, 也可能许多假设对应于一个模型. 表明一个 (零) 假设可以拒绝本身往往来源于错误的逻辑. 下面以对均值 μ 的 t 检验为例来剖析假设检验的逻辑和决策过程, 该过程描述在图 1.1.2 中.

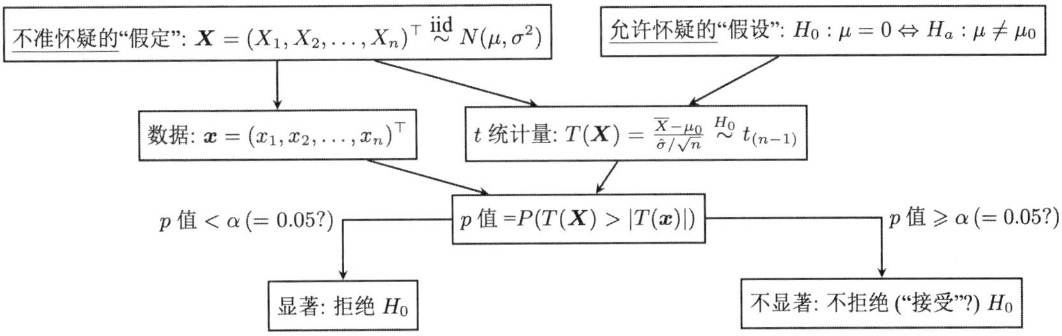

图 1.1.2 t 检验的逻辑过程

相信学过"数理统计"课的人对图 1.1.2 的过程会很熟悉. 但是, 人们可能会对该过程有下面的疑问:

(1) 得到结论的逻辑基础是观测值为独立同正态分布 (或者大样本情况下的渐近正态分布) 的"假定"和"零假设"H_0, 但是在出现矛盾 ("小概率事件") 时, **为什么不允许怀疑假定, 只允许怀疑零假设**?

(2) 最终的二元决策是被一个主观确定的显著性水平 α 决定的, 通常教科书都取 $\alpha=0.05$. **如此由统计学家确定的显著性水平 α (定义了小概率) 是数学? 是科学? 还是赌博?** 比如, 100 个亲子鉴定有 5 个鉴定错了, 是小概率事件吗?

(3) 只存在于少数国内数理统计教材中的**不能拒绝零假设就"接受零假设"**的毫无逻辑的说法早已被国际统计界抛弃.

问题与思考

在数学中, "假定" 是不容怀疑的, 因此, 数理统计把想要质疑的论断命名为 "假设", "假设" 是可以怀疑的. 如果只讨论各种假定条件下的数学, 这没有什么大问题. 但对现实世界做不容怀疑的 "假定" 则是荒唐的.

显著性检验的过程仅产生了掺杂了主观意志的逻辑混乱的二元结论, 谁也说不清结论中有多少成分出自假定, 有多少来自数据.

贝叶斯统计当然也使用分布的数学假定, 但所有的结果都用概率作为唯一的度量来描述, 实际工作者则根据概率来做决策. 贝叶斯统计没有 p 值和显著性这样逻辑混乱的 "统计思维".

---

[2] 如果总体分布未知, 则通过中心极限定理, 假定大样本, 以得到样本均值的渐近正态性.

2019 年 3 月 20 日的《自然》杂志报道, "**科学家们起来反对统计显著性.** Amrhein, Greenland, McShane 以及 800 多名签署者呼吁**终止骗人的结论并消除可能至关重要的影响**"[3]. 同一天的《美国统计学家》也以"抛弃统计显著性"为名发表文章.[4] 请学过数理统计课程的读者回忆一下, **如果没有均值 (以 "$\sum$" 符号代表), 没有 p 值, 没有统计显著性, 数理统计教科书还剩下什么呢?**

1.1.3 贝叶斯方法是基于贝叶斯定理发展起来的用于系统地阐述和解决统计问题的方法

和其他方法不同, 在观测数据**之前**, 贝叶斯统计学家在可能的模型中以概率的术语考虑了相信的程度. 在观测到数据**之后**, 贝叶斯定理允许我们考虑一套新的概率, 它代表了重新估价的关于模型的相信程度, 并计入了由数据得到的新的信息.

所用的术语为: 最初的概率称为**先验的**, 重新估价的称为**后验的.** 显然, 这些概念涉及一组特别的数据. 今天用的概率相对于昨天为**后验的**, 而相对于明天的数据为**先验的.**

贝叶斯方法在估计精度方面也可以改进经典的估计. 出现这种情况的原因是先验分布带来了基于积累的知识的额外信息或数据, 因此, 基于综合信息来源 (先验和似然性) 的后验估计具有更高的精度.

1.2 贝叶斯编程计算的意义

本书的宗旨并不是仅仅介绍一些贝叶斯的基本概念及在其发展的百年历史中的一些理论结果. 实际上, 贝叶斯统计的理论相对比较简单, 而最困难的是在寻求后验分布过程中所遇到的积分困难. 目前, 通过纸和笔去计算积分解析表达式的尝试基本上已经走到了尽头. 幸运的是, 我们遇上了计算机时代, 概率编程/贝叶斯编程计算使得贝叶斯统计有了强劲的发展势头. 这一点怎么强调都不过分.

个别习惯于用纸和笔来解决贝叶斯后验分布问题的数学家可能对在计算机上做贝叶斯编程有些不习惯. 但是, 想想看, 对于研究纯粹数学的人来说, 还有什么是难学的呢? 考虑到很多"码农"是中专生的事实, 对于数学家来说, 任何编程都是"小菜一碟", 不仅仅对青年数学家如此, 对中老年数学家也一样. **编程是一种思维方式, 不会编程将很可能如同文盲一般. 概率编程/贝叶斯编程能够使得原先仅依赖数学推导的贝叶斯群体如虎添翼, 在研究和实践中达到前所未有的高度.**

1.3 本书的构成和内容安排

贝叶斯推理提供了一个统一的框架, 可以在使用机器学习模型从数据中学习模式并将其用于预测未来观测结果时处理各种不确定性. 理解贝叶斯方法, 并将其付诸实践会使所有数据科学家和数据工程师都受益.

由于读者的背景不同, 各自关注的内容也不同. 本书将分成四部分.

(1) **第一部分为基础篇:** 包括贝叶斯统计的基本概念.

(2) **第二部分为几个常用初等贝叶斯模型:** 涵盖了贝叶斯统计的初等推断, 这些是更复杂的

[3]https://www.nature.com/articles/d41586-019-00857-9.

[4]https://www.tandfonline.com/doi/full/10.1080/00031305.2018.1527253.

贝叶斯模型的基础.

(3) **第三部分为算法、概率编程及贝叶斯专门软件:** 首先介绍了概率编程/贝叶斯编程所基于的各种算法. 然后介绍了与贝叶斯计算有关的软件 Stan 和 PyMC, 并通过各种简单例子让读者熟悉这两种编程语言. 此外, 还通过数据例子介绍了一些其他软件.

(4) **第四部分为更多的贝叶斯模型:** 给出更广泛的贝叶斯模型, 包括贝叶斯深度学习及强化学习中的贝叶斯范式, 这些都是为了起到抛砖引玉的作用, 因为所有的示范模型都有很多改进和扩展余地. 我们的目标不是告诉读者存在什么现成模型, 而是启发读者做更先进、更优秀的工作.

教学建议

本书的内容应该根据读者的具体情况而定, 比如, 对于 R 或 Python 熟悉的可以跳过相关部分; 对于贝叶斯统计基本概念熟悉的, 也可以直接转到计算部分; 对于算法已经知晓或者不感兴趣 (但承认其有效性) 的可以不看算法直接体验编程; 读者如果觉得一种编程语言 (无论是 Stan 还是 PyMC) 足够了, 也可以只使用一种. 这些内容不是相互分割的, 而是有机地结合在一起的. 读者不必过分关注数学细节, 提高处理数据的动手能力是本书的基本宗旨. 有很多内容仅仅是作为需要时的参考之用.

Python 软件说明. 由于有几个 Python 程序包是几乎每次都要用的, 我们假定使用者都已经运行了下面载入程序包的代码:

```
import numpy as np
import pandas as pd
import seaborn as sns
import matplotlib.pyplot as plt
import pymc as pm
import arviz as az
```

1.4 习 题

1. 回顾数理统计教材的全部内容, 如果没有诸如样本均值、样本矩或者它们的函数作为统计量, 数理统计教材还剩下什么内容?
2. 在数理统计教材中, 如果没有 p 值及显著性检验或与之相关的置信区间, 数理统计教材的目标还剩下多少?
3. 数理统计教材中所关注的是一些参数的值, 特别是均值和方差. 这些单独的并假定是固定的参数值能够以多大程度描述假定的总体分布? 以收入分布为例.
4. 贝叶斯统计工作者很多都是数学家. 举例说明计算机编程能够帮助数学家的例子.
5. 计算机编程是一种思维方式, 你有没有这方面的体会? 举例说明.
6. 你是如何学习的? 是按部就班一本书接一本书地学习, 还是根据需要"拉动式学习"? 你对此有什么体会和看法?
7. 你能够体会到"自学比课堂教学更有收获"这种理念吗?

第 2 章　基本概念

2.1　概率的规则及贝叶斯定理

2.1.1 概率的规则

关于某事件发生的**概率**在经典统计中是用频率来定义的. 以掷骰子为例, 假定目标是希望描述掷某个骰子得到偶数点的概率. 这相当于一个只有两种结果的试验: 每次试验要么得到偶数点, 要么得到奇数点. 如果重复这个试验, 也就是不断地掷骰子, 那么人们可以用大量试验得到偶数点的频率来定义相应的概率, 当然这些试验必须是独立的, 而掷骰子的方式应该是同等的 (同样的手法, 同一个骰子). 也就是说概率

$$p(\text{得到偶数点}) = \frac{\text{得到偶数点的次数}}{\text{总试验次数}}.$$

这种用事件出现的相对频数 (频率) 来定义概率是所谓**频率派** (frequentist) 的思路. 一般来说, 事件 A 发生的概率 $p(A)$ 定义为事件 A 在等可能的 N 次独立试验中出现的次数 $\#(A)$ 与 N 之比 (即 A 出现的频率):

$$p(A) = \frac{\#(A)}{N}.$$

但是, 对于某些问题, 频率派关于概率的定义就完全不起作用, 下面是几个简单的例子:

- 刘阿姨的女儿今年考上大学的概率是多少?
- 中国足球队下一次进入世界杯决赛的概率是多少?
- 下一次重大国际危机发生在亚洲的概率是多少?

对于这类问题, 人们只能用自己的**相信程度** (degree of believe) 作为概率. 当然, 这些相信程度也会有些依据, 但绝不是能够用大量重复试验所得到的频率来描述的. 这种概率称为**主观概率** (subjective probability). 传统的频率派无法应付这一类主观概率, 而贝叶斯统计对这两种概率都可以很自然地处理.

贝叶斯统计**基于你所具有的知识, 用概率来度量你对一个不确定事件的真实度的相信程度**. 如果 H 是一个事件, 或者一个假设, 而 K 是你在试验之前的知识, 则我们将 $p(H|K)$ 作为给定 K 后你的关于 H 的**概率**或对它的**信仰**. 如果试验之后产生了数据 D, 那么你将要修订你的概率为 $p(H|D\cap K)$. 这样的修订将包含在给定 H 正确和错误时你关于数据的不确定性. 注意, **对于纯粹的贝叶斯派来说, 所有的概率都是条件概率,** 因此不必非加"条件"二字不可.

概率论的正式规则有三条, 所有其他的性质都可从它们导出.

(1) **凸性.** 对任何事件 A 和 B, $0\leqslant p(A|B)\leqslant 1$ 及 $p(A|A)=1$.

(2) **可加性.** 对于互斥事件 A 和 B[1]及任意事件 C,

$$p(A \cup B|C) = p(A|C) + p(B|C).$$

(这个规则通常可扩展到互斥事件的一个可数的无穷集合[2].)

(3) **乘法.** 对于任意三个事件,

$$p(A \cap B|C) = p(B|C)p(A|B \cap C).$$

注意, 概率总是两个变元的函数, 一个是你对其不确定性感兴趣的事件 (如前面的 $\boldsymbol{H}$), 另一个是当你研究该不确定性时所具有的知识 $\boldsymbol{K}$ (该知识反映在前面的 $p(H|K)$ 中). 第二个变元常常被忘记, 因而忽略了已经知道的信息. 这可能导致严重的错误. 在根据数据 D 来修订 H 中的不确定性时, 仅有作为条件的事件改变了——从 K 变到 $D \cap K$, 而 H 不变.

2.1.2 概率规则的合理性、贝叶斯定理、优势比、后验分布

当我们说不确定性应该通过概率来描述时, 这意味着你的信念应该服从刚才陈述的运算规则. 注意, 由于 K 作为每一个条件事件的一部分, K 已经包含在基于先验知识的概率 $p(H) \equiv p(H|K)$ 之中, 所以任何以 H 为条件的概率都包含了 K 的信息[3]. 从这些规则可以证明**贝叶斯定理**:

$$p(H|D) = \frac{p(D|H)p(H)}{p(D)} = \frac{p(D|H)p(H)}{p(D|H)p(H) + p(D|H^C)p(H^C)}, \tag{2.1.1}$$

这里 H^C 是 H 的互补事件. 式 (2.1.1) 显示对事件 H 的信念 $p(H)$ 是如何通过新的数据信息 D 转换到更新的信念 $p(H|D)$ 的. 贝叶斯关于概率的思维能够用图 2.1.1 说明.

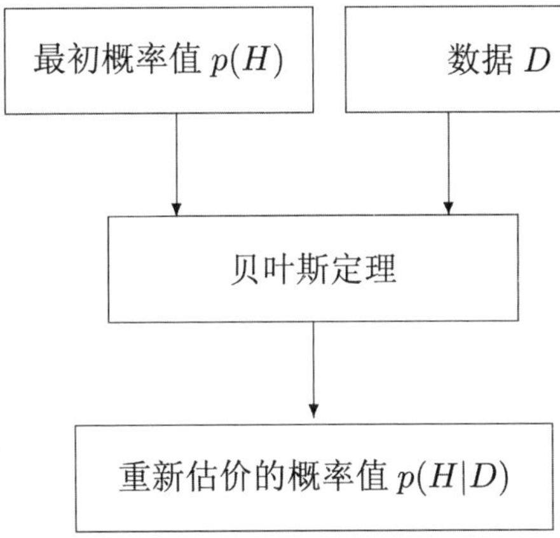

图 2.1.1 贝叶斯关于概率的思维

因为利用数据来改变对 H 的信念是一个统计学家最常规的任务, 贝叶斯定理扮演了一个重要的角色, 并且成为整个方法的名字.

读到这里, 读者会问自己这样的问题: 为什么不确定性或信念应服从上面提到的概率论的三个规则呢? 为什么用概率呢? 有几种不同的方法来回答这个问题, 而且有意思的是, 所

[1]如果 $A \cap B = \varnothing$, 则称 A 和 B 为互斥事件.

[2]如果 $A_i \cap A_j = \varnothing$, $\forall i \neq j$, 则 $p(\cup_i A_i|C) = \sum_i p(A_i|C)$.

[3]注: 我们完全可以在本书中从此把它在记号中省略.

有的都引导到概率, 这就支持了概率论的确是正确工具的观点. 我们来看三种具有不同特性的回答, 其他的回答是这三种的变体.

(1) **参照一个标准.** 度量是科学的基础, 因此也是不确定性的基础. 基本上任何度量都有其度量标准, 比如时间、距离等等. 对于不确定性上面的规则就确定了一个标准, 比如说, 对任意事件 A 和 B, 如果知道 B 为真时, 可定义概率 $p(A|B) = p$, 根据我们的规则可以得到其他结论, 比如根据可加性的 $p(A^C|B) = 1 - p(A|B)$ 或根据乘法规则的 $p(A \cap B) = p(A|B)p(B)$ 等. 关于乘法规则的例子为: 在一个罐中用 A 表示红球, 用 A^C 表示白球, 同时用 B 表示有斑点的, 用 B^C 表示没有斑点的; 有斑点的红球比例等于有斑点的球的比例乘上在有斑点的球中红色的比例.

　　概率之外的一种相关的说法为**优势** (odds). 给了 B 后, A 的优势定义为

$$\text{odds}(A|B) = p(A|B)/p(A^C|B).$$

贝叶斯结果用优势来陈述要更容易些, 因为

$$\begin{aligned}\text{odds}(H|D) \equiv \frac{p(H|D)}{p(H^C|D)} &= \frac{p(D|H)p(H)/p(D)}{p(D|H^C)p(H^C)/p(D)} = \frac{p(H)p(D|H)}{p(H^C)p(D|H^C)}\\ &= \text{odds}(H)\frac{p(D|H)}{p(D|H^C)}.\end{aligned} \tag{2.1.2}$$

定义**优比**或**优势比** (odds ratio, OR) 为

$$\text{OR} \equiv \frac{\text{odds}(H|D)}{\text{odds}(H)} \overset{(2.1.2)}{=} \frac{p(D|H)}{p(D|H^C)}, \tag{2.1.3}$$

这就是后面要讨论的**似然比**或者**贝叶斯因子**.

(2) **得分规则.** 假设, 你的知识在整个讨论中保持不变, 因此可以在记号中省略; 你被要求用一个数 x 来描述你对一个事件 A 的真伪的信念; 你还被告知如果 A 最终被发现是真时你得到一个二次惩罚得分 $(x-1)^2$, 否则得到 x^2, 如果这个任务将要用其他的事件来重复, 惩罚得分将累计起来, 你的目标是使得分尽可能小, 那么你将选择什么样的 x 值呢? 不难表明, x 的值应服从概率运算规则. 只要你提供的值符合概率规则, 它们是多少没有关系. 这最后一点贯穿整个贝叶斯方法: 你相信什么没有关系, 重要的是你的信念符合概率运算规则. 我们用"贝叶斯统计学家是始终如一的"来描述这一点.

　　反对意见可能会说如果用二次惩罚得分之外的什么得分, 可能会有不同的结果. 实际上, 除了一小批古怪的规则产生荒谬的结论之外, 每一个规则都将产生如优势那样的概率的函数. 因此, 概率再一次是仅有的解决途径.

(3) **决策分析.** 第三种方法比另外两种更雄心勃勃, 因为它不仅考虑对不确定性的理解, 而且涉及如何在面对不确定性时, 这种理解能够产生一个决策. 你对你的不确定世界的认识称为**推断**. 把你的推断用于行动则为**决策分析**. 虽然本书篇幅有限, 但还是能够展开下面的论述, 只是省略了一些技术细节. 假定存在关于事件 A 的不确定性, 需要在一定数量的行动或决策中做一选择. 那么, 你将如何行动? 什么原则应指导你的选择呢? 用于回答这个问题的方法就是考虑某些简单而又显而易见并能够合理得到的一些原则, 把它们用作数学体系的公理, 并在这个体系中证明定理. 作为这样一个公理的一个例子, 考虑**可靠行动原理** (sure-thing principle, STP): 在从两个决策 d_1 和 d_2 中做选择时, 无论事件 A 是否为真, 你都宁可选择 d_1 而不是 d_2 (因此, 从系统中去掉了不确定性), 因而当你对

A 不确定时, 你认为 d_1 比 d_2 好. 该公理系统已被研究过[4], 这个方法有以下三个结论或定理:

1) 正如前两个方法指出的, 不确定性应该用概率来描述.

2) 诸如选择 d_1 而且 A 为真这样结果的价值须用效用来描述, 而效用本身也基于概率.

3) 最优决策应使期望效用 (expected utility, EU) 最大, 该期望是按照 1) 中的概率计算的.

现在需要对效用说几句. 假定两个结果的效用分别为 0 (坏) 和 1 (好), 它们提供了效用的原点和尺度. 如果你确实对结果无偏见, 并以概率 u 和 $1-u$ 分别在坏的和好的结果之间赌博, 则得到一个中间的效用为 u 的结果. 这个价值的度量结合了概率, 而且这个形式产生了作为指导原则的期望效用. 不同的立场会产生不同的效用函数.

这些是三种不同的分析, 但都说明概率是研究不确定性的合适工具, 因此贝叶斯模式是把握统计问题的合理方式. 第三种提到的决策分析能够使概率的推断通过 EU 用于决策.

2.1.3 贝叶斯和经典统计基本概念的一些比较

目前的经典统计实践相当依赖概率论, 并且有正态、二项等基本分布, 因此可能有人认为采用贝叶斯立场不会产生什么改变. 下面要表明这种观点是不对的, 而且贝叶斯立场在许多重要的方面不同于目前流行的方向.

今天许多统计学家的思考所基于的模型是: 对参数 θ 的每一个值, 数据 x 都有一个通常用 $p(x|\theta)$ 来描述的概率分布. 需要从 x 的观测值来做出关于 θ 的推断. 这个模型出色地符合贝叶斯思想, 用概率表现出了数据的不确定性, 甚至还用了两个变元 x 和 θ. 但是在关于 θ, 也就是关于不确定性上, 传统统计和贝叶斯统计就不一致了. 按照我们的推理, 它应仍然有一个称为**先验概率**的概率密度, 比如记为 $p(\theta)$, 它代表了得到数据之前所具有的知识的细节. 这个特性在大多数统计方法中是没有的. 由此, 正如上面所解释的, 推断能够从**后验概率** $p(\theta|x)$ 来着手, 它描述给定数据 x 后 θ 的不确定性, 并且有计算关系

$$p(\theta|x) = p(x|\theta)p(\theta)/p(x) \propto p(x|\theta)p(\theta), \tag{2.1.4}$$

这里的比例常数能够由 $p(\theta|x)$ 关于 θ 的和 (或积分) 为 1 而得到. 显然, 式 (2.1.4) 是贝叶斯定理式 (2.1.1) 的另一种形式.

下面我们通过几个例子来比较贝叶斯方法和传统统计方法.

1. 置信区间问题

首先, 我们把贝叶斯解决办法与传统统计学家所拥有的最流行的方法之一的置信区间来做比较.

在经典统计中, 关于 θ 的 $1-\alpha$ 置信区间涉及 $p(x|\theta)$ 而不是 $p(\theta)$, 它是与**被看成固定的参数** θ 有关的依赖 x 的一个区间 $I(x)$, 具有下面意义:

> 经典统计对该置信区间的解释为"在取无穷多 (样本量相同) 的数据 x 后产生的无穷多个区间 $I(x)$ 中包含**固定参数** θ 的区间个数的比例". 目前这个数据 x 产生的 (非随机) 区间 $I(x)$ 到底包含不包含 (非随机) 参数 θ 则永远不知道. **该解释没有包含任何概率**. 仅仅在下面情况才涉及概率: 如果把 x (而不是 θ) 看成随机的, 则 $1-\alpha$ 置信区间可解释为"随机区间 $I(x)$ 覆盖**固定参数** θ 的概率为 $1-\alpha$".

[4] 贝叶斯统计思维涉及很多哲学及认识论问题. 感兴趣的读者可参见 Savage (1954), Blyth (1972), Jeffrey (1982), Samet (2008).

要注意的关键特征是，这些对所有 θ 有效的概率论述是关于区间的，而不是关于我们感兴趣的不确定随机变量 θ 的. 因此经典统计置信区间的概念违背了关于 θ 的不确定性应该被关于 θ 的概率来表示的要求. 这可以从两组数据 x 和 y 产生两个区间 $I(x)$ 和 $I(y)$ 的状况来看出. 一般地，在经典统计中，这两个区间不能按照概率运算规则来组合而产生利用两个数据集的置信区间 $I(x,y)$.

在与经典统计对照的贝叶斯方法中，再用一次贝叶斯定理产生了

$$p(\theta|x,y) \propto p(y|\theta)p(\theta|x),$$

这基于给定 θ 后 x 和 y 独立的通常假定. 在许多情况下，对于一组数据 x，贝叶斯运算给出了随机的 θ 包含于某区间的概率：

$$p(\theta \in I(x)|x) = 1-\alpha,$$

而且在两种方法之间形成了数值上的一致. 但一般来说不存在这种一致，即使可以这样做，为了达到一致所需要的 $p(\theta)$ 的形式也往往是不恰当的.

2. 通过概率解决多余参数、重复观测等问题

利用 $p(x|\theta)$ 的模型对应用来说几乎太简单了. 很少有关于数据的概率结构仅仅包含感兴趣的参数 θ，通常需要把多余参数 ϕ 包含进去，把 $p(x|\theta,\phi)$ 用于模型. 这立即对所有流派的统计学家提出了一个问题：如何为了对感兴趣的参数进行推断而消除多余参数？这对于似然学派来说尤其难以解答. 该学派是基于对 $p(x|\theta,\phi)$ 的推断的，对于固定的观测值 x，它被看作 θ 和 ϕ 的函数，还引进了诸如轮廓似然和边缘似然等各种形式以试图解决这个问题. 贝叶斯模式对此不存在困难，因为 $p(\theta,\phi|x)$ 是从贝叶斯模式得到的，而 θ 的边缘密度能通过联合密度以通常的方式按照概率运算的加法规则对 ϕ 积分而得到.

前面的处理方法说明了用概率来描述不确定性的实力，这是因为它为统计推断提供了一个普遍模式. 这里并不需要发明什么方法以除去多余参数，它已经存在于概率论的运算之中. 该普遍模式按下面方式进行. 什么是我们感兴趣的不确定量？比如 θ. 我们知道什么？数据 x 加上在 x 之前了解的背景知识. 该模式要求你确定这些量的概率，并基于你已经了解的信息来计算你感兴趣的量的概率 $p(\theta|x)$. 如何实现这一点？利用概率运算. 利用基本上是乘法规则的贝叶斯定理来处理多余参数，得到所有参数的联合分布，然后用加法规则来移去多余参数. 非贝叶斯方法不存在这样的普遍推断性模式，它们必须借助诸如置信、轮廓似然和尾部面积显著性水平等一些特定的方法. 我们需要注意到另一个决策模式. 如果 $u(d,\theta)$ 是参数取 θ 值时决策 d 的效用，按照该模式，最优决策是使

$$\int u(d,\theta)p(\theta|x)\mathrm{d}\theta$$

最大的决策. 重要的是注意到贝叶斯模式推断 $p(\theta|x)$ 刚好是所要求的，仅需要一个效用函数并如移去 ϕ 那样用积分移去 θ. 传统统计关于置信的论述或显著性水平如何能用于决策是不清楚的.

正如已经解释过的，贝叶斯理论对概率的解释是一个相信程度，因此 $p(x|\theta)$ 就是在参数有值 θ 时，你对数据有 x 的信念，而通过 $p(\theta)$ 又导致了在给定 x 后对 θ 的信念 $p(\theta|x)$. 这区别于通常的方法，那里概率是和频率相联系的，并不涉及主观个体. 这两个解释虽然完全不同，但还是存在联系，它来自经常采用的特殊形式的信念.

3. 关于重复

目前几乎所有统计文献都涉及存在重复因素的状况. 这是自然的, 因为重复是科学方法的基础, 一个科学家的结果能被另一个科学家重复是至关重要的. 最简单的重复形式是在来自一个密度 $p(x_i|\theta)$ 的一个随机样本 $x_1, x_2, \ldots, x_n$ 的概念中遇到的, 给定 θ 时, $\{x_i\}$ 的值是独立同分布的. 当每个 x 取值 0 或 1 时, 频率的解释是最容易被理解的, 那时, 按照大数定律, $p(x=1|\theta)$ 是取值 1 的比例在 $n \to \infty$ 时的极限. 按照贝叶斯理论的看法, 你的关于这个序列的概率结构被认为有可交换性: 有了先验知识 K, 如果它的概率结构对于那些 x 的排列是不变的, 则一个序列对你来说是可交换的. 再举 0 和 1 的例子:

$$p(x_1=1, x_2=1, x_3=0|K) = p(x_1=0, x_2=1, x_3=1|K) = p(x_1=1, x_2=0, x_3=1|K).$$

如前面所注, 我们以后将把 K 从记号中省略. 一个无穷序列是可交换的, 如果其每一个子序列是可交换的. 下面的结果可应用于无穷的情况. 一个基本结果是, 一个可交换序列可写成

$$p(x_1, x_2, ..., x_n) = \int \prod_{i=1}^{n} p(x_i|\theta)p(\theta)\mathrm{d}\theta.$$

也就是说, 有一个代表 θ, 使得在给定 θ 后, 那些 x 为独立同分布, 而 θ 本身有一个分布, 可交换分布可由对 θ 积分而得. 考虑每个 x_i 取 0 或 1 的简单情况, 并记 $p(x_i=1|\theta)=\theta$. 则上面的积分为

$$\int \theta^r(1-\theta)^{n-r}p(\theta)\mathrm{d}\theta,$$

这里 r 为 x 等于 1 的数目. 这个结构是在二元数据的频率分析中采用的, 加上了贝叶斯形式的 θ 的分布, 因而提供了两种概率概念的联系. 重要的是把 $p(x_i=1|\theta)=\theta$ 和 $p(x_i=1)$ 区分开来. 后者是你对一个观测值为 1 而不是 0 的信念. 前者是你的同样的信念, 仅假定你知道了 θ. 大数定律表明 θ 是序列中 1 的比例的极限. 通常称 θ 为机会而不是概率, 这是因为它有一个频率解释而不是一个信念. 假若你知道 θ, 它将等于你的概率, 但是机会等于概率仅仅是例外. 在 $p(\theta)$ 中, 机会有了概率. 在一般的并不一定取两个值的 x 的情况下, 上面的代表并不确定 θ, 而通常的贝叶斯模型按照标准的实践为之限定一个方便的分布族. 于是 $p(x|\theta)$ 可能服从具有均值 μ 和方差 Σ^2 的正态分布, 这里 $\theta=(\mu, \Sigma^2)$, 对其再加上一个联合分布 $p(\mu, \Sigma^2)$.

4. 似然原理

除了 θ 的分布之外, 贝叶斯方法还有一个区别于其他统计方法的特征, 即关于 θ (或者 (θ, ϕ), 如果有多余参数的话) 的完全推断由 $p(\theta|x)$ 提供, 并且由

$$p(\theta|x) \propto p(x|\theta)p(\theta)$$

来计算. 在该运算中, θ 是在一定范围内变化的不确定量, 而 x 是固定的观测值. 对于固定的 x,$p(x|\theta)$ 作为 θ 的一个函数被称为**似然函数** (likelihood 或 likelihood function), 记为 $\ell(\theta|\boldsymbol{x})$. 似然比的概念出现得更早一些. 由此, 关于参数的推断及基于它的任何决策都仅仅通过似然来依赖数据或观测值. 这导致**似然原理**, 即两个具有同样似然的数据集在推断上有同样的结果, 这和目前经典统计的诸如尾部面积显著性检验等统计实践形成对照. 那些推断包含了在观测值之外的尾部分布的完全概率, 正如在计算 $p(X > x|\theta_0)$ 时那样, 这里 θ_0 为起初的零值, 而 x 为观测值. 这个计算包含了 x 的没被观测的值, 因而违反了似然原理. 例如, 如果对

所有的 θ, 有 $p(x_1|\theta) = p(x_2|\theta)$, 而 $p(X > x_1|\theta_0) \neq p(X > x_2|\theta_0)$, 贝叶斯学派将用 x_1 和 x_2 做出同样的推断, 而尾部面积检验的追随者将不会得出这种推断.

5. 后验概率 $p(\theta|x)$ 给出了对 θ 的完全推断

在上面的叙述中, 我们并未从贝叶斯模式中排除显著性检验, 而仅仅提及那些尾部面积的检验形式. 给定数据后, 由计算零值的概率 $p(\theta_0|x)$ 来进行检验. 一般来说, $p(\theta|x)$ 给出了对 θ 的完全推断, 因为它提供了在记录数据之后所拥有的所有信息. 如果需要一个点估计, 可以选择均值 $\int \theta p(\theta|x)\mathrm{d}\theta$, 或中位数. 对于一个特别的 θ_0, $p(\theta_0|x)$ 提供了一个评估. $\int u(d,\theta)p(\theta|x)\mathrm{d}\theta$ 对决策 d 提供了期望效用, 这是决策中需要的. 一般地, 最好的推断是没有人怀疑的, 所需要的仅仅是概率 $p(\theta|x)$.

6. 贝叶斯统计证据度量与经典统计比较之例

(1) **传统统计以 p 值作为证据的度量.** 我们知道 p 值是出现在几乎所有医学研究论文中的统计证据的量度. 因为它不是任何正式的统计推断系统的一部分, 解释它非常困难. 因此, p 值的推断意义普遍地被随意理解, 这是 70 年来无数文献指出的一个事实. 针对这一点, Goodman (2008)[5] 在其题目为"A Dirty Dozen: Twelve P-Value Misconceptions"的文章中指出了 p 值的 12 个误导 (原文截图见图 2.1.2), 而 p 值的其他误导基本上是基于这些误导的. 下面引用的原文已经很清楚明了, 浅显易懂, 这里就不做过多解释了. 因为传统统计基于 p 值证据度量完全和概率无关, 所以 Goodman (2005) 的结论是"**事实上, 你几乎想不出来 p 值在什么地方有意义. 我告诉学生放弃尝试**"[6].

Table 1 Twelve *P*-Value Misconceptions

1	*If P = .05, the null hypothesis has only a 5% chance of being true.*
2	*A nonsignificant difference (eg, P ≥.05) means there is no difference between groups.*
3	*A statistically significant finding is clinically important.*
4	*Studies with P values on opposite sides of .05 are conflicting.*
5	*Studies with the same P value provide the same evidence against the null hypothesis.*
6	*P = .05 means that we have observed data that would occur only 5% of the time under the null hypothesis.*
7	*P = .05 and P ≤.05 mean the same thing.*
8	*P values are properly written as inequalities (eg, "P ≤.02" when P = .015)*
9	*P = .05 means that if you reject the null hypothesis, the probability of a type I error is only 5%.*
10	*With a P = .05 threshold for significance, the chance of a type I error will be 5%.*
11	*You should use a one-sided P value when you don't care about a result in one direction, or a difference in that direction is impossible.*
12	*A scientific conclusion or treatment policy should be based on whether or not the P value is significant.*

图 2.1.2 Goodman 指出 p 值的 12 个误导 (截图)

实际上:

- 对于同样的试验数据, p 值随着试验次数 (样本量) 的不同而不同; 置信区间也随着样本量的不同而不同. 这说明对于有不同停止意愿的实验者所得的结果不一致.
- 由一个样本计算出来的置信区间不包含概率, 它并不提供最可能的参数值或范围.

(2) **贝叶斯统计证据的度量.** 贝叶斯理论对于统计证据的度量的理解为:

得到数据后的零假设的优势 = 得到数据前的零假设的优势 × 贝叶斯因子.

记零假设为 H, 数据为 D, 用数学符号表示上面的公式就是式 (2.1.2), 即

$$\mathrm{odds}(H|D) = \mathrm{odds}(H)\frac{p(D|H)}{p(D|H^C)},$$

[5]该文章网址: `https://pubmed.ncbi.nlm.nih.gov/18582619/`

[6]原文是: "In fact, the P-value is almost nothing sensible you can think of. I tell students to give up trying."

这里的

$$\frac{p(D|H)}{p(D|H^C)} = \frac{\text{odds}(H|D)}{\text{odds}(H)} = \frac{p(H|D)/p(H^C|D)}{p(H)/p(H^C)}$$

称为**贝叶斯因子** (Bayes factor) (Jeffreys, 1939). 一般来说, 如果有两个对立模型 (或假设) H_0 及 H_1, 而数据为 $\boldsymbol{x}$, 则贝叶斯因子为

$$B(\boldsymbol{x}) = \frac{p(\boldsymbol{x}|H_0)}{p(\boldsymbol{x}|H_1)} = \frac{p(H_0|\boldsymbol{x})/p(H_1|\boldsymbol{x})}{p(H_0)/p(H_1)}. \tag{2.1.5}$$

显然, 贝叶斯因子就是**似然比** (likelihood ratio), 或者说是下面的边际似然之比:

$$p(\boldsymbol{x}|H_i) = \int p(\boldsymbol{x}|\theta, H_i)p(\theta|H_i)\mathrm{d}\theta, \quad i = 0, 1,$$

这里的 $p(\boldsymbol{x}|\theta, H_i)$ 是似然函数, $p(\theta|H_i)$ 是先验分布, 注意, 这里的积分运算对于离散变量应该理解为求和.

当贝叶斯因子 (2.1.5) 越接近 1, 支持 H_0 的证据越大, 而当贝叶斯因子越接近 0, 反对 H_0 的证据越大. 这里的贝叶斯因子完全依赖概率.

关于贝叶斯因子, 有下面一些性质:

(1) 需要**恰当先验分布**[7] (proper prior) $p(\theta|H_i)$, "恰当"先验分布意味着该分布密度积分 (或者和) 为 1.

(2) 对于简单的假设, 它是似然比.

(3) 对于模型的复杂化有自动的惩罚.

(4) 对于非嵌套模型仍然适用 (在经典统计中, 只有嵌套模型才有似然比检验).

(5) 它是统计证据的对称度量.

(6) 与贝叶斯信息准则 (Bayesian Information Criterion, BIC) 关联.

2.2 决策的基本概念

考虑一个统计模型, 其观测值 $x = (x_1, x_2, \ldots, x_n)$ 的分布依赖参数 $\theta \in \Theta$, 这里 Θ 为状态空间, 而 θ 代表"自然状态". 令 A 为可能的行动空间. 对于行动 $a \in A$ 和参数 $\theta \in \Theta$, 需要一个损失函数 $l(\theta, a)$ (也可以采用和损失函数相反的效用函数). 例如, 在估计参数的某函数 $q(\theta)$ 中, 行动 a 就代表估计量. 常见的损失函数有平方损失函数 $l(\theta, a) = [q(\theta) - a]^2$、绝对损失函数 $l(\theta, a) = |q(\theta) - a|$ 等; 在检验 $H_0: \theta \in \Theta_0$ 对 $H_1: \theta \in \Theta_1$ 中可以用 0 - 1 损失函数, 如果 $\theta \in \Theta_a$, (判断正确), 则 $l(\theta, a) = 0$, 否则为 1.

用 $\delta(x)$ 表示基于数据 x 的决策, 则**风险函数**定义为

$$R(\theta, \delta) = E\{l[\theta, \delta(X)]|\theta\} = \int l[\theta, \delta(x)]p(x|\theta)\mathrm{d}x.$$

对于先验分布 $p(\theta)$, **贝叶斯风险**定义为

$$r(\delta) = E[R(\theta, \delta)] = \int R(\theta, \delta)p(\theta)\mathrm{d}\theta.$$

而使贝叶斯风险最小的决策称为**贝叶斯决策** (在估计问题中, 称为**贝叶斯估计**). 对后验分布

[7]恰当先验分布意味着该先验分布密度函数积分为 1, 否则称为不恰当先验分布 (improper prior).

$p(\theta|x)$, 后验风险为

$$r(\delta|x) = E\{l[\theta, \delta(X)]|X = x\} = \int l[\theta, \delta(x)]p(\theta|x)\mathrm{d}\theta.$$

对于估计 $q(\theta)$ 的问题, 容易验证下面结果: 如果采用平方损失函数, 则贝叶斯估计为后验均值 $E[q(\theta)|x]$; 如果采用绝对损失函数, 则贝叶斯估计为后验中位数 $\mathrm{med}(q(\theta)|x)$. 这可以证实如下 (不失一般性, 假定 $q(\theta) = \theta$):

(1) 对于平方损失函数, 期望后验损失为

$$h(a) = \int (a-\theta)^2 p(\theta|x)\mathrm{d}\theta$$

而

$$\frac{\partial}{\partial a}h(a) = 0 \Rightarrow a\int p(\theta|x)\mathrm{d}\theta = \int \theta p(\theta|x)\mathrm{d}\theta \Rightarrow a = \int \theta p(\theta|x)\mathrm{d}\theta,$$

也就是 θ 的后验均值为 θ 的贝叶斯估计.

(2) 对于绝对损失函数, 期望后验损失为

$$\begin{aligned} h(a) &= \int |a-\theta|p(\theta|x)\mathrm{d}\theta = \int_{-\infty}^{a}(a-\theta)p(\theta|x)\mathrm{d}\theta + \int_{a}^{\infty}(\theta-a)p(\theta|x)\mathrm{d}\theta \\ &= a\int_{-\infty}^{a}p(\theta|x)\mathrm{d}\theta - \int_{-\infty}^{a}\theta p(\theta|x)\mathrm{d}\theta + \int_{a}^{\infty}\theta p(\theta|x)\mathrm{d}\theta - a\int_{a}^{\infty}p(\theta|x)\mathrm{d}\theta, \end{aligned}$$

而

$$\frac{\partial}{\partial a}h(a) = 0 \Rightarrow \int_{-\infty}^{a}p(\theta|x)\mathrm{d}\theta = \int_{a}^{\infty}p(\theta|x)\mathrm{d}\theta,$$

由于上面左右两个积分之和为 1, 每个应该为 1/2, 也就是说, θ 的后验中位数为贝叶斯估计.

2.3 贝叶斯统计的基本概念

本节中的许多概念在前面已经或多或少涉及, 这里在形式上集中讲述一下, 并通过数值例子加强理解.

2.3.1 贝叶斯定理

这里把贝叶斯定理在形式上描述出来. 令 x 为观测的随机变量, θ 为另外的随机变量, 而且 $\theta \sim p(\theta)$, 我们希望根据观测的 x 来对 θ 做出推断. 如果 θ 在连续范围取值, 相应的贝叶斯定理为

$$p(\theta|x) = \frac{p(x,\theta)}{p(x)} = \frac{p(x|\theta)p(\theta)}{\int p(x|\theta)p(\theta)\mathrm{d}\theta}. \tag{2.3.1}$$

上面的 θ 可以是多元的, 比如 $\boldsymbol{\theta} = (\theta^{(1)}, \theta^{(2)}, \dots, \theta^{(k)})$, 这时右边分母的积分是在 $\boldsymbol{\theta}$ 值域上运行的. 如果 θ 取值在离散值, 比如 $\theta_1, \theta_2, \dots, \theta_n$, 相应的贝叶斯定理为

$$p(\theta_i|x) = \frac{p(x|\theta_i)p(\theta_i)}{p(x)} = \frac{p(x|\theta_i)p(\theta_i)}{\sum_{j=1}^{n}p(\theta_j)p(x|\theta_j)}. \tag{2.3.2}$$

下面先看两个数值例子.

例 2.1 在美国大约有 12%的妇女会得乳腺癌, 而做乳房造影检查的患有乳腺癌的人中会有 87%呈阳性, 这受到一些因素影响, 比如乳腺组织密度越小, 真阳性可能性也越大; 在没有患乳腺癌的人中, 检查结果呈阳性的约为 10%, 年龄越小, 假阳性可能性越大. 我们想知道, 如果一个妇女的乳房造影检查是阳性, 那么她患有乳腺癌的概率是多少.

首先简化问题, 不考虑诸如年龄等其他因素, 根据前面的知识, 我们假定一个妇女患乳腺癌 (事件 C) 的先验概率为 $p(C) = 0.12$, 记阳性为 P, 假定真阳性概率为 $p(P|C) = 0.87$, 而假阳性概率为 $p(P|C^C) = 0.10$, 我们希望得到后验概率 $p(C|P)$.

根据贝叶斯定理, 我们有

$$\begin{aligned} p(C|P) =& \frac{p(P|C)p(C)}{p(P)} = \frac{p(P|C)p(C)}{p(P|C)p(C) + p(P|C^C)p(C^C)} \\ =& \frac{0.87 \times 0.12}{0.87 \times 0.12 + 0.1 \times 0.88} = 0.5426. \end{aligned}$$

这个结果说明即使是乳房造影呈阳性, 也只有稍微多于一半的可能真的有乳腺癌, 但不能掉以轻心.[8]

例 2.2 假定学生随机从两份试卷 (A、B 卷) 中选择一份. 根据先验知识, 选中 A 卷的概率为 1/10, 而选中 B 卷的概率为 9/10; 已知 A 卷是 10 道 2 选 1 的题目, 而 B 卷是 10 道 4 选 1 的题目, 如果一个什么都不懂而仅仅靠运气的学生恰好答对了 5 道题, 那么该学生选中 A 卷的后验概率是多少?

定义选中 A 卷和 B 卷的指标变量为

$$\theta = \begin{cases} 0, & \text{选中 A 卷;} \\ 1, & \text{选中 B 卷.} \end{cases}$$

那么, $p(\theta = 0) = 0.1$ 及 $p(\theta = 1) = 0.9$ 分别为选中 A 卷和 B 卷的先验概率, 而 $x = 5$ 为学生答对的题目数, 我们希望得到后验概率 $p(\theta = 0|x = 5)$. 根据贝叶斯定理, 有

$$p(\theta = 0|x = 5) = \frac{p(x = 5, \theta = 0)}{p(x = 5)} = \frac{p(x = 5|\theta = 0)p(\theta = 0)}{p(x = 5|\theta = 0)p(\theta = 0) + p(x = 5|\theta = 1)p(\theta = 1)}.$$

根据二项分布, 对 A 卷及 B 卷猜对 5 道题的概率为

$$\begin{aligned} p(x = 5|\theta = 0) =& \binom{10}{5} \left(\frac{1}{2}\right)^5 \left(\frac{1}{2}\right)^{10-5} = 0.2461; \\ p(x = 5|\theta = 1) =& \binom{10}{5} \left(\frac{1}{4}\right)^5 \left(\frac{3}{4}\right)^{10-5} = 0.0584, \end{aligned}$$

由贝叶斯定理得到后验概率

$$\begin{aligned} p(\theta = 0|x = 5) =& \frac{p(x = 5|\theta = 0)p(\theta = 0)}{p(x = 5|\theta = 0)p(\theta = 0) + p(x = 5|\theta = 1)p(\theta = 1)} \\ =& \frac{0.2461 \times 0.1}{0.2461 \times 0.1 + 0.0584 \times 0.9} = 0.3189. \end{aligned}$$

例 2.2 计算的 R 代码为:

---

[8]研究表明, 有假阳性的妇女大约有 1/3 会被建议以后再做乳房造影, 这些人 10 年内得乳腺癌的机会比阴性结果的要高出 39%, 因此即使是假阳性也不能大意. 参见http://www.breastcancer.org/research-news/false-positives-may-be-linked-to-higher-risk.

```
p1=dbinom(5,10,1/2)*.1
p2=dbinom(5,10,1/4)*.9
(post=p1/(p1+p2))
```

2.3.2 似然函数

作为证据度量的贝叶斯因子就是似然比. 此外, 如同式 (2.1.4), 对一般的 $\boldsymbol{\theta}$ (无论一元或多元),

$$p(\boldsymbol{\theta}|\boldsymbol{x}) \propto p(\boldsymbol{x}|\boldsymbol{\theta})p(\boldsymbol{\theta}), \tag{2.3.3}$$

其中的比例常数为 $1/p(\boldsymbol{x})$, 而 $p(\boldsymbol{x}) = \int p(\boldsymbol{x}|\boldsymbol{\theta})p(\boldsymbol{\theta})\mathrm{d}\boldsymbol{\theta}$. 由于 $p(\boldsymbol{x}|\boldsymbol{\theta})$ 就是似然函数 $\ell(\boldsymbol{\theta}|\boldsymbol{x})$, 上式可以写成

$$p(\boldsymbol{\theta}|\boldsymbol{x}) \propto \ell(\boldsymbol{\theta}|\boldsymbol{x})p(\boldsymbol{\theta}), \tag{2.3.4}$$

也就是说, **后验分布与似然函数和先验分布的乘积成比例**.

对于我们不关心的多余参数 (nuisance parameter), 贝叶斯方法可以很容易利用边际后验分布来去掉, 假定参数变量 $\boldsymbol{\theta}$ 由两个向量组成, 一个是感兴趣的 $\boldsymbol{\theta}_1$, 另一个是感到多余的 $\boldsymbol{\theta}_2$: $\boldsymbol{\theta} = (\boldsymbol{\theta}_1, \boldsymbol{\theta}_2)$, 我们可以对联合后验分布 $p(\boldsymbol{\theta}_1, \boldsymbol{\theta}_2|\boldsymbol{x})$ 进行积分得到边际后验分布 (marginal posterior distribution)

$$p(\boldsymbol{\theta}_1|\boldsymbol{x}) = \int p(\boldsymbol{\theta}_1, \boldsymbol{\theta}_2|\boldsymbol{x})p(\boldsymbol{\theta}_2)\mathrm{d}\boldsymbol{\theta}_2.$$

2.3.3 后验分布包含的信息

经典统计把参数 θ 看成是固定的, 因此关心它们的点估计、区间估计和假设检验. 而对于贝叶斯统计来说, 整个 θ 的后验分布本身就包含了 θ 的全部信息, 也是最好的、最完全的估计. 但如果一定要强迫自己像经典统计那样思考的话[9], 我们有下面一些选择.

1. 一些简单度量

基于后验分布的一些简单度量包括:

- 后验分布的模 (mode): $\arg\max_\theta p(\theta|\boldsymbol{x})$;
- 后验期望值: $E(\theta|\boldsymbol{x}) = \int \theta p(\theta|\boldsymbol{x})\mathrm{d}\theta$;
- 后验分布的中位数, 定义为满足条件 $p(\theta > \hat{\theta}|\boldsymbol{x}) = p(\theta < \hat{\theta}|\boldsymbol{x}) = 0.5$ 的 $\hat{\theta}$, 或

$$\int_{\hat{\theta}}^{+\infty} p(\theta|\boldsymbol{x})\mathrm{d}\theta = \int_{-\infty}^{\hat{\theta}} p(\theta|\boldsymbol{x})\mathrm{d}\theta = \frac{1}{2}.$$

2. 最高密度区域

犹如经典统计的置信区间, 在参数后验分布是单峰的情况下, 可能会有很多组满足下面条件的区间 $(L_{\alpha/2}, H_{\alpha/2})$:

$$\int_{L_{\alpha/2}}^{H_{\alpha/2}} p(\theta|\boldsymbol{x})\mathrm{d}\theta = 1 - \alpha. \tag{2.3.5}$$

[9]似乎相当多的学过数理统计的人有这种强迫症.

人们把满足这一条件的**最小区间**$(L_{\alpha/2}, H_{\alpha/2})$ 称为 $1-\alpha$ **最高密度区域** (highest density region) 或者**贝叶斯置信区间**. 注意, 在实际问题中, 有时会出现多峰后验分布, 这时最高密度区域很可能是由多于一个连续区间组成. 这时的 $1-\alpha$ 最高密度区域就应该是满足条件

$$\int_{\theta\in\cup_{i=1}^{m}I_i} p(\theta|\boldsymbol{x})\mathrm{d}\theta = 1-\alpha \tag{2.3.6}$$

的区间 $I_1, I_2, \ldots, I_m$ 总长度最短的区间集合 $\cup_{i=1}^{m}I_i$. 显然, 定义 (2.3.6) 包含定义 (2.3.5), 但定义 (2.3.5) 会使得习惯频率派置信区间的人更容易理解.

正如前面讲过的, 最高密度区域与传统统计的置信区间完全不同:

- 传统 $1-\alpha$ 置信区间的意义是, 按照同样方法无穷多次抽样得到的无穷多个置信区间中有 $1-\alpha$ 比例的区间会覆盖固定未知的参数, 但具体哪个区间覆盖完全不清楚, 而且一般的实践仅仅得到一个这样的区间.
- 在贝叶斯统计中, 参数 θ 以 $1-\alpha$ 的概率位于最高密度区域之中.

3. **贝叶斯因子和假设检验**

经典统计的参数假设检验是把参数看成一个固定值的传统统计的核心概念, 但由于贝叶斯统计中的参数不是固定的, 有了参数的后验分布就有了参数的所有知识, **一般没有任何必要去做参数的假设检验. 但总是有人希望找到假设检验的贝叶斯对照,** 这就是贝叶斯因子检验. 这里仅仅做简单介绍.

考虑零假设 H_0 为 $\theta\in\Theta_0$, 备选假设 H_1 为 $\theta\in\Theta_1$, $\Theta_0\cap\Theta_1=\varnothing$, 而且 $\Theta_0\cup\Theta_1=\Theta$, 这里 Θ 为整个 θ 的取值空间. 这时两个假设的后验分布分别为 $p(\Theta_0|\boldsymbol{x})$ 和 $p(\Theta_1|\boldsymbol{x})$; 再记先验分布分别为 $p(\Theta_0)$ 和 $p(\Theta_1)$.

由于先验分布必然会影响假设检验, 我们用在式 (2.1.5) 引进的贝叶斯因子实现这里的检验. 作为后验优势和先验优势之比 (或者其倒数) 的贝叶斯因子在这里为

$$\begin{aligned}
B_1 =& \frac{p(\boldsymbol{x}|\Theta_1)}{p(\boldsymbol{x}|\Theta_0)} = \frac{p(\Theta_1|\boldsymbol{x})/p(\Theta_0|\boldsymbol{x})}{p(\Theta_1)/p(\Theta_0)} = \frac{p(\Theta_1|\boldsymbol{x})p(\Theta_0)}{p(\Theta_0|\boldsymbol{x})p(\Theta_1)} = \frac{p(\Theta_1|\boldsymbol{x})(1-p(\Theta_1))}{(1-p(\Theta_1|\boldsymbol{x}))p(\Theta_1)};\\
B_0 =& \frac{p(\boldsymbol{x}|\Theta_0)}{p(\boldsymbol{x}|\Theta_1)} = \frac{p(\Theta_0|\boldsymbol{x})/p(\Theta_1|\boldsymbol{x})}{p(\Theta_0)/p(\Theta_1)} = \frac{p(\Theta_0|\boldsymbol{x})p(\Theta_1)}{p(\Theta_1|\boldsymbol{x})p(\Theta_0)} = \frac{p(\Theta_0|\boldsymbol{x})(1-p(\Theta_0))}{(1-p(\Theta_0|\boldsymbol{x}))p(\Theta_0)}.
\end{aligned}$$

显然, B_i 的值越大越有利于 H_i 或 Θ_i $(i=0,1)$, 而且 B_1 和 B_0 互为倒数. 下面考虑 $\Theta_i=\theta_i$, $i=0,1$, 则有

$$B_1=\frac{p(\boldsymbol{x}|\theta_1)}{p(\boldsymbol{x}|\theta_0)};\ \ B_0=\frac{p(\boldsymbol{x}|\theta_0)}{p(\boldsymbol{x}|\theta_1)}.$$

这就是似然比.

在复合假设 (composite hypothesis) 的情况下, 即 H_i 为 $p(\boldsymbol{x}|\theta_i)$, $\theta_i\in\Theta_i$, 也就是说, 不再是简单的 $\theta_i=\Theta_i$, 目前的 θ_i 在 Θ_i 中有很多选择. 记

$$p(\Theta_i)=\int_{\theta\in\Theta_i}p(\theta)\mathrm{d}\theta,\ \ i=0,1,$$

那么在 H_i 之下的先验分布可记为 $p_i(\theta)=p(\theta)/p(\Theta_i)$ 以使得 $\int_{\theta\in\Theta_i}p_i(\theta)\mathrm{d}\theta=1$. 这时的后验分布为

$$p(\theta\in\Theta_i|\boldsymbol{x})=\int_{\theta\in\Theta_i}p(\theta|\boldsymbol{x})\mathrm{d}\theta\propto\int_{\theta\in\Theta_i}p(\boldsymbol{x}|\theta)p(\theta)\mathrm{d}\theta=p(\Theta_i)\int_{\theta\in\Theta_i}p(\boldsymbol{x}|\theta)p_i(\theta)\mathrm{d}\theta.$$

因此贝叶斯因子

$$B_0 = \frac{p(\theta \in \Theta_0|\boldsymbol{x})/p(\theta \in \Theta_1|\boldsymbol{x})}{p(\Theta_0)/p(\Theta_1)} = \frac{\int_{\theta\in\Theta_0} p(\boldsymbol{x}|\theta)p_0(\theta)\mathrm{d}\theta}{\int_{\theta\in\Theta_1} p(\boldsymbol{x}|\theta)p_1(\theta)\mathrm{d}\theta},$$

这是加权似然函数的比.

基于 Jeffreys (1961), Wetzels et al. (2011) 给出了下面关于贝叶斯因子做检验时支持 H_1 强度的大概判断标准 (见表 2.3.1). 还有其他的类似标准. 其实, **这是把实际上的复杂问题简单化的危险做法. 对于实际问题, 最终结论必须由实际工作者而不是单纯靠这些表格来确定. 遗憾的是, 类似于经典统计给出 p 值"显著的标准", 这些标准往往被实际工作者当成必须遵守的标准而忘记了实际问题本身的性质.**

表 2.3.1　贝叶斯因子检验对假设支持强度的粗略判断标准

B_0 的范围	支持 H_1 或 H_0 证据的强度
> 100	绝对支持 H_1
$(30, 100)$	非常强的证据支持 H_1
$(10, 30)$	强的证据支持 H_1
$(3, 10)$	一定的证据支持 H_1
$(1, 3)$	可能有证据支持 H_1
1	没有证据
$(1/3, 1)$	可能有证据支持 H_0
$(1/10, 1/3)$	一定的证据支持 H_0
$(1/30, 1/10)$	强的证据支持 H_0
$(1/100, 1/30)$	非常强的证据支持 H_0
$< 1/100$	绝对支持 H_0

贝叶斯因子检验是有争议的问题. 一些贝叶斯派学者认为它和传统统计的检验不等价, 很多人则完全拒绝检验的概念. 我们不想对此做过多的讨论. 感兴趣的读者可参看 Lindley (1957), Lavine and Schervish (1999), Spanos (2013), Robert (2014), DeGroot (1982), 等等.

2.3.4 几个简单例子

例 2.3 假定盒子中有 3 个硬币, 抛这些硬币会以不同的优势 (odds) 出现正面: $1/3$、$1/1$、$3/1$. 如果随机从盒子里面取出一个, 抛后得到正面, 那么该硬币可能是盒中 3 个硬币中的哪一个? 这个例子和例 2.2 类似.

记这三个硬币的事件为 C_1, C_2, C_3, 正面和反面分别记为 H 和 T, 则先验分布 $p(C_i) = 1/3, i = 1, 2, 3$, 根据已知条件,

$$p(H|C_1) = 0.25,\ p(H|C_2) = 0.5,\ p(H|C_3) = 0.75.$$

而且

$$p(H) = \sum_{i=1}^{3} p(H|C_i)p(C_i) = (0.25 + 0.5 + 0.75)/3 = 1.5/3 = 0.5,$$

因此

$$p(C_j|H) = \frac{p(H|C_j)p(C_j)}{\sum_{i=1}^{3} p(H|C_i)p(C_i)} = \begin{cases} 0.25/1.5 = 0.17, & j = 1, \\ 0.5/1.5 = 0.33, & j = 2, \\ 0.75/1.5 = 0.5, & j = 3. \end{cases}$$

因此, 最可能是第三个硬币, 最不可能是第一个硬币. 这个结果和直观想象是一致的.

例 2.4 Monty Hall 问题. Monty Hall (1921—2017) 是一个游戏主持人. 所谓 Monty Hall 问题是这样的, 有三个门 (记为 A, B, C), 其中一个门的背后随机放有一辆汽车 (Monty 知道哪个门背后有汽车), 另外两个门背后只有一些微不足道的小奖品 (比如一只山羊). 然后挑战者来猜哪个门后有汽车, 如果猜中挑战者就赢得汽车. 在挑战者做出最初的猜测之后 (比如 A), Monty 会打开该挑战者没有猜而且没有汽车的一个门来展示: 如果 B(或 C) 门后有汽车就会展示 C(或 B) 门, 如果 A 门后有汽车就会随机展示 B 或 C 门, 并问挑战者要不要改变主意换另一个. 很多人都认为换不换都一样, 猜中的概率是一半对一半. 是不是这样呢?

我们来计算一下, 看看改变主意猜中的概率是不是一样. 用 $p(A), p(B), p(C)$ 分别表示汽车在 A, B, C 三个门后面的概率, 显然 $p(A) = p(B) = p(C) = 1/3$. 记 O_A, O_B, O_C 分别为 Monty 打开 A, B, C 三个门的事件. 显然

$$p(O_A|A) = p(O_B|B) = p(O_C|C) = 0.$$

由于对称性, 我们假定挑战者猜的是 A 门, 而且我们只考虑 Monty 打开 B 门的情况.

(1) Monty 打开 B 门的概率为

$$p(O_B|A) = \frac{1}{2};\ p(O_B|B) = 0;\ p(O_B|C) = 1;$$

(2) Monty 打开 B 门后, 这时汽车在 C 门后面的概率为:

$$\begin{aligned} p(C|O_B) &= \frac{p(O_B|C)p(C)}{p(O_B|A)p(A) + p(O_B|B)p(B) + p(O_B|C)p(C)} \\ &= \frac{1 \times \frac{1}{3}}{\frac{1}{2} \times \frac{1}{3} + 0 \times \frac{1}{3} + 1 \times \frac{1}{3}} = \frac{2}{3}; \end{aligned}$$

(3) Monty 打开 B 门后, 这时汽车在 A 门后面的概率为

$$\begin{aligned} p(A|O_B) &= \frac{p(O_B|A)p(A)}{p(O_B|A)p(A) + p(O_B|B)p(B) + p(O_B|C)p(C)} \\ &= \frac{\frac{1}{2} \times \frac{1}{3}}{\frac{1}{2} \times \frac{1}{3} + 0 \times \frac{1}{3} + 1 \times \frac{1}{3}} = \frac{1}{3}. \end{aligned}$$

因此, 挑战者改变主意 (从 A 改变到 C) 比不改变主意赢的概率要大一倍. Monty Hall 问题挑战了直观, 如何解释呢? 这留给读者.

例 2.5 女性患肺癌和吸烟. 根据《新英格兰医学杂志》(*The New England Journal of Medicine*) 2013 年的报告 [10], 美国男性吸烟者有 17.8 倍的机会较不吸烟者更容易患肺癌, 而女性吸烟者则有 14.6 倍的机会比不吸烟者患肺癌. Brennan et al. (2006) 给出了英国不同吸烟程度的人患肺癌的终生风险 (见表 2.3.2).

表 2.3.2 英国不同性别和吸烟程度的人患肺癌的终生风险

	吸烟程度			
性别	从不吸烟	曾经吸烟	目前吸烟	重度吸烟 (>5 支/天)
男性	0.2%	5.5%	15.9%	24.4%
女性	0.4%	2.6%	9.5%	18.5%

[10] https://www.nejm.org/doi/pdf/10.1056/NEJMe1213751.

2014 年英国国家统计办公室 (Office for National Statistics, ONS) 的报告指出: 英国有 17%女性吸烟, 其中在 25～34 岁的英国女性中有 22%的吸烟, 高于上年的 20%, 16～24 岁女性吸烟的比例从 20% 增加到 21%. [11]

我们的问题是: 如果一个欧美女性得了肺癌, 那么她是烟民的概率是多少?

例 2.5 给出了很多信息, 而且时间和地点不那么一致. 我们只能做近似 (把不同时间和地点的数据混在一起) 的假定: 欧美女性有 17%吸烟, 不吸烟的女性患肺癌的概率是 0.4%, 吸烟女性患肺癌的概率为不吸烟者的 14.6 倍. 用 C 表示女性患肺癌的事件, 用 S 表示女性吸烟事件, 因此, 我们有:

$$p(C|S^C) = 0.4\%,\ p(C|S) = 14.6 \times 0.4\%,\ p(S) = 17\%,\ p(S^C) = 83\%.$$

因此, 欧美患肺癌女性吸烟的概率可计算如下:

$$\begin{aligned} p(S|C) =& \frac{p(C|S)p(S)}{p(C|S)p(S) + p(C|S^C)p(S^C)} = \frac{14.6 \times 0.4\% \times 17\%}{14.6 \times 0.4\% \times 17\% + 0.4\% \times 83\%} \\ \approx& 0.7493961 \approx 75\%. \end{aligned}$$

例 2.6 M&M 糖豆问题. M&M 糖豆颜色比例问题出现在各种不同的概率及统计例子之中. 表 2.3.3 是 1995 年前后 Mars 公司的 M&M 糖豆各种颜色的比例.

表 2.3.3 1995 年前后 M&M 糖豆各种颜色的比例

时间	颜色及百分比 (%)					
1995 年之前	棕色 (30)	黄色 (20)	红色 (20)	绿色 (10)	橙色 (10)	黄褐色 (10)
1995 年之后	棕色 (13)	黄色 (14)	红色 (13)	绿色 (20)	橙色 (16)	蓝色 (24)

如果我们有两袋 M&M 糖豆, 一袋为 1995 年前生产的, 另一袋为 1995 年后生产的. 考虑下面的问题:

(a) 假定两个袋子只标以号码 1 和 2, 如果从袋子 1 中随机取出一个红色糖豆, 从袋子 2 中随机取出一个绿色糖豆, 可以说哪个袋子可能是 1995 年前出厂的?

(b) 如果从 1995 年以后生产的袋子中随机有放回地取 1000 个糖豆, 记下它们的颜色, 得到下面的数据 (见表 2.3.4).

表 2.3.4 随机有放回地取出 1000 个糖豆的颜色

颜色	棕色	黄色	红色	绿色	橙色	蓝色
个数	125	140	138	189	157	251

我们希望能够得到袋子中各种颜色糖豆比例的后验分布.

记装有 1995 年前产品的袋子为袋子 1 的事件为 H, 否则为事件 H^C. 假定先验分布为 $p(H) = p(H^C) = 1/2$.

[11]包含这个数据的英国国家统计办公室网站为 https://www.ons.gov.uk/peoplepopulationandcommunity/healthandsocialcare/healthandlifeexpectancies/bulletins/adultsmokinghabitsingreatbritain/2014.

对于问题 (a):

$$p(D|H) \propto 20 \times 20 = 400;\ p(H)p(D|H) \propto 0.5 \times 400 = 200;$$
$$p(D|H^C) \propto 13 \times 10 = 130;\ p(H^C)p(D|H^C) \propto 0.5 \times 130 = 65;$$
$$p(D) = p(H)p(D|H) + p(H^C)p(D|H^C) \propto 265;$$
$$p(H|D) = p(H)p(D|H)/p(D) = 200/265 \approx 0.754717;$$
$$p(H^C|D) = p(H^C)p(D|H^C)/p(D) = 65/265 \approx 0.245283.$$

显然, 事件 H 的后验概率要大. 贝叶斯因子为

$$\frac{p(D|H)}{p(D|H^C)} = 400/130 \approx 3.076923.$$

当然, 这个例子的数据量太少, 很难做出有意义的结论, 因此它只是对于贝叶斯定理的一种描述. 实际上, 如果做很多不放回抽样, 只要出现一个蓝色或黄褐色糖豆就知道各个袋子的生产时间了, 根本用不着任何统计.

对于问题 (b), 假定不同颜色比例服从多项分布, 多项分布的系数服从其共轭 Dirichlet 先验分布 (这些分布的数学细节参见 2.4 节). 以下为模型形式上的描述和所谓"盘子图".

$$p(\boldsymbol{y}|\boldsymbol{p}) = \prod_{i=1}^{N} \text{Multi}(y_i|\boldsymbol{p}),$$
$$p(\boldsymbol{p}) = \text{Dirichlet}(\boldsymbol{p}|\boldsymbol{\alpha}_0).$$

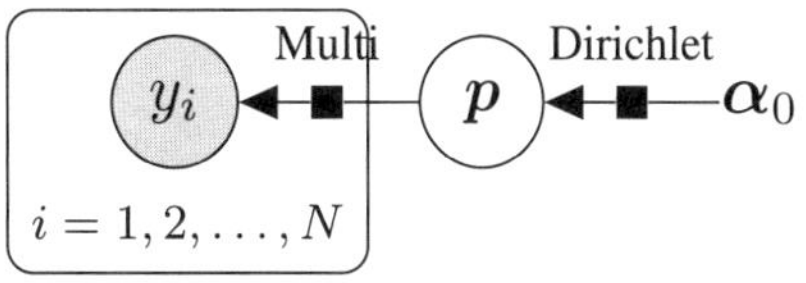

上面的模型给出了数据的似然函数及先验分布, 图形中的"盘子"代表数据, 图中的关系反映了似然函数和先验分布 (包括超参数 $\boldsymbol{\alpha}_0$) 的关系. 图中的随机变量都在椭圆形之中, 相信这个图是很容易理解的.

对于我们的问题, 由于有 6 种颜色, 取超参数 $\boldsymbol{\alpha}_0$ 为由 6 个 1 组成的向量, 这是和均匀分布类似的非主观先验分布. 根据 2.4 节, 后验分布 $p(\boldsymbol{p}|\boldsymbol{\alpha})$ 也是 Dirichlet 分布, 参数为

$$\boldsymbol{\alpha} = \boldsymbol{\alpha}_0 + \boldsymbol{y} = (1 + y_1, 1 + y_2, \ldots, 1 + y_6) = (126, 141, 139, 190, 158, 252).$$

实际上

$$\boldsymbol{\alpha}/\|\boldsymbol{\alpha}\| \approx (0.1252485, 0.1401590, 0.1381710, 0.1888668, 0.1570577, 0.2504970)$$

就是 $\boldsymbol{p}$ 的后验估计. 这和厂家给出的各种颜色的名义比例差不多, 当然和 $\boldsymbol{y}$ 各个元素的比例差不多.

2.3.5 先验分布的形式

在贝叶斯统计中, 先验分布的选择并不是那么重要, 除了某些病态的先验分布之外, 只要数据信息量很大, 很不好的先验分布都不会有多少影响. 如果后验分布严重依赖于先验分布, 则说明由似然函数代表的数据不包含相关的信息, 反之则说明数据的信息量充分. 实际上, 诸如均值、模等先验分布的**位置**和作为标准差倒数的**精密度** (precision) 往往比先验分布的形状更重要. 给定似然函数 $\ell(\theta|\boldsymbol{x})$ 之后的所谓**共轭先验分布**能够使得后验分布 $\ell(\theta|\boldsymbol{x})p(\theta)$ 和先验分布 $p(\theta)$ 属于同样的分布族.

有时, 没有任何先验知识, 人们用在区间中扁平的均匀分布来作为**非主观先验分布**或**无信息先验分布**[12], 如果区间是有限的, 则后验分布和似然函数仅差一个常数因子, 或 $p(\theta|\boldsymbol{x}) \propto \ell(\theta|\boldsymbol{x})$, 但是, 如果区间包含有无穷 (比如 $(-\infty, +\infty)$ 或 $(a, +\infty)$), 那么, 该先验分布就是一个**非恰当先验分布** (improper prior), 它的积分等于无穷. 这一般不成问题, 只要后验分布是个正常分布就行.

1. 充分统计量及数据变换的似然函数例子

Box & Tiao (1973) 引进了数据变换的似然函数 (data translated likelihood) 的概念, 即对于不同的数据, 先验分布能保证由其导出的后验分布只有位置不同, 但形状是一样的.

例 2.7 考虑两种情况:

(1) 假如 $\boldsymbol{x} = (x_1, x_2, ..., x_n)$ 为独立同正态分布 $N(\theta, \Sigma^2)$ 样本, 这里的均值 θ 未知, Σ^2 已知. 其似然函数为

$$\ell(\theta|\boldsymbol{x}) \propto \exp\left[-\frac{n}{2\Sigma^2}(\theta - \bar{x})^2\right];$$

(2) 假如 $\boldsymbol{x} = (x_1, x_2, ..., x_n)$ 为独立同指数分布样本, 其似然函数为

$$\ell(\mu|\boldsymbol{x}) = \left(\frac{1}{\theta}\right)\exp\left(-\frac{x}{\theta}\right) \propto \left(\frac{x}{\theta}\right)\exp\left(-\frac{x}{\theta}\right) = \exp\left[(\ln x - \ln\theta) - \exp(\ln x - \ln\theta)\right].$$

上面两种似然函数都可以转换成下面形式:

$$\ell(\theta|\boldsymbol{x}) = g[h(\theta) - t(\boldsymbol{x})] = g(z),$$

其中 $z \equiv h(\theta) - t(\boldsymbol{x})$, 这里

$$\text{对于 (1): } h(\theta) = \theta;\ t(\boldsymbol{x}) = \bar{x};\ g(z) = \exp\left(-\frac{n}{2\Sigma^2}z^2\right).$$

$$\text{对于 (2): } h(\theta) = \ln\theta;\ t(\boldsymbol{x}) = \ln x;\ g(z) = \exp[z - \exp(z)].$$

显然, $t = \bar{x}$ 及 $t = \ln x$ 分别是上面两种情况中的 θ 的充分统计量, 只要有相同的 t, 似然函数就相同. 由于 $z = h(\theta) - t(\boldsymbol{x})$, 则似然函数对于不同的 t 仅仅代表了 $h(\theta)$ 的不同平移. 在这种情况下, 对于 $h(\theta)$, 扁平的先验分布 $p[h(\theta)] =$ 常数, 看来是合适的. 这意味着对于上面 (1), $p(\theta) \propto$ 常数, 而对于 (2),

$$p(\theta) \propto \left|\frac{\partial}{\partial\theta}h(\theta)\right| = \frac{1}{\theta}.$$

2. Jeffreys 先验分布

Jeffreys (1961) 提出了他选择先验分布的方法, 令 $L(\theta) = \ln\ell(\theta)$ 为对数似然函数, Jeffreys 的先验分布和 $\sqrt{|I(\theta)|}$ 成比例, 这里 $I(\theta)$ 为 Fisher 信息[13]. 也就是说 Jeffreys 的先验分布为

$$p(\theta) \propto \sqrt{|I(\theta)|} = \left(E\left\{\left[\frac{\partial L(\theta|\boldsymbol{x})}{\partial\theta}\right]^2\right\}\right)^{\frac{1}{2}},$$

[12] **扁平** (flat) 的先验分布又称为**无信息** (uninformative) 先验分布或**漫** (diffuse) 先验分布, 但任何先验分布都有信息, 最好称之为**非主观先验分布** (non-subjective prior).

[13] Fisher 信息在某些条件下可用二阶导数表示:

$$I(\theta) = -E\left[\frac{\partial^2 L(\theta)}{\partial\theta^2}\right].$$

式中的偏导数

$$\frac{\partial L(\theta|\boldsymbol{x})}{\partial\theta}=\frac{\partial\ln\ell(\theta|\boldsymbol{x})}{\partial\theta}=\frac{1}{\ell(\theta|\boldsymbol{x})}\frac{\partial\ell(\theta|\boldsymbol{x})}{\partial\theta}$$

称为 Fisher 记分 (Fisher score).

Jeffreys 分布在一对一的参数变换中可保持不变 (这样的先验分布称为不变先验分布). 如果 $p(\theta)$ 为 Jeffreys 先验分布, 而 $\xi=f(\theta)$ 为一个一对一的参数变换, 则对 ξ 的 Jeffreys 先验分布为 $p\circ f^{-1}(\xi)|\mathrm{d}f^{-1}(\xi)/\mathrm{d}\xi|$. Kass (1990) 表明, Jeffreys 先验分布能近似地保持其后验分布形状不变.

Jeffreys 先验分布和其他某些均匀分布的非主观先验分布 $p(x)$ 有时是一个非正常分布, 即 $\int p(\theta)\mathrm{d}\theta=\infty$, 但是其后验分布可能是正常的分布.

对于 $\theta=h(\varphi)$ 的情况, 由于 $p(\theta)\propto\sqrt{I(\theta)}$,

$$p(\varphi)=p(\theta)\left|\frac{\partial h(\varphi)}{\partial\varphi}\right|\propto\sqrt{I(\theta)\left[\frac{\partial h(\varphi)}{\partial\varphi}\right]^2}=\sqrt{E\left\{\left[\frac{\partial L(\theta|\boldsymbol{x})}{\partial\theta}\right]^2\right\}\left(\frac{\partial\theta}{\partial\varphi}\right)^2}$$
$$=\sqrt{E\left\{\left[\frac{\partial L(\theta|\boldsymbol{x})}{\partial\theta}\frac{\partial\theta}{\partial\varphi}\right]^2\right\}}=\sqrt{E\left(\left\{\frac{\partial L[h(\varphi)|\boldsymbol{x}]}{\partial\varphi}\right\}^2\right)}=\sqrt{I(\varphi)}.$$

例 2.8 二项分布的 Jeffreys 先验分布. 假定数据有二项分布: $x\sim\mathrm{Bin}(n,\theta)$, $0\leqslant\theta\leqslant1$, 即

$$p(x|\theta)=\binom{n}{x}\theta^x(1-\theta)^{n-x}.$$

要选择一个不变先验分布 $p(\theta)$, 为此选 Jeffreys 先验分布, 忽略不含 θ 的项, 有

$$\ln p(x|\theta)=x\ln\theta+(n-x)\ln(1-\theta),$$
$$\frac{\mathrm{d}}{\mathrm{d}\theta}\ln p(x|\theta)=\frac{x}{\theta}-\frac{n-x}{1-\theta},$$
$$\frac{\mathrm{d}^2}{\mathrm{d}\theta^2}\ln p(x|\theta)=-\frac{x}{\theta^2}-\frac{n-x}{(1-\theta)^2}.$$

二项分布 $\mathrm{Bin}(n,\theta)$ 的均值为 $E(x)=n\theta$, 有

$$I(\theta)=-E\left[\frac{\mathrm{d}^2\ln\ell(\theta|x)}{\mathrm{d}\theta^2}\right]=\frac{n\theta}{\theta^2}+\frac{n-n\theta}{(1-\theta)^2}=\frac{n}{\theta}+\frac{n}{1-\theta}=\frac{n}{\theta(1-\theta)}.$$

因此, Jeffreys 先验分布为 $\mathrm{Beta}(\frac{1}{2},\frac{1}{2})$ 分布密度

$$p(\theta)\propto I(\theta)^{\frac{1}{2}}\propto\theta^{\frac{1}{2}}(1-\theta)^{\frac{1}{2}}.$$

对于多参数情况, 涉及的是 Fisher 信息矩阵:

$$\boldsymbol{I}(\boldsymbol{\theta})_{ij}=-E\left[\frac{\partial^2\ln\ell(\boldsymbol{\theta}|\boldsymbol{x})}{\partial\theta_i\partial\theta_j}\right]=E\left\{\frac{\partial\ln\ell(\boldsymbol{\theta}|\boldsymbol{x})}{\partial\boldsymbol{\theta}}\left[\frac{\partial\ln\ell(\boldsymbol{\theta}|\boldsymbol{x})}{\partial\boldsymbol{\theta}}\right]^\top\right\}$$

这里的梯度向量

$$\frac{\partial\ln\ell(\boldsymbol{\theta}|\boldsymbol{x})}{\partial\boldsymbol{\theta}}$$

是多元 Fisher 记分, 也记为 $\nabla_{\boldsymbol{\theta}}\ln\ell(\boldsymbol{\theta}|\boldsymbol{x})$.

相应的 Jeffreys 先验分布为

$$p(\boldsymbol{\theta}) \propto \sqrt{\det[\boldsymbol{I}(\boldsymbol{\theta})]}.$$

例 2.9 正态分布的 Jeffreys 先验分布. 对于 $\boldsymbol{x} = (x_1, x_2, \ldots, x_n)^\top$ 独立有同样正态分布 $N(\mu, \Sigma^2)$, 这里参数 $\boldsymbol{\theta} = (\mu, \Sigma^2)^\top$ 未知, 我们有

$$\ln \ell(\mu, \Sigma^2|\boldsymbol{x}) = -\frac{n}{2}\ln 2\pi - \frac{n}{2}\ln \Sigma^2 - \frac{1}{2\Sigma^2}\sum_{i=1}^{n}(x_i - \mu)^2.$$

因此,

$$\frac{\partial \ln \ell(\boldsymbol{\theta}|\boldsymbol{x})}{\partial \boldsymbol{\theta}} = \begin{bmatrix} \frac{n(\bar{x}-\mu)}{\Sigma^2} \\ -\frac{n}{2\Sigma^2} + \frac{\sum_{i=1}^{n}(x_i-\mu)^2}{2\Sigma^4} \end{bmatrix}.$$

由此可得

$$\boldsymbol{I}(\boldsymbol{\theta}) = E\left\{\frac{\partial \ln \ell(\boldsymbol{\theta}|\boldsymbol{x})}{\partial \boldsymbol{\theta}}\left[\frac{\partial \ln \ell(\boldsymbol{\theta}|\boldsymbol{x})}{\partial \boldsymbol{\theta}}\right]^\top\right\} = n\begin{bmatrix} \frac{1}{\Sigma^2} & 0 \\ 0 & \frac{1}{2\Sigma^4} \end{bmatrix}.$$

于是 Jeffreys 先验分布

$$p(\boldsymbol{\theta}) \propto \sqrt{\det[\boldsymbol{I}(\boldsymbol{\theta})]} \propto \sqrt{\Sigma^{-6}} = \Sigma^{-3}.$$

注意 μ 和 Σ^2 的先验分布独立, 即

$$p(\boldsymbol{\theta}) = p(\mu)p(\Sigma^2) = 常数 \cdot \Sigma^{-3}.$$

2.4 共轭先验分布族

前面多次涉及共轭分布的概念, 它是数学上最方便的先验分布族. 如果后验分布 $p(\theta|x)$ 与先验概率分布 $p(\theta)$ 属相同的概率分布族, 则先验和后验被称为共轭分布, 并且先验被称为似然函数的共轭先验分布.

形式上, 共轭分布族定义如下: 假定 $\mathcal{F} = \{f(x|\theta)\}$ $(x \in \mathcal{X})$ 是以参数 θ 识别的分布族. 一个先验分布族类 Π 称为对于 $\mathcal{F}$ 是共轭的, 如果对所有的 $f \in \mathcal{F}$, 所有 Π 中的先验分布及所有的 $x \in \mathcal{X}$, 后验分布均属于 Π.

指数分布族的所有成员都有共轭先验分布. 对于概率密度函数为

$$f(x|\theta) = h(x)\exp\left[\theta x - \Psi(\theta)\right]$$

的指数族分布, 其关于 θ 的共轭分布族形为

$$\pi(\theta|\mu, \Lambda) = K(\mu, \Lambda)\exp\left[\theta\mu - \Lambda\Psi(\theta)\right]$$

而相应的后验分布形为

$$\pi(\theta|\mu + x, \Lambda + 1).$$

读者可以自己验证这个关系.

2.4.1 常用分布及其参数的共轭先验分布 *

这里介绍了一些分布的常用共轭先验分布, 由于共轭先验分布和后验分布相同, 因此这里也提供了后验分布在有了数据之后更新后的超参数. 这一小节内容供参考用, 不适宜讲

授, 在标题上做了星号标记, 全书余同.

(1) **Bernoulli 分布** (Bernoulli distribution). 考虑具有两种可能结果的独立试验, 称为 Bernoulli 试验, 这里假定每次成功概率均为 p. 在一次试验中成功次数 k (取值 0 或 1) 的概率分布称为 Bernoulli 分布, 其概率质量函数为

$$f(k|p) = \begin{cases} p, & k = 1; \\ 1 - p, & k = 0. \end{cases}$$

令 $\boldsymbol{x} = (x_1, x_2, \ldots, x_n)$ 为观测值, 则有:

- **参数 $\boldsymbol{p}$ 的先验分布:** $\mathrm{Beta}(\alpha, \beta)$.
- **后验分布的超参数:** $\left(\alpha + \sum_{i=1}^n x_i,\ \beta + n - \sum_{i=1}^n x_i\right)$.

(2) **二项分布** (binomial distribution). 在 n 次 Bernoulli 试验中 (每次成功概率记为 p) 成功次数 k 的分布 (记为 $B(n,p)$, 或 $\mathrm{Bin}(n,p)$), 其概率质量函数为

$$f(k|n,p) = \binom{n}{k} p^k (1-p)^{n-k},\ k = 0, 1, 2, \ldots, n,$$

这里

$$\binom{n}{k} = \frac{n!}{k!(n-k)!}.$$

令 $\boldsymbol{x} = (x_1, x_2, \ldots, x_n), \boldsymbol{N} = (N_1, N_2, \ldots, N_n)$ 为观测值, 则有:

- **参数 $\boldsymbol{p}$ 的先验分布:** $\mathrm{Beta}(\alpha, \beta)$.
- **后验分布的超参数:** $\left(\alpha + \sum_{i=1}^n x_i,\ \beta + \sum_{i=1}^n N_i - \sum_{i=1}^n x_i\right)$.

(3) **负二项分布** (negative binomial distribution). 考虑一系列独立同分布伯努利试验 (记成功概率为 p). 负二项式分布是在指定的 (非随机) 失败次数 (记为 r) 之前成功次数 (记为 k) 的离散概率分布 (记为 $\mathrm{NB}(r,p)$). 其概率质量函数为:

$$f(k|r,p) = \binom{k+r-1}{k} p^k (1-p)^r, \quad k = 0, 1, 2, \ldots.$$

假定 τ 已知, 令 $\boldsymbol{x} = (x_1, x_2, \ldots, x_n)$ 为观测值, 则有:

- **参数 $\boldsymbol{p}$ 的先验分布:** $\mathrm{Beta}(\alpha, \beta)$.
- **后验分布的超参数:** $\left(\alpha + \sum_{i=1}^n x_i,\ \beta + rn\right)$.

(4) **Poisson 分布** (Poisson distribution). 假定事件以已知的恒定速率发生并且独立于自上次事件以来的时间, Poisson 分布表示给定数量的事件发生在固定的时间间隔或空间中的概率, 其均值和方差相等 (记为 Λ), 记为 $P(\Lambda)$. 其概率质量函数为

$$p(k|\Lambda) = \mathrm{e}^{-\Lambda} \frac{\Lambda^k}{k!}, \quad k = 0, 1, 2, \ldots.$$

令 $\boldsymbol{x} = (x_1, x_2, \ldots, x_n)$ 为观测值, 则有:

- **参数 $\boldsymbol{\Lambda}$ 的先验分布:** $\mathrm{Gamma}(\alpha, \beta)$ 或 $\mathrm{Gamma}(\kappa, \theta)$.
- **后验分布的超参数:**

  对于先验分布 $\mathrm{Gamma}(\alpha, \beta)$: $\left(\alpha + \sum_{i=1}^n x_i,\ \beta + n\right)$.

  对于先验分布 $\mathrm{Gamma}(\kappa, \theta)$: $\left(\kappa + \sum_{i=1}^n x_i,\ \dfrac{\theta}{n\theta + 1}\right)$.

(5) **分类分布** (categorical distribution), 也被称为**广义 Bernoulli 分布** (generalized Bernoulli distribution). 它描述了一个随机变量的可能结果, 该随机变量可以采用若干 (记为 k) 可能类别中的一个, 并且每个类别有指定的概率, 记为

$$\boldsymbol{p} = (p_1, p_2, \ldots, p_k), \ \sum_{i=1}^{k} p_i = 1.$$

其概率质量函数为

$$f(x = i \mid \boldsymbol{p}) = p_i \text{ 或 } f(x \mid \boldsymbol{p}) = \prod_{i=1}^{k} p_i^{[x=i]},$$

这里

$$[x = i] = \begin{cases} 1, & x = i; \\ 0, & x \neq i. \end{cases}$$

令 $\boldsymbol{c} = (c_1, c_2, \ldots, c_k)$, 这里 c_i 为属于第 i 类观测值的个数, 则:

- **参数 $\boldsymbol{p}$ 的先验分布:** Dirichlet$(\boldsymbol{\alpha})$, $\boldsymbol{\alpha} = (\alpha_1, \alpha_2, \ldots, \alpha_k)$.
- **后验分布的超参数:** $\boldsymbol{\alpha} + \boldsymbol{c}$ 或 $\{\alpha_i + c_i\}_{i=1}^{k}$.

(6) **多项分布** (multinomial distribution). 它是二项分布所基于的 Bernoulli 试验从两个结果到多个 (记为 k 个) 结果的推广, 每个结果的概率固定, 记为

$$\boldsymbol{p} = (p_1, p_2, \ldots, p_k), \ \sum_{i=1}^{k} p_i = 1.$$

多项分布描述了在固定试验次数 (记为 n) 中, 得到各类次数

$$\boldsymbol{x} = (x_1, x_2, \ldots, x_k), \sum_{i=1}^{k} x_i = n$$

的概率 Multi$(n, \boldsymbol{p})$. 其概率质量函数为

$$f(x_1, x_2, \ldots, x_k | n, p_1, p_2, \ldots, p_k) = \frac{n!}{x_1!, x_2!, \cdots, x_k!} p_1^{x_1} \times p_2^{x_2} \times \cdots \times p_k^{x_k}.$$

记观测值为 $\boldsymbol{x} = (x_1, x_2, \ldots, x_k)$, 则有:

- **参数 $\boldsymbol{p}$ 的先验分布:** Dirichlet$(\boldsymbol{\alpha})$, $\boldsymbol{\alpha} = (\alpha_1, \alpha_2, \ldots, \alpha_k)$.
- **后验分布的超参数:** $\boldsymbol{\alpha} + \boldsymbol{x} = (\alpha_1 + x_1, \alpha_2 + x_2, \ldots, \alpha_k + x_k)$.

(7) **超几何分布** (hypergeometric distribution). 考虑有刚好 N 个对象, 其中有 K 个具有某种特征, 超几何分布描述在 n 次不放回的抽取中刚好抽到 k 个具有该特征对象的概率. 其概率质量函数为

$$p(k|N, K, n) = \frac{\binom{K}{k}\binom{N-K}{n-k}}{\binom{N}{n}}.$$

假定 $\boldsymbol{N} = (N_1, N_2, \ldots, N_n)$ 已知, 记观测值为 $\boldsymbol{x} = (x_1, x_2, \ldots, x_n)$, 则:

- **参数 $\boldsymbol{K}$ 的先验分布:** Beta-binomial$(\boldsymbol{N}, \alpha, \beta)$, 这里已知的 $\boldsymbol{N}$ 不会在后验超参数中更新.
- **后验分布的超参数:** $(\alpha + \sum_{i=1}^{n} x_i, \ \beta + \sum_{i=1}^{n} N_i - \sum_{i=1}^{n} x_i)$.

(8) **几何分布** (geometric distribution). 是研究在 Bernoulli 试验中得到一个成功 (记每次成功

的概率为 p) 时所需要的试验次数的分布 (记为 k). 其概率质量函数为[14]:

$$f(k|p) = (1-p)^{k-1}p,\ \ k = 1, 2, \ldots.$$

记观测值为 $\boldsymbol{x} = (x_1, x_2, \ldots, x_n)$, 则有:

- **参数 $\boldsymbol{p}$ 的先验分布:** $\mathrm{Beta}(\alpha, \beta)$.
- **后验分布的超参数:** $(\alpha + n,\ \beta + \sum_{i=1}^{n} x_i - n)$.

(9) **正态分布** (normal distribution) 或**高斯分布** (Gaussian distribution). 有均值 μ 和方差 Σ^2 的正态分布 (记为 $N(\mu, \Sigma^2)$ 或 $\mathrm{Gaussian}(\mu, \Sigma^2)$) 可由下面概率密度函数定义:

$$f(x \mid \mu, \Sigma^2) = \frac{1}{\sqrt{2\pi\Sigma^2}} \exp\left[-\frac{1}{2\Sigma^2}(x-\mu)^2\right],$$

如果把方差的倒数作为参数精度: $\tau \equiv 1/\Sigma^2$, 记为 $N(\mu, \tau)$, 则概率密度函数为:

$$f(x \mid \mu, \tau) = \sqrt{\frac{\tau}{2\pi}} \exp\left[-\frac{\tau}{2}(x-\mu)^2\right].$$

记观测值为 $\boldsymbol{x} = (x_1, x_2, \ldots, x_n)$, 考虑下面几种情况.

(a) $N(\mu, \Sigma^2)$, 方差 Σ^2 已知:

- **参数 $\boldsymbol{\mu}$ 的先验分布:** $N(\mu_0, \Sigma_0^2)$.
- **后验分布的超参数:**

$$\left[\frac{1}{\frac{1}{\Sigma_0^2} + \frac{n}{\Sigma^2}}\left(\frac{\mu_0}{\Sigma_0^2} + \frac{\sum_{i=1}^{n} x_i}{\Sigma^2}\right),\ \left(\frac{1}{\Sigma_0^2} + \frac{n}{\Sigma^2}\right)^{-1}\right].$$

(b) $N(\mu, \tau)$, 精度 τ 已知:

- **参数 $\boldsymbol{\mu}$ 的先验分布:** $N(\mu_0, \tau_0)$.
- **后验分布的超参数:**

$$\left(\frac{\tau_0\mu_0 + \tau\sum_{i=1}^{n} x_i}{\tau_0 + n\tau},\ \tau_0 + n\tau\right).$$

(c) $N(\mu, \Sigma^2)$, 均值 μ 已知情况一:

- **参数 $\boldsymbol{\Sigma}^2$ 的先验分布:** 逆 Gamma 分布 $\text{Inv-Gamma}(\alpha, \beta)$.
- **后验分布的超参数:**

$$\left[\alpha + \frac{n}{2},\ \beta + \frac{1}{2}\sum_{i=1}^{n}(x_i - \mu)^2\right].$$

(d) $N(\mu, \Sigma^2)$, 均值 μ 已知情况二:

- **参数 $\boldsymbol{\Sigma}^2$ 的先验分布:** 缩放逆 χ^2 分布 $\text{Scale-inv-}\chi^2(\nu, \Sigma_0^2)$.
- **后验分布的超参数:**

$$\left[\nu + n,\ \frac{\nu\Sigma_0^2 + \sum_{i=1}^{n}(x_i - \mu)^2}{\nu + n}\right].$$

(e) $N(\mu, \tau)$, 均值 μ 已知:

- **参数 $\boldsymbol{\tau}$ 的先验分布:** $\mathrm{Gamma}(\alpha, \beta)$.

---

[14]若考虑得到一个成功之前失败的次数 k, 这时的概率质量函数为

$$f(k|p) = (1-p)^{k}p,\ \ k = 0, 1, 2, \ldots.$$

- **后验分布的超参数:**
$$\left[\alpha+\frac{n}{2},\ \beta+\frac{1}{2}\sum_{i=1}^{n}(x_i-\mu)^2\right].$$

(f) $N(\mu,\Sigma^2)$, μ 和 Σ^2 未知但可交换[15]:

- **参数 $\boldsymbol{\mu},\boldsymbol{\Sigma}^2$ 的先验分布:** 正态-逆 Gamma 分布 Normal-Inv-Gamma (μ_0,ν,α,β).
- **后验分布的超参数:**
$$\left[\frac{\nu\mu_0+n\bar{x}}{\nu+n},\ \nu+n,\ \alpha+\frac{n}{2},\ \beta+\frac{1}{2}\sum_{i=1}^{n}(x_i-\bar{x})^2+\frac{n\nu}{\nu+n}\frac{(\bar{x}-\mu_0)^2}{2}\right].$$

(g) $N(\mu,\tau)$, μ 和 τ 未知但可交换:

- **参数 $\boldsymbol{\mu},\boldsymbol{\tau}$ 的先验分布:** 正态-Gamma 分布 Normal-Gamma (μ_0,ν,α,β).
- **后验分布的超参数:**
$$\left[\frac{\nu\mu_0+n\bar{x}}{\nu+n},\ \nu+n,\ \alpha+\frac{n}{2},\ \beta+\frac{1}{2}\sum_{i=1}^{n}(x_i-\bar{x})^2+\frac{n\nu}{\nu+n}\frac{(\bar{x}-\mu_0)^2}{2}\right].$$

(10) **Gamma 分布** (gamma distribution). 该分布有两种形式. 一种 (记为 Gamma(α,β), $\alpha>0$ 称为形状参数, $\beta>0$ 称为速率 (rate) 参数) 的概率密度函数为
$$\frac{\beta^\alpha}{\Gamma(\alpha)}x^{\alpha-1}\mathrm{e}^{-\beta x},\quad x\in(0,\infty).$$
这里的 $\Gamma(\alpha)$ 为 Gamma 函数[16]; 而另一种把上述参数重置为形状参数 $k=\alpha$ 及尺度参数 $\theta=1/\beta$, 记为 Gamma(k,θ), 其概率密度函数为:
$$\frac{1}{\Gamma(k)\theta^k}x^{k-1}\mathrm{e}^{-\frac{x}{\theta}},\quad x\in(0,\infty),$$
记观测值为 $\boldsymbol{x}=(x_1,x_2,\ldots,x_n)$, 考虑下面几种情况:

(a) α 已知:

- **参数 $\boldsymbol{\beta}$ 的先验分布:** Gamma(α_0,β_0).
- **后验分布的超参数:** $\left(\alpha_0+n\alpha,\ \beta_0+\sum_{i=1}^n x_i\right)$.

(b) β 已知:

- **参数 $\boldsymbol{\alpha}$ 的先验分布:** $\propto\dfrac{a^{\alpha-1}\beta^{\alpha c}}{\Gamma(\alpha)^b}$, 有 3 个超参数: (a,b,c).
- **后验分布的超参数:** $(a\prod_{i=1}^n x_i,\ b+n,\ c+n)$.

(c) α,β 未知, β 是逆尺度:

- **参数 $\boldsymbol{\alpha},\boldsymbol{\beta}$ 的先验分布:** $\propto\dfrac{p^{\alpha-1}\mathrm{e}^{-\beta q}}{\Gamma(\alpha)^r\beta^{-\alpha s}}$, 有 4 个超参数: (p,q,r,s).
- **后验分布的超参数:** $(p\prod_{i=1}^n x_i,\ q+\sum_{i=1}^n x_i,\ r+n,\ s+n)$.

(11) **指数分布** (exponential distribution). 当 Gamma(k,θ) 的参数 $k=1,\theta=1/\Lambda$ 时, 就是指

---

[15] 如果一个随机变量序列的任意排列都有相同的联合分布, 则该序列称为可交换的.

[16] Gamma 函数定义如下, 对于整数 n,
$$\Gamma(n)=(n-1)!;$$
而对于有正实部的复数 z, 定义为
$$\Gamma(z)=\int_0^\infty x^{z-1}\mathrm{e}^{-x}\,\mathrm{d}x.$$

数分布, 概率密度函数为

$$f(x|\Lambda) = \Lambda e^{\Lambda x}, \quad x \in [0, \infty).$$

记观测值为 $\boldsymbol{x} = (x_1, x_2, \ldots, x_n)$, 则有:

- **参数 Λ 的先验分布:** Gamma(α, β).
- **后验分布的超参数:** $(\alpha + n, \ \beta + \sum_{i=1}^{n} x_i)$.

(12) **逆 Gamma 分布** (inverse-gamma distribution). 如果 $Y \sim$ Gamma(α, β), 则 $X = 1/Y$ 服从逆 Gamma 分布 (记为 Inv-Gamma(α, β)), 其概率密度函数为:

$$f(x|\alpha, \beta) = \frac{\beta^\alpha}{\Gamma(\alpha)} x^{-\alpha-1} \exp\left(-\frac{\beta}{x}\right).$$

记观测值为 $\boldsymbol{x} = (x_1, x_2, \ldots, x_n)$, 假定 α 已知, β 是逆尺度, 则有:

- **参数 β 的先验分布:** Gamma(α_0, β_0).
- **后验分布的超参数:**

$$\left(\alpha_0 + n\alpha, \ \beta_0 + \sum_{i=1}^{n} \frac{1}{x_i}\right).$$

(13) **Beta 分布** (beta distribution). 如果 $Y \sim$ Gamma(α, θ), $Z \sim$ Gamma(β, θ), 则 $X = Y/(Y + Z)$ 有参数为 $\alpha > 0, \beta > 0$ 的 Beta 分布 (记为 Beta(α, β) 或容易和二项分布混淆的符号 B(α, β)), 其概率密度函数为:

$$f(x|\alpha, \beta) = \frac{\Gamma(\alpha + \beta)}{\Gamma(\alpha)\Gamma(\beta)} x^{\alpha-1}(1 - x)^{\beta-1} = \frac{1}{\mathrm{B}(\alpha, \beta)} x^{\alpha-1}(1 - x)^{\beta-1}.$$

(14) **Dirichlet 分布** (Dirichlet distribution). 它是 Beta 分布的多元推广. 若 $k \geqslant 2$ 并且有参数 $\boldsymbol{\alpha} = (\alpha_1, \alpha_2, \ldots, \alpha_k)$, $\alpha_i > 0$, $\forall i$, 则该分布有概率密度函数

$$f(x_1, x_2, \ldots, x_k; \alpha_1, \alpha_2, \ldots, \alpha_k) = \frac{1}{\mathrm{B}(\boldsymbol{\alpha})} \prod_{i=1}^{k} x_i^{\alpha_i - 1}$$

这里

$$\sum_{i=1}^{k} x_i = 1, \quad x_i \geqslant 0, \ \forall i = 1, 2, \ldots, k,$$

而 B$(\boldsymbol{\alpha})$ 为多元 Beta 函数:

$$\mathrm{B}(\boldsymbol{\alpha}) = \frac{\prod_{i=1}^{k} \Gamma(\alpha_i)}{\Gamma\left(\sum_{i=1}^{k} \alpha_i\right)}, \qquad \boldsymbol{\alpha} = (\alpha_1, \alpha_2, \ldots, \alpha_k).$$

(15) **Beta-二项分布** (Beta-binomial distribution). 具有参数 n (n 为 Bernoulli 试验次数), $\alpha > 0, \beta > 0$. 其来源于二项分布 $p(k|n, p) =$ Bin(n, p) 的参数 p 有 $p(p|\alpha, \beta) =$ Beta(α, β), 那么 $p(k|n, \alpha, \beta)$ 就是 Beta-二项分布, 概率密度函数为:

$$\begin{aligned} f(k|n, \alpha, \beta) &= \binom{n}{k} \frac{\mathrm{B}(k + \alpha, n - k + \beta)}{\mathrm{B}(\alpha, \beta)} \\ &= \frac{\Gamma(n + 1)}{\Gamma(k + 1)\Gamma(n - k + 1)} \frac{\Gamma(k + \alpha)\Gamma(n - k + \beta)}{\Gamma(n + \alpha + \beta)} \frac{\Gamma(\alpha + \beta)}{\Gamma(\alpha)\Gamma(\beta)}. \end{aligned}$$

(16) **缩放逆卡方分布** (scaled inverse chi-squared distribution). 这是逆 Gamma 分布的特例, 重

新调整参数的逆 Gamma 分布 Inv-Gamma $\left(\frac{\nu}{2}, \frac{\nu\tau^2}{2}\right)$ 称为有参数 ν, τ^2 的缩放逆卡方分布, 记为 Scale-Inv-$\chi^2(\nu, \tau^2)$, 其概率密度函数为

$$f(x|\nu, \tau^2) = \frac{(\tau^2\nu/2)^{\nu/2}}{\Gamma(\nu/2)} \frac{\exp\left(\frac{-\nu\tau^2}{2x}\right)}{x^{1+\nu/2}}.$$

(17) **多元正态分布** (multivariate normal distribution). 它是一元正态分布的推广, 参数为均值向量 $\boldsymbol{\mu}$ 和协方差矩阵 $\boldsymbol{\Sigma}$ 的多元正态分布, 记为 $N(\boldsymbol{\mu}, \boldsymbol{\Sigma})$, 其概率密度函数为:

$$f(x_1, x_2, \ldots, x_k|\boldsymbol{\mu}, \boldsymbol{\Sigma}) = \frac{\exp\left[-\frac{1}{2}(\boldsymbol{x}-\boldsymbol{\mu})^\top \boldsymbol{\Sigma}^{-1}(\boldsymbol{x}-\boldsymbol{\mu})\right]}{\sqrt{(2\pi)^k|\boldsymbol{\Sigma}|}};$$

有时以精度矩阵 $\boldsymbol{\Lambda} = \boldsymbol{\Sigma}^{-1}$ 作为参数, 记为 $N(\boldsymbol{\mu}, \boldsymbol{\Lambda})$, 其概率密度函数为:

$$f(x_1, x_2, \ldots, x_k|\boldsymbol{\mu}, \boldsymbol{\Lambda}) = \frac{\exp\left[-\frac{1}{2}(\boldsymbol{x}-\boldsymbol{\mu})^\top \boldsymbol{\Lambda}(\boldsymbol{x}-\boldsymbol{\mu})\right]|\boldsymbol{\Lambda}|^{1/2}}{\sqrt{(2\pi)^k}}.$$

记观测值为 $n \times p$ 矩阵 $\boldsymbol{X}$, $\boldsymbol{x}_i$ 为 $\boldsymbol{X}$ 的第 i 行 (第 i 个观测值), $\bar{\boldsymbol{x}}$ 为 p 维样本均值向量. 我们考虑下面几种情况.

(a) $N(\boldsymbol{\mu}, \boldsymbol{\Sigma})$, $\boldsymbol{\Sigma}$ 已知:

- **参数 $\boldsymbol{\mu}$ 的先验分布:** $N(\boldsymbol{\mu}_0, \boldsymbol{\Sigma}_0)$.
- **后验分布的超参数:**

$$\left[\left(\boldsymbol{\Sigma}_0^{-1} + n\boldsymbol{\Sigma}^{-1}\right)^{-1}\left(\boldsymbol{\Sigma}_0^{-1}\boldsymbol{\mu}_0 + n\boldsymbol{\Sigma}^{-1}\bar{\boldsymbol{x}}\right),\ \left(\boldsymbol{\Sigma}_0^{-1} + n\boldsymbol{\Sigma}^{-1}\right)^{-1}\right].$$

(b) $N(\boldsymbol{\mu}, \boldsymbol{\Lambda})$, $\boldsymbol{\Lambda}$ 已知:

- **参数 $\boldsymbol{\mu}$ 的先验分布:** $N(\boldsymbol{\mu}_0, \boldsymbol{\Lambda}_0)$.
- **后验分布的超参数:**

$$\left[(\boldsymbol{\Lambda}_0 + n\boldsymbol{\Lambda})^{-1}(\boldsymbol{\Lambda}_0\boldsymbol{\mu}_0 + n\boldsymbol{\Lambda}\bar{\boldsymbol{x}}),\ (\boldsymbol{\Lambda}_0 + n\boldsymbol{\Lambda})\right].$$

(c) $N(\boldsymbol{\mu}, \boldsymbol{\Sigma})$, $\boldsymbol{\mu}$ 已知:

- **参数 $\boldsymbol{\Sigma}$ 的先验分布:** 逆-Wishart 分布 Inv-Wishart$(\nu, \boldsymbol{\Psi})$.
- **后验分布的超参数:**

$$\left[n+\nu,\ \boldsymbol{\Psi} + \sum_{i=1}^{n}(\boldsymbol{x}_i - \boldsymbol{\mu})(\boldsymbol{x}_i - \boldsymbol{\mu})^\top\right].$$

(d) $N(\boldsymbol{\mu}, \boldsymbol{\Lambda})$, $\boldsymbol{\mu}$ 已知:

- **参数 $\boldsymbol{\Lambda}$ 的先验分布:** Wishart$(\nu, \boldsymbol{V})$.
- **后验分布的超参数:**

$$\left\{n+\nu,\ \left[\boldsymbol{V}^{-1} + \sum_{i=1}^{n}(\boldsymbol{x}_i - \boldsymbol{\mu})(\boldsymbol{x}_i - \boldsymbol{\mu})^\top\right]^{-1}\right\}.$$

(e) $N(\boldsymbol{\mu}, \boldsymbol{\Sigma})$:

- **参数 $\boldsymbol{\mu}, \boldsymbol{\Sigma}$ 的先验分布:** Normal-Inv-Wishart$(\boldsymbol{\mu}_0, \kappa_0, \nu_0, \boldsymbol{\Psi})$, 即正态-逆 Wishart 分布.
- **后验分布的超参数:**

$$\left[\frac{\kappa_0\boldsymbol{\mu}_0 + n\bar{\boldsymbol{x}}}{\kappa_0 + n},\ \kappa_0 + n,\ \nu_0 + n,\ \boldsymbol{\Psi} + \boldsymbol{C} + \frac{\kappa_0 n}{\kappa_0 + n}(\bar{\boldsymbol{x}} - \boldsymbol{\mu}_0)(\bar{\boldsymbol{x}} - \boldsymbol{\mu}_0)^\top\right],$$

这里

$$\boldsymbol{C}=\sum_{i=1}^{n}(\boldsymbol{x_i}-\bar{\boldsymbol{x}})(\boldsymbol{x_i}-\bar{\boldsymbol{x}})^{\top}.$$

(f) $N(\boldsymbol{\mu},\boldsymbol{\Lambda})$:

- **参数 $\boldsymbol{\mu},\boldsymbol{\Lambda}$ 的先验分布:** Normal-Wishart($\boldsymbol{\mu}_0$, κ_0, ν_0, $\boldsymbol{V}$), 即正态-Wishart 分布.
- **后验分布的超参数:**

$$\left\{\frac{\kappa_0\boldsymbol{\mu}_0+n\bar{\boldsymbol{x}}}{\kappa_0+n},\ \kappa_0+n,\ \nu_0+n,\ \left[\boldsymbol{V}^{-1}+\boldsymbol{C}+\frac{\kappa_0 n}{\kappa_0+n}(\bar{\boldsymbol{x}}-\boldsymbol{\mu}_0)(\bar{\boldsymbol{x}}-\boldsymbol{\mu}_0)^{\top}\right]^{-1}\right\},$$

这里

$$\boldsymbol{C}=\sum_{i=1}^{n}(\boldsymbol{x_i}-\bar{\boldsymbol{x}})(\boldsymbol{x_i}-\bar{\boldsymbol{x}})^{\top}.$$

(18) **正态-逆 Gamma 分布** (normal-inverse-gamma distribution). 这是正态分布 $N(\mu,\Sigma^2)$ 参数均未知时的一个共轭先验分布, 位置参数为 μ, 还有实数参数 $\Lambda>0, \alpha>0, \beta>0$, 一元概率密度函数为:

$$f(x,\Sigma^2|\mu,\Lambda,\alpha,\beta)=\frac{\sqrt{\Lambda}}{\Sigma\sqrt{2\pi}}\frac{\beta^{\alpha}}{\Gamma(\alpha)}\left(\frac{1}{\Sigma^2}\right)^{\alpha+1}\exp\left[-\frac{2\beta+\Lambda(x-\mu)^2}{2\Sigma^2}\right];$$

多元概率密度函数为:

$$\begin{aligned}&f(\boldsymbol{x},\Sigma^2|\mu,\boldsymbol{V}^{-1},\alpha,\beta)\\&=|\boldsymbol{V}|^{-1/2}(2\pi)^{-k/2}\frac{\beta^{\alpha}}{\Gamma(\alpha)}\left(\frac{1}{\Sigma^2}\right)^{k/2+\alpha+1}\exp\left[-\frac{2\beta+(\boldsymbol{x}-\boldsymbol{\mu})^{\top}\boldsymbol{V}^{-1}(\boldsymbol{x}-\boldsymbol{\mu})}{2\Sigma^2}\right].\end{aligned}$$

(19) **正态-Gamma 分布** (normal-gamma distribution). 如果 $X\sim p(x|T)=N(\mu,\tau=\Lambda T)$ (τ 是精度), 而 $T\sim \text{Gamma}(\alpha,\beta)$, 则 X, τ 有正态-Gamma 分布, 参数为 $(\mu,\Lambda,\alpha,\beta)$, 记为 Normal-Gamma$(\mu,\Lambda,\alpha,\beta)$, 其概率密度函数为:

$$f(x,\tau|\mu,\Lambda,\alpha,\beta)=\frac{\beta^{\alpha}\sqrt{\Lambda}}{\Gamma(\alpha)\sqrt{2\pi}}\tau^{\alpha-\frac{1}{2}}\mathrm{e}^{-\beta\tau}\mathrm{e}^{-\frac{\Lambda\tau(x-\mu)^2}{2}}.$$

(20) **Wishart 分布** (Wishart distribution). 这是 χ^2 分布向多维的推广. 它是 $N(\boldsymbol{\mu},\boldsymbol{\Lambda})$ 分布的共轭先验分布.

假设 $\boldsymbol{X}$ 是一个 $\nu\times p$ 矩阵, 其互相独立的行向量, 每个服从 $N_p(0,\boldsymbol{V})$. 则 $p\times p$ 矩阵

$$\boldsymbol{S}=\sum_{i=1}^{\nu}\boldsymbol{X}_i^{\top}\boldsymbol{X}_i$$

的分布称为 Wishart 分布, ν 称为自由度, 记为 $W(\boldsymbol{V},\nu)$. 当 $p=V=1$ 时为 $\chi^2(\nu)$ 分布. 如果 $p\times p$ 正定矩阵 $\boldsymbol{X}$ (相当于前面的 $\boldsymbol{S}$, 而不是前面 $n\times p$ 矩阵 $\boldsymbol{X}$) 服从 $W(\boldsymbol{V},\nu)$, 这里 $\boldsymbol{V}$ 为 $p\times p$ 正定矩阵, 那么该 Wishart 分布的概率密度函数为:

$$f(\boldsymbol{X}|n,\boldsymbol{V})=\frac{1}{2^{np/2}\left|\boldsymbol{V}\right|^{n/2}\Gamma_p\left(\frac{n}{2}\right)}|\boldsymbol{X}|^{(n-p-1)/2}\mathrm{e}^{-(1/2)\,\mathrm{tr}(\boldsymbol{V}^{-1}\boldsymbol{X})},$$

这里 $\Gamma_p(\cdot)$ 是多维 Gamma 函数

$$\Gamma_p\left(\frac{n}{2}\right)=\pi^{p(p-1)/4}\prod_{j=1}^{p}\Gamma\left(\frac{n}{2}-\frac{j-1}{2}\right).$$

(21) **逆 Wishart 分布** (inverse Wishart distribution). 一个满足 Wishart 分布 $W(\boldsymbol{V},\nu)$ 的矩阵之逆的分布为逆 Wishart 分布, 记为 $W^{-1}(\boldsymbol{V}^{-1},\nu)$. 此外, 多元正态分布 $N(\boldsymbol{\mu},\boldsymbol{\Sigma})$ 在 $\boldsymbol{\mu}$ 已知时 $\boldsymbol{\Sigma}$ 的共轭先验分布为逆 Wishart 分布. 逆 Wishart 分布 $W^{-1}(\boldsymbol{\Psi},\nu)$ 的概率密度函数为:

$$p(\boldsymbol{X}\mid\boldsymbol{\Psi},\nu)=\frac{|\boldsymbol{\Psi}|^{\frac{\nu}{2}}\varGamma_p\left(\frac{\nu+n}{2}\right)}{\pi^{\frac{np}{2}}|\boldsymbol{\Psi}+\boldsymbol{A}|^{\frac{\nu+n}{2}}\varGamma_p\left(\frac{\nu}{2}\right)}.$$

(22) **正态-Wishart 分布** (normal-Wishart distribution). 它是多元正态分布 $N(\boldsymbol{\mu},\boldsymbol{\Lambda})$ 在均值向量和精度矩阵 $(\boldsymbol{\mu},\boldsymbol{\Lambda})$ 均未知时的共轭先验分布, 记为 $(\boldsymbol{\mu},\boldsymbol{\Lambda})\sim\mathrm{NW}(\boldsymbol{\mu}_0,\Lambda,\boldsymbol{W},\nu)$. 密度函数由下式给出:

$$f(\boldsymbol{\mu},\boldsymbol{\Lambda}|\boldsymbol{\mu}_0,\Lambda,\boldsymbol{W},\nu)=N[\boldsymbol{\mu}|\boldsymbol{\mu}_0,(\Lambda\boldsymbol{\Lambda})^{-1})]\,W(\boldsymbol{\Lambda}|\boldsymbol{W},\nu),$$

这里的 $\boldsymbol{\mu}_0\in\mathbb{R}^D$ 为位置参数向量, $\Lambda>0$, $\boldsymbol{W}\in\mathbb{R}^{D\times D}$ 为正定尺度矩阵, $\nu>D-1$.

(23) **Pareto 分布** (Pareto distribution). 该分布有尺度参数 $x_m>0$ 和形状参数 $\kappa>0$. 其概率密度函数为:

$$f(x|x_m,\kappa)=\begin{cases}\dfrac{\kappa x_{\mathrm{m}}^{\kappa}}{x^{\kappa+1}}, & x\geqslant x_{\mathrm{m}};\\ 0, & x<x_{\mathrm{m}}.\end{cases}$$

记观测值为 $\boldsymbol{x}=(x_1,x_2,\dots,x_n)$, 假定最小值 x_m 已知, 则有:

- **参数 $\boldsymbol{\kappa}$ 的先验分布:** Gamma(α,β).
- **后验分布的超参数:**

$$\left(\alpha+n,\ \beta+\sum_{i=1}^{n}\ln\frac{x_i}{x_{\mathrm{m}}}\right).$$

(24) **均匀分布** (uniform distribution). 最简单的在区间 $[a,b]$ 的连续分布, 记为 $U(a,b)$. 其概率密度函数为:

$$f(x|a,b)=\begin{cases}\dfrac{1}{b-a}, & a\leqslant x\leqslant b;\\ 0, & x<a \text{ 或 } x>b.\end{cases}$$

记观测值为 $\boldsymbol{x}=(x_1,x_2,\dots,x_n)$, 考虑 $U(0,\theta)$ 则有:

- **参数 $\boldsymbol{\theta}$ 的先验分布:** Pareto(x_m,k).
- **后验分布的超参数:**

$$(\max\{x_1,x_2,\dots,x_n,x_{\mathrm{m}}\},\ k+n).$$

(25) **Weibull 分布** (Weibull distribution). 该分布有尺度参数 $\Lambda>0$ 和形状 $k>0$. 概率密度函数为:

$$f(x|\Lambda,k)=\begin{cases}\dfrac{k}{\Lambda}\left(\dfrac{x}{\Lambda}\right)^{k-1}\mathrm{e}^{-(x/\Lambda)^k}, & x\geqslant 0;\\ 0, & x<0.\end{cases}$$

记观测值为 $\boldsymbol{x}=(x_1,x_2,\dots,x_n)$, 假定形状参数 k 已知, 则有:

- **参数 $\boldsymbol{\Lambda}$ 的先验分布:** 逆 Gamma 分布 Inv-Gamma(a,b).

- **后验分布的超参数:** $(a+n,\ b+\sum_{i=1}^{n} x_i^k)$.

(26) **对数正态分布** (log-normal distribution). 如果随机变量的对数是正态分布 $N(\mu,\Sigma^2)$ 或 $N(\mu,\tau)$, 则该随机变量有对数正态分布, 记为 Log-Normal$(\mu,\ \Sigma^2)$ 或 Log-Normal$(\mu,\ \tau)$, 其概率密度函数分别为:

$$\frac{1}{x\Sigma\sqrt{2\pi}}\ \exp\left[-\frac{1}{2\Sigma^2}(\ln x-\mu)^2\right]$$

或者

$$\frac{\sqrt{\tau}}{x\sqrt{2\pi}}\ \exp\left[-\frac{\tau}{2}(\ln x-\mu)^2\right].$$

记观测值为 $\boldsymbol{x}=(x_1,x_2,\ldots,x_n)$, 考虑下面两种情况:

(a) Log-normal(μ,τ), τ 已知:

- **参数 $\boldsymbol{\mu}$ 的先验分布:** $N(\mu_0,\tau_0)$.
- **后验分布的超参数:**

$$\left[\left(\tau_0\mu_0+\tau\sum_{i=1}^{n}\ln x_i\right)(\tau_0+n\tau)^{-1},\ \tau_0+n\tau\right].$$

(b) Log-normal(μ,τ), μ 已知:

- **参数 $\boldsymbol{\tau}$ 的先验分布:** Gamma(α,β).
- **后验分布的超参数:**

$$\left[\alpha+\frac{n}{2},\ \beta+\frac{1}{2}\sum_{i=1}^{n}(\ln x_i-\mu)^2\right].$$

2.4.2 指数先验分布族的一些结果 *

由贝叶斯定理, 后验分布和似然函数与先验分布的乘积成比例. 因此似然函数的性质, 诸如可积性等是很受关注的, 这关系到和非正常先验分布一起是否形成正常的先验分布, 也关系到是否可以有效地应用 Gibbs 抽样来产生随机变量以进行推断. George, Makov and Smith (1993) 对指数族的共轭似然先验分布的情况进行了讨论. 和此有关联的对指数分布族的共轭分布族的研究, 请参看 Arnold et al. (1993, 1996).

令 ν 为 R^k 上 Borel 集的一个固定的 Σ-有穷测度. 对于 $\theta\in R^k$, 自然参数空间定义为 $N=\{\theta|\int\exp(x\theta)\mathrm{d}\nu(x)<\infty\}$. 对于 $\Theta\subset N$, 通过 ν 的指数族, 概率测度 $\{P_\theta|\theta\in\Theta\}$ 定义为

$$\mathrm{d}P_\theta(x)=\exp\left[x\theta-\Psi(\theta)\right]\mathrm{d}\nu(x),\ \ \theta\in\Theta,$$

这里 $\Psi(\theta)\equiv\ln\int\exp(x\theta)\mathrm{d}\nu(x)$; 已知的结果是 N 是下凸的, 而 Ψ 是一个 N 中的下凸函数. P_θ 的共轭先验分布测度 (conjugate prior measure) 定义为

$$\mathrm{d}\Pi(\theta|x_0,n_0)\propto\exp[x_0\theta-n_0\Psi(\theta)]I_\Theta(\theta)\mathrm{d}\theta,\ \ x_0\in R^k,\ n_0\geqslant 0.$$

Diaconis and Ylvisaker (1979) 提出了共轭先验分布为正常的充分和必要条件:

测度 $\Pi(\theta|x_0,n_0)$ 为有穷的, 即 $\int_\Theta\exp[x_0\theta-n_0\Psi(\theta)]\mathrm{d}\theta<\infty$ 的充分必要条件为 $x_0/n_0\in K^0$ 及 $n_0>0$, 这里 K^0 为 ν 的下凸支撑的内部.

满足该条件的 Π 可以表示成 R^k 上的正常共轭先验分布, 即

$$\mathrm{d}\Pi(\theta|x_0,n_0)=\exp[x_0\theta-n_0\Psi(\theta)-\phi(x_0,n_0)]I_\Theta(\theta)\mathrm{d}\theta,$$

这里

$$\phi(x_0,n_0)=\ln\int\exp[x_0\theta-n_0\Psi(\theta)]\mathrm{d}\theta.$$

George, Makov and Smith (1993) 证明了 $\phi(x_0,n_0)$ 为下凸的. 如果 $\theta_1,\theta_2,\ldots,\theta_p$ 为来自共轭先验分布 $\mathrm{d}\Pi(\theta|x_0,n_0)$ 的样本, 则

$$\mathrm{d}\Pi(\theta|x_0,n_0)=\exp\left[x_0\sum_{i=1}^{p}\theta_i-n_0\sum_{i=1}^{p}\Psi(\theta_i)-p\phi(x_0n_0)\right]\left[\prod_{i=1}^{p}I_\Theta(\theta_i)\mathrm{d}\theta_i\right].$$

由此先验分布导出的共轭似然分布 (conjugate likelihood distribution) 定义为

$$L(x_0,n_0|\theta_1,\theta_2,\ldots,\theta_p)\propto\exp\left[x_0\sum_{i=1}^{p}\theta_i-n_0\sum_{i=1}^{p}\Psi(\theta_i)-p\phi(x_0n_0)\right]I_{K^0}(x_0/n_0)I_{(0,\infty)}(n_0).$$

George, Makov and Smith (1993) 证明了下面的结果:

如果 $\theta_1,\theta_2,\ldots,\theta_p$ 中的 $\theta_i\in\Theta$, 则 $L(x_0,n_0|\theta_1,\theta_2,\ldots,\theta_p)$ 在 (x_0,n_0) 为对数上凸的. 而且, 如果 Θ 为下凸的并且 $\Psi(\theta)$ 为严格下凸的, 且令 $\mathrm{d}x_0$ 和 $\mathrm{d}n_0$ 分别为 R^k 和 R 上的 Lebesgue 测度, 则对所有 p, $\int_{R^k}\ell(x_0,n_0|\theta_1,\theta_2,\ldots,\theta_p)\mathrm{d}x_0<\infty$, 并且 $\int_{R^{k+1}}L(x_0,n_0|\theta_1,\theta_2,\ldots,\theta_p)\mathrm{d}x_0\mathrm{d}n_0<\infty\Leftrightarrow p\geqslant 2$.

根据上面结果, 他们表明, 对于样本 $(\theta_1,\theta_2,\ldots,\theta_p)$ 的分布 Gamma(α,β) 的似然函数族 $\ell^G(\alpha,\beta|\theta_1,\theta_2,\ldots,\theta_p)$ 为对数上凸的, 而且对所有 p,

$$\int_0^\infty\ell^G(\alpha,\beta|\theta_1,\theta_2,\ldots,\theta_p)\mathrm{d}\alpha<\infty,$$

而且

$$\int_0^\infty\int_0^\infty\ell^G(\alpha,\beta|\theta_1,\theta_2,\ldots,\theta_p)\mathrm{d}\alpha\mathrm{d}\beta<\infty\Leftrightarrow p\geqslant 2.$$

类似地, 对于样本 $(\theta_1,\theta_2,\ldots,\theta_p)$ 的分布 Beta(α,β) 的似然函数族 $\ell^B(\alpha,\beta|\theta_1,\theta_2,\ldots,\theta_p)$ 为对数上凸的, 而且对所有 p,

$$\int_0^\infty\ell^B(\alpha,\beta|\theta_1,\theta_2,\ldots,\theta_p)\mathrm{d}\alpha<\infty \text{ 及 } \int_0^\infty\ell^B(\alpha,\beta|\theta_1,\theta_2,\ldots,\theta_p)\mathrm{d}\beta<\infty,$$

而且

$$\int_0^\infty\int_0^\infty\ell^G(\alpha,\beta|\theta_1,\theta_2,\ldots,\theta_p)\mathrm{d}\alpha\mathrm{d}\beta<\infty\Leftrightarrow p\geqslant 2.$$

上面的结果也可以用于来自指数族的贝叶斯多层模型. 假定数据 $x_1,x_2,\ldots,x_p$ 在已给 $\theta_1,\theta_2,\ldots,\theta_p$ 时为条件独立的, 有联合分布 $f(x_1,x_2,\ldots,x_p|\theta_1,\theta_2,\ldots,\theta_p)=\prod_{i=1}^p f(x_i|\theta_i)$, 这里 $\{f(x_i|\theta_i)\}$ 皆来自指数族; 再假定在已给超参数 α, β 时, $\theta_1,\theta_2,\ldots,\theta_p$ 为条件独立, 有联合分布 $\pi(\theta_1,\theta_2,\ldots,\theta_p|\alpha,\beta)=\prod_{i=1}^p\pi(\theta_i|\alpha,\beta)$, 这里 $\{\pi(\theta_i|\alpha,\beta)\}$ 皆来自指数族的共轭分布族. 这就可以利用刚才讨论的形式为 $\pi(\alpha,\beta|\theta_1,\theta_2,\ldots,\theta_p)$ 的共轭似然分布的结果. 这里的指数族 $f(x|\theta)$ 包含了许多常用的分布, 比如参数为 θ 的 Poisson 分布 (或指数分布), 而 θ 有 Gamma(α,β) 分布; 参数为 θ 的 Bernoulli 分布 (或二项、负二项及几何分布), 而 θ 有 Beta(α,β) 分布; 以及正态 $N(\theta,1)$ 分布, 而 θ 有 $N(\alpha,\beta)$ 分布; 等等.

2.5 可能性和最大似然原理

似然理论是贝叶斯推理的一个重要部分：它显示数据是如何进入模型的. 其基础是 Fisher 原则: 未知参数的值应该为“最有可能”生成观测数据的值.

假定 $\boldsymbol{y}$ 为观测值向量, 而 $\theta \in \Theta$ 为待估计未知参数向量, 后验分布

$$p(\boldsymbol{\theta} \mid \boldsymbol{y}) = \frac{p(\boldsymbol{y} \mid \theta)p(\boldsymbol{\theta})}{p(\boldsymbol{y})} \propto p(\boldsymbol{y} \mid \boldsymbol{\theta})p(\boldsymbol{\theta}), \text{这里 } p(\boldsymbol{y}) = \int p(\boldsymbol{\theta})p(\boldsymbol{y} \mid \boldsymbol{\theta})\mathrm{d}\boldsymbol{\theta}.$$

已经有数据 $\boldsymbol{y}$ 之后, 似然函数

$$L(\boldsymbol{\theta}|\boldsymbol{y}) = \prod_{i=1}^{n} p(\boldsymbol{y}_i|\boldsymbol{\theta})$$

不再是一个概率度量, 而是 $\boldsymbol{\theta}$ 的函数. 我们的目标是寻找使似然函数最大的 $\boldsymbol{\theta}$ 值, 即 $\boldsymbol{\theta}$ 的**最大似然估计** (maximum likelihood estimate):

$$\hat{\boldsymbol{\theta}} = \arg\max_{\boldsymbol{\theta}} L(\boldsymbol{\theta}|\boldsymbol{y}), \text{ 或者 } \hat{\boldsymbol{\theta}} : L(\hat{\boldsymbol{\theta}}|\boldsymbol{y}) \geqslant L(\boldsymbol{\theta}|\boldsymbol{y})\ \forall \boldsymbol{\theta} \in \Theta$$

当然, 在实际计算中, 使用对数似然更方便:

$$\ell(\boldsymbol{\theta}|\boldsymbol{y}) \equiv \log L(\boldsymbol{\theta}|\boldsymbol{y}).$$

通常称对数似然关于 $\boldsymbol{\theta}$ 的一阶偏导数

$$\dot{\ell}(\boldsymbol{\theta}|\boldsymbol{y}) = \frac{\partial}{\partial \boldsymbol{\theta}} \log L(\boldsymbol{\theta}|\boldsymbol{y})$$

为**记分函数** (score function). 显然, 使得记分函数等于 0 的 $\boldsymbol{\theta}$ 为其最大似然估计.

2.6 习 题

1. 考虑下面问题:
   (1) 一个人在年前说, “我今年春节有九成的机会回老家”. 这里的“九成”是主观概率. 这个主观概率有没有可能是以任何数据或信息作为根据的?
   (2) 一个走路晃晃悠悠的人离开一个饭馆, 人们评论说: “他八成是喝醉了!”这种评论会不会完全没有根据?
   (3) 当一种火箭发射 20 次都成功, 没有失败, 能不能得到发射成功概率为 1 的结论? 为什么? 如果火箭总设计师在发射时有些紧张, 能不能说明发射还是有失败的可能?
   (4) 交警在街上拦截车辆检查酒驾, 查到酒驾的成功率比真正酒驾的比例要高, 是不是交警有某种先验分布? 试试说明这些先验分布的来源.
   (5) 一个幼儿喜欢或不喜欢某些陌生人是随机的, 还是有一些理由的? 试着讨论.
   (6) “直觉”或者“第六感觉”完全没有信息的支持, 还是有些一下子说不出来的根据?
2. 贝叶斯统计的度量标准是概率. 请找出经典统计不是完全根据概率做决策的例子.
3. 请考虑下列问题:
   (1) 经典数理统计中假设检验的零假设和备选假设是不是对称的?
   (2) 数理统计的假设检验总是要讨论第一类错误和第二类错误. 请问, 对于数理统计教材中的假设检验, 能不能算出犯第二类错误的概率?
   (3) 如果没有那些关于数据的数学假定, 数理统计检验统计量的分布能不能推导出来?

p 值能不能算出来? **有多大程度, 检验显著性是来自你对数据的假定而不是数据本身?**

4. 考虑下面问题:

(1) 选择共轭先验分布是根据数学方便还是实际需要?

(2) 在计算机解决了后验分布计算困难之后, 先验分布的选择是不是不那么重要?

(3) 在计算机解决了后验分布计算困难之后, 先验分布是不是可以随意选择?

第二部分

几个常用初等贝叶斯模型

第 3 章　比例的推断: Bernoulli 试验

考虑只有"成功"和"失败"的独立试验, 如果每次成功概率为 θ, 则称这些试验为有参数 θ 的 Bernoulli 试验, 而试验结果是"成功"还是"失败"的分布为 Bernoulli(θ) 分布. 如果在 n 次 Bernoulli 试验中, 有 s 次成功 (那么一定有 $f = n - s$ 次失败), 则成功的次数称为服从有参数 (n, θ) 的二项分布. Bernoulli 分布是二项分布在 $n = 1$ 时的特例. 人们一般希望用试验中成功个数或者比例来对参数 θ 做推断. 形式上, 记观测值 $\boldsymbol{x} = (x_1, x_2, \ldots, x_n)$ 为参数 θ 的 Bernoulli 试验的结果, 对应于"成功"或"失败", 每个 x_i 取值为 1 或 0.

3.1　采用简单共轭先验分布

取 θ 的先验分布 $p(\theta)$ 为共轭先验分布 Beta(α, β), 则 $s = x_1 + x_2 + \cdots + x_n$ 为一个充分统计量. 后验分布

$$p(\theta|\boldsymbol{x}) \propto \ell(\theta|\boldsymbol{x}) = \theta^s (1-\theta)^{n-s} \frac{\Gamma(\alpha+\beta)}{\Gamma(\alpha)\Gamma(\beta)} \theta^{\alpha-1}(1-\theta)^{\beta-1}$$
$$\propto \theta^{T(\boldsymbol{x})+\alpha-1}(1-\theta)^{n-s+\beta-1},\ 0 \leqslant \theta \leqslant 1.$$

而后验分布为 Beta$(s+\alpha, n-s+\beta)$ (参见图 3.1.1). 如果用二次损失函数来估计 θ, 则

$$\hat{\theta}(\boldsymbol{x}) = E(\theta|\boldsymbol{x}) = \frac{s+\alpha}{n+\alpha+\beta}.$$

常用的"无信息先验分布"为 Beta$(1,1)$ $(\alpha = \beta = 1)$, 而 Beta$(1,1)$ 为在 $[0,1]$ 区间上的均匀分布 U$(0,1)$, 这时,

$$\hat{\theta}(\boldsymbol{x}) = \frac{s+1}{n+2}.$$

上面的模型形式上可以用下面的公式和图描述.

$$p(\boldsymbol{x}|\theta) = \prod_{i=1}^{n} \text{Bernoulli}(x_i|\theta),$$
$$p(\theta) = \text{Beta}(\theta|\alpha, \beta).$$

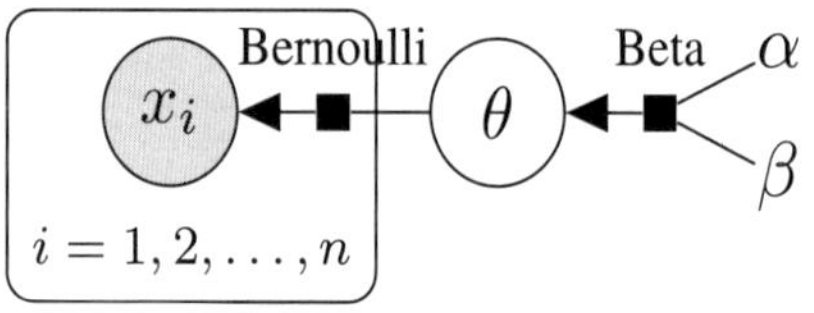

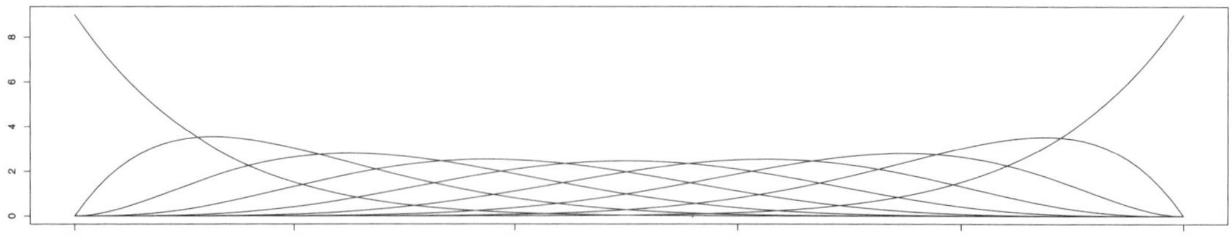

图 3.1.1　对于 $n = 8$ 及 $s = 0, 1, 2, \ldots, 8$ 的后验分布 Beta$(s+1, n-s+1)$ 图

图 3.1.1 为对于 $n = 8$ 及 $s = 0, 1, 2, \ldots, 8$ 的后验分布 Beta$(s+1, n-s+1)$ 图, 是由下

面代码生成的:

```
for (s in 0:8) curve(dbeta(x,s+1,8-s+1),0,1,add=s!=0,xlab=" ,ylab=" )
```

后面我们将用下面的假想例子来说明如何通过共轭先验分布和数据得到后验分布.

例 3.1 假定一个医院某手术的感染率为 θ, 实际上, 这个医院 9 次手术无感染. 在其他医院, 感染率从 2%到 23%不等, 平均起来, 感染率大约为 10%, 我们能够得到关于 θ 的什么信息?

这是一个 Bernoulli 试验的模型, 假定 n 次手术的数据为 $\boldsymbol{x}=(x_1,x_2,\ldots,x_n)$, 每个 x_i 取值为 1 表示感染, 而取值为 0 表示没有感染.

3.1.1 例 3.1 的关于 θ 的后验分布及其最高密度区域

对于这个例子, 似然函数为

$$p(\boldsymbol{x}|\theta)=\theta^{\sum x_i}(1-\theta)^{n-\sum x_i}.$$

选择共轭先验分布 Beta(α,β):

$$p(\theta)\propto\theta^{\alpha-1}(1-\theta)^{\beta-1}.$$

后验分布为 Beta$(\sum x_i+\alpha, n-\sum x_i+\beta)$. 但是, 如何选择先验分布的参数 α 和 β 呢? 根据先验知识, 均值为 0.1, 也就是说, $\alpha/(\alpha+\beta)\approx 0.1$. 根据这个条件及手术感染率的范围, 我们取 $\alpha=2,\beta=18$ (可以很容易编一个小程序得到这个结果, 留给读者去做), 这使得

$$p(0.02<\theta<0.23)\approx 0.9.$$

由于 $\sum x_i=0$, $n=15$, 后验分布为 Beta$(0+2,9-0+18)=$ Beta(2,27). 因此后验均值为 $2/(2+27)\approx 0.06897$, 我们知道, 对于平方损失函数, 这个后验均值就是 θ 的贝叶斯估计. 显然, 这个贝叶斯估计比经典统计作为无偏点估计的样本均值 $\bar{x}=\sum x_i/n=0$ 要合理得多.

3.1.2 例 3.1 的关于 θ 的最高密度区域的 R 代码计算

为了得到最高密度区域, 有很多 R 的程序包, 比如利用 `hdrcde` 包[1], 可以得到各种最高密度区域, 下面是得到默认的 99%, 95%, 50%最高密度区域并且产生相应的图 (见图 3.1.2) 的代码.

```
library(hdrcde)
x <- rbeta(100000,2,27)
hdr.den(x)
```

输出为:

```
$hdr
            [,1]       [,2]
99% -0.0064892837 0.21518187
95% -0.0004917091 0.15832924
```

[1] Hyndman RJ, Einbeck J, Wand MP (2021). hdrcde: Highest Density Regions and Conditional Density Estimation. R package version 3.4, `https://pkg.robjhyndman.com/hdrcde/`.

```
50%   0.0180228842 0.06971615

$mode
[1] 0.03951943

$falpha
       1%         5%        50%
0.3007367 1.3838029 8.1255594
```

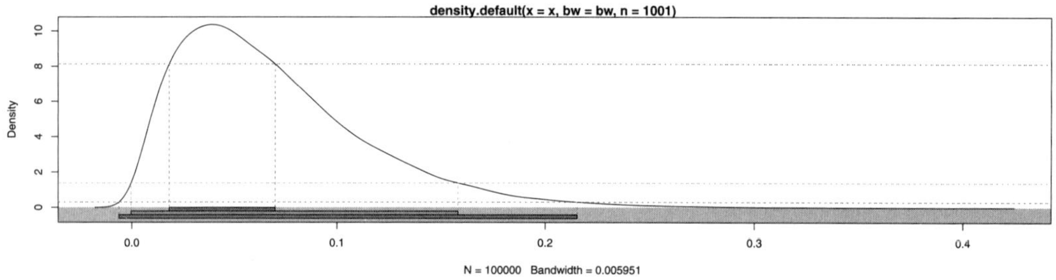

图 3.1.2　例 3.1 后验密度和 99%, 95%, 50%最高密度区域

利用程序包 LearnBayes [2]的函数 triplot 可以基于 Beta(2, 18) 先验分布及数据 (0 次感染, 9 次无感染) 画出先验密度、似然函数及后验密度图 (见图 3.1.3).

```
LearnBayes::triplot(c(2,18),c(0,9),where='top')
```

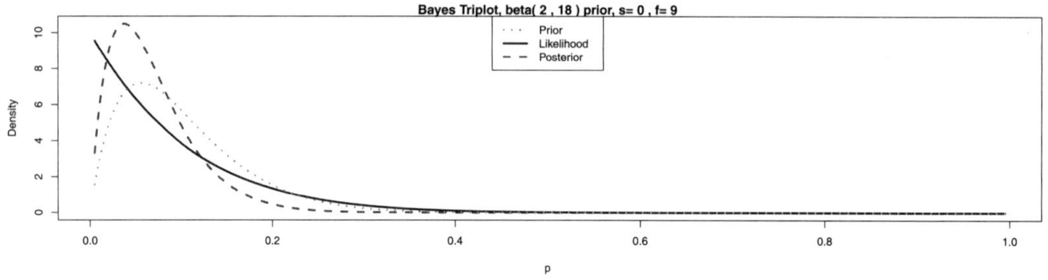

图 3.1.3　例 3.1 先验密度、似然函数及后验密度图

3.1.3 例 3.1 的关于 θ 的最高密度区域的 Python 代码计算

输入程序包:

```
from scipy.stats import beta
from matplotlib.patches import Polygon
```

[2]Albert J (2018). LearnBayes: Functions for Learning Bayesian Inference. R package version 2.15.1, https://CRAN.R-project.org/package=LearnBayes.

利用函数 az.hdi (或 pm.hdi) 计算不同 α 的最高密度后验区域 (密度分别为 0.99, 0.95, 0.50) 并且画图 (见图 3.1.4).

```
rb = beta.rvs(2,27,size=50000,random_state=1010)
fig, ax = plt.subplots(figsize=(20,5))
x=np.linspace(0,0.4,100)
rv = beta(2, 27)
plt.plot(x, rv.pdf(x), 'k-', lw=2, label='frozen pdf')
plt.ylim(ymin=0)
dr=[0.99,0.95,0.5]
col=['y','b','r']
for i in range(3):
    x1,x2=az.hdi(rb,dr[i])
    ix=np.linspace(x1,x2)
    iy = rv.pdf(ix)
    verts = [(x1, 0)] + list(zip(ix, iy)) + [(x2, 0)]
    print(x1,x2)
    poly = Polygon(verts, facecolor=col[i], edgecolor='0.5')
    ax.add_patch(poly)
plt.ylabel('Density')
plt.title('99%, 95%, 50% Highest Posterior Density Regions of Beta(2,27)')
plt.savefig("hosp027.pdf", format="pdf", bbox_inches="tight",pad_inches=0)
plt.show()
```

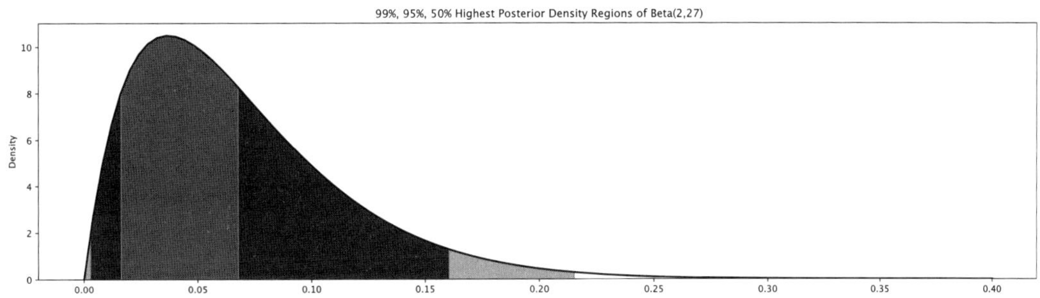

图 3.1.4 例 3.1 后验密度和 99%、95%、50%最高密度区域 (Python 代码产生)

3.2 稍微复杂的共轭先验分布

例 3.2 (rat.csv) 这是一个著名的涉及二项分布的例子, 数据出现在 Tarone (1982), 又被 Goodman et al. (2008) 引用, 而且包含在一些 R 程序包 (比如程序包 BayesGOF) 中. 在 R 中可以用代码 data(rat, package = "BayesGOF") 直接获得 (数据名 rat). 该数据来自 1977 年一项关于糖尿病药物苯乙双胍 (phenformin) 致癌作用的研究. 具体数据为在 70 个对照组雌性大鼠子宫内膜息肉 (endometrial stromal polyps) 发病数目, 该数据有两列, 变量名为 y 和 n, 符号上可用 y_i 表示在第 i 组的 n_i 个大鼠中发现肿瘤的老鼠数量 ($i = 1, 2, \ldots, 70$).

对于这个例子, 我们假定的模型为

$$p(\boldsymbol{y}|\theta)=\prod_{i=1}^{N}\text{Bin}(y_i|\theta_i,n_i); \qquad (3.2.1)$$

$$p(\boldsymbol{\theta}|\alpha,\beta)=\prod_{i=1}^{N}\text{Beta}(\theta_i|\alpha,\beta); \qquad (3.2.2)$$

$$p(\alpha,\beta)\propto(\alpha+\beta)^{-2/5}. \qquad (3.2.3)$$

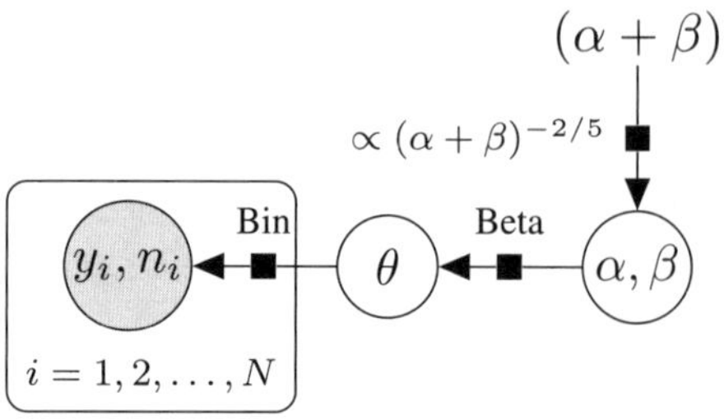

注: 式 (3.2.3) 的先验分布来自在区间 $(\alpha/(\alpha+\beta),(\alpha+\beta)^{-1/2})$ 上的均匀分布, 乘以雅克比式之后成为式 (3.2.3), 这等价于

$$p\left(\log\left(\frac{\alpha}{\beta}\right),\log(\alpha+\beta)\right)\propto\alpha\beta(\alpha+\beta)^{-2/5}. \qquad (3.2.4)$$

联合后验分布为

$$\begin{aligned}p(\alpha,\beta,\theta|y)&\propto p(\alpha,\beta)p(\theta|\alpha,\beta)p(y|\theta)\\&\propto p(\alpha,\beta)\prod_{i=1}^{N}\frac{\Gamma(\alpha+\beta)}{\Gamma(\alpha)\Gamma(\beta)}\theta_i^{\alpha-1}(1-\theta_i)^{\beta-1}\prod_{i=1}^{N}\theta_i^{y_i}(1-\theta_i)^{n_i-y_i}\end{aligned}$$

而

$$p(\theta|\alpha,\beta,y)=\prod_{i=1}^{N}\frac{\Gamma(\alpha+\beta+n_i)}{\Gamma(\alpha+y_i)\Gamma(\beta+n_i-y_i)}\theta_i^{\alpha+y_i-1}(1-\theta_i)^{\beta+n_i-y_i-1}$$

我们有

$$p(\alpha,\beta|y)=\frac{p(\alpha,\beta,\theta|y)}{p(\theta|\alpha,\beta,y)}\propto p(\alpha,\beta)\prod_{i=1}^{N}\frac{\Gamma(\alpha+\beta)}{\Gamma(\alpha)\Gamma(\beta)}\frac{\Gamma(\alpha+y_i)\Gamma(\beta+n_i-y_i)}{\Gamma(\alpha+\beta+n_i)}$$

这里我们用数学推导的方式从先验分布得到后验分布. 在下面的计算中, 也要依赖这些公式来编写程序. 这些推导和编程相当烦琐. 对于大多数先验分布, 即使数学再好也推导不出可以计算的公式.
贝叶斯统计走到头了吗? 计算机技术使得贝叶斯统计获得了极大的活力, 后面第 7 章将要介绍的概率编程/贝叶斯编程内容表明: 即使是非常复杂的先验分布和模型, 只要逻辑上合理, 都可以很容易计算出后验分布, 节省大量资源, 产生原本可能根本无法得到的结果.

3.2.1 模型 (3.2.1)~(3.2.3) 拟合例 3.2 数据直接按公式计算的 R 代码

根据式 (3.2.4), 为方便起见, 我们在程序中做了变换:

$$X=\log\left(\frac{\alpha}{\beta}\right),\ Z=\log(\alpha+\beta)\ \ \text{或}\ \ \beta=\frac{e^X}{e^X+1},\ \alpha=\beta e^X=\frac{e^{X+Z}}{e^X+1}. \qquad (3.2.5)$$

首先, 我们用语句 `data(rat, package = "BayesGOF")` 把程序包 `BayesGOF` 数据 `rat` 载入内存, 然后定义一些函数.

- 对数似然函数 `log_l`:

$$\begin{aligned}&\log\prod_{i=1}^{N}\frac{\Gamma(\alpha+\beta)}{\Gamma(\alpha)\Gamma(\beta)}\frac{\Gamma(\alpha+y_i)\Gamma(\beta+n_i-y_i)}{\Gamma(\alpha+\beta+n_i)}\\=&\sum_{i=1}^{N}[\log\Gamma(\alpha+\beta)-\log\Gamma(\alpha)-\log\Gamma(\beta)+\log\Gamma(\alpha+y_i)+\log\Gamma(\beta+n_i-y_i)\end{aligned}$$

$$- \log \Gamma(\alpha+\beta+n_i)].$$

- 对数先验分布 log_p: $-5/2\log(\alpha+\beta)$.
- 计算式 (3.2.5) 定义的从 X, Z 到 α, β 的两个参数变换函数: tr2beta 及 tr2alpha.

```
data(rat, package = "BayesGOF")
log_l=function(alpha,beta,df=rat){
  L = 0
  for (i in 1:nrow(df))
    L= L+ lgamma(alpha+beta) - lgamma(alpha) -
    lgamma(beta) + lgamma(alpha+df$y[i]) +
    lgamma(beta+df$n[i]-df$y[i]) - lgamma(alpha+beta+df$n[i])
  return(L)
}
log_p=function(A,B) {-5/2*log(A+B)}
tr2beta=function(x,y){exp(y)/(exp(x)+1)}
tr2alpha=function(x,y){exp(x)*tr2beta(x,y)}
```

然后,按照前面的公式计算后验分布,取 X, Z 值各为等间隔 (间隔为 0.01) 的 40501 个点,并且把基于每一组 X, Z, y_i, n_i 所得到的结果 (包括后验分布的各种形式, α, β 等及一些中间结果) 放入一个名为 df 的数据框内作为有 40501 个值的若干变量,以方便后面画图及抽样.

```
library(pracma)
mg=meshgrid(seq(-2.3,-1.3,0.01),seq(1,5,0.01))
X=t(mg[[1]])
Z=t(mg[[2]])
df=data.frame(X=as.vector(X),Z=as.vector(Z))
df$alpha = tr2alpha(df$X,df$Z)
df$beta = tr2beta(df$X,df$Z)
df$log_post = log_p(df$alpha,df$beta) + log_l(df$alpha,df$beta, rat)
df$log_jacob = log(df$alpha) + log(df$beta)
df$transformed = df$log_post+df$log_jacob
df$exp_trans = exp(df$transformed - max(df$transformed))
df$normed_exp_trans = df$exp_trans/sum(df$exp_trans)
```

下面代码生成后验分布在 $X = \log(\alpha/\beta)$ 和 $Z = \log(\alpha+\beta)$ 的地形图 (见图 3.2.1 左图), 以及对其抽样产生的散点图 (见图 3.2.1 右图).

```
library(ggplot2)
p1=ggplot(df, aes(X, Z, z = exp_trans))+
  geom_contour()+
  xlab(expression(log(alpha/beta)))+ylab(expression(log(alpha+beta)))+
  annotate('text', x = -1.8+.12, y = 2.74+.42,
    label = expression(paste(log(alpha/beta)==-1.8,'; ',
    log(alpha+beta)==2.74)), color="black", size=4 , angle=45)
```

```
I=sample(1:nrow(df),1000,prob=df$exp_trans,rep=T)
p2=ggplot(df[I,], aes(X,Z))+
  geom_point()+
  xlab(expression(log(alpha/beta)))+ylab(expression(log(alpha+beta)))
library(gridExtra)
grid.arrange(p1, p2, ncol=2)
```

下面一行代码计算后验分布的最大值点 $(-1.8, 2.74)$ (见图 3.2.1 左图的中心点).

```
> df[order(df$exp_trans,decreasing = T),1:2][1,]
         X    Z
17625 -1.8 2.74
```

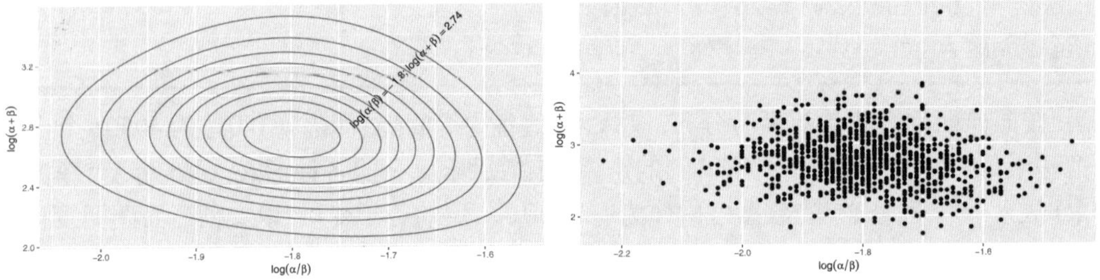

图 3.2.1 例 3.2 $(\log(\alpha/\beta), \log(\alpha+\beta))$ 边际后验分布等高线图 (左) 和边际后验分布抽样散点图 (右)

得到后验分布实际上已经可以知道任何我们想要知道的点估计值, 但按照传统数理统计思维, 一定要有一些矩的点估计, 比如超参数的后验均值:

$$E(\alpha|y) \approx \sum_{\log(\alpha/\beta),\log(\alpha+\beta)} \alpha\, p\left[\log\left(\frac{\alpha}{\beta}\right), \log(\alpha+\beta)\middle| y\right] = \sum_{X,Z} \alpha\, p\,(X, Z|y)\,;$$

$$E(\beta|y) \approx \sum_{\log(\alpha/\beta),\log(\alpha+\beta)} \beta\, p\left[\log\left(\frac{\alpha}{\beta}\right), \log(\alpha+\beta)\middle| y\right] = \sum_{X,Z} \beta p\,(X, Z|y)\,.$$

这可以用下面的代码产生:

```
ea=sum(df$alpha*df$normed_exp_trans) # 2.362943
eb=sum(df$beta*df$normed_exp_trans) # 14.26711
(ez=log(ea+eb)) #2.811212
(ex=log(ea/eb)) #-1.798049
```

得到参数 (X, Z) 的期望值为 $(-1.798, 2.811)$, 与图 3.2.1 左面地形图中最大值点 $(-1.8, 2.74)$ 有些相近, 这说明分布有些对称.

图 3.2.2 显示了基于联合后验分布的 θ_1 (左上图) 和 θ_{70} (左下图) 的抽样的直方图 (包括非参数密度曲线) 与 θ_i $(i = 1, 2, \ldots, 70)$ 对 y_i/n_i 的散点图和相应的后验中位数及包含它的 95% 区间 (右图). 右图还包括用于比较的 45 度直 (虚) 线. 抽样所基于的分布为

$$\theta_i|\alpha, \beta, y_i \sim \text{Beta}(\alpha + y_i, \beta + n_i - y_i), \quad \forall i.$$

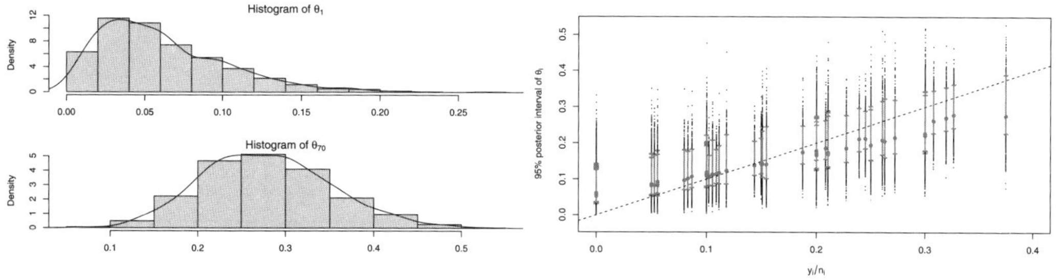

图 3.2.2 例 3.2 基于联合后验分布的 θ_1 (左上图) 和 θ_{70} (左下图) 自助法抽样的直方图及非参数密度曲线; θ_i $(i = 1, 2, \ldots, 70)$ 对 y_i/n_i 的散点图和相应的后验中位数及包含它的 95% 区间 (右图), 作为比较的虚线为 45 度直线

抽样及作图 3.2.2 的代码如下:

```
K=rep(1:nrow(rat),ceiling(nrow(df)/nrow(rat)))[1:nrow(df)]
set.seed(1010)
S=sample(1:nrow(df),50000,prob=df$exp_trans,rep=T)
sl=list()
for (i in 1:70){
  KS=(K[S]==i)
  sl[[i]]=rbeta(sum(KS),df$alpha[S[KS]]+
  rat$y[i],df$beta[S[KS]]+rat$n[i]-rat$y[i])
}
layout(matrix(c(1,3,2,3),nrow=2,byrow=T))
hist(sl[[1]],prob = T,main=expression(paste('Histogram of ',theta[1] )),
     xlab=” )
lines(density(sl[[1]]))
hist(sl[[70]],prob = T,main=expression(paste('Histogram of ',theta[70] )),
     xlab=” )
lines(density(sl[[70]]))
plot(0,0,type='n',xlim=c(0,.4),ylim=range(sl[[70]])+c(-.1,0),
  ylab=expression(paste('95% posterior interval of ',theta[i])),
  xlab=expression(y[i]/n[i]),cex=.1)
for (i in 1:nrow(rat)){
  points(rep(rat$y[i]/rat$n[i],length(sl[[i]])),sl[[i]],cex=.1)
  q=quantile(sl[[i]],c(.25,.5,.925))
  arrows(x0=rat$y[i]/rat$n[i],y0=q[1],y1=q[3],col=2,lwd=2,
    length = 0.03,angle = 90,code = 3)
  points(rat$y[i]/rat$n[i],q[2],cex=1,col=4,pch=16)
}
abline(0,1,lty=2)
```

3.2.2 模型 (3.2.1)~(3.2.3) 拟合例 3.2 数据直接按公式计算的 Python 代码

本小节的 Python 代码和前面小节的 R 代码的格式几乎一样. 调入可能需要的模块, 从文件 `rat.csv` 输入数据:

```
from scipy.special import gammaln
rat=pd.read_csv("rat.csv")
y=np.array(rat['y']);n=np.array(rat['n'])
```

定义 4 个函数:

```
def log_l(alpha,beta,y,n):
    L = 0
    for Y,N in zip(y,n):
        L+= gammaln(alpha+beta) - gammaln(alpha) - gammaln(beta) +\
        gammaln(alpha+Y) +gammaln(beta+N-Y) - gammaln(alpha+beta+N)
    return L

def log_p(A,B): return -5/2*np.log(A+B)

def tr2beta(x,y): return np.exp(y)/(np.exp(x)+1)

def tr2alpha(x,y): return np.exp(x)*trans_to_beta(x,y)
```

按照前面的公式计算后验分布, 取 X, Z 值各为等间隔 (间隔为 0.01) 的 40000 个点, 并且把基于每一组 X, Z, y_i, n_i 所得到的结果 (包括后验分布的各种形式, α, β 等及一些中间结果) 放入一个名为 df 数据框内的若干变量, 以方便后面画图及抽样使用.

```
X,Z = np.meshgrid(np.arange(-2.3,-1.3,0.01),np.arange(1,5,0.01))
param_space = np.c_[X.ravel(), Z.ravel()]
df= pd.DataFrame(param_space, columns=['X','Z'])
df['alpha']= tr2alpha(df.X,df.Z)
df['beta'] = tr2beta(df.X,df.Z)
df['log_post'] = log_p(df.alpha,df.beta) + log_l(df.alpha,df.beta, y,n)
df['log_jacob'] = np.log(df.alpha) + np.log(df.beta)
df['transformed'] = df.log_post+df.log_jacob
df['exp_trans'] = np.exp(df.transformed - df.transformed.max())
df['normed_exp_trans'] = df.exp_trans/df.exp_trans.sum()
```

下面的代码生成后验分布在 $X = \log(\alpha/\beta)$ 和 $Z = \log(\alpha+\beta)$ 的地形图 (见图 3.2.3 左图), 以及对其抽样产生的散点图 (见图 3.2.3 右图), 这和用 R 生成的图 3.2.1 的两图类似.

```
from matplotlib import rc
rc('text', usetex=True)
rc('font', **{'family': 'serif', 'serif': ['cmsy10']})

z = df.set_index(['X','Z']).exp_trans.unstack().values.T
fig=plt.figure(figsize = (14,7))
plt.subplot(1,2,1)
```

```
plt.contourf(X,Z, z)
plt.xlim(-2.1, -1.55)
plt.ylim(2.0, 3.6)
plt.xlabel(r'$\log(\alpha/\beta)$', fontsize = 16)
plt.ylabel(r'$\log(\alpha+\beta)$', fontsize = 16)
I=np.random.choice(np.arange(len(df)), size=1000, replace=True,\
  p=df['normed_exp_trans'])
plt.subplot(1,2,2)
plt.plot(df['X'][I],df['Z'][I],'bo')
plt.xlabel(r'$\log(\alpha/\beta)$', fontsize = 16)
plt.ylabel(r'$\log(\alpha+\beta)$', fontsize = 16)
plt.show()
```

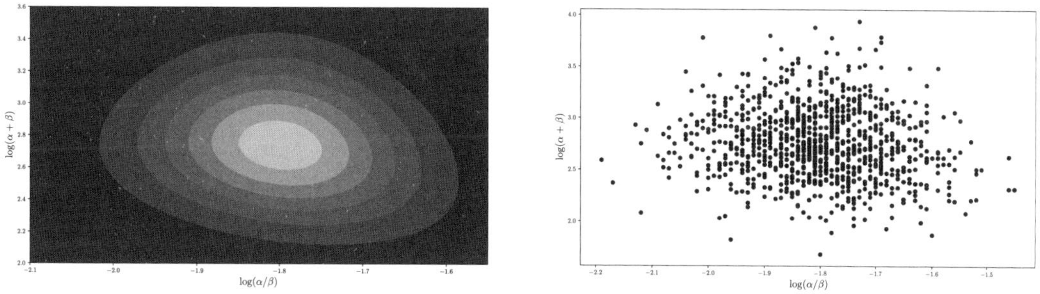

图 3.2.3 例 3.2 $(\log(\alpha/\beta), \log(\alpha+\beta))$ 边际后验分布等高线图 (左) 和按边际后验分布抽样散点图 (右)

图 3.2.4 的三个图类似于图 3.2.2 的三个图, 为基于联合后验分布的 θ_1 (左上图) 和 θ_{70} (左下图) 自助法抽样的直方图 (包括非参数密度曲线) 与 θ_i $(i = 1, 2, \ldots, 70)$ 对 y_i/n_i 的散点图 (右图) 及相应的后验中位数和包含它的 95% 区间. 作为比较的虚线为 45 度直线. 生成图 3.2.4 的计算程序如下:

```
import math

K=[]
for i in np.arange(math.ceil(len(df)/len(rat))):
    K.extend(np.arange(len(rat)))
K=K[:len(df)]
K=np.array(K)
np.random.seed(1010)
S=np.random.choice(np.arange(len(df)), size=50000,p=df['normed_exp_trans'])

sl=[]
for i in range(len(rat)):
    KS=(K[S]==i)
    sl.append(np.random.beta(df['alpha'][S[KS]]+y[i],
                             df['beta'][S[KS]]+n[i]-y[i],size=np.sum(KS)))
```

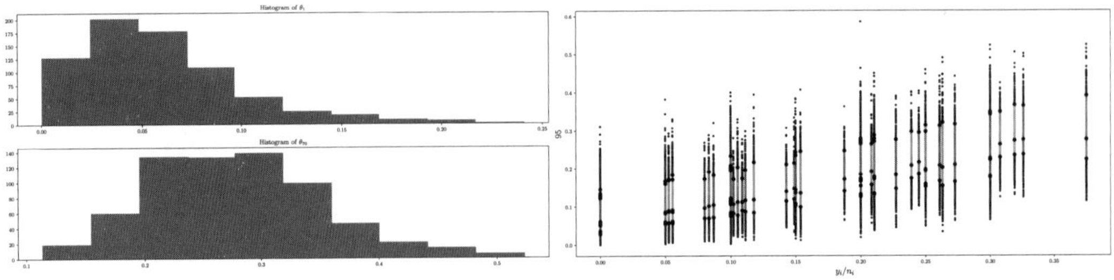

图 3.2.4 例 3.2 基于联合后验分布的 θ_1 (左上图) 和 θ_{70} (左下图) 自助法抽样的直方图 (包括非参数密度曲线) 与 θ_i $(i = 1, 2, \ldots, 70)$ 对 y_i/n_i 的散点图和相应的后验中位数及包含它的 95% 区间 (右图)

图 3.2.4 的具体画图程序为:

```
fig = plt.figure(figsize=(14,7))

ax1 = plt.subplot(221)
plt.hist(sl[0])
plt.title(r'Histogram of $\theta_{1}$')
ax2 = plt.subplot(223)
plt.hist(sl[69])
plt.title(r'Histogram of $\theta_{70}$')
ax3 = plt.subplot(122)
seg=[]
for i in range(len(y)):
    q=np.quantile(sl[i],[.25,.5,.925])
    ax3.plot(np.repeat(y[i]/n[i],len(sl[i])),sl[i],'b.')
    seg.extend([(y[i]/n[i],y[i]/n[i]),(q[0],q[2])])
ax3.plot(*seg,linewidth=4.0)
for i in range(len(y)):
    q=np.quantile(sl[i],[.25,.5,.925])
    ax3.plot(np.repeat(y[i]/n[i],3),q,'ko')
plt.xlabel(r'$y_i/n_i$', fontsize = 16)
plt.ylabel(r'95% posterior interval of $\theta_i$', fontsize = 16)

plt.tight_layout();plt.show()
```

3.3 习 题

1. 例 3.1 是一个典型的"无失效"数据, 在做一些次数很少的昂贵试验时会出现这种都是成功的数据. 虽然实际上存在失败的可能, 但没有发生. 这时, 需要从其他方面得到信息以确定先验分布. 请讨论一下, 在经典统计中, 这种"无失效"数据会导出什么结论.
2. 请改变例 3.2 中的先验分布, 使得计算更简单一些, 看看结果有什么区别. 比如固定参数 α 和 β 之一, 或者都固定 (比如都等于 1).
3. 请参看 8.2 节关于例 3.2 数据的其他模型的概率编程解法.

第 4 章　发生率的推断: Poisson 模型

4.1　Poisson 模型和例子

如果我们对某个事件在某时间段内的发生率感兴趣, 通常用 Poisson 分布来描述. 如果观测值为 $\boldsymbol{y}=(y_1,y_2,\dots,y_n)$, 则似然函数为

$$p(y|\lambda)\propto\prod_{i=1}^{n}\lambda^{y_i}e^{-\lambda},$$

共轭先验分布为 Gamma(α,β):

$$p(\lambda)\propto \mathrm{e}^{\beta\lambda}\lambda^{\alpha-1},$$

后验分布于是为

$$p(\lambda|\boldsymbol{y})\sim \mathrm{Gamma}(\alpha+n\bar{y},\beta+n).$$

因此, 关于 λ 的贝叶斯估计为后验均值 $(\alpha+n\bar{y})/(\beta+n)$.

这个模型形式上可以用下面的公式和图形表示:

$$p(\boldsymbol{y}|\theta)=\prod_{i=1}^{n}\mathrm{Poisson}(y_i|\theta),\qquad (4.1.1)$$

$$p(\theta)=\mathrm{Gamma}(\theta|\alpha,\beta).\qquad (4.1.2)$$

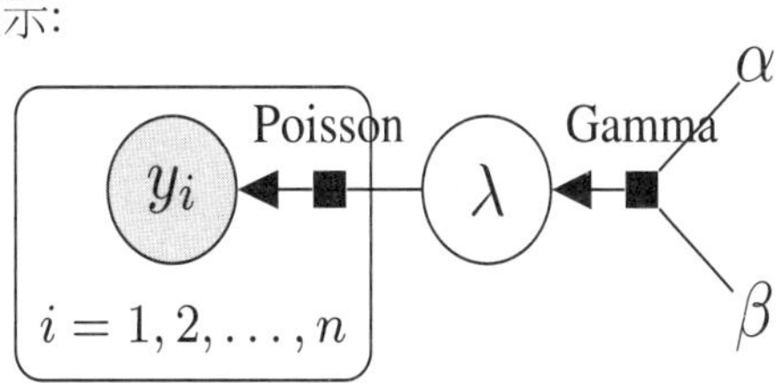

图 4.1.1 显示了先验分布为 Gamma$(1,1)$, $n=1,5,10,50$ 及相应的 $\sum_{i=1}^{n}y_i$ 为 7, 40, 60, 370 时的后验分布.

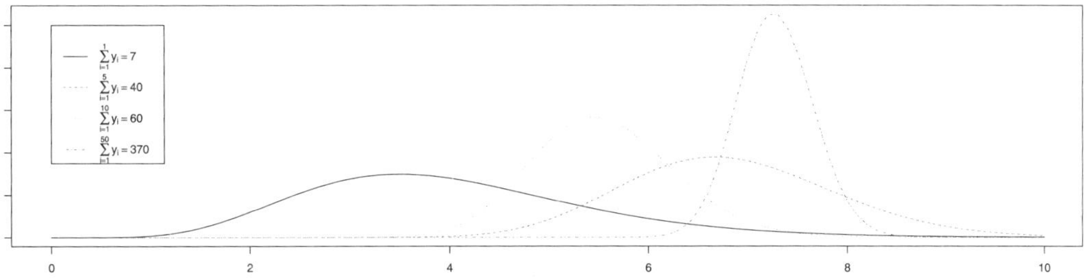

图 4.1.1　基于先验分布 Gamma$(1,1)$ **对数据** $n=1,5,10,50$ **及相应** $\sum_{i=1}^{n}y_i$ **不同值的后验分布密度**

生成图 4.1.1 的代码为:

```
library(latex2exp)
n=c(1,5,10,50);y=c(7,40, 60, 370)
for(i in 4:1)
```

```
  curve(dgamma(x,1+y[i],1+n[i]),0,10,add=i!=4,ylab="",xlab="",col=i,lty=i)
legend(0,1,legend=TeX(sprintf("$\\sum^{%d}_{i=1} y_i=%d$", n,y)),
       col=1:4,lty=1:4)
```

4.2 对例 4.1 的分析和计算

例 4.1 2006—2015 年 10 年间飞行表演 (不一定完全) 的事故数目[1]如下:

$$y = (6, 7, 5, 4, 5, 14, 10, 10, 7, 8).$$

我们把这 10 个数目看成一个 Poisson 过程的 10 次实现.

4.2.1 通过 R 代码利用公式分析例 4.1

对于例 4.1, 假定用 θ 的 Gamma(1, 1) 先验分布, 则其后验分布为 $\text{Gamma}(1+\sum y_i, 1+10) = \text{Gamma}(77, 11)$, 相应 θ 的先验和后验分布密度图如图 4.2.1 所示.

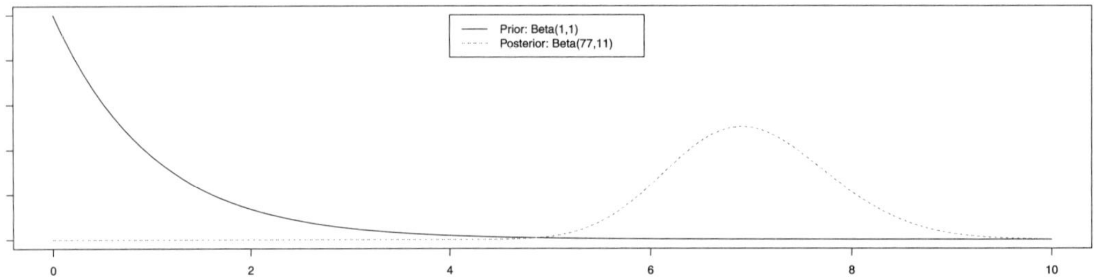

图 4.2.1 例 4.1 参数 θ 的先验分布 Gamma$(1,1)$ 及后验分布 Beta$(77,11)$ 密度图

图 4.2.1 是由以下代码生成的:

```
y=c(6,7,5,4,5,14,10,10,7,8);
sumy=sum(y)
n=c(0,10);sy=c(0,sumy)
for(i in 1:2)
curve(dgamma(x,1+sy[i],1+n[i]),0,10,add=i!=1,ylab="",xlab="",col=i,lty=i)
legend(4,1,legend=c("Prior: Beta(1,1)","Posterior: Beta(77,11) "),
       col=1:2,lty=1:2)
```

我们可以从 θ 的后验分布随机抽样, 得到很多 θ 的样本值, 然后对每个值随机产生一个 Poisson 样本作为预测值, 具体实行这个抽样并生成观测值、θ 样本及预测值的直方图 (图 4.2.2) 的代码如下:

```
set.seed(1010)
theta <- rgamma(9999,sumy+1,10+1)
y.pred=vector()
for (i in 1:9999){
```

[1]数据摘自网页https://ipfs.io/ipfs/QmXoypizjW3WknFiJnKLwHCnL72vedxjQkDDP1mXWo6uco/wiki/List_of_air_show_accidents_and_incidents.html.

```
  y.pred[i] = rpois(1,theta[i])
}
par(mfrow=c(1,3))
hist(y,col=4,xlim=c(0,20),breaks=10,prob=T)
hist(theta,col=4,xlim=c(0,20),prob=T,ylim=c(0,.6))
lines(density(theta))
hist(y.pred,col=4,xlim=c(0,20),prob=T)
```

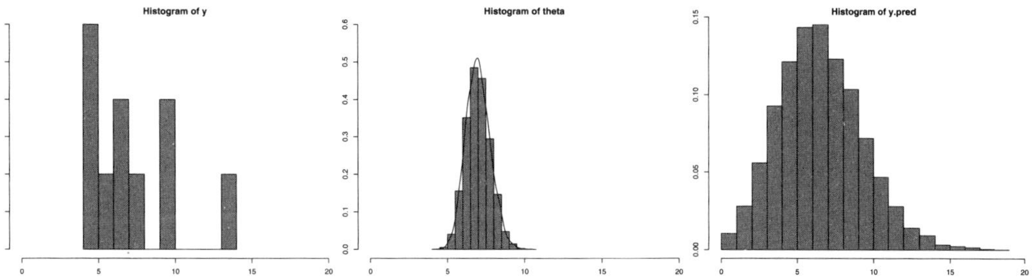

图 4.2.2 例 4.1 根据抽样所得的参数 θ 的观测值、θ 样本及预测值的直方图 (分别为左、中、右三图)

我们还可以得到 θ 抽样结果的后验均值及预测值的均值和各种分位数 (这里只取 5%及 95%分位点) 以及 θ 及预测值大于目前样本均值的概率估计.

```
> mean(theta)
[1] 6.991111
> mean(y.pred)
[1] 6.9967
> quantile(y.pred, probs=c(0.05,0.95))
 5% 95%
  3  12
> sum(theta>mean(y))/9999
[1] 0.2167217
> sum(y.pred>mean(y))/9999
[1] 0.4035404
```

我们还可以用以下代码得到 θ 的最高密度区域:

```
library(hdrcde)
x <- rbeta(100000,sumy+1,10+1)
hdr.den(x)
layout(t(1))
```

输出包括下面的结果和图 4.2.3.

```
$hdr
          [,1]      [,2]
99% 0.7781515 0.9539441
```

```
95% 0.8060521 0.9399919
50% 0.8596018 0.9060022

$mode
[1] 0.8838567

$falpha
      1%       5%      50%
0.491983 1.847355 9.122466
```

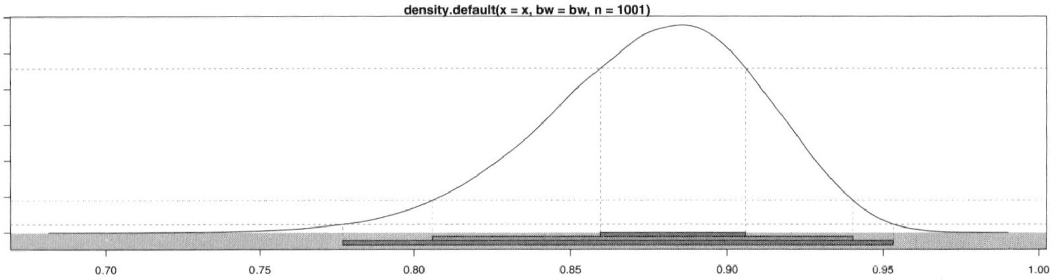

图 4.2.3　例 4.1 的最高密度区域 (R 代码)

4.2.2 例 4.1 最高密度区域的 Python 代码

输入必要的模块并从 Gamma(77,11) 抽样:

```
from scipy.stats import gamma
from matplotlib.patches import Polygon

rb = gamma.rvs(77,11,size=10000)
```

生成最高密度区域图 (见图 4.2.4):

```
fig, ax = plt.subplots(figsize=(20,5))
x=np.linspace(50,125,100)
rv = gamma(77, 11)
rb = gamma.rvs(77,11,size=50000,random_state=1010)
plt.plot(x, rv.pdf(x), 'k-', lw=2, label='frozen pdf')
plt.ylim(ymin=0)
dr=[.99,0.95,0.5]
col=['y','b','r']
for i in range(3):
    x1,x2=az.hdi(rb,dr[i])
    ix=np.linspace(x1,x2)
    iy = rv.pdf(ix)
    verts = [(x1, 0)] + list(zip(ix, iy)) + [(x2, 0)]
    poly = Polygon(verts, facecolor=col[i], edgecolor='0.5')
    ax.add_patch(poly)
```

```
TT='99%, 95%, 50% Highest Posterior Density Regions of Gamma(77,11)'
plt.title(TT)
plt.ylabel('Density')
plt.savefig("poissonhdr27.pdf", bbox_inches="tight",pad_inches=0)
plt.show()
```

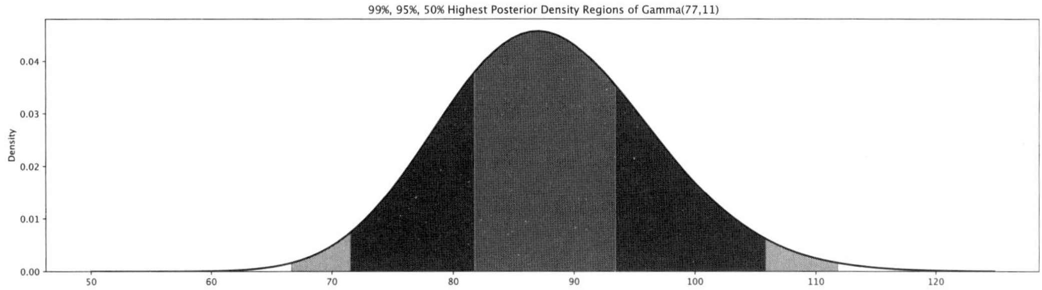

图 4.2.4 例 4.1 的 99%, 95%, 50% 最高密度区域 (Python 代码)

4.3 习 题

1. 试着改变例 4.1 的先验分布为其他一些你认为合适的分布, 能不能推导出后验分布的解析式?
2. 请参看 8.3 节对例 4.1 使用概率编程求先验分布的方法.

第 5 章　正态总体的情况

5.1　正态分布模型

自然界当中呈正态分布的单独变量并不多见, 但变量观测值之和或者平均往往呈现正态分布. 正态分布的密度函数为

$$p(x|\mu,\sigma)=\frac{1}{\sigma\sqrt{2\pi}}\mathrm{e}^{-\frac{(x-\mu)^2}{2\sigma^2}}.$$

对于 n 个独立正态随机观测值 $\boldsymbol{x}=(x_1,x_2,\ldots,x_n)^\top$, 似然函数为

$$\begin{aligned}\ell(\mu,\sigma^2|\boldsymbol{x})&\propto\sigma^{-n}\exp\left[\frac{1}{-2\sigma^2}\sum_{i=1}^{n}(x_i-\mu)^2\right]\\&\propto\sigma^{-n}\exp\left[-\frac{(n-1)s^2}{-2\sigma^2}\right]\times\exp\left[\frac{-n(\mu-\bar{x})^2}{2\sigma^2}\right],\end{aligned}$$

其中 $\bar{x}=\sum_{i=1}^n x_i/n$, $s=\sum_{i=1}^n(x_i-\bar{x})^2/(n-1)$. 这里 n, s^2 和 $\bar{x}$ 为充分统计量. 似然函数可分解为只依赖于 s^2 和 $\bar{x}$ 的两个因子.

关于正态分布的共轭分布, 一般考虑下面几种情况的共轭先验分布 (参见 2.4 节).

(1) $N(\mu,\sigma^2)$, 方差 σ^2 已知: 参数 μ 的共轭先验分布为 $N(\mu_0,\sigma_0^2)$.

(2) $N(\mu,\tau)$, 精度 τ 已知: 参数 μ 的共轭先验分布为 $N(\mu_0,\tau_0)$.

(3) $N(\mu,\sigma^2)$, 均值 μ 已知情况一: σ^2 的共轭先验分布为逆 Gamma 分布 Inv-Gamma(α,β).

(4) $N(\mu,\sigma^2)$, 均值 μ 已知情况二: σ^2 的共轭先验分布为缩放逆 χ^2 分布 Scale-Inv-$\chi^2(\nu,\sigma_0^2)$.

(5) $N(\mu,\tau)$, 均值 μ 已知: 参数 τ 的共轭先验分布为 Gamma(α,β).

(6) $N(\mu,\sigma^2)$, μ 和 σ^2 未知但可交换: 参数 μ,σ^2 的共轭先验分布为正态-逆 Gamma 分布 Normal-Inv-Gamma (μ_0,ν,α,β).

(7) $N(\mu,\tau)$, 参数 μ 和 τ 未知但可交换: 参数共轭先验分布为 Normal-Gamma (μ_0,ν,α,β).

当然, 对于实际问题, 位置参数 μ 和尺度参数 σ 或 τ 很难假定已知, 人们宁可考虑最后两种情况. 我们将用下面例子 (例 5.1) 来说明.

例 5.1 (THM.csv) 三卤甲烷 (trihalomethanes, THM) 是一种被认为可能致癌的水副产物, 其在水中的浓度是人们所关注的, 数据来自英国《对关于饮水中的三卤甲烷管理规定的全国不同方法的回顾》中的例子 (原文表 4.2) [1].

该数据包含三个变量: `Sample_date`(抽样日期), `Sample_result`(抽样结果, 单位: 微克/升), `Moving_average`(移动平均, 单位: 微克/升). 我们只关心变量 `Sample_result`, 具体 32 个度量为:

---

[1] 文件标题为 *A review of different national approaches to the regulation of THMs in drinking water.* Published 12 January 2008 Ref: DWI 70/2/216. 网址为https://www.dwi.gov.uk/research/completed-research/other-reports/a-review-of-different-national-approaches-to-the-regulation-of-thms-in-drinking-water/.

22.54 3.34 44.15 24.37 12.86 56.60 9.11 5.91 6.44 12.00 23.00 25.22 50.57 7.60 17.70 28.57
5.84 7.73 43.17 46.01 31.51 5.86 10.78 10.51 7.88 9.32 20.80 38.30 7.06 28.90 5.92 22.10

此外, 在英国每升饮用水中三卤甲烷不允许超过 100 微克 (1 微克为百万分之一克).

5.2 均值未知而精度已知的情况

对于例 5.1, 作为一种总和 (浓度) 的度量, 在文献中, 人们往往假定 THM 浓度服从正态分布. **注意, 作为大于零的度量, 最多只能认为其分布在局部近似正态, 不可能具有严格正态**. 这里我们假定位置参数未知而尺度参数已知, $N(\mu,\tau)$, 取参数 μ 的共轭先验分布为正态分布 $N(\mu_0,\tau_0)$, 则其后验分布的超参数为 (参见2.4节):

$$\left(\frac{\tau_0\mu_0+\tau\sum_{i=1}^n x_i}{\tau_0+n\tau},\ \tau_0+n\tau\right).$$

这个模型形式上可用下面的公式和图来描述:

$$p(\boldsymbol{x}|\mu,\tau)=\prod_{i=1}^n N(x_i|\mu,\tau); \qquad (5.2.1)$$

$$p(\mu)=N(\mu_0,\tau_0). \qquad (5.2.2)$$

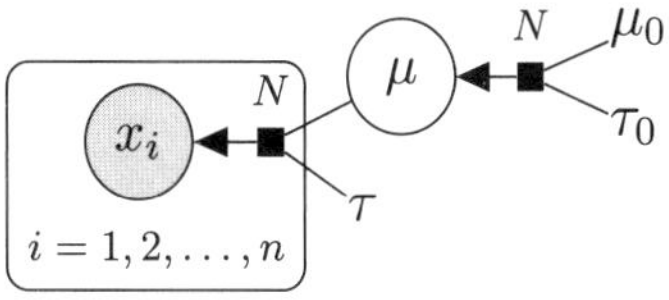

5.2.1 利用公式 (5.2.1)、(5.2.2) 拟合例 5.1 的数据 (R)

我们取超参数 τ 为样本精度 $\tau=1/s^2$, 取 $\mu_0=60$, $\tau_0=1$, 利用代码直接计算后验分布参数并生成后验密度和 50%、95%、99% 最高密度区域图 (见图 5.2.1):

```
w=read.csv("THM.csv",na.strings = "N/A")
x=w[,2];mx=mean(x);n=length(x)
t=(sd(x))^(-2);m0=60;t0=1
mu=(t0*m0+t*sum(x))/(t0+n*t) #后验均值
tau=t0+n*t #后验精度
library(hdrcde)
layout(t(1))
y <- rnorm(100000,mu,tau)
hdr.den(y)
```

得到后验均值为 55.17602, 后验精度为 1.138575 (后验标准差为 0.9371718), 输出为:

```
$hdr
        [,1]     [,2]
99% 52.25345 58.13827
95% 52.93836 57.41207
50% 54.40620 55.94092

$mode
[1] 55.184

$falpha
```

```
        1%          5%         50%
0.01507817 0.05588646 0.27388198
```

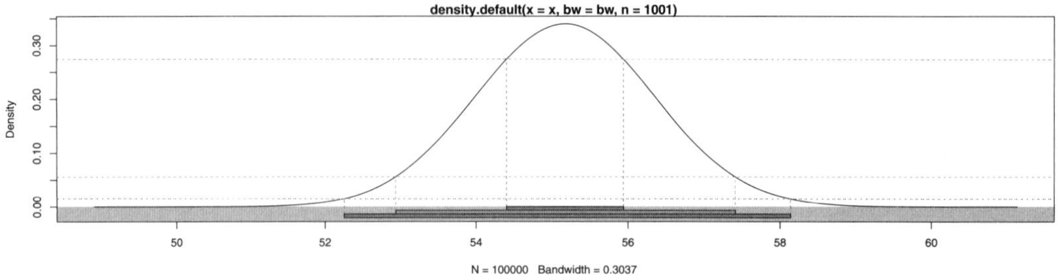

图 5.2.1 例 5.1 的后验密度和 50%、95%、99% 最高密度区域图

我们可以从 μ 的后验分布随机抽样, 得到很多 μ 的样本值, 然后对每个值随机产生一个正态样本作为预测值, 具体实行这个抽样并生成观测值、μ 样本 (代码中 μ 用 theta 代表) 及预测值的直方图 (见图 5.2.2) 的代码如下.

```
set.seed(1010)
theta <- rnorm(9999,mu,tau)
y.pred=vector()
for (i in 1:9999){
y.pred[i] = rnorm(1,theta[i],sd(x))
}

par(mfrow=c(1,3))
hist(x,col=4,breaks=20,prob=T)
hist(theta,col=4,breaks=20,prob=T)
lines(density(theta))
hist(y.pred,col=4,breaks=20,prob=T)
```

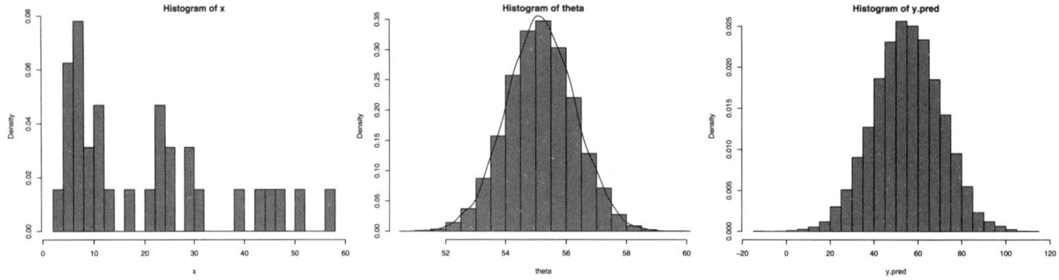

图 5.2.2 例 5.1 根据抽样所得的参数 μ 的观测值、μ 样本及预测值的直方图 (相应为左、中、右三图)

我们还可以得到 θ 抽样结果的后验均值及预测值的均值和各种分位数 (这里只取 5%及 95%分位点) 以及 θ 及预测值大于目前样本均值的概率估计.

```
> mean(theta)
[1] 55.16282
```

```
> quantile(theta, probs=c(0.05,0.95))
      5%       95%
53.31580 57.04567
> mean(y.pred)
[1] 55.11212
> quantile(y.pred, probs=c(0.05,0.95))
      5%       95%
29.85632 79.96403
> sum(theta>mean(y))/9999
[1] 0.4932493
> sum(y.pred>mean(y))/9999
[1] 0.4982498
```

5.2.2 利用公式 (5.2.1)、(5.2.2) 拟合例 5.1 数据的后验最高密度区域 (Python)

输入必要的模块和后验分布:

```
from scipy.stats import norm
from matplotlib.patches import Polygon
rn = norm.rvs(loc=55.17602,scale=0.9371718,size=10000)
```

计算并产生最高密度区域图 (见图 5.2.3).

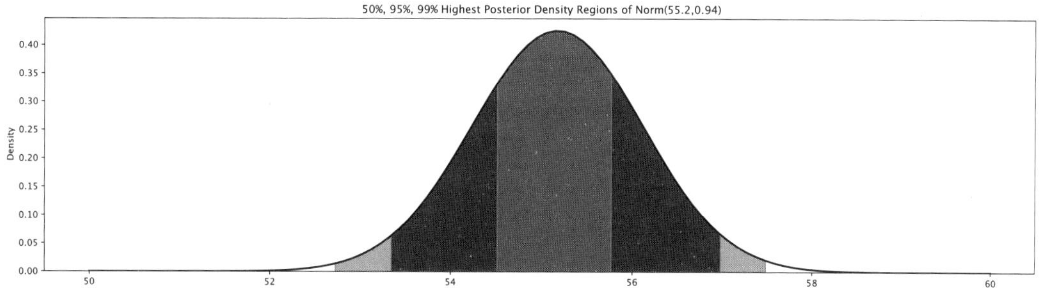

图 5.2.3 例 5.1 的后验密度和 50%、95%、99% 最高密度区域图 (Python 代码)

```
fig, ax = plt.subplots(figsize=(20,5))
x=np.linspace(50,60,100)
rv = norm(loc=55.17602,scale=0.9371718)
plt.plot(x, rv.pdf(x), 'k-', lw=2, label='frozen pdf')
plt.ylim(ymin=0)
dr=[0.99,0.95,0.5]
col=['y','b','r']
for i in range(3):
    x1,x2=az.hdi(rn,dr[i])
    ix=np.linspace(x1,x2)
    iy = rv.pdf(ix)
    verts = [(x1, 0)] + list(zip(ix, iy)) + [(x2, 0)]
```

```
    poly = Polygon(verts, facecolor=col[i], edgecolor='0.5')
    ax.add_patch(poly)
plt.ylabel('Density')
T1='50%, 95%, 99% '
T2='Highest Posterior Density Regions of Norm(55.2,0.94)'
plt.title(T1+T2)
plt.savefig("NormMuPy7.pdf",format="pdf", bbox_inches="tight",pad_inches=0)
plt.show()
```

5.3 两个参数皆为未知的情况

对于例 5.1, 我们假定 THM 浓度服从位置及尺度参数皆未知的正态分布 $N(\mu,\tau)$, 取参数 μ,τ 的共轭先验分布为正态-Gamma 分布 Normal-Gamma$(\mu_0,\nu_0,\alpha_0,\beta_0)$, 则其后验分布的超参数为 (参见2.4节):

$$\left(\frac{\nu_0\mu_0+n\bar{x}}{\nu_0+n},\ \nu_0+n,\ \alpha_0+\frac{n}{2},\ \beta_0+\frac{1}{2}\sum_{i=1}^{n}(x_i-\bar{x})^2+\frac{n\nu_0}{\nu_0+n}\frac{(\bar{x}-\mu_0)^2}{2}\right).$$

这个模型形式上可用下面的公式和图来描述:

$$p(\boldsymbol{y}|\mu,\tau)=\prod_{i=1}^{N}N(y_i|\mu,\tau) \tag{5.3.1}$$

$$p(\mu,\tau)=\text{Normal-Gamma}(\mu,\tau|\mu_0,\nu_0,\alpha_0,\beta_0) \tag{5.3.2}$$

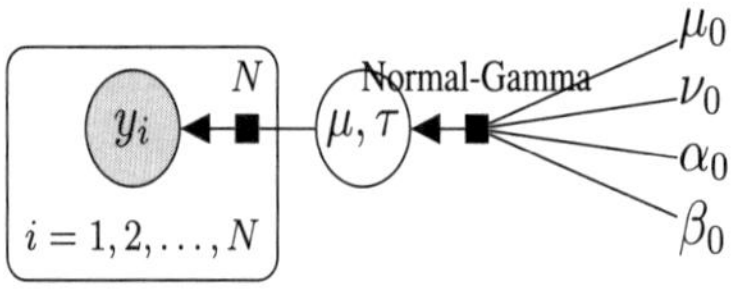

5.3.1 使用公式 (5.3.1)、(5.3.2) 对例 5.1 的分析 (R)

对于例 5.1, 如果正态-Gamma 先验分布的参数为 $(\mu_0,\nu_0,\alpha_0,\beta_0)=(60,0.05,1,1)$, 则后验分布的参数为 (20.42652, 32.05000, 17.00000, 3619.50508). 可以用下面的代码生成先验和后验分布的密度图 (见图 5.3.1), 图中标出了置信区域 (比如标有 5 的等高线为 95% 的置信区域). 如果读者自己生成该图, 图中间的数字会比这里显示的清晰得多.

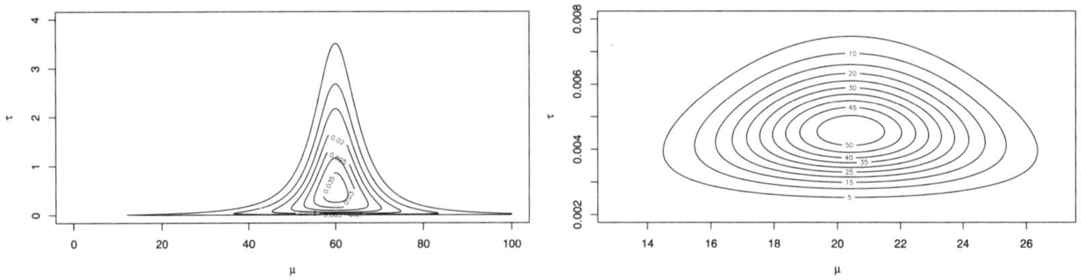

图 5.3.1　例 5.1 的先验密度 (左) 和后验密度 (右) 图

```
w=read.csv("THM.csv",na.strings = "N/A")
x=w[,2]
par = c(60, 0.05, 1, 1)
par2=c(20.42652,32.05,17, 3619.50508)
library(nclbayes)
```

```
mu=seq(0,100,len=1000)
tau=seq(0,4,len=1000)
mu2=seq(13,27,len=1000)
tau2=seq(0.002,.008,len=1000)
layout(t(1:2))
NGacontour(mu,tau,par[1],par[2],par[3],par[4])
NGacontour(mu2,tau2,par2[1],par2[2],par2[3],par2[4])
```

还可以利用先验和后验密度根据正态-Gamma 分布的定义抽样 (得到图 5.3.2).

```
rnormgam=function(n, mu, lambda, alpha, beta,seed=1010) {
  set.seed(seed)
  tau=rgamma(n, alpha, beta)
  x=rnorm(n, mu, sqrt(1/(lambda*tau)))
  data.frame(tau = tau, x = x)
}
c=rnormgam(1000,par[1],par[2],par[3],par[4])
c2=rnormgam(1000,par2[1],par2[2],par2[3],par2[4])
plot(tau~x,c,pch=16,col=4,main="Sampling from prior",
     ylab = expression(tau))
plot(tau~x,c2,pch=16,col=4,main="Sampling from posterior",
     ylab = expression(tau))
```

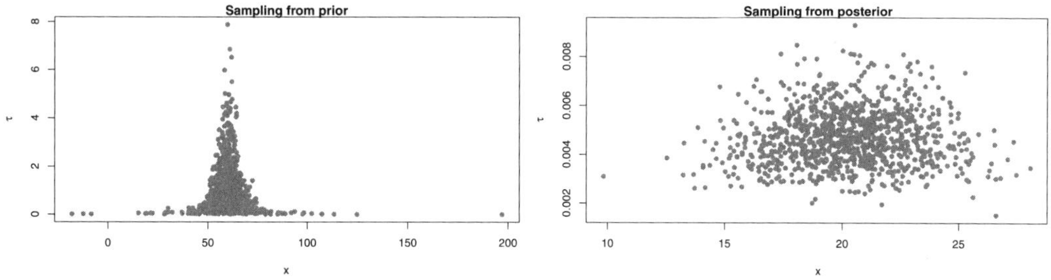

图 5.3.2 例 5.1 的先验密度 (左) 和后验密度 (右) 的抽样

5.3.2 使用公式 (5.3.1)、(5.3.2) 对例 5.1 的分析 (Python)

输入必要的模块:

```
from scipy.stats import gamma
from scipy.stats import norm
```

定义函数计算后验概率的参数:

```
def parp(par,x):
    v=[]
    v.append((par[0]*par[1]+np.sum(x))/(par[1]+len(x)))
```

```
    v.append(par[1]+len(x))
    v.append(par[2]+len(x)/2)
    v.append(par[3]+0.5*(np.sum((x-np.mean(x))**2)+len(x)*par[1]/\
    (par[1]+len(x))*(np.mean(x)-par[0])**2))
    return(v)
```

根据正态-Gamma 分布的定义抽样函数 (注意不同软件对于 Gamma 函数参数定义的区别) 并进行抽样:

```
def rnormgam(n, mu, lam, alpha, beta,seed=1010):
    np.random.seed(seed)
    tau=gamma.rvs(a=alpha, scale=1/beta,size=n)
    x=norm.rvs(loc=mu, scale=np.sqrt(1/(lam*tau)),size=n)
    df= pd.DataFrame(np.c_[tau.ravel(), x.ravel()], columns=['tau','x'])
    return(df)
x=pd.read_csv("THM.csv")['Sample_result']
par = [60, 0.05, 1, 1]
par2=parp(par,x)
c=rnormgam(1000,par[0],par[1],par[2],par[3])
c2=rnormgam(1000,par2[0],par2[1],par2[2],par2[3])
```

生成和图 5.3.2 类似的图 (见图 5.3.3):

```
plt.figure(figsize=(12,3))
plt.subplot(1,2, 1)
plt.scatter(c['x'],c['tau'])
plt.title('Sample from prior')

plt.subplot(1,2,2)
plt.ylim(0.0015, 0.01)
plt.scatter(c2['x'],c2['tau'])
plt.title('Sample from posterior')
plt.show()
```

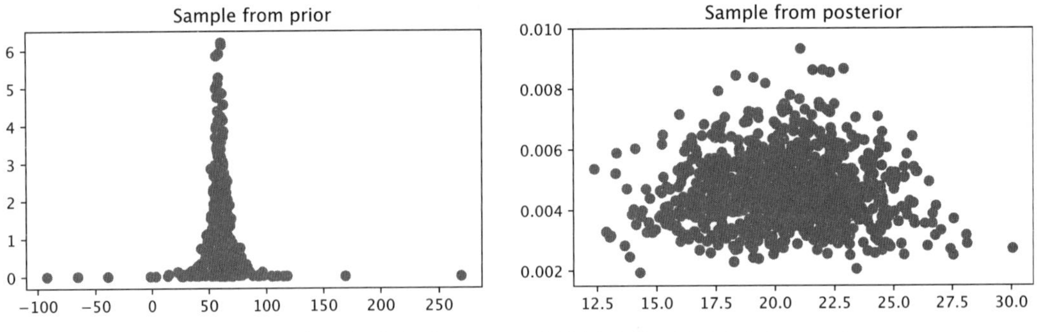

图 5.3.3 例 5.1 的先验密度 (左) 和后验密度 (右) 的抽样 (Python)

5.4 习 题

1. 对于例5.1, 还有没有其他可得到后验分布解析式的先验分布?
2. 请参看 8.4 节使用概率编程来计算例 5.1 的关于不同先验分布的后验分布的做法.

第三部分

算法、概率编程及贝叶斯专门软件

第 6 章　贝叶斯推断中的一些算法

6.1　概　述

前几章已经讨论了贝叶斯推断的基本概念以及一些先验分布. 可以看出, 贝叶斯统计的后验分布的数学形式很简单, 其思想也不复杂, 但是, 以实际可用的方式计算后验分布往往是非常具有挑战性的. 主要困难在于当参数个数较多 (比如有 m 个参数) 时计算正规化常数涉及多重 (m 重) 积分, 即使使用共轭先验分布或其他可以推导出后验分布封闭形式的先验分布, 这种计算在分析上和数值上都面临极大挑战. 这也是过去几十年一些人不愿意使用贝叶斯推断来进行多元建模的主要原因之一.

较早使用的算法是 Gibbs 抽样 (Geman and Geman, 1984). Gibbs 抽样器理论上是马尔可夫链蒙特卡罗方法 (Markov Chain Monte Carlo, MCMC) 的一个例子, 属于 Metropolis-Hastings 算法的一个特例. 因为通过模拟具有某初始分布作为其静态分布的马尔可夫链, 从该分布生成随机抽取的任何算法都是马尔可夫链蒙特卡罗算法, 而这正是 Gibbs 抽样器所做的, 但实践中由于目前的 MCMC 是后来形成的, 所以人们一般不把 Gibbs 抽样算作 MCMC 的一部分.

为了获得后验分布的近似值, Gibbs 抽样主要分两步: 首先, 定义马尔可夫链的稳态分布等于后验分布 (Gelfand and Smith, 1990). 一旦马尔可夫链达到其稳态分布, 就用蒙特卡罗来近似后验. 如果马尔可夫链收敛到真正的后验分布并且已经获得足够数量的来自后验分布的样本以准确地表现后验分布, 则 Gibbs 抽样器是有用的. 这促进了热身 (burn-in) 迭代的使用和众多收敛诊断研究 (Gelman and Rubin, 1992; Cowles and Carlin, 1996). 在许多情况下, Gibbs 没有问题, 然而在有许多参数的问题中评估收敛可能是困难的. Gill (2004) 证明了 Gibbs 抽样器或其他 MCMC 方法的收敛要求所有参数都收敛而不仅仅是特定实质问题的感兴趣参数. 在评估应用于复杂贝叶斯模型的 Gibbs 抽样的收敛性时, 这一结果的影响特别令人失望, 因为这需要检查数千个参数是否收敛, 包括在抽样期间通常不存储的多余参数 (Clinton, Jackman, and Rivers, 2004). 当考虑应用于大型数据集的复杂模型时, 这个问题就会被放大, 特别是因为 Gibbs 抽样器可能会很慢地探索高维参数空间的一些组成部分. 此外, 对于后验分布的收敛不足以使 Gibbs 抽样器提供精确的近似. 现在的 MCMC 方法已经解决了 Gibbs 抽样方法的不足, 而贝叶斯编程软件也从以 Gibbs 为主转到更先进的 MCMC 方法.

MCMC 是一种计算机驱动的采样方法 (Gamerman and Lopes, 2006; Gilks et al., 1996). 它允许人们在不知道所有分布的数学属性的情况下, 通过从分布中随机抽样来描述分布. MCMC 的一个特殊优势在于它可用于从分布中提取样本来计算不同样本的密度. MCMC 的名称结合了两个属性: 蒙特卡罗 (Monte Carlo, MC) 和马尔可夫链 (Markov Chain, MC). 蒙特卡罗是通过检查分布中的随机样本来估计分布属性的实践. 例如, 不是通过从分布方程直接计算它来找到正态分布的均值, 而是采用蒙特卡罗方法从正态分布中抽取大量随机样本, 并计算其中的样本均值. 蒙特卡罗方法的好处很明显: 计算大数字样本的平均值比直接从正态分布方程计算平均值要容易得多. 当随机样本易于获得时, 以及当分布方程很难以其他方式得到时, 这种好处最为明显. MCMC 的马尔可夫链属性是随机样本由特殊序贯过程生成的. 每个随机样本用作基石以生成下一个随机样本 (因此形成了一条链). 马尔可夫链的一个特殊属性是, 虽然每个新样本取决于它之前的样本, 但新样本不依赖前一个样本之前的任何样本 (这称为所谓"马尔可夫性").

常用的 MCMC 和期望最大化 (EM) 方法 (Dempster, Laird, and Rubin, 1977) 在许多实质性问题中运行良好, 但在应用于大型数据集或复杂模型时性能较差. 在这些情况下, 变分 (VA) 近似是最有效的.

在本章, 我们将简要介绍计算实践中使用的各种计算方法.

6.2 最大后验概率法

在贝叶斯统计中, 最大后验概率 (maximum a posteriori, MAP) 估计是对后验分布的模的估计. MAP 可根据经验数据获得未观测量的点估计. 它与最大似然 (ML) 估计方法密切相关, 但采用了一个包含先验分布的增强优化目标. 因此, MAP 估计可以看作 ML 估计的正则化方法. 对于 $\boldsymbol{x}=(x_1,x_2,\ldots,x_n)$, ML 估计为

$$\begin{aligned}\hat{\theta}_{\mathrm{MLE}} &= \arg\max_{\theta} p(\boldsymbol{x}|\theta) = \arg\max_{\theta} \prod_{i=1}^{n} p(x_i|\theta)\\ &= \arg\max_{\theta} \log \prod_{i=1}^{n} p(x_i|\theta) = \arg\max_{\theta} \sum_{i=1}^{n} \log p(x_i|\theta),\end{aligned}$$

而 MAP 估计为

$$\begin{aligned}\hat{\theta}_{\mathrm{MAP}} &= \arg\max_{\theta} \frac{p(\boldsymbol{x}|\theta)p(\theta)}{p(\boldsymbol{x})} = \arg\max_{\theta} p(\boldsymbol{x}|\theta)p(\theta)\\ &= \arg\max_{\theta} \prod_{i=1}^{n} p(x_i|\theta)p(\theta) = \arg\max_{\theta} \sum_{i=1}^{n} \log p(x_i|\theta)p(\theta).\end{aligned}$$

显然, 如果先验分布是个常数, $\hat{\theta}_{\mathrm{MLE}}$ 和 $\hat{\theta}_{\mathrm{MAP}}$ 相等.

如果后验分布的模可以以封闭的数学形式给出 (比如使用共轭先验时), 则可以用分析方法得到 MAP 估计. 如果不能得到封闭形式, 或者太复杂, 则可用共轭梯度法或牛顿法等数值优化法, 这通常需要采用两阶导数. 如果不用导数, 可使用改进的 EM 算法, 也可以使用模拟退火的蒙特卡罗方法.

6.3 拉普拉斯近似

MAP 估计只是找到后验分布的最大值. 拉普拉斯近似 (Laplace approximation) 更进一步, 并且还计算极大值附近的局部曲率到二阶项. 这实际上等价于假定后验分布在最大值附近接近正态分布. 拉普拉斯近似适用于 L^2 类, 即分布 f 满足 $\int f(x)^2\mathrm{d}x<\infty$ 的情况.

对于任何光滑的并且在其最大值点附近达到顶峰的概率密度函数 (pdf), 拉普拉斯建议用一个普通的 pdf 来近似它. 这是 pdf 对数的一个简单的两项泰勒展开. 用 $\hat{\theta}$ 表示 pdf (及其

对数) 的最大值点, 记 pdf 的对数为 $q(\theta)=\log f(\theta)$, 则有

$$\begin{aligned}q(\theta) &\approx q(\hat{\theta})+(\theta-\hat{\theta})\dot{q}(\hat{\theta})+\frac{1}{2}(\theta-\hat{\theta})^2\ddot{q}(\hat{\theta})\\ &= q(\hat{\theta})+0+\frac{1}{2}(\theta-\hat{\theta})^2\ddot{q}(\hat{\theta})\\ &= \text{const}+\frac{1}{2}(\theta-\hat{\theta})^2\ddot{q}(\hat{\theta}).\end{aligned}$$

注意, 这一最终结果和有均值 $\hat{\theta}$ 及精度 $-\ddot{q}(\hat{\theta})$ 的正态分布的对数概率密度函数一样.

对于后验分布 $f(\theta|x)\propto \ell(\theta|\theta)p(\theta)$, 有 $q(\theta)=\text{const}+\log\ell(\theta|x)+\log p(\theta)$. 可以证明, 在一些正则条件下, 当样本量很大时, 共轭后验分布趋于正态分布.

一般来说, 如果 $\boldsymbol{\theta}=(\theta_1,\theta_2,\ldots,\theta_m)$, $\boldsymbol{x}=(x_1,x_2,\ldots,x_n)$, 当 $n\gg m$ 时, 后验分布 $p(\boldsymbol{\theta}|\boldsymbol{x})$ 可近似为

$$p(\boldsymbol{\theta}|\boldsymbol{x})\approx(2\pi)^{-\frac{m}{2}}|\boldsymbol{A}|^{\frac{1}{2}}\exp\left[-\frac{1}{2}(\boldsymbol{\theta}-\hat{\boldsymbol{\theta}})^\top\boldsymbol{A}(\boldsymbol{\theta}-\hat{\boldsymbol{\theta}})\right],$$

这里 $\boldsymbol{A}=[A_{ij}]$ 是 Fisher 信息阵:

$$A_{ij}=-\frac{\partial}{\partial\theta_i}\frac{\partial}{\partial\theta_j}\log p(\boldsymbol{\theta}|\boldsymbol{x})|_{\boldsymbol{\theta}=\hat{\boldsymbol{\theta}}}.$$

我们有

$$\log p(\boldsymbol{\theta}|\boldsymbol{x})\approx\log p(\hat{\boldsymbol{\theta}})+p(\boldsymbol{x}|\boldsymbol{\theta})+\frac{m}{2}\log 2\pi-\frac{1}{2}\log|\boldsymbol{A}|$$

当样本量大的时候,

$$\log p(\boldsymbol{\theta}|\boldsymbol{x})\approx p(\boldsymbol{x}|\boldsymbol{\theta})-\frac{m}{2}\log n.$$

其中 $-2p(\boldsymbol{x}|\boldsymbol{\theta})+m\log n$ 称为贝叶斯信息准则 (Bayesian information criterion, BIC). 注意, 经常与 BIC 同时使用的 AIC 为赤池信息准则 (Akaike information criterion, AIC), 其定义为 $-2p(\boldsymbol{x}|\boldsymbol{\theta})+2m$.

拉普拉斯近似取代了旨在将函数最大化的积分问题. 为了计算拉普拉斯近似, 我们必须计算模的位置, 这是一个优化问题. 通常, 使用易于理解的函数优化器来解决这个问题要比积分相同的函数更快.

6.4 马尔可夫链蒙特卡罗方法

前面讨论过 MAP 和拉普拉斯近似两种方法, 后者是前者的改进. 拉普拉斯近似的主要缺点是它关于最大值对称并且非常局部, 整个近似是从目标密度的单点处的属性导出的. 当后验分布有长尾时, MAP 和拉普拉斯近似都不合适. 另一种方法是直接从后验分布抽样. 蒙特卡罗模拟 (Monte Carlo simulations) 是一种从后验分布抽样的技术, 是贝叶斯推断在实际应用中最重要的工具之一. 本节将介绍马尔可夫链蒙特卡罗 (MCMC) 模拟.

将概率模型应用于数据通常涉及对复杂的多维概率分布进行积分. 在大多数情况下, 由于维数高或者根本没有封闭表达式, 这些积分是不可计算的. MCMC 是一种允许使用随机抽样来近似复杂积分的方法. 该方法由马尔可夫链和蒙特卡罗积分两部分组成.

蒙特卡罗积分是利用有关分布的随机抽样来近似积分的一种有力方法. 但从有关概率分布中抽样很困难或者无法直接做到, 因此需要马尔可夫链. 马尔可夫链是一种序贯模型,

它以概率的方式从一个状态转移到另一个状态, 其链所采取的下一个状态仅取决于前一个状态 (这就是所谓的马尔可夫性). 如果马尔可夫链构造得当并运行很长时间, 那么它也将从目标概率分布中提取样本的状态. 我们要做的就是构造马尔可夫链从想做积分的分布中抽样, 然后利用蒙特卡罗积分来近似积分.

6.4.1 蒙特卡罗积分

一般来说, 当 X 为有分布 π 的随机变量, 想要计算函数 $h(x)$ 的期望 $E_\pi[h(x)]$ 时, 需要计算积分

$$E_\pi[h(x)] = \int h(x)\pi(x)\mathrm{d}x.$$

该积分可能不容易求, 特别是当 X 是高维变量时更难. 但可以从分布 π 中抽样

$$x^{(1)}, x^{(2)}, \cdots, x^{(n)} \sim \pi,$$

然后可以得到积分的近似

$$E_\pi[h(x)] \approx \frac{1}{n}\sum_{i=1}^{n} h(x^{(i)}).$$

这就是蒙特卡罗积分 (Monte Carlo integration). 根据大数定理, 当 $n \to \infty$, 有下面的依概率收敛:

$$\frac{1}{n}\sum_{i=1}^{n} h(x^{(i)}) \xrightarrow{p} E_\pi[h(x)].$$

6.4.2 马尔可夫链

为什么要引入马尔可夫链呢? 这是因为参数可能有很多维, 如 $\boldsymbol{\theta} = (\theta_1, \theta_2, \ldots, \theta_m)$. 这意味着先验分布和后验分布都是高维的. 这是一种通常被描述为维度诅咒的情况, 可用的数据在该空间内变得极其稀少, 因此, 在利用抽样计算积分时, 必须按照某种章法使得我们有可能以较小的样本得到好的近似.

MCMC 是一种使用马尔可夫链机制生成样本 $x^{(i)}$ 的方法, 这种方法的构造是为了使链花费更多时间在最重要的地方. 特别是, 它的构造使样本 $x^{(i)}$ 模拟从目标分布 $p(x)$ 中提取样本. 当然, 用 MCMC 不能直接从 $p(x)$ 中提取样本, 但可以估计 $p(x)$ 到一个标准化常数的程度.

我们在有限状态空间 $\mathcal{X} = \{x_1, x_2, \ldots, x_s\}$ 上直观引入马尔可夫链, 令 $x^{(i)}$ 为马尔可夫链第 i 个状态, 这里 $x^{(i)} \in \mathcal{X}$ 只能有 s 个离散值. 满足下面性质的随机过程 $x^{(i)}$ 被称为马尔可夫链:

$$p\left(x^{(i)}|x^{(i-1)}, x^{(i-2)}, \ldots, x^{(1)}\right) = p\left(x^{(i)}|x^{(i-1)}\right), \ \forall i.$$

式中, $p\left(x^{(i)}|x^{(i-1)}\right)$ 称为从状态 $x^{(i-1)}$ 到状态 $x^{(i)}$ 的转移概率. 上式意味着随机过程处于某状态的概率仅仅依赖前一个状态, 与之前的历史无关, 这就是马尔可夫性.

如果对于任意两个状态 $x_i, x_j \in \mathcal{X}$, $s \times s$ 矩阵 $\boldsymbol{P} \equiv [P_{ij}] = \left[p\left(x^{(k)} = x_j|x^{(k-1)} = x_i\right)\right]$ 对所有 k 保持不变, 而且 $\sum_i P_{ij} = 1$, 则称该马尔可夫链是时齐的 (homogeneous). $\boldsymbol{P}$ 称为一次转移概率矩阵.

对于任意初始状态分布 $\boldsymbol{\pi}_0=(\pi_1^{(0)},\pi_2^{(0)},\ldots,\pi_s^{(0)})$, 在 t 次转移之后在各个状态的概率为向量

$$\boldsymbol{\pi}_0\overbrace{\boldsymbol{P}\boldsymbol{P}\cdots\boldsymbol{P}}^{t}=\boldsymbol{\pi}_0\boldsymbol{P}^t.$$

很容易验证, 当 t 很大时, 概率向量 $\boldsymbol{\pi}_0\boldsymbol{P}^t$ 收敛到一个稳定的值 $\boldsymbol{\pi}$. 而且该值和初始概率 $\boldsymbol{\pi}_0$ 无关, 即

$$\lim_{t\to\infty}\boldsymbol{\pi}_0\boldsymbol{P}^t=\boldsymbol{\pi}.$$

乘积矩阵 $\boldsymbol{P}^t$ 的元素 P_{ij}^t 为从状态 x_i 经过 t 步转移到状态 x_j 的概率. 显然有

$$\boldsymbol{\pi}=\boldsymbol{\pi}\boldsymbol{P}.$$

概率 $\boldsymbol{\pi}$ 称为平稳概率 (stationary distribution 或 equilibrium distribution). 这就是 $\boldsymbol{P}^\top$ 的特征值问题.

下面考虑一个 $s=3$ 的例子. 如果转移概率矩阵为

$$\boldsymbol{P}=\begin{bmatrix}0.5 & 0 & 0.5\\ 0 & 0.8 & 0.2\\ 0.6 & 0.2 & 0.2\end{bmatrix}.$$

而初始概率 (最初在各状态 x_1,x_2,x_3 的概率) 为向量 $\boldsymbol{\pi}_0=(\pi_1^{(0)},\pi_2^{(0)},\pi_3^{(0)})=(0.3,0.1,0.6)$, 得到, 当 $t\longrightarrow\infty$ (实际上几步就收敛了) 时,

$$\boldsymbol{\pi}_0\boldsymbol{P}^t\longrightarrow\boldsymbol{\pi}=(0.375,0.3125,0.3125).$$

对于这个简单数值例子, 可以用下面 R 代码实现:

```
P=matrix(c(.5,0,.5,0,.8,.2,.6,.2,.2),3,3,b=T)
p0=c(.3,.1,.6) #可以取任何其他的概率向量
p1=p0
for (i in 1:55)
p1=p1%*%P
p1
```

为保证这种与初始概率分布无关的不变性, 只需要转移矩阵 $\boldsymbol{P}$ 满足两个条件:

(1) **不可约性** (irreducibility): 从任何状态出发访问马尔可夫链的任何其他状态的概率都是正的. 也就是说, 矩阵 $\boldsymbol{P}$ 不能简化为分离较小的矩阵. 这也说明所有状态是连接的.

(2) **非周期性** (aperiodicity): 链不应该被困在循环中. 一个状态 x_i, 从它开始经过 t 步回到该状态的转移概率为 P_{ii}^t. 周期定义为

$$k=\mathrm{gcd}\{n|P_{ii}^n>0\}.$$

式中, 符号 gcd 为最大公约数. 如果 $k=1$, 则状态 x_i 称为非周期性的 (aperiodic). 如果每个状态都是非周期性的, 那么马尔可夫链是非周期性的. 一个不可约马尔可夫链只需要一个非周期状态就意味着所有状态都是非周期性的.

事实上, 如果从状态 x_i 总是可以达到 x_j 的概率 π_j 对于所有的 j 成立, 或当 $n\to\infty$ 时

$$P_{ij}^n\longrightarrow\pi_j,\ \forall j,$$

那么 $\boldsymbol{\pi}=(\pi_1,\pi_2,\ldots,\pi_s)$ 为不变的 (invariant). 而且, 如果不可约的链有一个平稳的分布, 那么该平稳分布是唯一的.

如果马尔可夫链

$$x^{(1)},x^{(2)},\cdots,x^{(n)}\ \sim\boldsymbol{\pi}$$

是非周期性的和不可约的, 而且 $\boldsymbol{\pi}$ 是平稳分布, 那么, 当 $n\to\infty$ 时, 有

$$\frac{1}{n}\sum_{n}^{t=1}h(x^{(t)})\longrightarrow E_{\boldsymbol{\pi}}[h(X)]=\int h(\boldsymbol{x})\boldsymbol{\pi}(\boldsymbol{x})\mathrm{d}\boldsymbol{x}.$$

这就是所谓**遍历定理** (ergodic theorem). 因此, 我们可以通过模拟有平稳分布 $\boldsymbol{\pi}$ 的马尔可夫链用蒙特卡罗积分来近似 $\int h(\boldsymbol{x})\boldsymbol{\pi}(\boldsymbol{x})\mathrm{d}\boldsymbol{x}$.

对于连续状态空间的马尔可夫过程可以通过离散化处理.

6.4.3 MCMC 方法综述

对于贝叶斯推断, MCMC 模拟一个自选初始点 $\theta^{(0)}$ 的离散时间马尔可夫链, 产生一串相依的随机变量 $\{\theta^{(i)}\}_{i=1}^{M}$, 有近似分布

$$p(\theta^{(i)})\approx p(\theta|\boldsymbol{x}).$$

由于马尔可夫性, $\theta^{(i)}$ 的分布仅仅和 $\theta^{(i-1)}$ 有关.

MCMC 在状态空间 $\theta\in\Theta$ 产生了一个马尔可夫链 $\{\theta^{(1)},\theta^{(2)},\ldots,\theta^{(M)}\}$, 其每个样本都假定来自稳定分布 $p(\theta|\boldsymbol{x})$, 即我们感兴趣的后验分布.

使用马尔可夫链从特定的目标分布中进行抽样, 关键是必须设计合适的转移矩阵 (算子), 以便生成的链达到与目标分布相匹配的稳定分布. 这就是我们后面要介绍的若干方法的要点.

以互联网为例, 通常把网页和链接解释为马尔可夫链的状态. 显然, 我们希望在网上漫游, 但不想陷入循环 (保持非周期性), 并希望能够访问所有现有的网页 (不可约性). 考虑搜索引擎谷歌使用的流行的信息检索算法 PageRank (Page et al., 1998), 它的转移矩阵由两个成分组成: $\boldsymbol{P}=\boldsymbol{L}+\boldsymbol{E}$. 其中, $\boldsymbol{L}$ 是一个大的链接矩阵, 行和列对应于网页或链接, 其 $\boldsymbol{L}_{ij}$ 代表从网页 i 到网页 j 的 (正则化) 数目, 而 $\boldsymbol{E}$ 为一个均匀随机矩阵 (小的噪声), 以确保不可约性和非周期性. 这种附加的噪声可防止我们被困在循环中, 确保总是有一些概率跳到网络上的任何地方.

总之, MCMC 的基本思想是在后验分布抽样中伴随着 (蒙特卡罗积分) 的随机搜索与不取决于初始点 (马尔可夫链方面) 的智能跳跃. 因此, 可以说马尔可夫链蒙特卡罗方法是通过智能跳跃执行的无记忆搜索.

6.4.4 Metropolis 算法

前面谈到直接从一些目标概率分布 $p(x)$ 中进行抽样较为困难, 必须为马尔可夫链设计一个转移算子, 使链的平稳分布与目标分布相匹配. Metropolis 算法 (及作为其推广的 Metropolis-Hastings 算法) 使用简单的启发式方法来实现这样的过渡算子.

Metropolis 方法从一些随机初始状态 $x^{(0)}\sim\pi^{(0)}$ 开始, 该算法首先从类似于马尔可夫链转移概率的分布 $q(x|x^{(t-1)})$ 中提取可能的候选样本 x^{*}. 该候选样本受到 Metropolis 方法的

一个额外步骤的评估, 看目标分布在其附近是否有足够大的密度, 以确定是否接受其作为链的下一个状态. 如果 $p(x^*)$ 的密度低于建议的状态, 则它可能被拒绝. 接受或拒绝候补状态的标准由以下直观方法定义:

(1) 如果 $p(x^*) \geqslant p(x^{(t-1)})$, 则保留候补状态 x^* 作为链的下一个状态, 也就是马尔可夫链的 $p(x)$ 不能减少.

(2) 如果 $p(x^*) < p(x^{(t-1)})$, 表明在 x^* 附近密度 $p(x)$ 较小, 候选状态仅以概率 $p(x^*)/p(x^{(t-1)})$ 保留.

为了说明, 设立接受概率

$$\alpha = \min\left(1, \frac{p(x^*)}{p(x^{(t-1)})}\right).$$

有了接受概率, Metropolis 方法的转移运算符则运行如下: 如果均匀随机数 u 小于或等于 α, 则接受状态 x^*, 否则会拒绝 x^* 并建议下一个候选状态. 下面是收集 M 个样本的形式代码:

```
1. set t = 0
2. 从初始状态上的先验分布 π^(0) 生成初始状态 x^(0)
3. repeat, until t = M
       set t = t + 1
       从 q(x|x^(t-1)) 生成候补状态 x*
       计算接受概率 α = min(1, p(x*)/p(x^(t-1)))
       从 Unif(0,1) 中抽取随机数 u
              if u ⩽ α, 接受候补并设置 x^(t) = x*
              else x^(t) = x^(t-1)
```

1. **转移算子的可逆性**

结果表明, 为了使转移算子收敛到一个平稳的分布或目标分布, 马尔可夫链存在理论上的约束; $x^{(t)} \to x^{(t+1)}$ 的转移概率必须等于反向转移 $x^{(t-1)} \to x^{(t)}$ 的概率. 此可逆性属性通常称为详细平衡 (detailed balance). 使用 Metropolis 方法在建议的转移概率分布 $q(x|x^{(t-1)})$ 对称时可以确保可逆性. 正态分布、Cauchy 分布、t 分布和均匀分布都有这种对称性.

2. **一个例子**

从一个例子看 MCMC 抽样方法.

例 6.1 这是一个简单例子, 考虑形状参数为 a, 尺度参数为 s 的 Gamma 分布

$$p(x) = \frac{1}{s^a \Gamma(a)} x^{a-1} \mathrm{e}^{-\frac{x}{s}}.$$

下面是例 6.1 的 Gamma 分布 (取 $a = s = 5$) 的 Metropolis 抽样的 R 代码, 这里的转移概率取正态分布 $N(0,4)$. 代码中 `k=floor(M/2)` 表示前面一半的抽样值算是用于热身 (burn-in) 最终舍弃, 这是因为初始值可能不好, 等到稳定些再算数. 图 6.4.1 中的左图是得到的样本的直方图和真实分布 (乘一个因子), 而图 6.4.1 中的右图是马尔可夫链 (包括用虚线表示的热身部分), 对于这个问题热身前后偏离差不多.

```
M=20000;k=floor(M/2)
X = NULL
x = 1
set.seed(1010)
for (i in 1:M) {
  u = rnorm(1,0,4)
  alpha = dgamma(u,5,5)/dgamma(x,5,5)
  if (runif(1) < min(alpha, 1)) x = u
  X[i] = x}
layout(t(1:2))
hist(X[-(1:k)],20,prob=TRUE,xlim = c(0,8),xlab='X',ylab='',main="")
curve(dgamma(x,5,5),from=0,to=8,add=TRUE,col=2,lwd=3)
legend('topright',c('true density'),col=2,lty=1)
plot(1:k,X[1:k],type='l',col=2,lty=2,ylab='X',xlab="index",
     xlim=c(1,M),ylim=range(X))
lines((k+1):M,X[(k+1):M])
legend('top',c('after burn-in','burn-in'),lty=1:2,col=1:2,cex=.6)
```

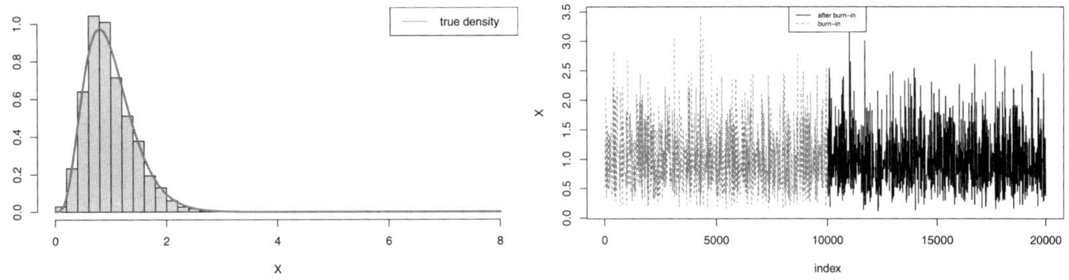

图 6.4.1 例 6.1 的 Metropolis 抽样: 左图为样本的直方图和真实分布, 右图为马尔可夫链 (虚线表示热身部分)

使用对称分布可能不合理, 以至于对所有可能的目标分布无法充分或有效地抽样. 例如, 目标分布在正实轴 $[0,\infty)$ 时, 我们希望使用具有相同支撑[1]的非对称分布, 这就产生了 Metropolis-Hastings 算法.

6.4.5 Metropolis-Hastings 算法

Metropolis 算法的一个约束是, 建议的转移概率分布 $q(x^*|x^{(t-1)})$ 必须是对称的. 为了能够使用非对称的转移概率分布, Metropolis-Hastings 算法增加一个基于建议的转移概率分布额外的校正因子 c:

$$c = \frac{q(x^{(t-1)}|x^*)}{q(x^*|x^{(t-1)})}. \tag{6.4.1}$$

校正因子调整转移算子, 以确保 $x^{(t-1)} \to x^{(t)}$ 的转移概率等于 $x^{(t)} \to x^{(t-1)}$ 的转移概率, 无论建议的转移概率分布如何.

[1]所谓支撑 (support), 是使分布密度大于零的变量值域. 比如正态分布的支撑是实数轴, Unif(0,1) 分布的支撑为 0～1 区间, 等等.

Metropolis-Hastings 算法的实现过程与 Metropolis 算法基本相同, 只是在接受概率的评估中使用了校正因子. 具体收集 M 个样本的形式代码为:

1. set $t = 0$
2. 从初始状态上的先验分布 $\pi^{(0)}$ 生成初始状态 $x^{(0)}$
3. repeat, until $t = M$

    set $t = t + 1$

    从 $q(x|x^{(t-1)})$ 生成候补状态 x^*

    计算接受概率 $\alpha = \min\left(1, \frac{p(x^*)}{p(x^{(t-1)})} \times c\right)$

    从 Unif(0,1) 中抽取随机数 u

        if $u \leqslant \alpha$, 接受候补并设置 $x^{(t)} = x^*$

        else $x^{(t)} = x^{(t-1)}$

显然, 在对称分布时 $c = 1$, 就是 Metropolis 算法.

下面是类似于例 6.1 分布的 Gamma$(5, 5)$ 分布的 Metropolis-Hastings 抽样的 R 代码, 和 Metropolis 算法的代码几乎一样, 仅有的区别是式 (6.4.1) 的矫正因子 c 所用的转移概率分布 $q()$ 取 χ^2 (3) 分布. 图 6.4.2 中的左图是得到的样本的直方图和真实分布, 而右图是马尔可夫链 (包括用虚线表示的热身部分).

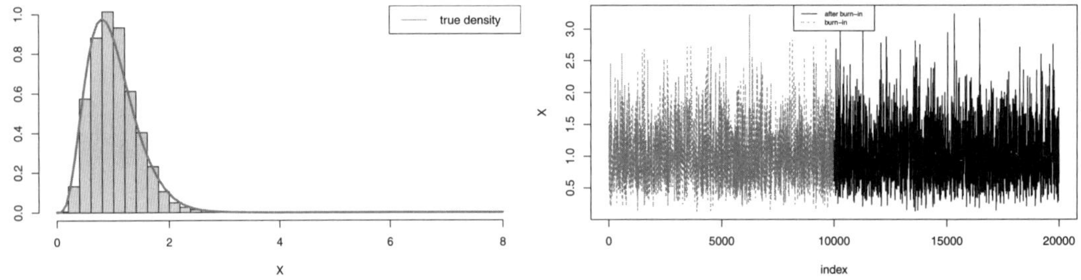

图 6.4.2 例 6.1 的 Metropolis - Hastings 抽样: 左图为样本的直方图和真实分布, 右图为马尔可夫链 (虚线表示热身部分)

```
M=20000;k=floor(M/2)
set.seed(1010)
X=vector()
for (i in 1:M) {
  ch<-rchisq(1,3)
  alpha <- (dgamma(ch,5,5)/dgamma(x,5,5))*(dchisq(ch,3)/dchisq(x,3))
  if (runif(1) < min(alpha, 1)) x = ch
  X[i] = x}
par(mfrow=c(1,2))
hist(X[-(1:k)],15,prob=TRUE,xlim = c(0,8),xlab='X',ylab=” ,ylim=c(0,1),
     main="")
curve(dgamma(x,5,5),from=0,to=8,add=TRUE,col=2,lwd=3)
legend('topright',c('true density'),col=2,lty=1)
plot(1:k,X[1:k],type='l',col=2,lty=2,ylab='X',xlab="index",xlim=c(1,M),
```

```
    ylim=range(X))
lines((k+1):M,X[(k+1):M])
legend('top',c('after burn-in','burn-in'),lty=1:2,col=1:2,cex=.6)
```

6.4.6 Gibbs 抽样

Gibbs 抽样是另一种流行的 MCMC 方法, 它接受所有的候选样本, 因此没有浪费计算. 对于给定的目标分布 $p(\boldsymbol{x})$, 其中 $\boldsymbol{x}=(x_1,x_2,\ldots,x_D)$, Gibbs 抽样基于两个主要准则.

(1) 必须有 D 个数学表达式:

$$p(x_i|x_1,x_2,\ldots,x_{i-1},x_{i+1},\ldots,x_D)=p(x_i|x_j),\ j\neq i.$$

这使得我们不需要在 Metropolis-Hastings 算法中的建议转移分布或接受 (或拒绝) 的准则. 因此, 我们可以简单地从每个条件进行采样, 同时保持所有其他变量固定. 这就导致了第二个准则.

(2) 如果想要一个可实现的算法, 必须能够从每个条件分布中抽样.

Gibbs 抽样的工作方式与 Metropolis-Hastings 算法大同小异, 但只需从变量的相应条件分布的一维中抽样, 并接受抽到的所有值. 我们序贯地对每个变量进行抽样, 同时保持所有其他变量固定. Gibbs 抽样的形式代码为:

1. set $t=0$
2. 生成初始状态 $\boldsymbol{x}^{(0)}\sim\boldsymbol{\pi}^{(0)}$
3. repeat, until $t=M$

    set $t=t+1$

    对于 $i=1,2,\ldots,D$ 的每一维, 从 $p(x_i|x_1,x_2,\ldots,x_{i-1},x_{i+1},\ldots,x_D)$ 抽样 x_i

Gibbs 抽样器是用于从复杂的多变量概率分布中抽样的一种流行的 MCMC 方法. 但是, 对于许多目标分布, 可能很难得到所有需要的条件分布的闭式表达式. 有时条件分布的分析表达式可能存在, 但可能很难从中抽样. Gibbs 抽样适用于容易得到条件分布, 而且都是熟悉的分布形式的情况.

我们考虑另外一个例子.

例 6.2 *考虑均值为 μ, 精度为 $\tau=1/\sigma^2$ 的正态分布 $N(\mu,\tau)$. 根据前面记号, 这里的维数 $D=2$. 再假定已知数据 $\boldsymbol{x}=(x_1,x_2,\ldots,x_n)$ 的样本量为 $n=70$, 样本均值和样本标准差分别为 $\bar{x}=8$ 及 $s=2$.*

我们将重复抽样, 在第 i 步, 从 $f(\mu|\tau^{(i-1)})$ 抽取 $\mu^{(i)}$, 从 $f(\tau|\mu^{(i)})$ 抽取 $\tau^{(i)}$, 为此需要得到有关条件分布的解析表达式. 假定先验分布为

$$p(\mu,\tau)=p(\mu)p(\tau),\ p(\mu)\propto 1,\ p(\tau)\propto 1/\tau.$$

需要的条件分布为:

$$(\mu|\tau,\boldsymbol{x})\sim N\left(\bar{x},\frac{1}{n\tau}\right);\ \ (\tau|\mu,\boldsymbol{x})\sim \mathrm{Gamma}\left(\frac{n}{2},\frac{2}{(n-1)s^2+n(\mu-\bar{x})^2}\right)$$

下面是关于例 6.2 的 Gibbs 抽样的 R 代码, 图6.4.3中的左右两图分别是 μ 和 τ 后验分布去掉热身部分后的直方图.

```
n = 70; xbar = 8; s2  = 4
M=99999; k = 5000
mu = vector() -> tau
tau[1] = 1
set.seed(1010)
for(i in 2:M) {
  mu[i] = rnorm(n = 1, mean = xbar, sd = sqrt(1/(n*tau[i-1])))
  tau[i] = rgamma(n = 1, shape=n/2, scale = 2/((n-1)*s2+n*(mu[i]-xbar)^2))
}
par(mfrow=c(1,2))
hist(mu[-(1:k)],col=4)
hist(tau[-(1:k)],col=4)
```

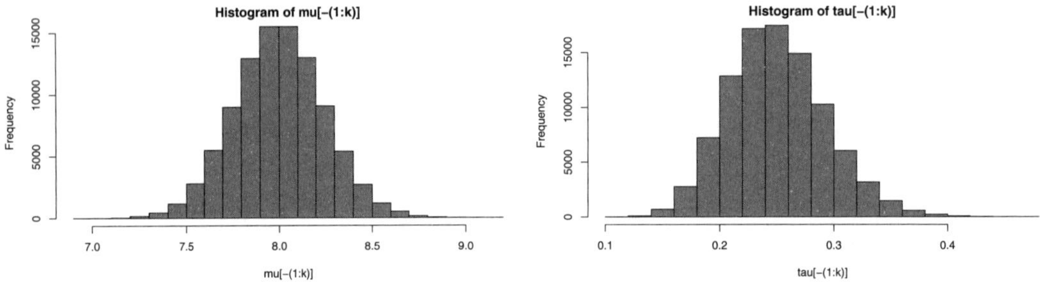

图 6.4.3 例 6.2 的 Gibbs 抽样: 左右两图分别是 μ 和 τ 后验分布去掉热身部分后的直方图

6.4.7 Hamiltonian 蒙特卡罗方法

Hamiltonian 蒙特卡罗 (Hamiltonian Monte Carlo) 方法也称混合蒙特卡罗 (hybrid Monte Carlo) 方法, 是一种 MCMC 方法, 它采用系统动力学而不是概率分布来建议马尔可夫链中的未来状态. 这使得马尔可夫链能够更有效地探索目标分布, 从而实现更快的收敛. Hamiltonian 动力学 (Hamiltonian dynamics/mechanics) 虽然起源于物理学, 但只需引入虚构的"动量"(momentum) 变量, 就可以应用于大多数连续状态空间的问题. 一个关键是 Hamiltonian 动力学保留体积, 因此它的轨迹可以用来定义复杂的映射, 而不需要考虑难以计算的 Jacobian 因子, 这种属性即使在使用离散化的时间来近似动力时也精确地得以保持.

1. **Hamiltonian 动力学简述**

Hamiltonian 动力学是描述物体在整个系统中运动的一种方式. Hamiltonian 动力学通过其位置 $\boldsymbol{x}$、动量 $\boldsymbol{p}$ 及速度 t 来描述一个物体的运动. 物体的每个位置都对应于势能 $U(\boldsymbol{x})$, 每个动量都对应于动能 $K(\boldsymbol{p})$. 系统的总能量是恒定的, 称为 Hamiltonian $H(\boldsymbol{x},\boldsymbol{p})$, 定义为势能和动能的总和:

$$H(\boldsymbol{x},\boldsymbol{p}) = U(\boldsymbol{x}) + K(\boldsymbol{p}).$$

Hamiltonian 动力学描述了当物体在整个系统中及时运动时, 动能和势能之间的互相转化. 这是通过一组称为 Hamiltonian 方程的微分方程定量描述的:

$$\frac{\partial x_i}{\partial t}=\frac{\partial H}{\partial p_i}=\frac{\partial K(\boldsymbol{p})}{\partial p_i},\quad \frac{\partial p_i}{\partial t}=-\frac{\partial H}{\partial x_i}=-\frac{\partial U(\boldsymbol{x})}{\partial x_i}$$

因此, 如果我们有 $\frac{\partial U(\boldsymbol{x})}{\partial x_i}$ 和 $\frac{\partial K(\boldsymbol{p})}{\partial p_i}$ 的表达式和一组初始条件, 即初始位置 $\boldsymbol{x}_0$ 和初始动量 $\boldsymbol{p}_0$ 及时间 $\boldsymbol{t}_0$, 通过在一段时间 T 内模拟这些动力学, 就可以预测对象在任何时间点 $t=t_0+T$ 的位置和动量.

2. **模拟 Hamiltonian 动力系统——跳蛙法**

Hamiltonian 方程描述了物体在时间上的连续运动, 为了在计算机上数值模拟 Hamiltonian 动力学, 有必要通过离散时间来逼近 Hamiltonian 方程. 这是通过将间隔 T 拆分为一系列较小的长度为 δ 的间隔来完成的. δ 的值越小, 近似值就越接近连续时间内的动力学. 离散化后, 就可利用已经开发的离散时间方法, 包括 Euler 法和跳蛙 (leap frog) 法, 这里仅介绍后者. 跳蛙法按顺序更新动量和位置变量, 开始时在时间小区间 $\delta/2$ 模拟动量动力学, 然后在稍长的时间间隔 δ 中模拟位置动力系统, 再在另一个短时间间隔 $\delta/2$ 完成动量模拟, 这样 $\boldsymbol{x}$ 和 $\boldsymbol{p}$ 就处于同一时间点. 具体而言, 跳蛙法如下所示.

(1) 进行半步时间 $\delta/2$ 更新动量变量:

$$p_i(t+\delta/2)=p_i(t)-(\delta/2)\frac{\partial U}{\partial x_i(t)}.$$

(2) 进行整步时间 δ 更新位置变量:

$$x_i(t+\delta)=x_i(t)+\delta\frac{\partial K}{\partial p_i(t+\delta/2)}.$$

(3) 在剩余的半步时间 $\delta/2$ 内完成动量变量的更新:

$$p_i(t+\delta)=p_i(t+\delta/2)-(\delta/2)\frac{\partial U}{\partial x_i(t+\delta)}.$$

3. **Hamiltonian 动力系统和目标分布** $p(\boldsymbol{x})$

现在讨论如何将 Hamiltonian 动力系统用于 MCMC. Hamiltonian/Hybrid Monte Carlo 背后的主要思想是开发 Hamiltonian 函数 $H(\boldsymbol{x},\boldsymbol{p})$ 使我们能够有效地探索一些目标分布 $p(\boldsymbol{x})$. 实际上很简单, 使用统计力学中称为正则分布的一个基本概念, 将 $H(\boldsymbol{x},\boldsymbol{p})$ 和 $p(\boldsymbol{x})$ 联系起来.[2] 对在一组变量 $\boldsymbol{\theta}$ 上的任何能量函数 $E(\boldsymbol{\theta})$, 能够定义相应的正则分布为 $p(\boldsymbol{\theta})=\frac{1}{Z}\mathrm{e}^{-E(\boldsymbol{\theta})}$, 这里简单地取负能量函数的指数. 变量 Z 是称为划分函数的正则化常数, 使正则分布的确是 (和为 1 的) 有效概率分布. 显然, Hamiltonian 动力系统的能量函数是势能和动能的组合: $E(\boldsymbol{\theta})=H(\boldsymbol{x},\boldsymbol{p})=U(\boldsymbol{x})+K(\boldsymbol{p})$.

---

[2] 在统计力学中, 正则系综 (canonical ensemble) 是统计系统, 它表示力学系统在固定温度下与热浴的热平衡下的可能状态, 在正则系综中分配给每个不同的微状态以概率

$$p=\mathrm{e}^{\frac{F-E}{kT}},$$

这里 F 是自由能 (特别地为 Helmholtz 自由能), 它对于系综是常数. 上式可等价地写成

$$p=\frac{1}{Z}\mathrm{e}^{-E/(kT)},$$

这里正则划分函数为

$$Z=\mathrm{e}^{-F/(kT)}$$

式中, E 是微状态的总能量, k 是 Boltzmann 常数. 在一些文献中, 称概率分布 p 为正则分布.

因此, Hamiltonian 动力系统能量函数的正则分布是

$$p(\boldsymbol{x},\boldsymbol{p}) \propto \mathrm{e}^{-H(\boldsymbol{x},\boldsymbol{p})} = \mathrm{e}^{-[U(\boldsymbol{x})-K(\boldsymbol{p})]} = \mathrm{e}^{-U(\boldsymbol{x})}\mathrm{e}^{-K(\boldsymbol{p})} \propto p(\boldsymbol{x})p(\boldsymbol{p})$$

在这里, 我们看到了联合 (正则) 分布将 $\boldsymbol{x}$ 和 $\boldsymbol{p}$ 因子化了. 这意味着这两个变量是独立的, 而正则分布 $p(\boldsymbol{x})$ 独立于动量的类似分布. 因此可以使用 Hamiltonian 动力系统从联合正则分布在 $\boldsymbol{p}$ 和 $\boldsymbol{x}$ 上抽样而忽略动量贡献. 这是一个引入辅助变量以协助我们寻找马尔可夫链路径的示例. 引入辅助变量 $\boldsymbol{p}$ 允许我们使用 Hamiltonian 动力系统, 没有它们就无法使用 Hamiltonian 动力系统. 由于 $\boldsymbol{x}$ 的正则分布与 $\boldsymbol{p}$ 的正则分布无关, 因此我们可以选择任何分布来对动量变量抽样. 常见的选择是使用标准正态分布:

$$p(\boldsymbol{p}) \propto \frac{\boldsymbol{p}^\top\boldsymbol{p}}{2}.$$

请注意, 这相当于在 Hamiltonian 量中有一个二次势能项:

$$K(\boldsymbol{p}) = \frac{\boldsymbol{p}^\top\boldsymbol{p}}{2}.$$

这是动能函数的一个方便的选择, 因为所有的偏导数都很容易计算. 现在已经定义了一个动能函数, 我们要做的就是找到一个势能函数 $U(\boldsymbol{x})$, 对它取负值及作为指数得到目标分布 $p(\boldsymbol{x})$ (或其未缩放版本). 另一种思维是, 定义势能函数为

$$U(\boldsymbol{x}) = -\log p(\boldsymbol{x}).$$

只要可以计算

$$-\frac{\partial \log(p(\boldsymbol{x}))}{\partial x_i},$$

我们就可以模拟可用于 MCMC 技术的 Hamiltonian 动力系统了.

4. Hamiltonian Monte Carlo (HMC)

在 HMC 中, 我们使用 Hamiltonian 动力系统作为马尔可夫链的建议函数, 以比使用建议概率分布更有效地探索 $U(\boldsymbol{x})$ 定义的目标 (正则) 密度 $p(\boldsymbol{x})$. 从初始状态 $[\boldsymbol{x}_0,\boldsymbol{p}_0]$ 开始, 我们使用跳蛙法在短时间内模拟 Hamiltonian 动力系统. 在模拟结束时使用位置和动量变量的状态作为建议的状态变量 $\boldsymbol{x}^*$ 和 $\boldsymbol{p}^*$. 建议的状态的接受则使用类似于 Metropolis 接受标准. 具体而言, 如果模拟 Hamiltonian 动力系统之后的拟议状态的概率

$$p(\boldsymbol{x}^*,\boldsymbol{p}^*) \propto \mathrm{e}^{-[U(\boldsymbol{x}^*)+K(\boldsymbol{p}^*)]}$$

大于模拟 Hamiltonian 动力系统之前的状态概率

$$p(\boldsymbol{x}_0,\boldsymbol{p}_0) \propto \mathrm{e}^{-[U(\boldsymbol{x}^{(t-1)}),K(\boldsymbol{p}^{(t-1)})]},$$

则接受建议的状态, 否则建议的状态被随机接受. 如果状态被拒绝, 则将马尔可夫链的下一个状态设置为状态 $(t-1)$. 对于一组给定的初始条件, Hamiltonian 动力系统遵循相空间中恒定能量的轮廓. 因此, 我们必须随机干扰该动力系统, 以探索所有的 $p(\boldsymbol{x})$. 这是通过在每次抽样迭代 t 前运行动力学之前从相应的正则分布 $p(\boldsymbol{p})$ 中提取一个随机动量来完成的. Metropolis 验收标准定义了从目标分布中抽取 M 个样本的 HMC 算法, 下面是形式代码:

1. set $t = 0$
2. 生成初始位置状态 $\boldsymbol{x}^{(0)} \sim \boldsymbol{\pi}^{(0)}$
3. repeat, until $t = M$

    设置 $t = t + 1$

    从动量正则分布 $\boldsymbol{p}_0 \sim p(\boldsymbol{p})$ 抽取一个新的初始动量变量样本

    设置 $\boldsymbol{x}_0 = \boldsymbol{x}^{(t-1)}$

    运行始于 $[\boldsymbol{x}_0, \boldsymbol{p}_0]$ 的跳蛙算法 L 步, 步长为 δ, 以获得建议状态 $\boldsymbol{x}^*$ 和 $\boldsymbol{p}^*$

    计算 Metropolis 接受概率: $\alpha = \min(1, \exp(-U(\boldsymbol{x}^*) + U(\boldsymbol{x}_0) - K(\boldsymbol{p}^*) + K(\boldsymbol{p}_0)))$

    从 Unif$(0, 1)$ 中抽取一个随机数 u

        if $u \leqslant \alpha$ 接受建议的状态 $\boldsymbol{x}^*$, 并在马尔可夫链中设置下一个状态 $\boldsymbol{x}^{(t)} = \boldsymbol{x}^*$

        else 设置 $\boldsymbol{x}^{(t)} = \boldsymbol{x}^{(t-1)}$

对于例 6.1, 我们可以用下面的 R 代码来实现 Hamiltonian MC 方法, 这个程序比较粗糙简单 (是上面形式代码的描述), 我们只取了 $M = 5000$, 更实用及适用于各种情况和维数的程序应该更复杂并且包含更多的纠错机制. 该程序得到的马尔可夫链直方图见图 6.4.4.

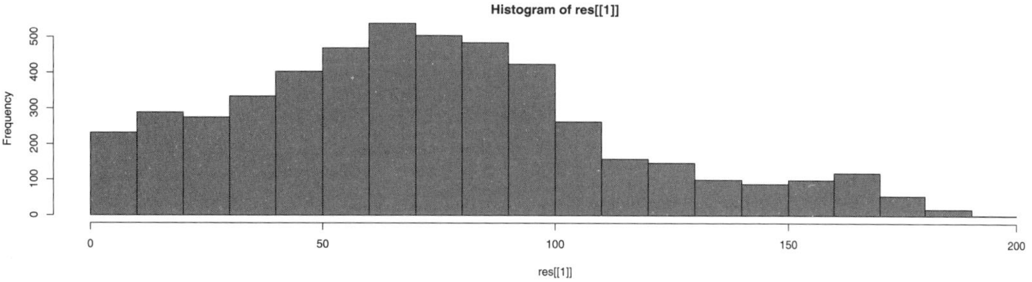

图 6.4.4 对例 6.1 采用 Hamiltonian MC 方法的结果的直方图

```
Hmc=function(f, delta, q0, L, M){
  q=vector()
  U=vector()
  q[1]=q0
  U[1]=f(q0)
  for (i in 2:M){#i=2
    p=rnorm(1)
    K = sum(p^2)/2
    pp=p
    pq=q[i-1]
    pp = pp - 0.5 * delta * grad(f, pq)
    for (j in 1:(L - 1)) {
      pq = pq + delta * pp
      if (i!=L) pp = pp - delta * grad(f, pq)#
    }
    pp = pp - 0.5 * delta * grad(f, pq)
    pp=-pp #make symmetric
    U[i]=f(q[i])#
```

```
    pU = f(pq)
    pK = sum(pp^2)/2
    if (runif(1) < exp(K - pK + U[i - 1] - pU)) {
      q[i] = pq
      U[i] = pU
    }
    else {
      q[i] = q[i - 1]
      U[i] = U[i - 1]
    }
  }
  return(list(chain = q, U = U))
}

library(numDeriv)
set.seed(101010)
f1= function(x){x^(-6/2)*exp(-4/(2*x))}
res=Hmc(f1,delta=.3,q0=19,L=16,M=5000)
hist(res[[1]])
```

5. NUTS: **无掉头抽样**

HMC 方法成功的关键取决于轨迹长度和步长. 如果选择不当, 会导致高拒绝率或计算时间过长. 因此 HMC 需要用户进行一些手动调整, 这对于高维复杂模型可能非常耗时. 无掉头抽样器 (No-U-Turn Sampler, NUTS) 是 HMC 的扩展, 无须指定轨迹长度, 但需要用户指定步进大小. 使用成对平均算法 (dual averaging algorithm), NUTS 可以在完全不进行任何手动调整的情况下运行, 生成的样本至少与精细的手动调谐 HMC 一样好. NUTS 消除了需要的参数步骤, 通过考虑一个指标来评估我们是否运行跳蛙算法足够长.

NUTS 使用跳蛙法在虚拟时间内向前或向后跟踪一条路径, 首先向前或向后跑 1 步, 向前或向后跑 2 步, 然后向前或向后跑 4 步, 等等. 这个双重过程建立一个平衡的二叉树, 其叶节点对应于位置动量状态. 当整个二叉树任何平衡子树节点的从最左到最右的子轨迹开始折返 (虚构的粒子开始掉头) 时, 双重过程就会停止. 此时 NUTS 停止模拟, 并从模拟过程计算的点集合中提取样本, 以保持详细平衡.

NUTS 有各种形式, 这里不做详细说明, 请参看 Hoffman and Gelman (2014).

6.5 EM 算法

期望最大化 (expectation–maximization, EM) 算法是一种迭代方法, 用于查找统计模型中参数的最大似然或最大后验分布 (MAP) 估计, 其中模型依赖未观察到的潜在变量。EM 迭代是在期望 (E) 步骤和最大化 (M) 步骤之间交替进行, E 步骤利用目前参数的估计得到对数似然的期望, M 步骤则用最大化 E 步骤得到的对数似然得到参数估计, 结果再用于 E 步骤, 如此迭代直到符合要求.

EM 算法用途很广, 适用于有各种特点的模型及不同的目的. 下面以非常通用的方式描述 EM 过程, 以帮助读者理解其基本原理.

EM 算法是一种通用方法, 用于在数据不完整或有缺失值时从给定数据集中查找背景分布参数的最大似然估计. EM 算法有两种主要应用情况. 第一种情况是数据确实存在缺失值; 第二种情况发生于很难在解析上优化似然函数, 而当似然函数通过假设存在任何附加但缺失 (或隐藏) 参数时可以进行简化. 后一种应用情况在计算模式识别社区中更为常见.

假设观测到的数据 $\boldsymbol{X}$ 是由某种分布生成的. 我们称 $\boldsymbol{X}$ 为不完整数据. 完整的数据集为 $\boldsymbol{Z}=(\boldsymbol{X},\boldsymbol{y})$, 并假定联合密度函数为

$$p(\boldsymbol{z}|\boldsymbol{\theta})=p(\boldsymbol{x},\boldsymbol{y}|\boldsymbol{\theta})=p(\boldsymbol{y}|\boldsymbol{x},\boldsymbol{\theta})p(\boldsymbol{x}|\boldsymbol{\theta}).$$

基于这个密度函数, 可以定义一个新的似然函数

$$L(\boldsymbol{\theta}|\boldsymbol{Z})=L(\boldsymbol{\theta}|\boldsymbol{X},\boldsymbol{Y})=p(\boldsymbol{X},\boldsymbol{Y}|\boldsymbol{\theta}),$$

称为完全数据似然. 该函数实际上是一个随机变量, 因为缺失的信息 $\boldsymbol{Y}$ 是有可能服从背景分布的未知随机变量. 原始似然 $L(\boldsymbol{\theta}|\boldsymbol{X})$ 称为不完全数据似然函数.

EM 算法首先求完全数据对数似然 $\log p(\boldsymbol{X},\boldsymbol{Y}|\boldsymbol{\theta})$ 的期望值, 这里只有 $\boldsymbol{Y}$ 未知. 也就是说, 我们定义:

$$Q(\boldsymbol{\theta}|\boldsymbol{\theta}^{(i-1)})=E\left[\log p(\boldsymbol{X},\boldsymbol{Y}|\boldsymbol{\theta})\,\middle|\,\boldsymbol{X},\boldsymbol{\theta}^{(i-1)}\right] \tag{6.5.1}$$

式中, $\boldsymbol{\theta}^{(i-1)}$ 是用来估计期望的当前参数估计, $\boldsymbol{\theta}$ 是用来优化的新的参数, 以增加 Q.

这里要理解的关键是 $\boldsymbol{X}$ 和 $\boldsymbol{\theta}^{(i-1)}$ 是常量, $\boldsymbol{\theta}$ 是我们希望调整的变量, $\boldsymbol{Y}$ 是服从分布 $f(\boldsymbol{y}|\boldsymbol{X},\boldsymbol{\theta}^{(i-1)})$ 的随机变量. 因此, 式 (6.5.1) 的右边可以重写为

$$E\left[\log p(\boldsymbol{X},\boldsymbol{Y}|\boldsymbol{\theta})\,\middle|\,\boldsymbol{X},\boldsymbol{\theta}^{(i-1)}\right]=\int\log p(\boldsymbol{X},\boldsymbol{Y}|\boldsymbol{\theta})f(\boldsymbol{y}|\boldsymbol{X},\boldsymbol{\theta}^{(i-1)})\mathrm{d}\boldsymbol{y}. \tag{6.5.2}$$

这里, $f(\boldsymbol{y}|\boldsymbol{X},\boldsymbol{\theta}^{(i-1)})$ 是未观测数据的边际分布, 它既依赖观测到的数据 $\boldsymbol{X}$, 也取决于当前参数 $\boldsymbol{\theta}^{(i-1)}$, 这种边际分布是假定参数 $\boldsymbol{\theta}^{(i-1)}$ 及数据 $\boldsymbol{X}$ 的简单解析表达式. 在最坏的情况下, 这种密度解析式可能很难获得. 有时, 实际使用的密度是

$$f(\boldsymbol{y},\boldsymbol{X}|\boldsymbol{\theta}^{(i-1)})=f(\boldsymbol{y}|\boldsymbol{X},\boldsymbol{\theta}^{(i-1)})f(\boldsymbol{X}|\boldsymbol{\theta}^{(i-1)}),$$

但这不会影响后续步骤, 因为额外因子 $f(\boldsymbol{X}|\boldsymbol{\theta}^{(i-1)})$ 不依赖 $\boldsymbol{\theta}$.

作为类比, 假定有两个变量的函数 $h(\cdot,\cdot)$. 考虑 $h(\theta,y)$, 其中 θ 是一个常数, y 是服从分布 $f(y)$ 的随机变量. 则

$$q(\theta)=E_y[h(\theta,y)]=\int h(\theta,y)f(y)\mathrm{d}y$$

是一个可以最大化的确定性函数.

对这一期望的计算称为算法的 E 步. 请注意函数 $Q(\boldsymbol{\theta}|\boldsymbol{\theta}')$ 中两个参数的第一个参数 $\boldsymbol{\theta}$ 对应于最终将进行优化以使似然函数最大化的参数; 第二个参数 $\boldsymbol{\theta}'$ 对应于我们用来计算期望的参数.

EM 算法的 M 步是最大化 E 步中计算的期望, 即

$$\boldsymbol{\theta}^{(i)}=\arg\max_{\boldsymbol{\theta}}Q(\boldsymbol{\theta}|\boldsymbol{\theta}^{(i-1)}).$$

必要时重复这两个步骤, 保证每次迭代都能增加对数似然, 并保证算法收敛到似然函数的局

部最大值.

M 步也可以不最大化 $Q(\boldsymbol{\theta}|\boldsymbol{\theta}^{(i-1)})$, 可以找到某 $\boldsymbol{\theta}^{(i)}$, 使 $Q(\boldsymbol{\theta}^{(i)}|\boldsymbol{\theta}^{(i-1)}) > Q(\boldsymbol{\theta}|\boldsymbol{\theta}^{(i-1)})$, 这种算法称为广义 EM (generalized EM, GEM) 算法, 它也保证了收敛.

6.6 变分贝叶斯近似

MCMC 是非常有用和重要的工具, 但在用于估计大型数据集的复杂后验分布或模型时可能会遇到困难. 本节介绍的**变分近似** (variational approximations) 或**变分推断** (variational inference, VI) 可用于拟合贝叶斯模型 (Jordan et al., 1999). 对于完全贝叶斯推断, 变分近似通常比 MCMC 快得多, 在某些情况下, 它有助于估计其他方法无法估计的模型. 作为一种确定性后验近似方法, 变分近似保证了收敛性, 很容易对收敛性进行评估. 变分近似法最适用于其他方法无法解决的完全贝叶斯推断问题. 当然, 变分近似确实也有一些限制, 它可能低估后验分布的变异性. 这种被低估的可变性是变分近似的一个缺点, 然而, 它是直接可控的, 取决于一组透明且易于修改的假设.

变分近似为贝叶斯模型的估计提供了一种不同的方法. 与 EM 算法一样, 变分近似也是确定性优化算法, 它保证了收敛性, 通过检查标量中的变化可以轻松地进行评估. 与 MCMC 算法一样, 变分近似估计完全后验分布, 不需要额外的步骤来执行推断. 下面描述变分近似的基础知识.

变分近似的目标是用某一个称为近似分布 (approximating distribution) 的工作分布 $q_\phi(\boldsymbol{\theta})$ 来近似后验分布 $p(\boldsymbol{\theta}|\boldsymbol{X})$ (Bishop, 2006). 为使该近似尽可能接近, 我们在近似分布的空间上搜索, 找 q 和 p 之间最小的**相对熵**或 **KL 散度** (Kullback-Leibler divergence, KL-divergence). 形式上, 我们在近似分布集合中搜索的分布 $q(\boldsymbol{\theta};\phi)$ 使下式最小 (下面积分运算对于离散 $\boldsymbol{\theta}$ 情况应该为和运算):

$$\mathrm{KL}(q_\phi(\boldsymbol{\theta})\|p(\boldsymbol{\theta}|\boldsymbol{X})) = E_{q_\phi(\boldsymbol{\theta})}[\log q_\phi(\boldsymbol{\theta}) - \log p(\boldsymbol{\theta}|\boldsymbol{X})] = -\int q(\boldsymbol{\theta})\log\left\{\frac{p(\boldsymbol{\theta}|\boldsymbol{X})}{q_\phi(\boldsymbol{\theta})}\right\}\mathrm{d}\boldsymbol{\theta}. \quad (6.6.1)$$

或者更确切地说寻求 ϕ^*, 使得

$$\phi^* = \arg\min_{\phi\in\Phi}\mathrm{KL}(q_\phi(\boldsymbol{\theta})\|p(\boldsymbol{\theta}\mid\boldsymbol{X}))$$

直接最小化 KL 是困难的 (这里 Φ 为 ϕ 的空间). 因此, 等价地, 人们试图最大化**证据下限** (evidence lower bound, ELBO). ELBO 定义为:

$$\mathrm{ELBO}(\phi) = E_{q_\phi(\boldsymbol{\theta})}[\log p(\boldsymbol{X}|\boldsymbol{\theta}) + \log p(\boldsymbol{\theta}) - \log q_\phi(\boldsymbol{\theta})] = E_{q_\phi(\boldsymbol{\theta})}[\log p(\boldsymbol{X},\boldsymbol{\theta}) - \log q_\phi(\boldsymbol{\theta})] \quad (6.6.2)$$

因此, 问题归结为寻求 ϕ^*, 使得

$$\phi^* = \arg\max_{\phi\in\Phi}\mathrm{ELBO}(\phi).$$

显然, 当 $q_\phi(\boldsymbol{\theta}) = p(\boldsymbol{\theta}|\boldsymbol{X})$ 时, 式 (6.6.1) 或式 (6.6.2) 被最大化. 当然, 这并不是特别有帮助, 但可以作为选择 q 的一种参考. 我们在近似分布中引入了额外的假定以使得推断可以操作. 这里使用类似于 Jordan et al. (1999) 和 Bishop (2006) 所使用的分布形式. 这里假定所谓的近似分布在参数之间的独立性, 这种独立性对于真实后验分布可能并不存在. 但除此之外没有任何其他假定. 选择这种近似分布, 也是因为它在应用于大量模型时已经被证明表现良

好. Wang and Titterington (2004) 证明, 在足够多的观测结果下, 这种近似分布家族将正确地描述后验均值, 而这对基于抽样的推断方法一般是不成立的.

我们首先将 $\boldsymbol{\theta}$ 划分为 K 块. $\boldsymbol{\theta} = (\theta_1, \theta_2, \ldots, \theta_K)$, 近似分布在参数之间独立意味着

$$q(\boldsymbol{\theta}) = \prod_{k=1}^{K} q(\theta_k). \tag{6.6.3}$$

变分算法将识别 (而不是假定) 构成分解分布的每个组成部分的特定参数族. 类似于 EM 算法的迭代, 我们的步骤为下面两步的迭代 (直到收敛):

(1) 假定有了第 i 步的估计: $\{q^{(i)}(\theta_k)\}_{k=1}^{K}$.

(2) 为更新第 k 个因子 ($k = 1, 2, \ldots, K$), 定义:

$$E_{j\neq k}[\log p(\boldsymbol{\theta}|\boldsymbol{X})] = \int \prod_{j\neq k} \log p(\boldsymbol{\theta}, \boldsymbol{X}) q^{(i)}(\theta_j) \mathrm{d}\theta_j$$

对 $k = 1, 2, \ldots, K$, 令

$$q^{(i+1)}(\theta_k) = \frac{\exp\{E_{j\neq k}[\log p(\boldsymbol{\theta}|\boldsymbol{X})]\}}{\int \exp\{E_{j\neq k}[\log p(\boldsymbol{\theta}|\boldsymbol{X})]\} \mathrm{d}\theta_k}.$$

变分推断可能非常耗时, 并且在某些情况下是不可行的. 细节请参看 Blei et al. (2017).

最大化 ELBO 的另一种方法是**自动微分变分推断** (automatic differentation variational inference, ADVI). 这是一种基于梯度的方法, 仍然使用迭代优化程序来获得 ϕ^*. 人们使用类似 (随机) 梯度下降的理念. 这需要根据参数计算 ELBO 关于参数 ϕ 的导数. 在复杂的模型中, 这可能非常烦琐. 在软件存在自动微分 (AD) 库的情况下, 可以依靠库来准确计算导数. 在 AD 库中, 导数既不是以数字形式也不是以符号形式计算的. AD 依赖称为"对偶数"(dual numbers) 的变量表示来有效地计算梯度.

首先假设所有模型参数都是连续的. 在 ADVI 中, ELBO 被重写为

$$\mathrm{ELBO}(\phi) = E_{q_\phi(\boldsymbol{\zeta})}\{\log p[\boldsymbol{X}, T^{-1}(\boldsymbol{\zeta})] + \log|\det J_{T^{-1}}(\boldsymbol{\zeta})| - \log q_\phi(\boldsymbol{\zeta})\}.$$

这里的 T 是一个把 $\boldsymbol{\theta}$ 转换到 $\boldsymbol{\zeta}$ 的函数, 其值域 $\boldsymbol{\zeta} \in \mathbb{R}^{\dim(\boldsymbol{\theta})}$. 因此, 需要将数据和模型参数的对数联合密度与雅可比行列式的对数绝对值相加. 因为变换后的模型参数 $\boldsymbol{\zeta}$ 的支撑在实轴, 所以多元正态分布为一个合适的变分分布.

将多元正态作为变分分布允许我们使用蒙特卡罗估计在 ELBO 中计算期望及其梯度. 也就是说, 为估计 ELBO, 可以从变分正态分布中抽样, 并评估上述期望值内的表达式.

为了最大化 ELBO, 需要 ELBO 相对于变分参数的梯度. 即

$$\begin{aligned}\nabla_\phi \mathrm{ELBO}(\phi) &= \nabla_\phi E_{q_\phi(\boldsymbol{\zeta})}\{\log p[\boldsymbol{X}, T^{-1}(\boldsymbol{\zeta})] + \log|\det J_{T^{-1}}(\boldsymbol{\zeta})| - \log q_\phi(\boldsymbol{\zeta})\} \\ &\approx \log p[\boldsymbol{X}, T^{-1}(\tilde{\boldsymbol{\zeta}})] + \log|\det J_{T^{-1}}(\tilde{\boldsymbol{\zeta}})| - \log q_\phi(\tilde{\boldsymbol{\zeta}}).\end{aligned}$$

上面的近似是由蒙特卡罗积分得到的. 这里的 $\tilde{\boldsymbol{\zeta}} = \boldsymbol{\mu} + \boldsymbol{z}\boldsymbol{\sigma}$, $\boldsymbol{\mu}$ 和 $\boldsymbol{\sigma}$ 分别是变分的均值和标准差, 而 $\boldsymbol{z}$ 抽自 (多元) 标准正态分布.

剩下的就是进行某种梯度下降法以获得 ϕ 的解. 注意, 变量参数应首先转换为无约束空间, 即在对数尺度上的标准差, 并不需要雅可比行列式.

ADVI 可以在 PyMC、Stan 以及一个名为 Edward 的新包中实现. 关于 ADVI 的细节请参看 Kucukelbir et al. (2017).

第 7 章　概率编程/贝叶斯编程

7.1 引 言

贝叶斯统计理论上相对简单, 最主要的度量是概率, 特别是后验概率. 其最耗费资源的步骤之一是后验分布的推导和计算. 许多分布需要通过积分来获得, 这是一个烦琐的过程, 当无法得到分析结果时, 仅用纸和笔是得不出结论的. 在计算机时代, 概率编程或贝叶斯编程的手段给研究者开拓了广阔的前景, 人们可以实现以前可望而不可及的大量目标.

Jaynes (2003) 认为, 在具有不完整和不确定信息的情况下, 概率可以被视为理性推理逻辑的一种替代和延伸. 他发展了这一理论并提出了所谓的非物理"机器人"的概念, 这是一种使概率推断自动化的推断引擎.

如何设计推断的机器是人们长期争论的问题. 一些人认为随机变量和概率计算或多或少是需要的 (Ghahramani, 2015; Tenenbaum et al., 2011), 基本工具是推断, 他们的领域大致称为贝叶斯或概率机器学习 (Bayesian or probabilistic machine learning), 所使用的是概率编程语言; 持有相反观点的则属于深度学习 (LeCun et al., 2015; Goodfellow et al., 2016), 他们的基本工具是 (通常基于梯度的) 优化, 用于分类和回归.

概率编程涉及开发语言, 以表示和处理推断问题. 人工智能的深度学习、大数据回归方法的快速发展主要是由编程语言工具的出现引发的, 这些工具可以把烦琐、麻烦的推导和为优化所做的梯度计算自动化.

概率编程旨在构建和提供工具链, 让概率机器学习支持监督、无监督和半监督的推断. 如果没有这样的工具链, 人们可能会因基于推断的人工智能系统方法的复杂性太高而对开拓深度学习方法望而却步.

近年来, 概率编程工具和技术改变了贝叶斯统计分析的执行方式. 传统上贝叶斯统计分析所需的大部分工作是迭代模型设计, 其中每次迭代通常涉及针对当前模型的推断算法的令人痛苦的实现. 自动推断可以显著降低迭代模型设计的成本, 从而在更短的时间内获得更好的整体模型, 并带来后续的好处.

无法想象一个对贝叶斯统计的理论和应用感兴趣的工作者在不懂概率编程/贝叶斯编程的状况下能够做出有意义的成就.

本章通过一个著名的例子来介绍概率编程并初步介绍本书使用的两个贝叶斯编程软件: 基于 R 平台的 Stan 和基于 Python 平台的 PyMC.

7.2 概率编程概述

7.2.1 概率编程要点

本书介绍的两种贝叶斯编程语言为以 R 为平台的 Stan 和以 Python 为平台的 PyMC. 这两种语言仅仅借助 R 和 Python 工作, 但语法独立于 R 和 Python. 一般来说有以下一些要点.

- **贝叶斯建模.** 贝叶斯建模的核心问题是给定数据和我们选择了对这些数据建模的概率模型之后, 如何找到模型参数的后验分布. 如第 6 章所介绍的, 有一些很好的算法来解决这个问题, 比如 MCMC 抽样、变分推断等. 无论用 R/Stan 还是 Python/PyMC, 这些方法都需要做大量抽样和迭代, 而且都是在 C++ 的编译环境下实现的. 建议感兴趣的读者参考第 6 章的内容.
- **模型的公式化.** 需要考虑你的数据是如何生成的: 是哪种机制产生的数据, 并依此得到合理的模型公式. 尽量避免使用相关变量. 虽然一些更强大的抽样器 (NUTS) 可以应对后验相关的随机变量, 但如果变量不相关, 则每个变量的抽样都更容易. 实际上这里所说的变量不相关条件标准很低[1]. 尽量避免使用离散的隐变量和离散参数, 这是因为没有好方法对它们进行抽样 (因为离散参数没有梯度), 对于不用梯度的所谓的"朴素"抽样器, 往往需要有指数级增长的样本数目来得到较好的结果.
- **分层模型.** 前面很多例子显示, 贝叶斯模型大都是分层模型. 层数越多, 抽样越困难.
- **模型实施.** 贝叶斯模型中有两件事可能出错 (这里不包括语法错误) 而导致实施失败: (1) 数据错误; (2) 模型错误. 调试数据比调试模型要容易得多. 因此, 事先做探索性数据分析及数据清理是很有必要的.
- **MCMC 初始化和抽样.** 对于初学者来说, 最好信赖软件的默认初始化和抽样设置. NUTS 是目前已知的最有效的 MCMC 抽样器.
- **MCMC 痕迹诊断.** 一般软件会给你提供各种抽样过程的图示、各种提示或警告, 也会显示发散链的总数和百分比. 通常如果出现计算问题 (主要是不收敛), 极有可能你的模型是错误的.
- **不收敛问题.** 如果调整后有若干发散, 可能需要增加目标接受 (`target_accept`) 概率或重新参数化. 当抽样器处于曲率极高的区域时会因不收敛而发生故障. 如果发现链不同, 则很可能有问题. 软件有时会给出各种建议, 但不一定都有效. 如果所有软件给出的建议都失效, 最好考虑重新参数化或重新指定模型.
- **一些常见警告.** 最糟糕的警告是关于不收敛的警告. 即使有一个链收敛也说明结果不可靠. 如果警告有效样本数量不够, 通常表明链中存在强烈的自相关. 因此需要确保你使用像 NUTS 这样的高效抽样器. 需要调整接受概率, 使它足够大以确保良好的探索, 小到足以不拒绝所有提议并被卡住. 如果警告说, 对某些参数 Gelman-Rubin 统计量太大, 说明抽样有些问题. Gelman-Rubin 统计量衡量各个链的相似程度. 理想情况下应该接近 1. 增加 (tune) 参数可能会有所帮助. 如果警告说链达到 (设定的或默认的) 最大树深度 (maximum tree depth), 则应该增加最大树深度, 增加目标接受概率或重新参数化. NUTS 对每次迭代期间评估的树的深度设置上限, 达到最大允许树深度表示 NUTS

[1] 如果散点图看起来像一个椭圆, 那通常是可以的. 但当散点图看起来像一条线时, 就应该注意了.

过早地撤出以避免过多的计算时间.

- **模型重新参数化.** 可能会经常遇到警告要重新参数化. 我们很难说明具体问题, 实际上直觉、统计知识和经验会有帮助.
- **模型诊断.**

(1) 检查变量的配对图, 来看两个随机变量是否相关以帮助识别参数空间中任何麻烦的邻域.

(2) 查看你的后验分布 (通过痕迹图、密度图等), 看是否有意义.

(3) 从广义上讲, 后验分布可能会受到不良几何形状的影响:

1) 高度相关的后验分布: 这可能会导致发散 (痕迹看起来不像"模糊的毛毛虫"). 这时, 要么查看每对变量的联合图, 要么查看所有变量的相关矩阵. 尝试使用居中参数化, 或以其他方式重新参数化, 以消除这些相关性.

2) 形成"漏斗"的后验分布可能会导致不收敛, 可尝试使用非中心参数化.

3) 长尾后验分布可能会引发关于超过最大树深度的警告. 如果数据有长尾, 则应使用长尾分布对其进行建模; 如果数据没有长尾, 那么模型可能没有设定好, 可试试更强信息的先验分布.

(4) 选择一小部分原始数据, 并查看模型对该数据的确切作用. 这可以发现一些问题的产生原因.

(5) 运行后验预测检查 (posterior predictive check, PPC). 对后验分布抽样, 将其重新拟合模型, 并生成新的数据集. 其目的是查看生成的数据集是否重现真实数据中你关心的模式. 但后验预测分布与观测数据的匹配程度不大, 后验预测分布表明在给定观测到的数据后重新测量时可预期什么数据. 它是先验知识和观测数据的产物, 而不仅仅是适合观测数据.

7.2.2 先验分布的选择——从概率编程的角度

先验分布的选择是一种艺术. 前面提到的诸如共轭先验分布、Jeffreys 先验分布等是数学上方便的先验分布. 此外, 计算机技术及贝叶斯编程 (参看本书第三部分) 使得人们可以使用更广泛的先验分布, 但并不是任何先验分布都有意义. 无论在数学上是否合理, 还是先验分布的选择是否符合人们建模的目标, 都是应该注意的问题.

按包含的主观信息量, 先验分布可以进行如下分类:

- 扁平先验分布. 比如均匀分布, 或者在实轴上的非恰当 (积分为 ∞ 的) 均匀分布.
- 超模糊但恰当的先验分布. 比如标准差很大的正态分布 (诸如 $N(0, 10^8)$).
- 弱信息先验分布. 比如标准差为 10 的正态分布.
- 一般弱信息先验分布. 比如标准正态分布.
- 指明具体信息的先验分布. 比如 $N(-2.3, 1.2)$ (也可以表示为对有某种标准分布的变量的缩放).

上述先验分布信息量多少的文字表述以及具体分布参数的数值必须和具体问题及感兴趣的目标 (包括量纲) 结合才有意义. 脱离实际抽象地讨论信息量多少是毫无意义的.

1. **先验分布参数的独立性**

通常在设置模型时，我们希望参数在先验分布中是独立的，一方面是为了方便，另一方面是以这种方式设置模型更容易理解. 此外，在贝叶斯编程时，不独立的参数可能会导致计算困难.

在分层模型的计算中，可以使用后验预测核对来检查先验独立性. 注意，在给定数据的情况下是后验的，但在研究跨组的参数分布的意义上它是先验的. 即便模拟本身具有先验依赖性，也可以使用多变量模型，把依赖性归于诸如协方差矩阵之中. 有时，可能需要重新参数化来保持参数的独立性.

2. **先验分布选择的一般原理**

- 在贝叶斯计算的软件中有很多默认先验分布，这些先验分布或者限于共轭先验分布，或者具有封闭的数学形式，或者便于 Gibbs 抽样. 实际上这并不重要.
- 要注意，在贝叶斯计算中的不稳定性主要来源于后验分布的厚尾几何特性.
- 如果按照诸如 Jeffreys 不变性原则、最大熵原则等来选择先验分布，在不熟悉其含义的情况下可能会陷入盲目性并造成误导.
- 弱信息先验应该包含足够的信息来规范化，也就是说，要排除不合理的值域，但保持可能有意义的函数空间.
- 和稳健地包含可能相关的函数空间相比，采用弱信息先验分布而非完全信息先验分布导致的精度损失并不那么严重.
- 使用信息丰富的先验分布时，要明确每一个选择的具体意义.
- 为避免计算上陷入困境，除非边界意味着真正的约束，否则不要使用有限的均匀先验分布或更一般的硬约束分布. 比如，可用正态分布 $N(0.5, 0.5)$ 来代替 $U(0, 1)$；如果需要正区间时，不要用正值域的均匀分布. 这时，或者不设先验分布 (也可试着采用诸如指数分布那样的弱先验分布)，或者用半正态、半柯西分布、半 t 分布，或者 (比如在 Stan 中) 把值域限定在正实轴[2].
- 超弱先验对于诊断很方便. 它允许在贝叶斯计算中在不发生卡壳的情况下看到问题.
- 对于具有超级约束的先验分布，在贝叶斯计算中应该指定初始值.

由于实际问题中的数据千差万别，如何选择先验分布绝对不可能有一定之规，这需要对问题、数据和概率模型选择有较好的理解. 自然，随着大量的数据分析而不断积累的经验会使得选择先验分布时更加顺手.

7.3 贝叶斯计算专用软件

有许多贝叶斯统计计算软件，本书仅介绍两种通用的贝叶斯编程软件：基于 R 平台的 Stan 和基于 Python 平台的 PyMC. 这两种软件比较简单，也非常受欢迎. 要了解它们的使用可能需要理解第 6 章介绍的算法. 认真学习本章中通过例子来介绍这两种软件的部分，对于理解它们会有帮助. 下面通过一个简单的例子做些概要的介绍.

为了说明概率编程语言，我们使用一个简单例子.

[2]作为例子，Stan 没有限于正数的半柯西分布，但可以把变量的值域限于正实轴并采用柯西分布；而 PyMC 不限定变量值域，但有半柯西分布可用.

例 7.1 这是一个人造数据例子 (toy.txt). 有一串观测值 $\boldsymbol{y} = (y_1, y_2, \dots, y_N)$, 假定它们来自指数分布总体: $y \sim \text{Exponential}(\lambda)$. 下面我们用 4 种 λ 的先验分布来求后验分布:

(1) **Gamma 分布:** $\lambda \sim \text{Gamma}(\alpha, \beta)$, 程序中我们取 $\alpha = 1, \beta = 1$. 因为这是共轭先验分布, 所以可以得到相应后验分布的解析表达式. 如此, 不用概率编程也可以计算其后验分布, 但这里还是用概率编程来计算.

(2) **正态分布:** $\lambda \sim N(\mu, \sigma)$, 程序中我们取 $\mu = 5, \sigma = 10$. 这不是共轭先验分布, 所以必须使用概率编程以计算其后验分布.

(3) **柯西分布:** $\lambda \sim \text{Cauchy}(\mu, \sigma)$, 程序中我们取 $\mu = 5, \sigma = 10$. 这也不是共轭先验分布, 所以必须使用概率编程以计算其后验分布.

(4) **均匀分布:** $\lambda \sim \text{Uniform}(a, b)$, 程序中我们取 $a = 0, b = 100$. 这也不是共轭先验分布, 所以必须使用概率编程以计算其后验分布.

7.4 R/Stan

7.4.1 概述

Stan 是一种用 C++ 编写的统计推断的概率编程语言, 用于贝叶斯统计模型, 并通过命令程序计算对数概率密度函数. 取名 Stan 是纪念蒙特卡罗方法先驱 Stanislaw Ulam.

基于 R 平台的 Stan 的安装很简单, 就是在 R 中安装程序包 `rstan`[3], 该程序包提供面向用户的 R 函数, 通过访问 `StanHeaders` 软件包提供的仅限标题的 Stan 库来解析、编译、测试、估计和分析 Stan 模型. Stan 项目开发的是一种概率编程语言, 它通过 MCMC 实现完整的贝叶斯统计推断; 通过变分近似实现粗糙的贝叶斯推断; 通过优化做 (可选惩罚的) 最大似然估计. 在所有三种情况下, 都使用自动微分来快速准确地评估梯度, 而不会要求用户自己导出偏导数 SS.

7.4.2 安装

可以在 RStudio 中通过安装程序包的选项, 或者通过 R 界面输入下面代码来安装程序包 `rstan`:

```
install.packages("rstan",repos="https://cloud.r-project.org/",
                 dependencies=TRUE)
```

然后要核对 C++ 工具链:

```
pkgbuild::has_build_tools(debug = TRUE)
```

这是使用安装 R/Stan 时安装的 `pkgbuild` 包来检查 C++ 工具链. 如果此行最终返回 `TRUE`, 那么电脑的 C++ 工具链已正确安装. 如果有任何问题, 可以在网上寻求答案.

下面可以选择性地配置 C++ 工具链. 它可以使编译的 Stan 程序执行速度比其他方式快得多. 将以下代码粘贴到 R 中即可:

[3] Stan Development Team (2024). RStan: the R interface to Stan. R package version 2.32.5. https://mc-stan.org/.

```
dotR <- file.path(Sys.getenv("HOME"), ".R")
if (!file.exists(dotR)) dir.create(dotR)
  M<-file.path(dotR,ifelse(.Platform$OS.type=="windows","Makevars.win",
                           "Makevars"))
if (!file.exists(M)) file.create(M)
cat("\nCXX14FLAGS=-O3 -march=native -mtune=native",
  if( grepl("^darwin", R.version$os))
    "CXX14FLAGS += -arch x86_64 -ftemplate-depth-256"
  else
    if (.Platform$OS.type == "windows")
      "CXX11FLAGS=-O3 -march=native -mtune=native"
    else
      "CXX14FLAGS += -fPIC",
  file = M, sep = "\n", append = TRUE)
```

7.4.3 对例 7.1 的数据运行 Stan

首先输入数据, 并且必须把数据转换成模型中所用名称的形式:

```
dat=scan("toy.txt")
toy_data=list(Y=dat,N=length(dat))
```

在运算中, 我们将要用到两个数据变量: `Y` 和 `N`. 它们在下面 Stan 程序中的名称必须和 `toy_data` 中的一致.

1. Gamma 先验分布的程序

程序一定要用 Stan 语言来撰写, 该语言和 R 不一样. Stan 代码以字符串记录, 并存在 R 中名为 `toy` 的对象之中:

```
toy="data{
  int N;
  vector [N] Y;
}
parameters{
  real <lower=0> lambda;
}
model{
  lambda ~ gamma (1,1);
  Y ~ exponential(lambda);
}
generated quantities{
  real pred;
  pred = exponential_rng(lambda);
}
"
```

这里把程序的字符串赋值于名为 toy 的对象. 也可以把程序存入以 .stan 为扩展名的文件 (比如 toy.stan).

关于程序中有几块, 根据不同的需要可以有很多块, 我们这里只有 4 块:

- data{}: 给出数据名字、性质 (比如这里 N 是整数——int) 和可能要说明的维数 (如这里的 Y 是 N 维向量); 有时还要说明值域.
- parameters{}: 给出后验分布并且求先验分布的参数, 我们的模型只有一个大于 0 的实数参数 lambda: "real <lower=0> lambda;".
- model{}: 一定要给参数及观测值以假定的先验分布.
- generated quantities{}: 计算一些附加值, 这里是由得到的 lambda 后验分布中做随机抽样产生的预测值.

每一个语句后面必须加分号 (;)! 在 Stan 代码中, 注释放在"//"之后 (或"/*"与"*/"之间), 不能用 R 中的"#".

然后调用 R 程序包 rstan 中的函数 stan 来进行 MCMC 抽样:

```
library(rstan)
fit=stan(model_code = toy,data=toy_data,
                      warmup=1000,iter=2000,chain=2)
```

程序表明, 使用的模型是存在对象 toy 中的字符串, 如果我们的模型在文件 toy.stan 中, 则第一个选项应该为 file="toy.stan"; 程序中指明数据为 toy_data; 热身部分的抽样为 1000 次, 总的迭代次数为 2000 次; 最后指明抽取 2 个马尔可夫链. 其默认的抽样方法为 NUTS.

抽样的结果赋予了对象 fit, 可以用代码 print(fit) 来得到汇总数字:

```
> print(fit)
Inference for Stan model: anon_model.
2 chains, each with iter=2000; warmup=1000; thin=1;
post-warmup draws per chain=1000, total post-warmup draws=2000.

          mean se_mean   sd    2.5%     25%     50%     75%   97.5% n_eff Rhat
lambda    0.99    0.00 0.04    0.91    0.96    0.99    1.02    1.08   668    1
pred      1.02    0.02 1.01    0.03    0.29    0.71    1.46    3.78  1788    1
lp__   -504.93    0.02 0.68 -506.84 -505.09 -504.66 -504.50 -504.45  1202    1

Samples were drawn using NUTS(diag_e) at Sun Feb 25 19:31:23 2024.
For each parameter, n_eff is a crude measure of effective sample size,
and Rhat is the potential scale reduction factor on split chains (at
convergence, Rhat=1).
```

这里打印出来了许多抽样的细节. 除了 lambda 和 pred 的汇总之外, 还有 lp__(似然对数). 结果中的各种列 (诸如均值、标准差、分位点等) 都是不言自明的.

使用下面的代码可以使抽样结果形成一个 (2000×3) 矩阵, 各列以名字显示其所代表的参数: "lambda", "pred", "lp__". 第二行代码是打印出参数 lambda 自相关函数的点图 (见图 7.4.1). 图 7.4.1 显示这条链没有什么自相关性.

```
chain=as.matrix(fit)
acf(chain[,"lambda"],500)
```

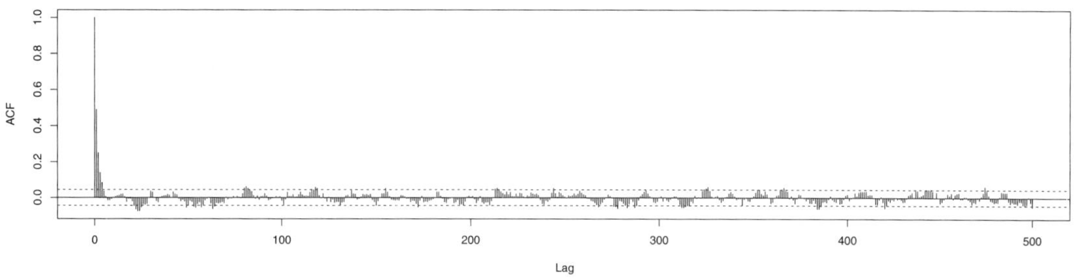

图 7.4.1 参数 **lambda** 链的自相关函数点图

使用下面的代码可打印出参数 lambda 和预测值 pred 的 2 条链抽样痕迹图 (图 7.4.2).

```
traceplot(fit)
```

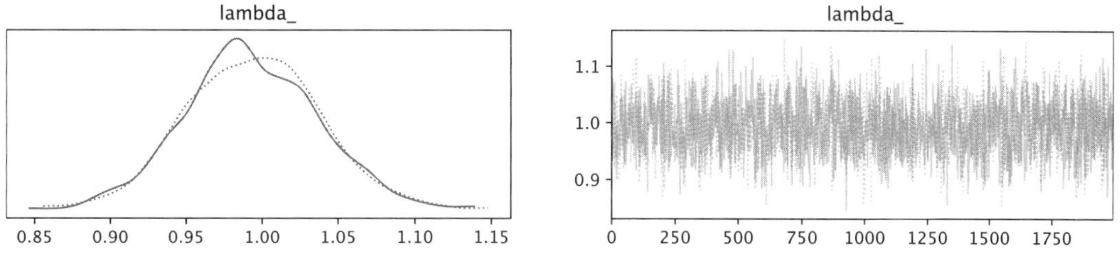

图 7.4.2 **lambda** 和 **pred** 的 2 条链痕迹图

痕迹图 7.4.2 显示出"毛毛虫"形状, 没有什么特别的模式, 这说明收敛得很好.

使用下面的代码可生成原数据的直方图和预测值 pred 的密度估计图 (见图 7.4.3).

```
hist(toy_data$Y,prob=T)
lines(density(chain[,'pred']))
```

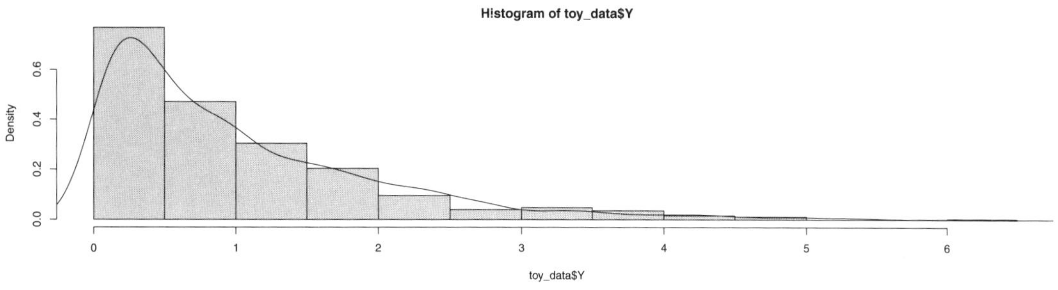

图 7.4.3 原数据的直方图和预测值的密度估计图

使用下面的代码可生成根据预测值 pred 得到后验分布的最高密度区域图 (见图 7.4.4).

```
library(hdrcde)
hdr.den(chain[,'pred'])
```

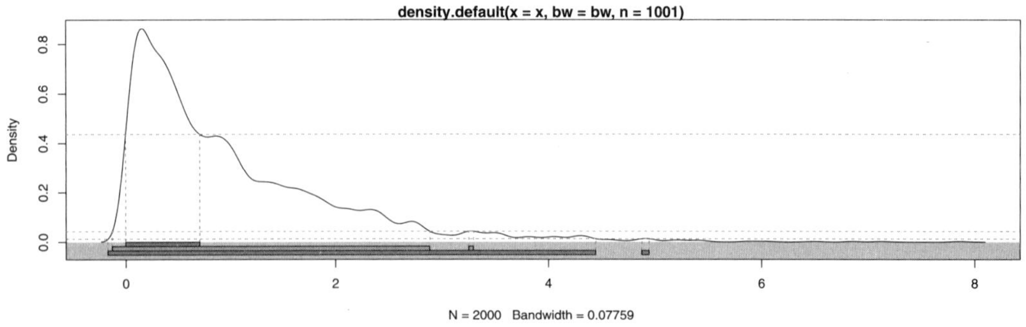

图 7.4.4 后验分布的最高密度区域

2. 正态、柯西、均匀先验分布的情况

我们分别再对正态、柯西、均匀先验分布做类似计算,程序名分别为 toy2、toy3、toy4,输出分别在 fit2、fit3、fit4 之中. 这 3 个程序和程序 toy 只在 model{} 部分有一行不同. 4 个程序这部分代码的区别如下 (不要忘记代码最后的分号“;”).

(1) **Gamma 分布:** `lambda ~ gamma (1,1);`

(2) **正态分布:** `lambda ~ normal (5,10);`

(3) **柯西分布:** `lambda ~ cauchy (5,10);`

(4) **均匀分布:** `lambda ~ uniform (0,100);`

使用下面的代码可生成出这 4 个模型的 lambda 的 2 条链痕迹图 (见图7.4.5).

```
library(gridExtra)
grid.arrange(traceplot(fit,pars="lambda"),
traceplot(fit2,pars="lambda"),
traceplot(fit3,pars="lambda"),
traceplot(fit4,pars="lambda"),nrow=1)
```

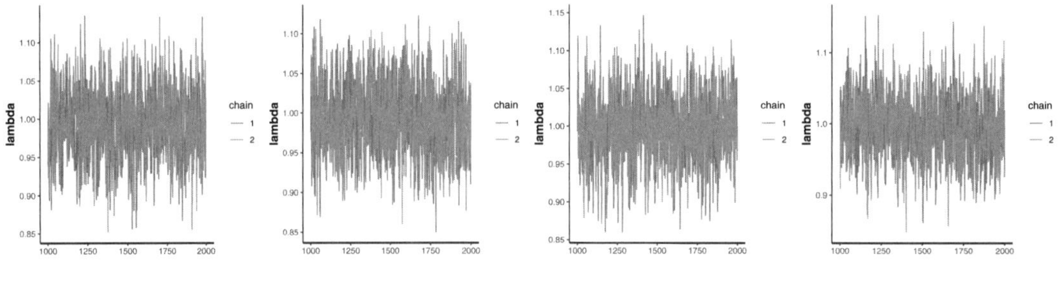

图 7.4.5 自左至右: Gamma、正态、柯西、均匀先验分布情况下参数 lambda 抽样痕迹图

使用下面的代码生成原数据的直方图和对于 4 种先验分布得到的后验分布预测值的密度估计图 (见图 7.4.6).

```
hist(toy_data$Y,probability = T)
lines(density(as.matrix(fit)[,"pred"]),lwd=2)
lines(density(as.matrix(fit2)[,"pred"]),lwd=2,col=2,lty=2)
lines(density(as.matrix(fit3)[,"pred"]),lwd=2,col=3,lty=3)
lines(density(as.matrix(fit4)[,"pred"]),lwd=2,col=4,lty=4)
legend(5.2,.75,c("Gamma prior","Normal prior","Cauchy prior",
               "Uniform prior"),lwd=2,lty=1:4,col=1:4)
```

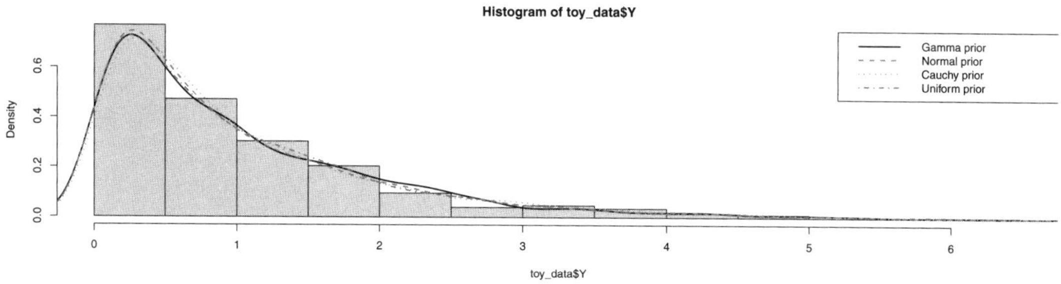

图 7.4.6 原数据的直方图和对于 4 种先验分布得到的后验分布预测值的密度估计图

从图7.4.6可以看出，至少对这个数据例子，**选择先验分布并不是那么重要，完全不同类型的先验分布可能会产生非常类似的后验分布. 除了共轭先验分布之外，人们可能写不出其他后验分布的数学形式，但对于概率编程来说，这没有什么关系.**

7.5 Python/PyMC

7.5.1 概述

PyMC 于 2003 年开始开发，旨在推广 Metropolis-Hastings 抽样器的构建过程，使应用科学家更容易使用马尔可夫链蒙特卡罗 (MCMC). 选择将 PyMC 开发为 Python 模块而不是独立应用程序，允许在更大的建模框架中使用 MCMC 方法. 到 2005 年，由于已经足够可靠，PyMC 1.0 版本向公众发布.

2006 年，David Huard 和 Anand Patil 加入到 Chris Fonnesbeck 的 PyMC 2.0 开发团队. 与 PyMC 的任何先前版本相比，这次软件更新力求提供更大的灵活性、更好的性能和更好的最终用户体验. PyMC 2.2 于 2012 年 4 月发布. 它包含大量错误修复和优化及一些新功能，包括改进的输出绘图、csv 表输出、改进的插值语法和后验预测检查图. PyMC 2.3 于 2013 年 10 月 31 日发布. 它包括 Python 3 兼容性、改进的摘要图和一些重要的错误修复.

2011 年，John Salvatier 开始考虑实现基于梯度的 MCMC 抽样器，并开发了 mcex 包来试验他的想法. 第二年，John 受团队邀请重新设计 PyMC 以适应哈密顿蒙特卡罗采样. 这导致采用 Theano 作为计算后端，并标志着 PyMC 开发的开始. PyMC 的第一个 alpha 版本于 2015 年 6 月发布. 在接下来的 2 年里，核心开发团队增长到 12 名成员，第一个版本 PyMC 3.0 [4] 于 2017 年 1 月推出. 2020 年，PyMC 开发人员分叉了 Theano 并在 2021 年将分叉项目更名为 Aesara.

[4] 本书第一版的 PyMC 3.0 的软件名称为 PyMC 3，现在已经改成 PyMC 了.

还有名为 ArviZ 的程序包, 它是一个用于贝叶斯模型探索性分析的 Python 包. 它充当与后端无关的工具, 用于诊断和可视化贝叶斯推理. 这些探索性工具原先属于 PyMC (当时称为 PyMC 3), 现在剥离给了 ArviZ (PyMC 平行保留了部分), 因此在 1.3 节说明需要安装两个程序包 (PyMC 和 ArviZ):

```
import pymc as pm
import arviz as az
```

PyMC 是 Python 的概率编程包, 允许用户使用各种数值方法拟合贝叶斯模型, 最著名的是 MCMC 和变分推断 (VI). 其灵活性和可扩展性使其适用于大量问题. 除了核心模型规范和拟合功能外, PyMC 还包括用于汇总输出和模型诊断的功能.

PyMC 致力于使贝叶斯建模尽可能简单和轻松, 使用户能够专注于他们的科学问题, 而不是探讨各种纯数学途径的可行性. 以下是其功能的部分列表:

- 适用于贝叶斯模型的现代方法, 包括 MCMC 和 VI.
- 包括大量统计分布, 并且有很好的解释文件.
- 使用 Theano 作为计算后端, 允许快速表达式评估、自动梯度计算和 GPU 计算.
- 内置支持高斯过程建模.
- 模型总结和绘图.
- 模型检查和收敛检测.
- 可扩展: 轻松结合自定义的步骤方法和不寻常的概率分布.
- 贝叶斯模型可以嵌入更大的程序中, 并且可以利用 Python 的全部功能分析结果.

7.5.2 安装

只要在终端中输入下面代码中的一行:

```
pip install PyMC
conda install -c conda-forge PyMC
```

7.5.3 对例 7.1 的数据运行 PyMC

在加载 1.3 节所述的基本模块基础上输入数据 (v):

```
v= np.loadtxt('toy.txt').reshape(500)
```

1. Gamma 先验分布的程序

和 Stan 语言不同, 这里不需要定义变量类型、维度、值域, 主要只有类似于数学公式的两行代码:

```
with pm.Model() as toy:
    lambda_ = pm.Gamma('lambda_', 1, 1)
    y = pm.Exponential('y', lambda_, observed=v)
    fit_gamma = pm.sample(2000, cores=2,tune=1000)
```

代码说明该程序的名字为 toy. 程序中没有直接用参数名 lambda 而用的 lambda_, 这是因为 lambda 是 PyMC 的保留词. 上面代码执行时会出现进度条以及是否收敛等信息. 上面的模型可以多次分别输入, 比如先输入参数先验分布:

```
with pm.Model() as toy:
    lambda_ = pm.Gamma('lambda_', 1, 1)
```

运行后, 输入观测值的分布, 再运行:

```
with toy:
    y = pm.Exponential('y', lambda_, observed=v)
```

等到觉得程序已经完整, 就可以抽样了:

```
with toy:
    fit_gamma = pm.sample(2000, cores=2,tune=1000)
```

可以用下面的语句从结果中打印抽样的汇总数字:

```
print(pm.summary(fit_gamma).round(4))
```

输出为:

```
          mean     sd  hdi_3%  hdi_97%  mcse_mean  mcse_sd  ess_bulk  \
lambda_  0.993  0.044   0.913    1.078      0.001    0.001    1674.0

         ess_tail  r_hat
lambda_    2910.0    1.0
```

结果给出了许多抽样的细节. 比 Stan 输出多, 其中, 除了样本均值 (mean) 和标准差 (sd), 还有 94%最高密度区域的两个端点 (hdi_3% hdi_97%); mcse_mean 和 mcse_sd 分别为 Markov 链标准误差 (mcse) 的均值和标准差; ess 为有效样本量 (effective sample size, ess), 而 ess_bulk 和 ess_tail 分别为有效样本的主体和尾部样本量; r_hat 为一组痕迹的秩归一化的分割 $\hat{R}$ 的估计[5].

使用下面的代码可生成参数 lambda_ 的 2 条链密度估计及抽样痕迹图 (见图 7.5.1). 痕迹图 7.5.1 显示出"毛毛虫"形状, 没有什么特别的模式, 这说明收敛得很好.

```
az.plot_trace(fit_gamma)
```

[5]通过比较多个链之间的方差与每个链内的方差, 秩归一化 $\hat{R}$ 诊断 (rank normalized R-hat diagnostic tests) 测试是否缺乏收敛. 如果已经实现收敛, 则链间和链内方差应该相同. 为了最有效地检测不收敛的证据, 每个链都应该初始化为相对于目标分布分散的起始值.

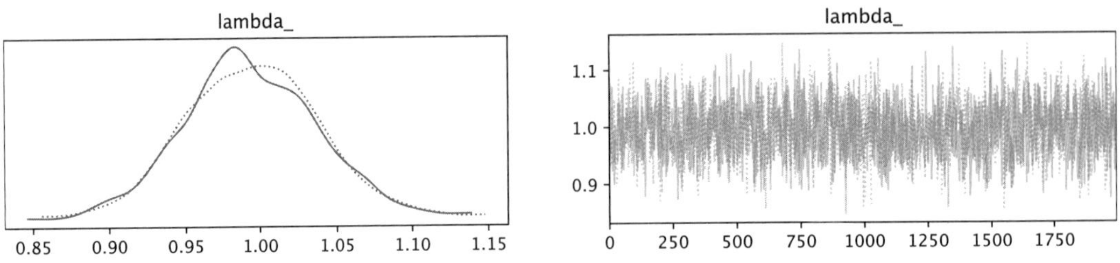

图 7.5.1 `lambda_` 的 2 条链痕迹图

使用下面的代码可生成 `lambda_` 2 条链预测的可信区间 (见图 7.5.2).

```
az.plot_forest(fit_gamma,figsize=(10,2))
```

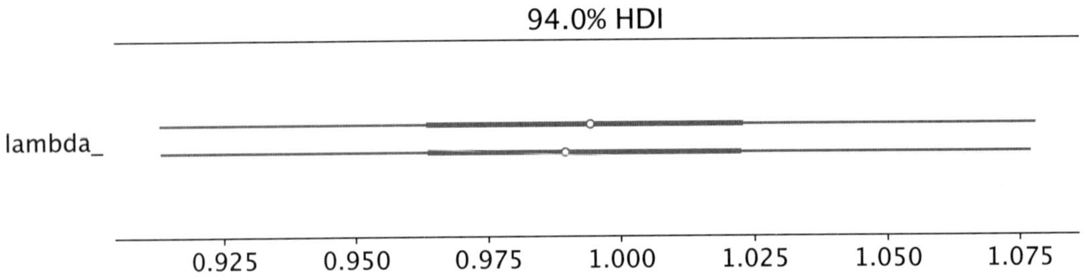

图 7.5.2 `lambda_` 2 条链预测的可信区间

使用下面代码可生成能量图 (见图 7.5.3).

```
az.plot_energy(fit_gamma,figsize=(8,2))
```

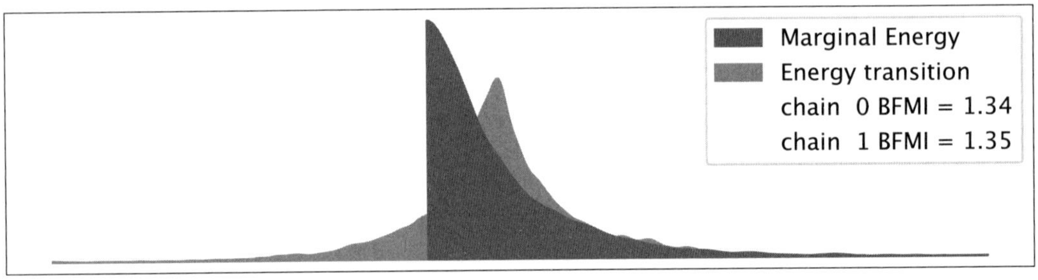

图 7.5.3 PyMC 抽样的能量图

能量图可以简单解释如下: 图中的能量及能量转换 (energy and energy transition) 两个分布的范围越接近越好. 如果能量转换分布比能量分布窄得多, 则意味着没有足够的能量来探索整个参数空间, 这可能造成后验估计不准. 在图 7.5.3中, 两个分布的宽窄差不多. 细节可参看 Betancourt (2017).

使用下面的代码可生成后验密度图和最高密度区域图 (见图7.5.4).

```
az.plot_posterior(fit_gamma,figsize=(20,4))
```

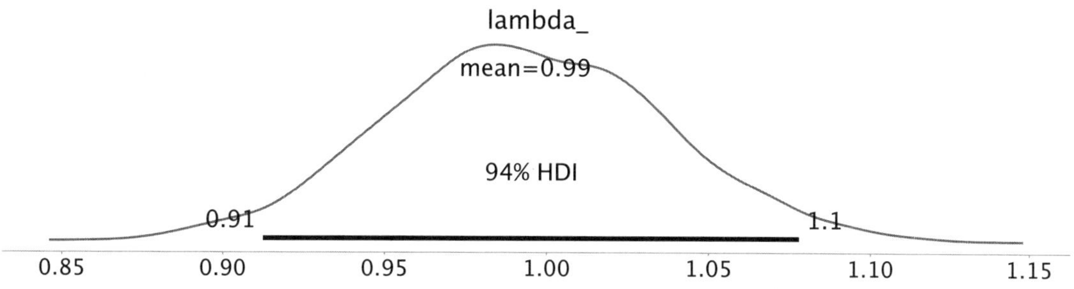

图 7.5.4 **PyMC 抽样的后验密度图和最高密度区域图**

2. 正态、柯西、均匀先验分布的情况

我们分别对正态、柯西、均匀先验分布做类似计算, 程序名分别为 toy2、toy3、toy4, 输出分别在 fit_norm、fit_cauchy、fit_uniform 之中. 这 3 个程序和程序 toy 只有 lambda_ 先验分布一行不同 (除了上述的名字不同). 4 个程序这部分代码的区别为:

(1) **Gamma 分布:** `lambda_ = pm.Gamma('lambda_', 1, 1)`.

(2) **正态分布:** `lambda_ = pm.Normal('lambda_', 5, 10)`.

(3) **柯西分布:** `lambda_ = pm.Cauchy('lambda_', 5, 10)`.

(4) **均匀分布:** `lambda_ = pm.Uniform('lambda_', 0, 100)`.

使用下面的代码可生成这 4 个模型的 lambda_ 的 2 条链密度图和痕迹图 (见图7.5.5).

```
az.plot_trace(fit_gamma);
az.plot_trace(fit_norm);
az.plot_trace(fit_cauchy);
az.plot_trace(fit_uniform);
```

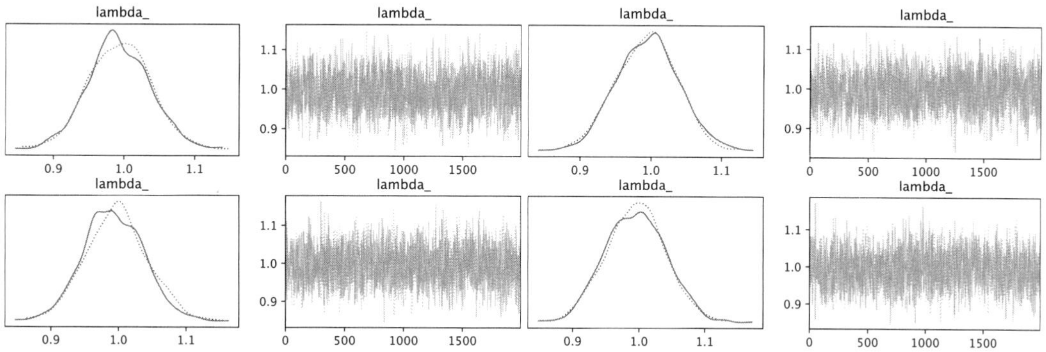

图 7.5.5 自左上至右下: **Gamma**、正态、柯西、均匀先验分布时参数 **lambda_** 的密度及抽样痕迹图

7.6 通过一个著名例子进一步熟悉 R/Stan 和 Python/PyMC

例 7.2 本数据是关于对 8 所学校的短期训练效果的研究, 来自 Gelman et al. (2003) 并且被 Sturtz et al. (2005) 使用. 学术能力测验 (scholastic aptitude test, SAT) 测量高中生的能力, 以帮助大学做出录取决定. 它分为两部分: 口头 (SAT-V) 和数学 (SAT-M). 这个数据来自 8 所不同高中的 SAT-V (SAT-Verbal), 源于 20 世纪 70 年代后期的一项实验. 在 8 所不同的学校中,

每所学校约有 60 个对象, 他们都已经参加了 PSAT (Preliminary SAT), 结果被用作协变量. 对于每所学校, 给出了估计的短期训练效果 (处理效应) 和它们的标准误差. 数据中的这些结果是通过适用于完全随机化实验的协方差调整的线性回归分析来计算的 (Rubin, 1981).[6]

下面是数据本身 (见表 7.6.1) 以及根据该数据作出的处理效应和误差图 (见图 7.6.1).

表 7.6.1 8 所学校数据

学校	a	b	c	d	e	f	g	h
处理效应 ($\{y_i\}$)	28.39	7.94	−2.75	6.82	−0.64	0.63	18.01	12.16
标准误差 ($\{\sigma_i\}$)	14.90	10.20	16.30	11.00	9.40	11.40	10.40	17.60

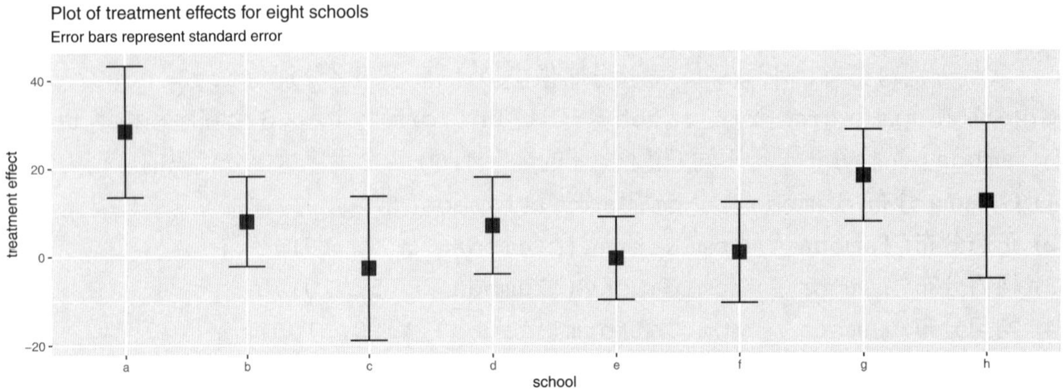

图 7.6.1 例 7.2 中 8 所学校数据的处理效应和误差图

显然, 对于 8 所学校中的大部分学校, 短期训练确实提高了 SAT 分数, 正如代表分数变化 $\{y_i\}$ 的正值所表明的. 对于此数据集, 我们知道什么呢? 比如, 关于学校 A, 知道其 SAT 分数改进的无偏估计为 28.39 以及标准误差为 14.9, 但我们希望估计与每所学校相关的真实效果大小. 这可以使用两种替代方法. 首先, 可以假设所有学校都是相互独立的. 然而, 这将导致难以解释的估计, 因为标准误差很高, 各所学校估计效应的 95%后验区间将在很大程度上重叠. 其次, 可以在所有学校真实效应相同的假定下把所有学校的数据汇集成一个数据, 但这显然也是不合理的, 因为不同学校教师和学生都不同, 训练效果也不应该相同.

Rubin(1981) 提出了一种中间路径: (1) 假设每所学校的所谓真实效果来自具有未知均值和标准差的正态分布; (2) 假设每所学校中观察到的效果是从正态分布中抽样的平均值等于表 7.6.1 中给出的真实效果和标准偏差. 也就是说, 表 7.6.1 给出了结果, 人们必须向后推导以推断产生它们的基本参数.

Rubin 模型包含前面讨论的两种常规方法作为特殊情况: 如果我们强制真实效应的标准偏差为零, 那么所有学校最终都会得到相同的估计真实效果 (具有中心); 如果我们将真实效应的标准差强制为无穷大, 那么每所学校的估计真实效果等于其观察到的效果. 人们可以使用一些不同的先验分布来得到真实效果的标准偏差, 并发现它并不重要, 任何合理的选择都不会强制使标准偏差非常小或非常大的结果给出相同的统计分布. 学校 A 最终得到 10 分的估计真实效果, 大概 50%的概率在 7～16 分之间.

[6]本章中对于本例的分析的模型及程序主要参考了 PyMC 网站 https://docs.PyMC.io/notebooks/Diagnosing_biased_Inference_with_Divergences.html 的内容.

因此, 需要构建另一种模型. 分层模型的优点是结合了所有 8 所学校的实验信息而没有假设它们具有共同的真实效应. 我们可以通过以下方式为例 7.2 指定分层贝叶斯模型, 包括数学模型及图形结构.

$$p(\mu) = N(\mu|0,5), \tag{7.6.1}$$

$$p(\tau) = \text{Half-Cauchy}(\tau|0,5), \tag{7.6.2}$$

$$p(\tilde{\theta}_i) = N(\tilde{\theta}|0,1), \tag{7.6.3}$$

$$p(\boldsymbol{y}|\mu,\tau,\tilde{\theta}_i) = \prod_{i=1}^{N} N(y_i|\mu+\tau\cdot\tilde{\theta}_i,\sigma_i). \tag{7.6.4}$$

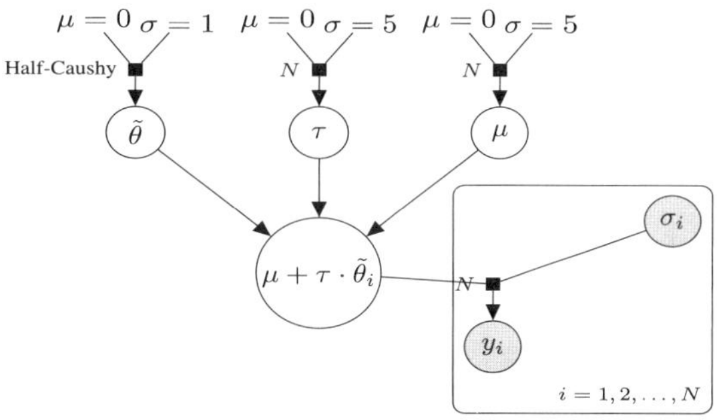

式 (7.6.4) 中的 σ_i 是数据给出的.

本节分别对 R/Stan 和 Python/PyMC 首先介绍例 7.2 的相应于式 (7.6.1)~(7.6.4) 的模型及实施抽样的基本代码, 之后逐步介绍对结果的理解, 并使读者通过这些实践进一步熟悉这两个软件的基本性质.

7.6.1 模型 (7.6.1)~(7.6.4) 的 Stan 代码

1. 模型的描述

在 R 中输入 Stan 关于例 7.2 的模型 (7.6.1)~(7.6.4) 的代码如下, 这仅仅是一个较长的字符串, 以 `SNC_model` 的名字存入 R 中, 没有任何计算过程, 字符串中的代码是 Stan 语言, 和 R 语言无关.

```
SNC_model="
data {
  int<lower=0> J;
  real y[J];
  real<lower=0> sigma[J];
}

parameters {
  real mu;
  real<lower=0> tau;
  real theta_tilde[J];
}

transformed parameters {
  real theta[J];
  for (j in 1:J)
    theta[j] = mu + tau * theta_tilde[j];
}
```

```
model {
  mu ~ normal(0, 5);
  tau ~ cauchy(0, 5);
  theta_tilde ~ normal(0, 1);
  y ~ normal(theta, sigma);
}"
```

上面引号内的字符串也可以存到任何以 `.stan` 为扩展名的文件 (如 `SNC_model.stan`) 中. 上述模型有几个要素:

- **数据部分:**

```
data {
  int<lower=0> J;
  real y[J];
  real<lower=0> sigma[J];
}
```

  该部分定义了需要输入的观测值, 包括名字、观测值类型及可能限定的值域范围. 对于例 7.2, 这里是样本量 `J` (大于 0 的整数)、处理效应 `y[J]` (长度为 `J` 的实数向量)、处理效应标准差 `sigma[J]`(长度为 `J` 的正实数向量). 在具体计算时必须以 `list` 的形式输入具有这些名字的观测值.

- **参数:**

```
parameters {
  real mu;
  real<lower=0> tau;
  real theta_tilde[J];
}
```

  这些参数属于将要给予先验分布的参数, 必须指明其类型 (这里都是实数), 有的限定了值域范围 (如 `tau` 为大于 0 的实数).

- **变换的参数:**

```
transformed parameters {
  real theta[J];
  for (j in 1:J)
    theta[j] = mu + tau * theta_tilde[j];
}
```

  这是增加的参数, 由于它们来自其他变量, 因此不会给予它们单独的先验分布, 但计算结果会包括这些参数.

- **模型:**

```
model {
  mu ~ normal(0, 5);
  tau ~ cauchy(0, 5);
  theta_tilde ~ normal(0, 1);
  y ~ normal(theta, sigma);
}
```

这部分和模型 (7.6.1)～(7.6.4) 是一致的.

一个 Stan 模型不止这几个部分, 可能还会根据需要增加其他部分. 注意这里的每个命令之后必须以分号 (;) 结尾.

2. MCMC 抽样

要在 R 中实现上述以字符串 `SNC_model` 描述的模型, 必须先输入例 7.2 的 `list` 形式的数据:

```
schools.data <- list(
  J = 8,
  y = c(28.39, 7.94, -2.75 , 6.82, -0.64, 0.63, 18.01, 12.16),
sigma = c(14.9, 10.2, 16.3, 11.0, 9.4, 11.4, 10.4, 17.6)
)
```

这个 `list` 中的名字一定要和 Stan 模型中定义的名字匹配.

在 R 中, 我们利用程序包 `rstan` 来运行 Stan 模型:

```
library(rstan)
fit <- stan(
  model_code=SNC_model,    # Stan 程序
  data = schools.data,     # 数据(变量名)
  chains = 2,              # 用2条马尔可夫链
  warmup = 1000,           # 每条链的热身次数
  iter = 2000,             # 每条链迭代总次数
  refresh = 1000           # 每1000次迭代显示过程
  )
```

如果没有在 R 中用字符串, 而用文件 `SNC_model.stan` 存储模型代码, 则这个命令中的第一个可以换成 `file = "SNC_model.stan"`. 上述代码就完成了 MCMC 计算. 这类程序运行之中可能会出现一些警告、抽样过程中的一些问题及建议. 我们将在后面具体介绍怎么分析输出 (在 `fit` 之中) 的结果.

前面已经通过 `stan` 函数对模型做了 MCMC 抽样, 下面来查看存在 `fit` 中的结果.

3. 参数后验分布的数据汇总

首先可以用 `print(fit)` 得到各个参数后验分布的汇总: 一共有 19 个参数, 包括模型中的 18 个 $(2+2\times 8=18)$ 及一个神秘的参数“`lp__`”. (下面输出略去一些文字说明)

```
> print(fit)
                 mean se_mean   sd   2.5%   25%   50%   75% 97.5% n_eff Rhat
mu               4.39    0.10 3.55  -2.53  2.10  4.46  6.71 10.98  1359    1
tau              3.54    0.10 3.16   0.12  1.27  2.72  4.83 12.42  1053    1
theta_tilde[1]  0.34    0.02 0.98  -1.63 -0.30  0.38  1.00  2.20  2228    1
theta_tilde[2]  0.10    0.02 0.95  -1.74 -0.53  0.09  0.71  1.99  2299    1
theta_tilde[3] -0.06    0.02 1.00  -1.98 -0.75 -0.06  0.62  1.93  2663    1
theta_tilde[4]  0.09    0.02 0.95  -1.84 -0.54  0.11  0.73  1.90  2577    1
theta_tilde[5] -0.14    0.02 0.89  -1.87 -0.73 -0.17  0.48  1.60  3434    1
theta_tilde[6] -0.10    0.02 0.97  -1.98 -0.74 -0.12  0.54  1.81  2296    1
theta_tilde[7]  0.35    0.02 0.95  -1.50 -0.28  0.35  1.01  2.13  2145    1
theta_tilde[8]  0.08    0.02 0.98  -1.89 -0.55  0.09  0.73  1.93  3062    1
theta[1]         6.34    0.15 5.49  -2.04  2.98  5.63  8.83 19.32  1401    1
theta[2]         5.08    0.10 4.64  -3.60  2.09  4.95  7.86 14.87  2103    1
theta[3]         4.14    0.12 5.34  -7.35  1.35  4.42  7.30 14.28  1905    1
theta[4]         4.84    0.10 4.68  -4.49  2.02  4.77  7.68 14.59  2227    1
theta[5]         3.62    0.11 4.73  -7.05  0.89  4.12  6.69 12.09  1856    1
theta[6]         3.87    0.12 4.93  -6.96  0.98  4.04  6.86 13.49  1798    1
theta[7]         6.29    0.12 5.02  -2.04  2.93  5.76  8.93 18.11  1875    1
theta[8]         4.88    0.12 5.31  -5.08  1.74  4.83  7.79 15.71  1994    1
lp__            -6.94    0.09 2.36 -12.30 -8.36 -6.63 -5.20 -3.38   696    1
```

如果只想输出部分参数, 如 mu 和 tau, 可以用下面命令指明 (这里不重复显示输出):

```
print(fit, pars = c("mu","tau"))
```

模型中 18 个参数之外多出来的神秘参数 lp__ 到底是什么呢? 它是所有 MCMC 抽样得到的参数代入模型中变量 y 的后验分布所得到的对数似然向量.

4. Stan 结果的图显示

如果用 plot(fit) 则生成以图形汇总的区间图展示 (见图 7.6.2). 注意: 这里因为没有标明参数名称, 所以图 7.6.2 只显示前 10 个参数的图.

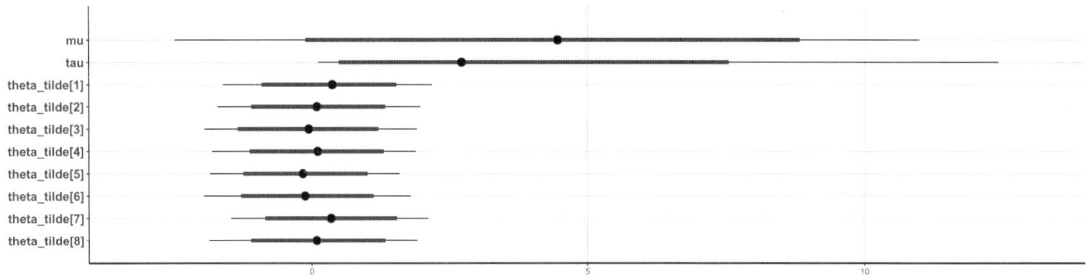

图 7.6.2　例 7.2 用模型 (7.6.1)～(7.6.4) 通过 Stan 计算所得参数后验分布的区间图

如果用 plot(fit, plotfun = "hist",nrow=2) 则生成参数后验分布的直方图展示 (见图 7.6.3). 注意: 这里因为没有标明参数名称, 所以直方图只显示前 10 个参数.

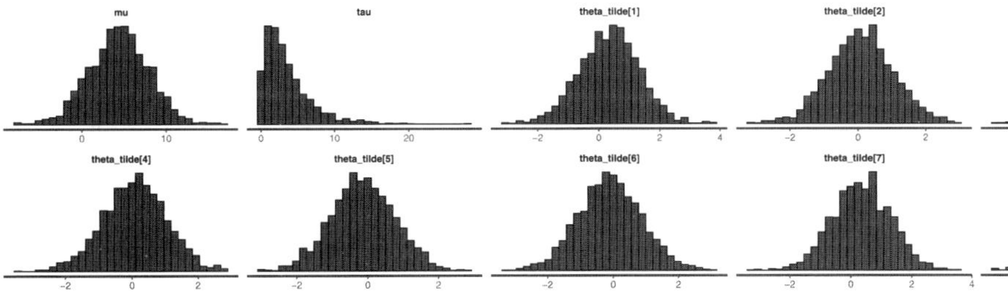

图 7.6.3 例 7.2 用模型 (7.6.1)~(7.6.4) 通过 Stan 计算所得参数后验分布直方图

如果用下面代码 (之一) 则生成标明的 3 个参数的 MCMC 两条马尔可夫链的痕迹图 (见图7.6.4).

```
plot(fit,plotfun="trace",pars=c("mu","tau","theta"),inc_warmup=TRUE,nrow=2)
traceplot(fit, pars = c("mu","tau","theta"),inc_warmup=TRUE, nrow = 2)#等价
```

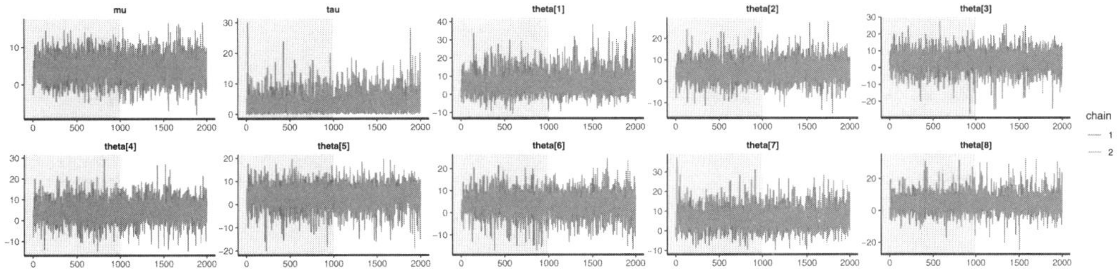

图 7.6.4 例 7.2 用模型 (7.6.1)~(7.6.4) 通过 Stan 计算所得 MCMC 两条马尔可夫链的痕迹图

图 7.6.4 的痕迹图如同毛毛虫, 这就说明收敛正常. 使用选项 `inc_warmup=TRUE` 使得图中用灰色背景显示了热身阶段.

使用下面代码打印除了标明的两个变量之外的参数:

```
pairs(fit, pars=c("theta", "theta_tilde"), log=TRUE, las = 1,include = F)
```

则生成参数 `mu`、`tau` 加上 `lp__` 及一个称为 `log-energy__` 的成对图 (见图 7.6.5).

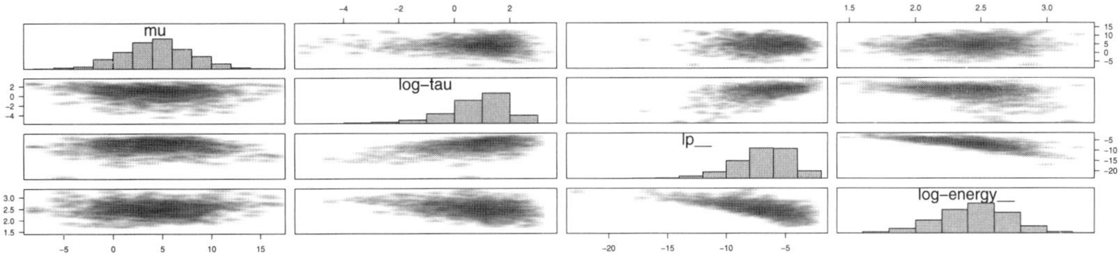

图 7.6.5 例 7.2 用模型 (7.6.1)~(7.6.4) 通过 Stan 计算所得两个参数的成对图

输出图 7.6.5 中的 `energy__` 是每次迭代时 Hamiltonian 量的值 (加一个常数).

要想得到所有想要的 MCMC 抽样的数值, 可以用下面的语句:

```
samples <- extract(fit, permuted = TRUE)
```

这个语句产生的对象 samples 是个 list, 有 5 个元素, 比如 samples$mu 有 2000 个, 而具有 8 个分量的 samples$theta 有 16000 个. 在函数 extract 的选项中, 这里的输出顺序是原始链的顺序, 但如果选项 permuted = FALSE, 则输出的是原来链的次序, 但结果不是 list, 而是 3 维 (1000 × 2 × 19=(1000 个样本点 ×2 个链 ×19 个参数)) 数组 (array). 还有一个选项为 pars, 如果另一个选项 include=TRUE, 则只抽出选项为 pars 所指明的参数, 而如果选项 include=FALSE, 则抽出选项 pars 所没有指定的参数. 前面所展示的图实际上都是这些数据产生的.

直接从对象 samples 可以点出一些密度图, 比如用下面的代码可生成 τ, μ 和对数似然的密度及最高密度区域图 (见图 7.6.6).

```
layout(t(1:3))
library(hdrcde)
hdr.den(samples$tau)
hdr.den(samples$mu)
hdr.den(samples$lp__)
```

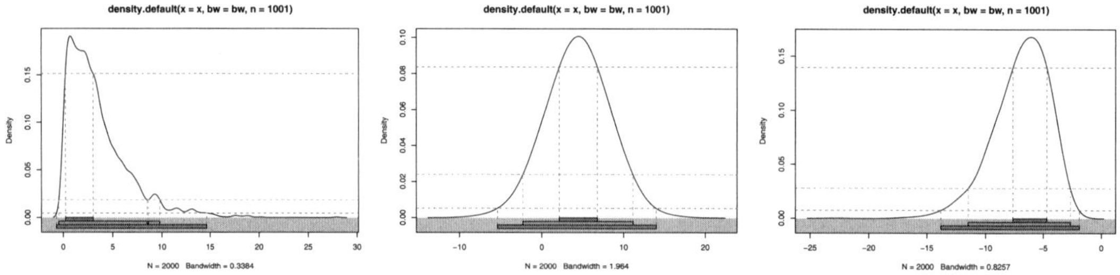

图 7.6.6 例 7.2 的 τ, μ 和对数似然的密度及最高密度区域图

5. 更多的抽样过程与结果的诊断

实际上在执行 Stan 函数时计算机已经给出一些建议和警告, 前面的图也给出了各种结果的直观印象. 用以下代码可以得到第一条链的抽样过程的信息:

```
sampler_params <- get_sampler_params(fit, inc_warmup = FALSE)
sampler_params_chain1 <- sampler_params[[1]]
colnames(sampler_params_chain1)
```

得到的 sampler_params_chain1 是一个 1000 × 6 的矩阵, 下面是上面代码的输出, 显示该矩阵的列名, 为第 6 章中提到的一些抽样过程的概念.

```
[1] "accept_stat__" "stepsize__"    "treedepth__"
[4] "n_leapfrog__"  "divergent__"   "energy__"
```

- accept_stat__: 在建议的树中所有可能样本的平均接受概率.

- `divergent__`: 在有发散误差的转移时的跳蛙数目. 由于 NUTS 在第一次发散时就停止, 它在每次迭代时等于 0 或者 1.
- `stepsize__`: 这是 NUTS 在 Hamiltonian 模拟时所使用的步长.
- `treedepth__`: 这是 NUTS 使用的树的深度, 等于在 Hamiltonian 模拟时跳蛙步数的以 2 为底的对数.
- `energy__`: 每次迭代时 Hamiltonian 量的值 (加一个常数).

实际上, 在下面介绍的 ShinyStan 工具网页界面, 也可以找到这些概念的定义.

6. ShinyStan **工具**

还有一个更加漂亮的输出, 运行下面的代码, 则会在计算机的默认浏览器上显示出一个漂亮的网页 (见图 7.6.7).

```
library(shinystan)
launch_shinystan(fit)
```

在 ShinyStan 界面上, 你可以点击所示的任何内容, 打开新界面之后有各种选项, 几乎可以得到所有 Stan 拟合可以提供的所有结果及解释. 图 7.6.8 是其界面之一.

实际上, 前面我们费了很大篇幅所展示的结果仅仅是 ShinyStan 界面所提供的一部分. 当然, 我把欣赏 ShinyStan 可视化工具的机会留给读者.

图 7.6.7 ShinyStan 界面

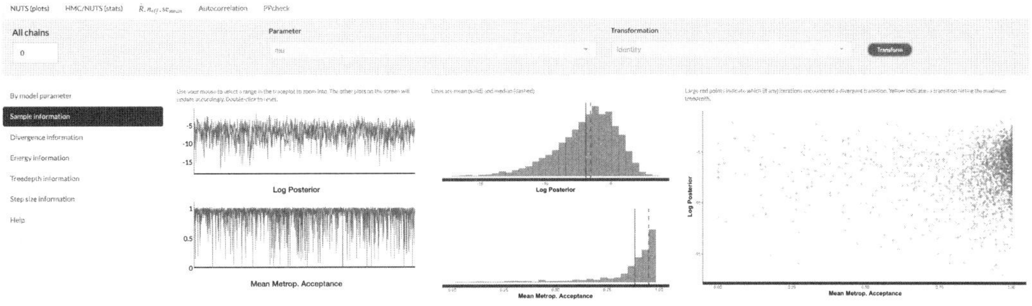

图 7.6.8 ShinyStan 界面之一

7.6.2 模型 (7.6.1)～(7.6.4) 的 PyMC 代码

1. 模型描述

Python/PyMC 关于例 7.2 的模型 (7.6.1)～(7.6.4) 的代码相对来说比较简单, 除了 1.3 节的模块外, 输入可能需要命令[7]及数据, 数据名称 (`J, y, sigma`) 必须和后面模型 `NC` 中的一致:

```
from collections import defaultdict

J = 8
y = np.array([28.39, 7.94, -2.75 , 6.82, -0.64, 0.63, 18.01, 12.16])
sigma = np.array([14.9, 10.2, 16.3, 11.0, 9.4, 11.4, 10.4, 17.6])
```

定义模型的代码为:

```
with pm.Model() as NC:
    mu = pm.Normal('mu', mu=0, tau=1/5)
    tau = pm.HalfCauchy('tau', beta=5)
    theta_tilde = pm.Normal('theta_t', mu=0, tau=1, shape=J)
    theta = pm.Deterministic('theta', mu + tau * theta_tilde)
    obs = pm.Normal('obs', mu=theta, tau=1/sigma, observed=y)
```

此模型与公式 (7.6.1)～(7.6.4) 及 Stan 模型代码完全匹配, 比如, `pm.Deterministic` 函数定义了随机变量间的确定性变换关系. 注意这里变量出现的顺序, 后面引用的变量前面一定要出现过. 模型中用引号给出的变量名字能在输出的结果中引用. 和 Stan 不同的是, 这里没有定义各个变量的类型和值域, 因为这已经体现在它们的分布定义域中了.

2. MCMC 抽样

下面执行 MCMC 抽样:

```
with NC:
    fit = pm.sample(5000, chains=2, tune=1000,
            random_seed=[20190818, 20191010], target_accept=.90)
```

通常这类程序运行之中可能会出现一些警告、抽样过程中的一些问题及建议. 我们将在后面具体介绍怎么分析运算的结果.

下面来查看对于模型 `NC` 的计算结果, 这些结果存在 `fit` 中.

3. 汇总数字

首先使用下面的代码看各个后验分布的汇总:

```
pm.summary(fit).round(2)
```

得到输出 (只显示少数几行):

[7]这里的 `defaultdict` 是调用一个 `factory` 函数来提供缺失值的 dict 子类.

	mean	sd	hdi_3%	hdi_97%	mcse_mean	mcse_sd	ess_bulk	ess_tail	r_hat
mu	2.04	2.10	-2.01	5.90	0.04	0.02	3623.0	5272.0	1.0
theta_t[0]	2.10	0.55	1.07	3.11	0.01	0.01	3439.0	3870.0	1.0
theta_t[1]	0.48	0.34	-0.18	1.10	0.00	0.00	6388.0	5759.0	1.0
theta_t[2]	-0.39	0.41	-1.16	0.38	0.00	0.00	6010.0	5806.0	1.0
theta_t[3]	0.37	0.35	-0.27	1.05	0.00	0.00	7511.0	6759.0	1.0

4. 后验最高密度区域图

使用下面的代码点出各个变量的后验最高密度区域 (见图 7.6.9).

```
az.plot_forest(fit,figsize=(20,5))
```

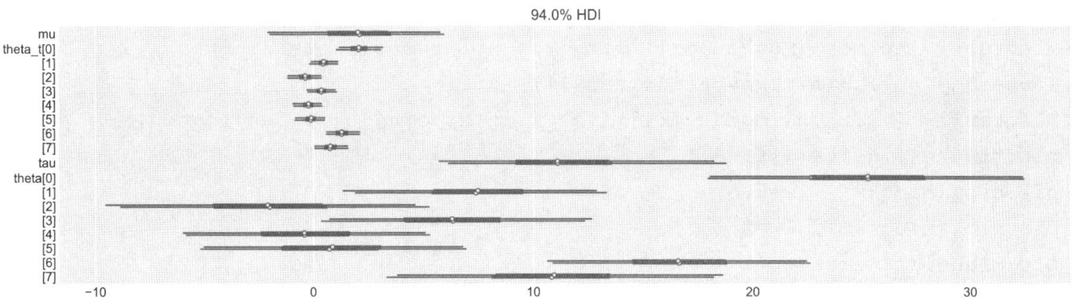

图 7.6.9 例 7.2 的各个变量的后验最高密度区域图

下面的代码生成后验密度图和所选变量的最高密度区域图 (见图 7.6.10).

```
az.plot_posterior(fit, var_names=["mu","tau","theta_t"],grid=(2,5),
                  figsize=(28,7))
```

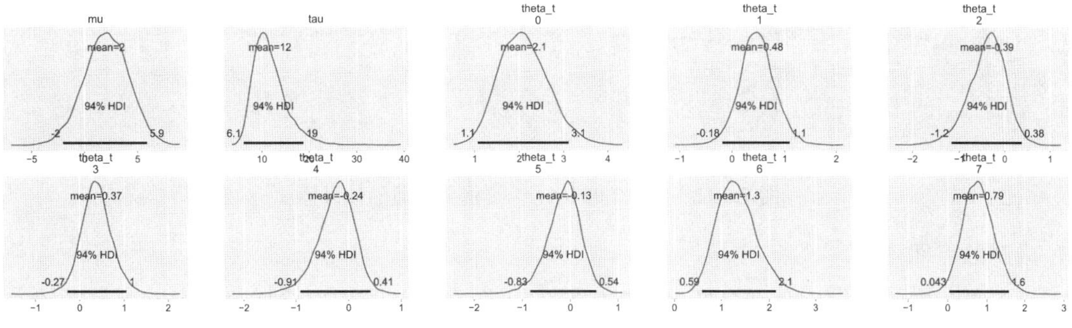

图 7.6.10 PyMC 抽样的后验密度图和最高密度区域图

5. 密度估计图和痕迹图

下面的代码产生密度估计图和痕迹图 (图7.6.11):

```
az.plot_trace(fit,var_names=["mu","tau","theta_t"],figsize=(28,7))
```

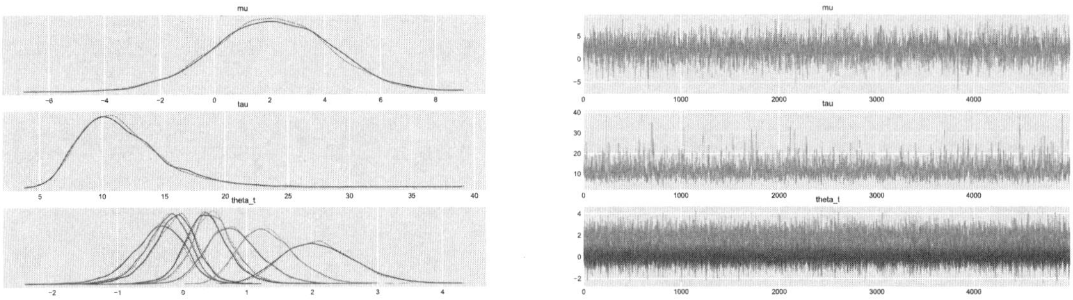

图 7.6.11 例 7.2 的抽样密度估计图和痕迹图

6. 参数抽样的累积平均值的估计

下面的代码点出 $\log(\tau)$ 累积平均值的估计值图 (见图7.6.12), 它显示了抽样的稳定性.

```
logtau = np.log(fit.posterior.tau[0])
mlogtau = [np.mean(logtau[:i]) for i in np.arange(1, len(logtau))]
logtau1 = np.log(fit.posterior.tau[1])
mlogtau1 = [np.mean(logtau1[:i]) for i in np.arange(1, len(logtau1))]
plt.figure(figsize=(16, 4))
plt.plot(mlogtau, lw=2.5)
plt.plot(mlogtau1, lw=2.5)
plt.xlabel('Iteration')
plt.ylabel('MCMC mean of log(tau)')
plt.title('MCMC estimation of log(tau)')
```

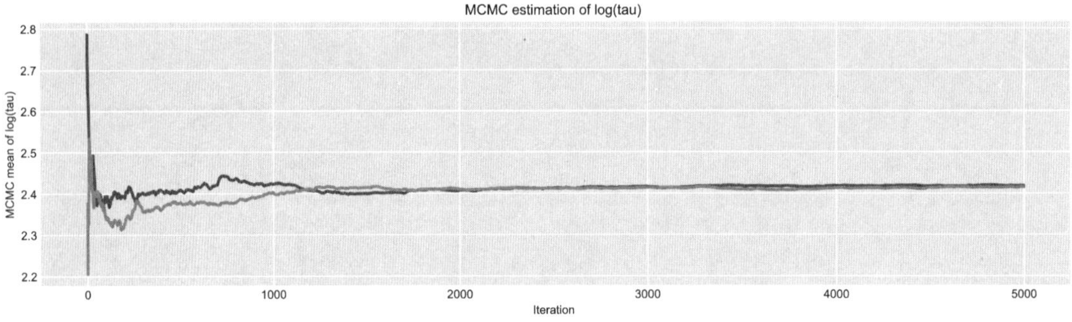

图 7.6.12 例 7.2 的 $\log(\tau)$ 累积平均值的估计值

7. 成对散点图

下面的代码可生成 $\log(\tau)$ 和 θ_0 的散点图 (见图7.6.13), 图中不同灰度 (电脑上显示的是不同颜色) 的一些点标出了离散时的样本点.

```
theta = fit.posterior.theta[0]
logtau = np.log(fit.posterior.tau[0])
_, ax = plt.subplots(1, 1, figsize=(16, 4))
ax.plot(theta, logtau, 'o', color='C3', alpha=.5)
```

```
ax.set_xlabel('theta[0]')
ax.set_ylabel('log(tau[0])')
ax.set_title('scatter plot between log(tau) and theta');
plt.savefig("8p037.pdf", format="pdf", bbox_inches="tight",pad_inches=0)
```

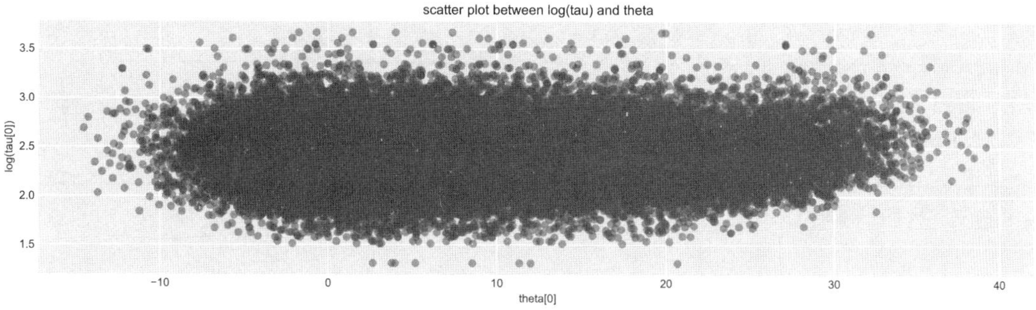

图 7.6.13 例 7.2 的 $\log(\tau)$ 和 θ_0 的散点图

7.7 R 中基于 Stan 的两个程序包

7.7.1 R/Stan/rstanarm 程序包

程序包 `rstanarm`[8]的目标是提供应用最常见的包括回归模型在内的广义线性模型进行贝叶斯计算的程序. 对于熟悉用 R 语言的频率派广义线性模型的工作者来说, 该程序很容易上手, 只需对频率派程序进行微小的更改即能得到结果. **缺点是限制了使用者建模的自由度, 很多选项是不可添加或改动的; 而且, 有时很难弄清楚那些默认选项是什么.**

我们用一个例子说明.

例 7.3 这是 `rstanarm` 包自带的数据, 它是关于一项针对孟加拉国一小部分生活在地下水被砷污染地区的 3200 名居民的调查. 调查者鼓励那些水井中砷含量高的受访者到附近地区安全的公共或私人水井取水, 并在几年后进行调查, 以了解哪些受影响的居民换了水井. 该数据来源于 Gelman and Hill (2007), 有 5 个变量 switch (改变水源的 0-1 指标变量), arsenic (被访者水井的砷的水平), dist (被访者家到最近安全水源的距离, 单位: 100 米), assoc (家庭成员参与社区组织的 0-1 指标变量), educ (家长受教育程度, 单位: 年). 我们可以用这个数据做贝叶斯 logistic 回归.

我们所用的语句类似于经典统计的 `glm` 函数的形式, 只不过加了先验分布:

```
library(rstanarm)
wells$dist100 <- wells$dist / 100
fit_wells <- stan_glm(
  switch ~ dist100 + arsenic,
```

[8]Goodrich B, Gabry J, Ali I & Brilleman S. (2022). rstanarm: Bayesian applied regression modeling via Stan. R package version 2.21.3 https://mc-stan.org/rstanarm. Brilleman SL, Crowther MJ, Moreno-Betancur M, Buros Novik J & Wolfe R. Joint longitudinal and time-to-event models via Stan. StanCon 2018. 10-12 Jan 2018. Pacific Grove, CA, USA. https://github.com/stan-dev/stancon_talks/.

```
  data = wells,
  family = binomial(link = "logit"),
  prior = student_t(df = 7),
  prior_intercept = student_t(df = 7),
  QR = TRUE,
  chains = 2, iter = 2000
)
```

显然, 除了对于协变量及截距的先验分布设定之外, 该代码与经典 glm 函数无异. 执行之后, 可以用代码 summary(fit_wells) 输出汇总数字:

```
> summary(fit_wells)

Model Info:
 function:     stan_glm
 family:       binomial [logit]
 formula:      switch ~ dist100 + arsenic
 algorithm:    sampling
 sample:       2000 (posterior sample size)
 priors:       see help('prior_summary')
 observations: 3020
 predictors:   3

Estimates:
              mean   sd   10%   50%   90%
(Intercept)  0.0    0.1 -0.1   0.0   0.1
dist100     -0.9    0.1 -1.0  -0.9  -0.8
arsenic      0.5    0.0  0.4   0.5   0.5

Fit Diagnostics:
           mean   sd   10%   50%   90%
mean_PPD 0.6    0.0  0.6   0.6   0.6

The mean_ppd is the sample average posterior predictive distribution of the
outcome variable (for details see help('summary.stanreg')).

MCMC diagnostics
              mcse Rhat n_eff
(Intercept)   0.0  1.0  1808
dist100       0.0  1.0  1808
arsenic       0.0  1.0  1689
mean_PPD      0.0  1.0  1820
log-posterior 0.0  1.0   933
```

```
For each parameter, mcse is Monte Carlo standard error, n_eff is a crude
measure of effective sample size, and Rhat is the potential scale
reduction factor on split chains (at convergence Rhat=1).
```

用下面的代码可得到所涉及参数的后验分布可信区间图 (见图 7.7.1).

```
plot(fit_wells)
```

图 7.7.1 例 7.3 的有关参数的后验分布可信区间图

用下面的代码可得到所涉及参数的后验分布密度及抽样痕迹图 (见图 7.7.2).

```
library(gridExtra)
grid.arrange(plot(fit_wells,"trace"),
plot(fit_wells, "dens_overlay"),nrow=2)
```

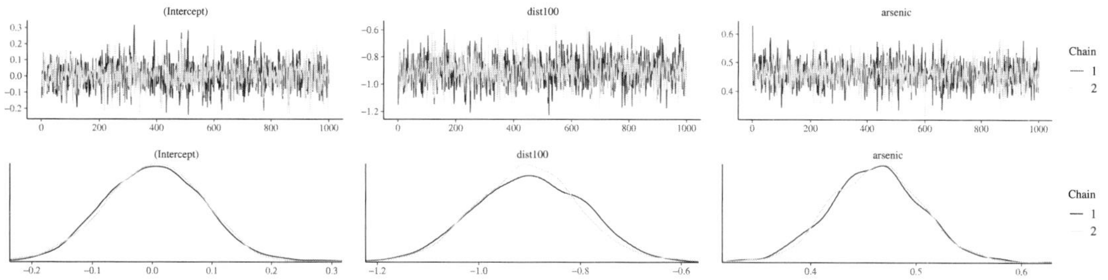

图 7.7.2 例 7.3 的有关参数的后验分布密度及抽样痕迹图

用下面 rstan 程序包的 get_stancode 函数可以输出这个模型的 Stan 代码:

```
stancode <- rstan::get_stancode(fit_wells$stanfit)#对于rstanarm
cat(stancode)
```

这会输出 180 行代码! 这些代码之所以很长, 是为了适应各种情况供编程者填充的普遍框架, 其中只有一小部分适合这个具体例子, 因此不易看懂, 如果自己编写 Stan 代码则会简洁得多.

7.7.2 R/Stan/brms 程序包

程序包 brms [9]使用概率编程语言 Stan 实现 R 中的贝叶斯多水平模型. 它支持广泛的分布和连接函数, 这些模型包括线性模型、稳健的线性模型、二项分布模型、Poisson 模型、生存分析、响应时间模型、有序模型、分位数模型、零膨胀模型、障碍模型、非线性模型等, 所有这些模型都是在多水平框架下建模的. 各种建模选项包括响应变量的自相关性、用户定义的协方差结构、删失数据以及荟萃分析标准错误. 软件对先验分布的确定是灵活的, 并明确鼓励用户应使用实际反映其信念的先验分布. 我们以一个例子来说明这个程序包.

例 7.4 (fish.csv) 野生动物生物学家想要对一个州立公园捕获的鱼数量建模. 访问者被问及他们是否有露营车 (camper), 团体中有多少人 (persons), 团体中是否有孩子 (child), 是否用活饵 (livebait), 以及捕获了多少鱼 (count). 有些游客不钓鱼, 但没有某人是否钓鱼的数据.[10]

我们输入数据, 并且拟合零膨胀 Poisson 模型 (因为很多人没有抓到鱼, 有很多 0):

```
library(brms)

w=read.csv("fish.csv")
fit_w <- brm(count ~ persons + child + camper, data = w,
             family = zero_inflated_poisson("log"))
```

得到的结果可汇总为:

```
> summary(fit_w)
 Family: zero_inflated_poisson
  Links: mu = log; zi = identity
Formula: count ~ persons + child + camper
   Data: w (Number of observations: 250)
  Draws: 4 chains, each with iter = 2000; warmup = 1000; thin = 1;
         total post-warmup draws = 4000

Population-Level Effects:
          Estimate Est.Error l-95% CI u-95% CI Rhat Bulk_ESS Tail_ESS
Intercept    -1.01      0.18    -1.36    -0.66 1.00     2877     2623
persons       0.87      0.04     0.79     0.96 1.00     2807     2279
child        -1.37      0.09    -1.55    -1.19 1.00     2552     2772
camper        0.80      0.09     0.62     0.98 1.00     3394     2624

Family Specific Parameters:
   Estimate Est.Error l-95% CI u-95% CI Rhat Bulk_ESS Tail_ESS
zi     0.41      0.04     0.32     0.49 1.00     2914     2610
```

[9]Paul-Christian Bürkner (2017). brms: An R Package for Bayesian Multilevel Models Using Stan. *Journal of Statistical Software*, 80(1), 1-28. doi:10.18637/jss.v080.i01.

[10]该数据可以从网页下载: http://stats.idre.ucla.edu/stat/data/fish.csv.

```
Draws were sampled using sampling(NUTS). For each parameter, Bulk_ESS
and Tail_ESS are effective sample size measures, and Rhat is the potential
scale reduction factor on split chains (at convergence, Rhat = 1).
```

这里的先验分布是默认值, 到底是什么呢? 用下面的代码可以得到:

```
get_prior(count ~ persons + child + camper, data = w,
          family = zero_inflated_poisson("log"))
```

输出为:

```
                  prior     class    coef group resp dpar nlpar lb ub       source
                 (flat)         b                                         default
                 (flat)         b  camper                            (vectorized)
                 (flat)         b   child                            (vectorized)
                 (flat)         b persons                            (vectorized)
 student_t(3, -2.3, 2.5) Intercept                                         default
              beta(1, 1)        zi                              0  1       default
```

这说明包括截距的所有的系数都有 student_t(3, -2.3, 2.5) 先验分布, 而零膨胀系数 zi 有 beta(1,1) 先验分布.

当然可以自己设定先验分布, 但有限制, 不如原始 Stan 那么灵活, 比如用下面的代码可以设定自己的先验分布:

```
prior <- c(prior_string("normal(0,10)", class = "b"),
           prior(normal(1,2), class = b, coef = treat),
           prior_(~cauchy(0,2), class = ~sd,
                  group = ~subject, coef = ~Intercept))
```

这里的 class = b 意味着所有系数类, 它们都有 normal(1,2) 先验分布. 这里的先验分布可以加到函数 brm 的选项 prior= 后面.

使用代码 pairs(fit_w) 可以生成各个参数 MC 链的成对散点图 (见图 7.7.3), 使用代码 plot(fit_w) 可以生成各个参数 MC 链的密度和痕迹图 (见图 7.7.4).

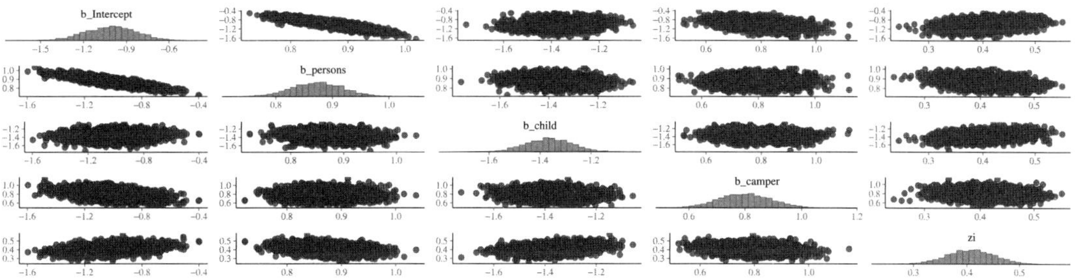

图 7.7.3 例 7.4 的各个参数 MC 链的成对散点图

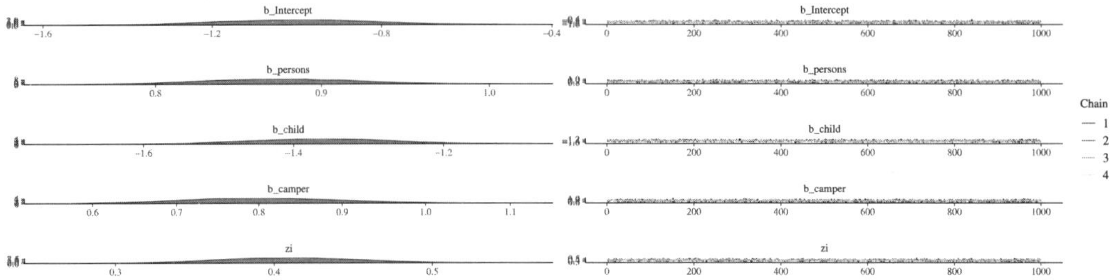

图 7.7.4 例 7.4 的各个参数 MC 链的密度和痕迹图

使用代码 `stanplot(fit_w)` 可以生成各个参数 MC 链的可信区间图 (见图 7.7.5).

图 7.7.5 例 7.4 的各个参数 MC 链的可信区间图

当然也可以找到我们模型的原始 Stan 代码, 只要执行下面语句即可:

```
make_stancode(count ~ persons + child + camper, data = w,
              family = zero_inflated_poisson("log"))
```

这会输出大约 120 行代码. 这些代码是用一般的程序框架"填空"写的, 不容易看明白, 还是自己编的 Stan 程序简单明了.

7.8 Python 中的 BayesPy 模块简介

BayesPy [11]为 Python 提供贝叶斯推断工具. 用户将模型构建为贝叶斯网络, 观察数据并运行后验推断. 目标是提供一种高效、灵活和可扩展的工具, 供人们使用.

但是 BayesPy 目前仅实现了共轭指数族 (变分信息传递) 的变分贝叶斯推断. 下面仅用一个例子来介绍 BayesPy. 本节介绍这个正在开发的模块是想让读者知晓人们如何在为贝叶斯编程努力. 希望这个软件会更加成熟好用.

例 7.5 正态分布模型的例子. 考虑下面的模型并且注意右边和模型一一对应的盘子图. 这个图中使用了盘子表示法 (plate notation), 它会在 BayesPy 的程序中出现, 比如描述输入数据的"盘子"(`plates=(N,)`).

首先假定模型满足下面的关系:

$$p(\boldsymbol{y}|\mu,\tau)=\prod_{i=1}^{N}N(y_i|\mu,\tau) \quad (7.8.1)$$

$$p(\mu)=N(\mu|\mu_0,\tau_0) \quad (7.8.2)$$

$$p(\tau)=G(\tau|\alpha_0,\beta_0) \quad (7.8.3)$$

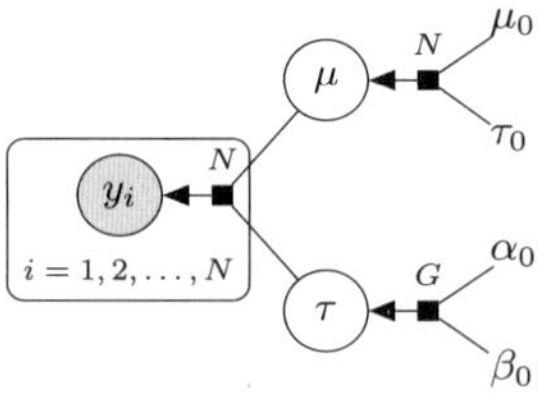

[11]作者为 Jaakko Luttinen, 邮箱为 `jaakko.luttinen@iki.fi`. 其网页为`http://bayespy.org`.

下面我们就例 7.5 的模型通过计算来得到后验分布, 我们总是可以写出后验分布的理论公式

$$p(\mu, \tau) = \frac{p(\boldsymbol{y}|\mu, \tau)p(\mu)p(\tau)}{\int p(\boldsymbol{y}|\mu, \tau)p(\mu)p(\tau)\mathrm{d}\mu\mathrm{d}\tau}. \tag{7.8.4}$$

这是个看上去很简单的公式, 但是把具体分布 $p(\boldsymbol{y}|\mu, \tau), p(\mu)$ 和 $p(\tau)$ 的表达式代入式 (7.8.4) 之后, 再做分母上的积分就不那么简单了. 当然, 对于例 7.5 的相对简单的模型, 很容易知道后验分布族的具体形式.

下面我们进行例 7.5 后验分布的数值计算. 作为固定超参数, 我们取

$$\mu_0 = 0, \tau_0 = 10^{-6}, \alpha = 10^{-6}, \beta = 10^{-6},$$

这种取参数很小的做法相当于尽量减少先验信息. 我们模拟 4 个不同样本量 N 的正态数据, 每个都是 ($\mu = 5, \tau = 0.01$ ($\sigma^2 = 100$)) 作为 $\{y_i\}_{i=1}^N$, 这 4 个数据的样本量分别为 $20, 100, 500, 1000$. 具体代码如下:

```
from bayespy.nodes import GaussianARD, Gamma
from bayespy.inference import VB
mu_0=0;tau_0=1e-6;alpha=1e-6;beta=1e-6; #确定超参数
n=[20,100,500,1000] #样本量
MU=[];TAU=[]
for N in n:
    np.random.seed(1010)
    data = np.random.normal(5, 10, size=(N,))
    mu = GaussianARD(mu_0, tau_0)
    tau = Gamma(alpha, beta)
    y = GaussianARD(mu, tau, plates=(N,)) #由于是观测值, 有plates=(N,)
    y.observe(data) #输入观测数据
    Q = VB(mu, tau, y)
    Q.update(repeat=N)
    MU.append(mu)
    TAU.append(tau)
```

在这个程序中, 只有 `GaussianARD`, `Gamma`, `VB` 属于 BayesPy 的专门代码. 前面两个是确定分布的, 看上去与其他语言类似, 但产生的对象被称为节点 (node), 和上面的模型图对应, 比如 `mu` 就是一个节点, 称为有 ARD 先验分布的高斯变量节点 (node for Gaussian variables with ARD prior). 这里的 ARD 先验分布是自动相关性确定 (automatic relevance determination) 先验分布. ARD 要求在需要确定其相关性的参数上使用某种类型的先验. 用于此目的之前最简单的是具有零均值和精度 τ 的高斯分布, 其也将被确定或来自抽样. 如果不需要参数, 则精度 τ 将很大, 从而强制参数接近零. ARD 的优点是任何不必要的参数都会自动强制为零, 缺点是难以在实施 ARD 的同时合并其他先验信息.

上面代码中的 `VB` 是变分贝叶斯的推断引擎, 它的主要变元就是一个接一个的节点. 比如上面代码中 `Q=VB(mu, tau, y)` 就输入 3 个节点形成模型 `Q`. 通过数据更新模型 `Q` 的代码为 `Q.update(repeat=N)` (在此之前没有数据进入模型), 也就是更新节点 `mu` 和 `tau`,

最后每个样本的结果都通过普通的 Python 代码存入名为 MU 和 TAU 的 list 中.

可以用下面的代码分别点出 μ 和 τ 的关于 4 个样本量的后验分布 $q(\mu)$ 和 $q(\tau)$ 的密度图 (见图 7.8.1).

```
from matplotlib import rc
rc('text', usetex=True)
rc('font', **{'family': 'serif', 'serif': ['cmsy10']})

lty=['-',':','--','-.']
lab=['N=20','N=100','N=500','N=1000']

import bayespy.plot as bpplt
bpplt.pyplot.figure(figsize=(16, 4))
bpplt.pyplot.subplot(121)
for i in range(len(MU)):
    bpplt.pdf(MU[i], np.linspace(0, 10, num=100), color='b',
      linestyle=lty[i], name=r'\mu',label=lab[i])
bpplt.pyplot.legend()
bpplt.pyplot.subplot(122)
for i in range(len(TAU)):
    bpplt.pdf(TAU[i], np.linspace(1e-10, 0.02, num=100), color='r',
      linestyle=lty[i], name=r'\tau',label=lab[i])
bpplt.pyplot.legend()
bpplt.pyplot.tight_layout()
plt.savefig("qpdf27.pdf", format="pdf", bbox_inches="tight",pad_inches=0)
bpplt.pyplot.show()
```

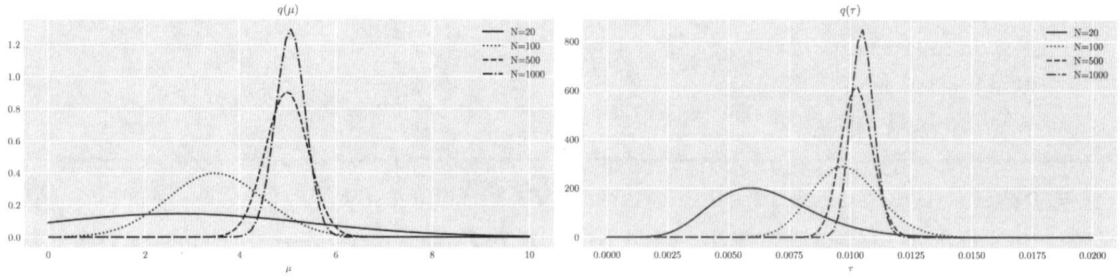

图 7.8.1 例 7.5 的 μ 和 τ 的关于 4 个样本量的后验分布密度图

从图 7.8.1 中可以看到, 随着样本量的增加, 后验密度的模就更加接近真实的参数值, 而且密度的集中程度也更高 (密度曲线从平缓到陡峭).

7.9 习 题

1. 考虑例 7.2.

   (1) 把模型中参数 μ 的先验分布改成均匀分布 Unif(0,1) 会发生什么? 总结经验.

   (2) 把模型中参数 μ 的先验分布改成均匀分布 Unif(0,100) 会发生什么? 总结经验.

(3) 如果把 τ 的分布在 Stan 中不限制 `<lower=0>` 或者在 PyMC 中不用 Half-Cauchy 而用 Cauchy, 会发生什么? 总结经验.

(4) 在上面改变先验分布的试验中, 痕迹图有什么变化? 可以看出什么问题?

2. (选做) 把例 7.3 中 `rstanarm` 所用的 Stan 代码还原成简单形式, 并用 `rstan` 的 `stan` 函数运行.
3. (选做) 把例 7.4 中 `brms` 的 Stan 代码还原成简单形式, 并用 `rstan` 的 `stan` 函数运行.

第 8 章　在常用模型中使用 R/Stan 和 Python/PyMC 的例子

8.1　热身: 一些简单例子

这部分内容的模型在前面可能已经提到过, 但不一定使用贝叶斯编程方法. 如果模型在之前已经遇到过, 对理解这些概率编程方法可能更有益.

8.1.1 抛硬币: 二项分布

模拟 100 次抛硬币:

```
set.seed(1010)
N <- 100
theta <- 0.6
y <- rbinom(N, 1, theta)
coin.data <- list(N=N, y=y)
```

得到正面数目 (通过代码`sum(y)`) 为 61 个. 对这一类问题考虑下面的模型:

$$p(\boldsymbol{x}|\theta) = \prod_{i=1}^{n} \text{Bernoulli}(x_i|\theta),$$
$$p(\theta) = \text{Beta}(\theta|1, 1).$$

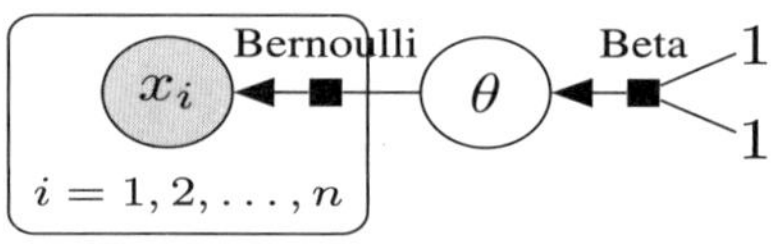

1. R/Stan 程序

输入模型 (数据前面已经生成了, 在 `coin.data` 中) 并拟合:

```
Coin="
  data {
  int<lower=0> N;
  int<lower=0,upper=1> y[N];
}
parameters {
  real<lower=0, upper=1> theta;
}
model {
  theta ~ beta(1, 1);
for (n in 1:N)
```

```
  y[n] ~ bernoulli(theta);
}
"
library(rstan)
fit_c <- stan(model_code=Coin, data = coin.data, chains = 2, warmup = 1000,
  iter = 2000, refresh = 1000 )
```

利用 print(fit_c) 可得到下面的汇总输出:

```
> print(fit_c)
Inference for Stan model: anon_model.
2 chains, each with iter=2000; warmup=1000; thin=1;
post-warmup draws per chain=1000, total post-warmup draws=2000.

        mean se_mean   sd   2.5%    25%    50%    75%  97.5% n_eff Rhat
theta   0.61    0.00 0.05   0.51   0.58   0.61   0.64   0.70   653    1
lp__  -68.84    0.02 0.80 -71.16 -68.98 -68.54 -68.36 -68.31  1016    1

Samples were drawn using NUTS(diag_e) at Wed Feb 28 11:29:45 2024.
For each parameter, n_eff is a crude measure of effective sample size,
and Rhat is the potential scale reduction factor on split chains (at
convergence, Rhat=1).
```

用以下代码可以得到选定参数 (这里是 θ) 的密度估计图 (见图 8.1.1):

```
ce=extract(fit_c)
library(lattice)
require(gridExtra)
densityplot(ce$theta)
```

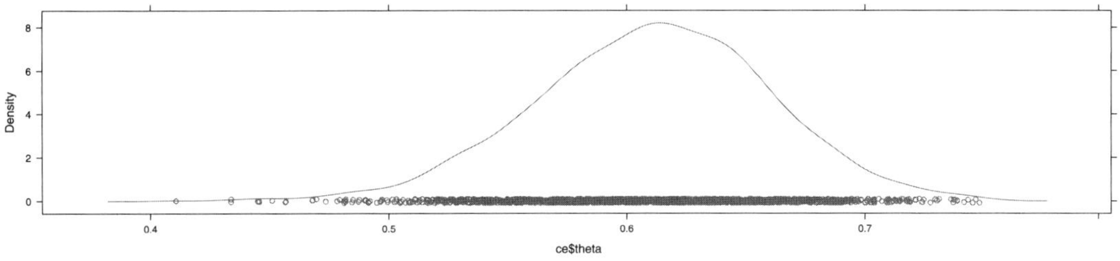

图 8.1.1 θ 的后验密度图

用以下代码可以得到选定参数 (这里是 θ) 和对数似然的后验密度图和最高密度区域 (见图 8.1.2):

```
layout(t(1:2))
library(hdrcde)
hdr.den(ce$theta)
```

```
hdr.den(ce$lp__)
```

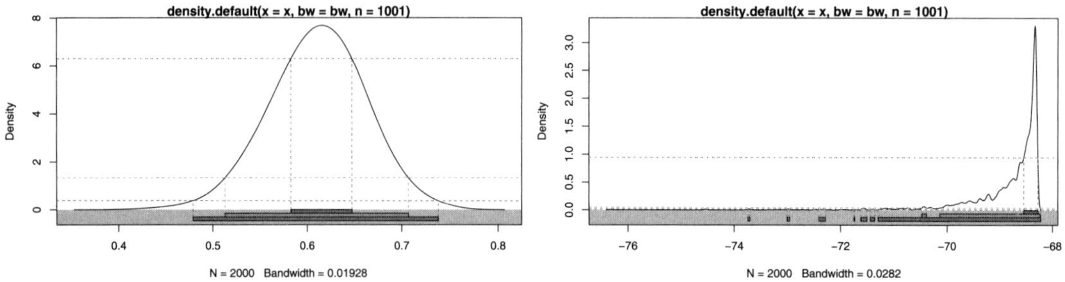

图 8.1.2 θ **和对数似然的后验密度图和最高密度区域图**

2. Python/PyMC 程序

导入本节可能需要的模块并输入模型及抽样:

```
import scipy.stats as stats

n = 100
h = 61
niter = 1000
with pm.Model() as CT:
    p = pm.Beta('p', alpha=1, beta=1)
    y = pm.Binomial('y', n=n, p=p, observed=h)
    fit_CT = pm.sample(2000, chains=2, tune=1000,
               random_seed=[20190818, 20191010], target_accept=.90)
```

下面生成先验分布密度和后验分布直方图 (见图 8.1.3).

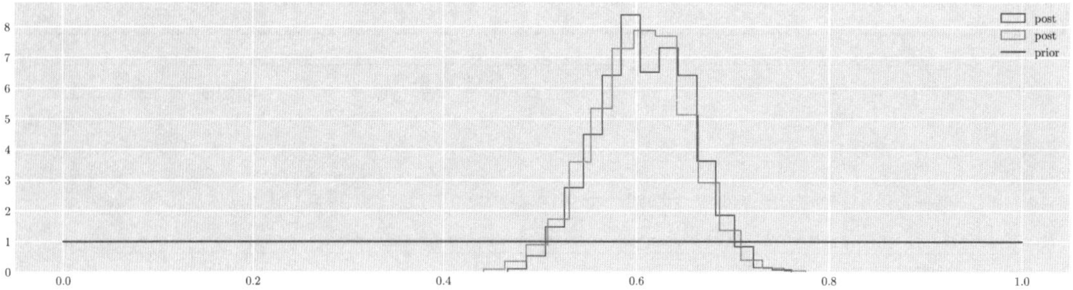

图 8.1.3 先验分布密度和后验分布直方图

```
plt.figure(figsize=(16,4))
plt.hist(fit_CT.posterior.p[0], 15, histtype='step',density=True,
        label='post');
plt.hist(fit_CT.posterior.p[1], 15, histtype='step', density=True,
        label='post');
x = np.linspace(0, 1, 100)
```

```
plt.plot(x, stats.beta.pdf(x, 1, 1), label='prior');
plt.legend(loc='best');
plt.savefig("coin02p7.pdf", format="pdf", bbox_inches="tight",pad_inches=0)
```

8.1.2 正态分布例子

模拟正态数据:

```
set.seed(1010)
N <- 100
y <- rnorm(N, 10, 2)
NMS_data=list(N=N,y=y)
```

首先假定模型满足下面的关系:

$$
\begin{aligned}
p(\boldsymbol{y}|\mu,\sigma) &= \prod_{i=1}^{N} N(y_i|\mu,\sigma),\\
p(\mu) &= U(\mu|0,100),\\
p(\sigma) &= U(\sigma|0,10).
\end{aligned}
$$

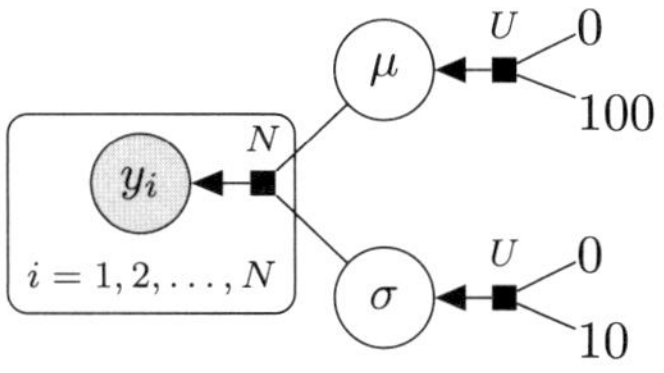

1. R/Stan 程序

输入模型 (数据前面已经生成了, 在 `NMS_data` 中) 并抽样:

```
NMS="
data {
  int<lower=0> N;
  real y[N];
}
parameters {
  real<lower=0> mu;
  real<lower=0> sigma;
}
model {
  mu ~ uniform(0, 100);
  sigma ~ uniform(0, 100);
  for (n in 1:N)
    y[n] ~ normal(mu,sigma);
}
"
fit_NMS <- stan(
  model_code=NMS,  data = NMS_data, chains = 2,
  warmup = 1000, iter = 2000, refresh = 1000
  )
```

利用 `print(fit_NMS)` 可得到下面的汇总输出:

```
> print(fit_NMS)
Inference for Stan model: anon_model.
2 chains, each with iter=2000; warmup=1000; thin=1;
post-warmup draws per chain=1000, total post-warmup draws=2000.

         mean se_mean   sd    2.5%     25%     50%     75%   97.5% n_eff Rhat
mu       9.73    0.01 0.21    9.32    9.58    9.72    9.88   10.14  1224    1
sigma    2.06    0.00 0.15    1.80    1.96    2.05    2.16    2.38  1288    1
lp__  -118.32    0.03 1.02 -121.09 -118.73 -118.01 -117.61 -117.32   887    1

Samples were drawn using NUTS(diag_e) at Wed Feb 28 14:34:29 2024.
For each parameter, n_eff is a crude measure of effective sample size,
and Rhat is the potential scale reduction factor on split chains (at
convergence, Rhat=1).
```

利用下面的代码可以得到选定参数 (这里是 μ 和 σ) 的后验密度图及最高密度区域图 (见图8.1.4):

```
nmse=extract(fit_NMS)
layout(t(1:2))
library(hdrcde)
hdr.den(nmse$mu)
hdr.den(nmse$sigma)
```

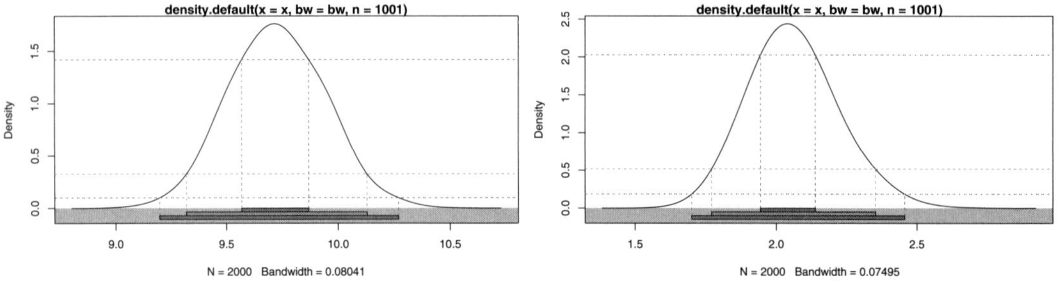

图 8.1.4　μ 和 σ 的后验密度图及最高密度区域图

2. Python/PyMC **程序**

模拟数据:

```
np.random.seed(1010)
N = 100
_mu = np.array([10])
_sigma = np.array([2])
y = np.random.normal(_mu, _sigma, N)
```

输入模型并抽样:

```
with pm.Model() as NMS:
    mu = pm.Uniform('mu', lower=0, upper=100, shape=_mu.shape)
    sigma = pm.Uniform('sigma', lower=0, upper=10, shape=_sigma.shape)
    y_obs = pm.Normal('Y_obs', mu=mu, sigma=sigma, observed=y)
    fit_NMS = pm.sample(2000, chains=2, tune=1000,
                random_seed=[20190818, 20191010], target_accept=.90)
```

下面的代码生成两个参数 (μ 和 σ) 的后验分布直方图和最高密度区域图 (见图 8.1.5):

```
az.plot_posterior(fit_NMS, var_names=["mu","sigma"],figsize=(20,5))
```

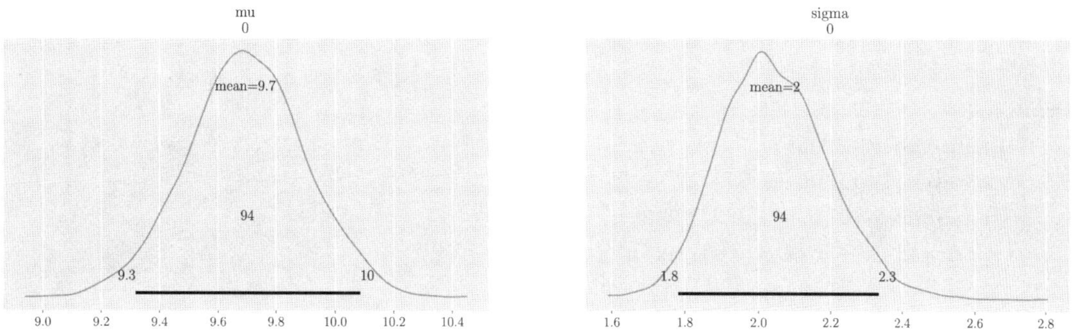

图 8.1.5 两个参数 (μ 和 σ) 的后验分布直方图和最高密度区域图

8.1.3 简单回归例子

模拟下面的简单回归数据:

```
set.seed(1010)
N = 30
x = seq(0, 1, length=N)
y = 6 -2 *x + rnorm(N)
lms_data=list(y=y,x=x,N=N)
```

首先假定模型满足下面的关系:

$$p(\boldsymbol{y}|\mu,\sigma)=\prod_{i=1}^{N}N(y_i|a+bx,\tau),$$
$$p(a)=N(a|0,100),$$
$$p(b)=N(b|0,100),$$
$$p(\tau)=\text{Gamma}(\tau|0.1,0.1).$$

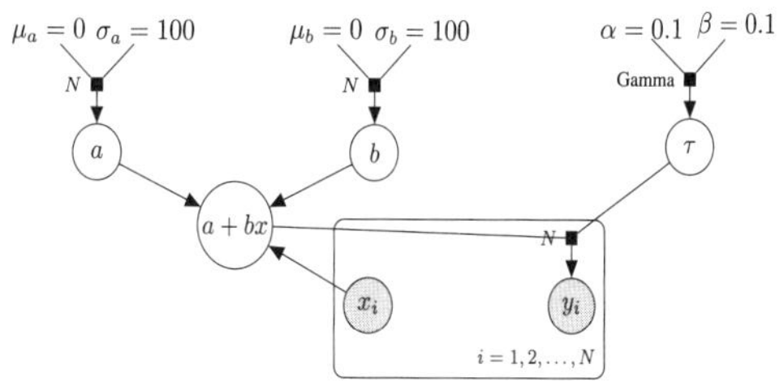

1. R/Stan **程序**

输入模型 (数据前面已经生成了, 在 `lms_data` 中) 并抽样:

```
lms="data {
  int<lower=0> N;
  vector[N] x;
  vector[N] y;
}
parameters {
  real a;
  real b;
  real<lower=0> tau;
}
transformed parameters {
     real sigma=1/tau;
   }

model {
     a~normal(0,100);
     b~normal(0,100);
     tau~gamma(0.1,0.1);
  y ~ normal(a + b * x, sigma);
}"
fit_NMS <- stan(
  model_code=lms,  data = lms_data, chains = 2,
  warmup = 1000, iter = 2000, refresh = 1000
  )
```

利用 `print(fit_NMS)` 可得到下面的汇总输出:

```
> print(fit_NMS)
Inference for Stan model: anon_model.
2 chains, each with iter=2000; warmup=1000; thin=1;
post-warmup draws per chain=1000, total post-warmup draws=2000.

        mean se_mean   sd   2.5%    25%    50%    75%  97.5% n_eff Rhat
a       6.11    0.01 0.35   5.39   5.88   6.12   6.34   6.81   738    1
b      -2.73    0.02 0.60  -3.94  -3.14  -2.75  -2.33  -1.55   810    1
tau     1.05    0.01 0.15   0.79   0.95   1.04   1.16   1.37   859    1
sigma   0.97    0.00 0.14   0.73   0.87   0.96   1.06   1.27   881    1
lp__  -14.03    0.05 1.35 -17.26 -14.62 -13.69 -13.07 -12.51   730    1

Samples were drawn using NUTS(diag_e) at Wed Feb 28 15:15:13 2024.
For each parameter, n_eff is a crude measure of effective sample size,
and Rhat is the potential scale reduction factor on split chains (at
convergence, Rhat=1).
```

使用下面的代码得到除 `sigma` 之外的参数成对散点图 (见图 8.1.6):

```
pairs(fit_NMS,pars="sigma",include = F)
```

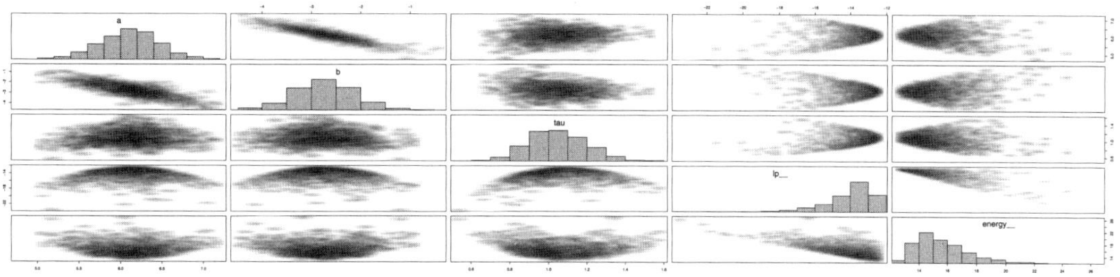

图 8.1.6 各个参数成对散点图

用下面的代码生成 MCMC 抽样痕迹图 (见图8.1.7):

```
traceplot(fit_NMS, inc_warmup = TRUE, nrow = 2)
```

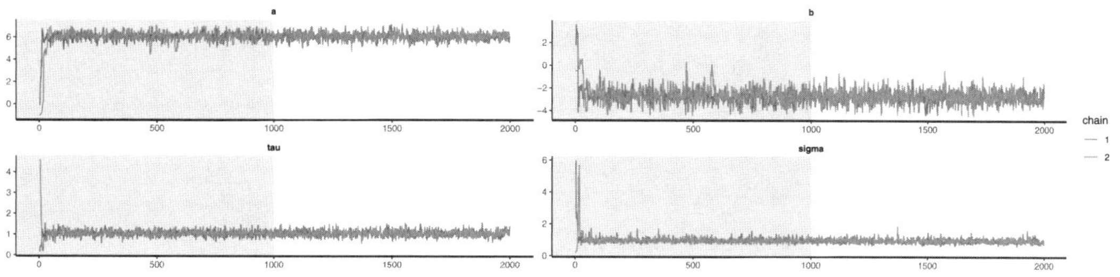

图 8.1.7 各个参数的抽样痕迹图

2. Python/PyMC 程序

模拟数据:

```
np.random.seed(1010)
n = 30
_a = 6
_b = -2
x = np.linspace(0, 1, n)
y = _a + _b*x + np.random.randn(n)
```

输入模型并抽样:

```
with pm.Model() as LM:
    a = pm.Normal('a', mu=0, sigma=100)
    b = pm.Normal('b', mu=0, sigma=100)
    tau = pm.Gamma('tau', 0.1, 0.1)
    y_est = a*x + b # simple auxiliary variables
    likelihood = pm.Normal('y', mu=y_est, tau=tau, observed=y)
```

```
    fit_LM = pm.sample(2000, chains=2, tune=1000,
             random_seed=[20190818, 20191010], target_accept=.90)
```

用下面的代码输出汇总数据:

```
print(pm.summary(fit_LM).round(2))
```

得到:

```
      mean    sd  hdi_3%  hdi_97%  mcse_mean  mcse_sd  ess_bulk  ess_tail  r_hat
a    -1.94  0.77   -3.50    -0.56       0.02     0.01    1562.0    1462.0    1.0
b     5.64  0.45    4.74     6.44       0.01     0.01    1541.0    1474.0    1.0
tau   0.68  0.18    0.36     1.01       0.00     0.00    2084.0    2295.0    1.0
```

用下面的代码生成各个参数 (a, b 和 τ) 的后验分布估计及痕迹图 (见图8.1.8):

```
az.plot_trace(fit_LM,figsize=(20,5))
```

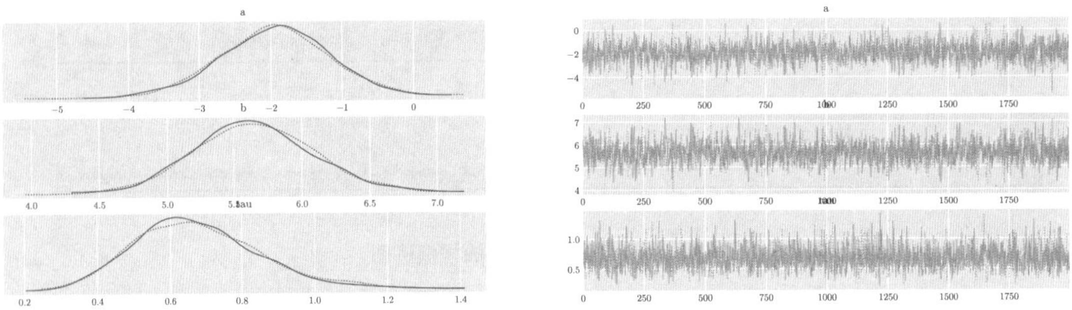

图 8.1.8　各个参数 (a, b 和 τ) 后验分布估计及痕迹图

8.1.4 简单 logistic 回归例子

例 8.1 身高体重数据. (htwt.csv) 这是一个在网上下载的练习数据.[1] 该数据有 3 个变量的 70 个观测值: male (性别, 用哑元 0, 1 表示), height (身高, 单位: 英寸), weight (体重, 单位: 磅). 这里用该数据的变量 male 作为因变量, 其余两个变量作为自变量做 logistic 回归.

记数据的样本量为 n, 对于 $i = 1, 2, \ldots, n$, 用 y_i 表示因变量, $\boldsymbol{x}_i = (1, x_{i1}, x_{i2}, \ldots, x_{ik})^\top$ 表示自变量, 系数为 $\boldsymbol{\beta} = (\beta_0, \beta_1, \ldots, \beta_k)^\top$. 考虑线性表示:

$$\text{logit}[p(y_i|\boldsymbol{x}_i, \boldsymbol{\beta})] = \log\left[\frac{p(y_i|\boldsymbol{x}_i, \boldsymbol{\beta})}{1 - p(y_i|\boldsymbol{x}_i, \boldsymbol{\beta})}\right] = \boldsymbol{x}_i^\top \boldsymbol{\beta} \text{ 或 } p(y_i|\boldsymbol{x}_i, \boldsymbol{\beta}) = \frac{\exp(\boldsymbol{x}_i^\top \boldsymbol{\beta})}{1 + \exp(\boldsymbol{x}_i^\top \boldsymbol{\beta})}.$$

对于例 8.1, $n = 70, k = 2$. 我们采用下面的模型:

[1]此类同名内容类似的数据在网上很多, 这里的数据已经在网上消失了 (后面还是用这个数据), 但可以在一些网站找到类似数据, 比如 https://personalpages.manchester.ac.uk/staff/mark.lunt/R_course/2_descriptives/htwt.csv.

$$p(\boldsymbol{y}|\boldsymbol{x},\boldsymbol{\beta}) = \prod_{i=1}^{n} \text{Bernoulli}\left[\frac{\exp(\boldsymbol{x}_i\boldsymbol{\beta})}{1+\exp(\boldsymbol{x}_i\boldsymbol{\beta})}\right], \tag{8.1.1}$$

$$p(\beta_j) = N(0, 100), \quad j = 0, 1, 2. \tag{8.1.2}$$

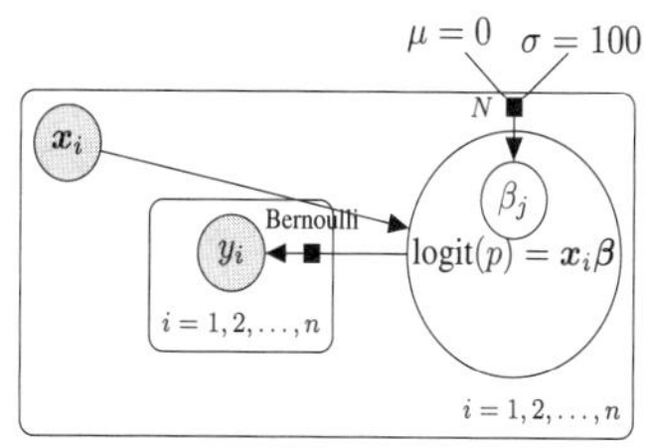

1. R/Stan 程序

生成数据列表:

```
w=read.csv("HTWT.csv")
w_data=list(N=nrow(w), X=cbind(1,w[,-1]), K=3,
  y=w$male,  beta_loc = rep(0, 3), beta_scale = rep(100, 3))
```

输入模型并抽样:

```
logit="
data {
//输入的数据
  int N;
  int y[N];
  int K;
  matrix[N, K] X;
  // 先验参数值
  vector[K] beta_loc;
  vector[K] beta_scale;
}
parameters {
  vector[K] beta;
}
transformed parameters {
  // linear predictor
  vector[N] eta;
  eta = X * beta;
}
model {
  beta ~ normal(beta_loc, beta_scale);
  //  y ~ bernoulli(inv_logit(eta)); 和下面等价, 但慢些
  y ~ bernoulli_logit(eta);
}
generated quantities {
  // 每个观测值的对数似然
  vector[N] log_lik;
  // 概率
  vector[N] mu;
  for (i in 1:N) {
```

```
    mu[i] = inv_logit(eta[i]);
    log_lik[i] = bernoulli_logit_lpmf(y[i] | eta[i]);
  }
}
"
library(rstan)
fit_log=stan(
  model_code = logit, data = w_data, chains = 2, warmup = 1000,
  iter = 2000, cores = 2, refresh = 1000
)
```

利用 print(fit_log,pars=c('beta')) 可得到下面的汇总输出:

```
> print(fit_log,pars=c('beta'))
Inference for Stan model: anon_model.
2 chains, each with iter=2000; warmup=1000; thin=1;
post-warmup draws per chain=1000, total post-warmup draws=2000.

          mean se_mean    sd   2.5%    25%    50%    75%  97.5% n_eff Rhat
beta[1] -49.06    0.54 11.44 -74.34 -55.55 -48.04 -41.00 -30.51   442    1
beta[2]   0.71    0.01  0.17   0.44   0.60   0.69   0.81   1.11   442    1
beta[3]   0.01    0.00  0.01  -0.01   0.00   0.01   0.02   0.03   628    1

Samples were drawn using NUTS(diag_e) at Wed Feb 28 16:17:14 2024.
For each parameter, n_eff is a crude measure of effective sample size,
and Rhat is the potential scale reduction factor on split chains (at
convergence, Rhat=1).
```

使用下面的代码得到 beta 参数成对散点图 (见图 8.1.9):

```
pairs(fit_log,pars="beta")
```

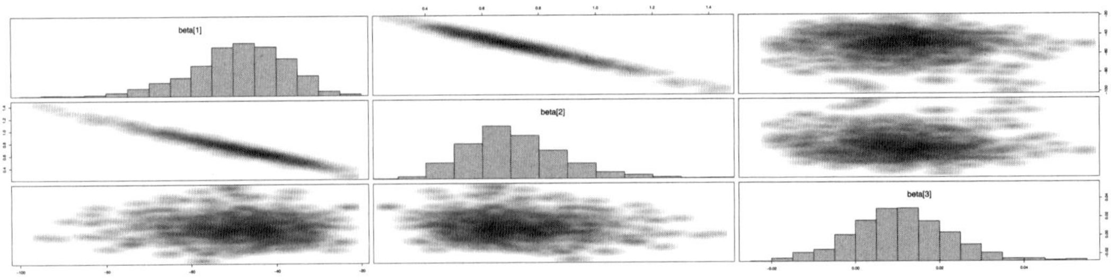

图 8.1.9 beta 参数成对散点图

用下面的代码生成 MCMC 抽样痕迹图 (见图8.1.10):

```
traceplot(fit_log, pars="beta", inc_warmup = TRUE, nrow = 1)
```

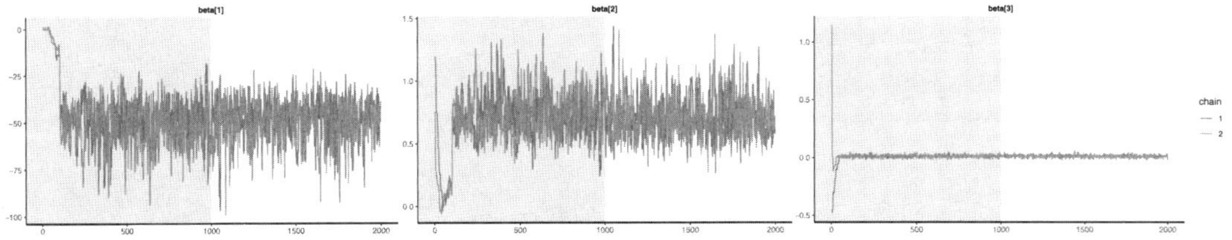

图 8.1.10 各个参数的抽样痕迹图

2. Python/PyMC 程序

输入数据、模型并抽样:

```
with pm.Model() as model:
    b = pm.Normal("b", mu=0, sigma=100, shape=2)
    c=pm.Normal('constant', mu=0, sigma=100)
    mu=c+X@b
    # link function
    p = pm.Deterministic("p", pm.math.invlogit(mu))
    # likelihood
    pm.Bernoulli("obs", p=p, observed=y)
    idata = pm.sample(2000, chains=2, tune=1000,
                      random_seed=[20190818, 20191010], target_accept=.90)
pm.model_to_graphviz(model)
```

上面代码的最后一行 pm.model_to_graphviz(model) 可打印出 PyMC 式样的盘子图 (这里不显示).

用下面的代码输出汇总数据:

```
print(pm.summary(idata).round(2))
```

得到 (显示部分, 注意 p 有 70 个值):

	mean	sd	hdi_3%	hdi_97%	mcse_mean	mcse_sd	ess_bulk	ess_tail	r_hat
b[0]	0.23	0.49	-0.25	0.91	0.34	0.28	3.0	2.0	2.23
b[1]	0.18	0.17	-0.00	0.35	0.12	0.10	3.0	63.0	2.23
constant	-24.16	25.74	-62.11	0.21	17.38	14.44	3.0	125.0	2.23
p[0]	0.56	0.44	0.05	1.00	0.31	0.26	3.0	106.0	2.23
p[1]	0.92	0.10	0.75	1.00	0.06	0.05	3.0	71.0	2.23
...	...	...	...	...	...	...	...	...	...

用下面的代码可以输出两个斜率和常数项的样本散点图和直方图 (见图 8.1.11):

```
df = pd.DataFrame({'b0': idata.posterior.b[0][:,0],
                   'b1': idata.posterior.b[0][:,1],
                  'constant': idata.posterior.constant[0]})
```

```
sns.pairplot(df,aspect=4)
plt.savefig("pairsbpy.pdf", format="pdf", bbox_inches="tight",pad_inches=0)
```

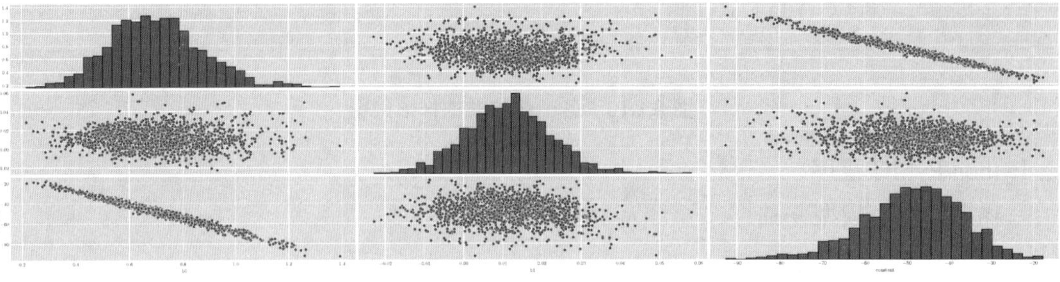

图 8.1.11　两个斜率 (β_1, β_2) 和截距的样本散点图和直方图

使用下面的代码生成各参数的后验分布估计及痕迹图 (见图 8.1.12):

```
az.plot_trace(idata,figsize=(32,8))
```

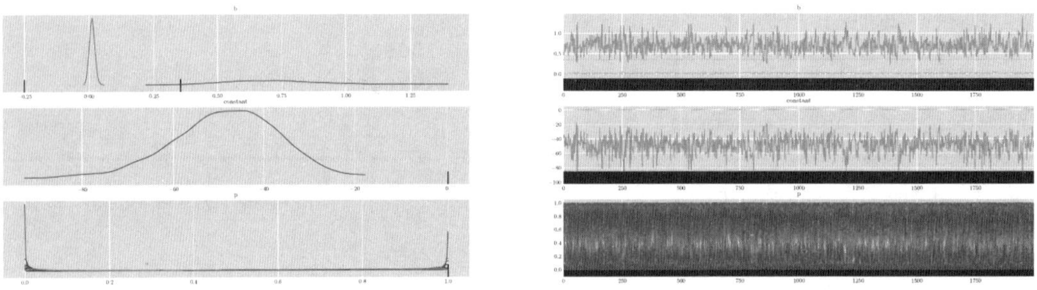

图 8.1.12　各参数的后验分布估计及痕迹图

使用下面的代码生成斜率和截距的后验分布密度图和最高密度区域图 (见图 8.1.13):

```
az.plot_posterior(idata, var_names=["b","constant"],figsize=(32,8))
```

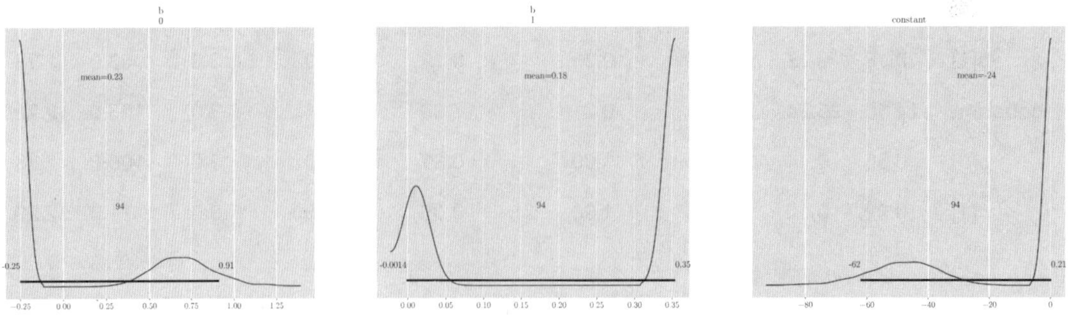

图 8.1.13　斜率和截距的后验分布密度图和最高密度区域图

8.2 第 3 章例子的贝叶斯编程计算 Bernoulli/二项分布模型参数的后验分布

除了使用常用分布的共轭先验分布之外, 在绝大多数先验分布情况下, 不可能写出封闭的后验分布公式, 这时需要用数值计算的方法来得到我们需要的各种度量.

我们还是考虑例 3.2, 并对前面二项分布模型做些简化, 直接确定超参数并增加变换的变量:

$$p(\boldsymbol{y}|\theta) = \prod_{i=1}^{N} \text{Bin}(y_i|\theta_i, n_i), \tag{8.2.1}$$

$$p(\theta) = \text{Beta}(\mu|\alpha_0, \beta_0), \tag{8.2.2}$$

$$\text{odds} = \frac{\theta}{1-\theta}; \ \log(\text{odds}) = \log\left(\frac{\theta}{1-\theta}\right). \tag{8.2.3}$$

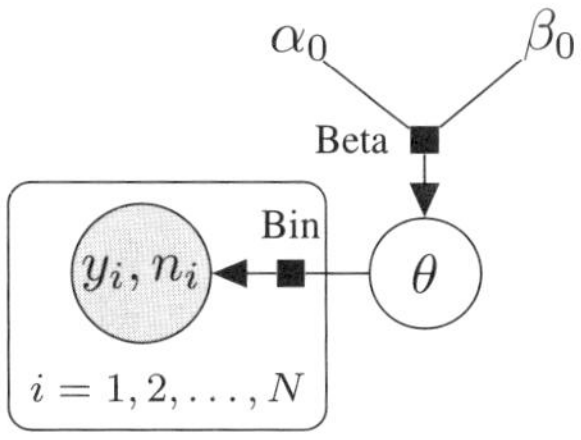

8.2.1 模型 (8.2.1)~(8.2.3) 的 Stan 代码

输入前面的模型并取超参数 $\alpha = \beta = 1$、输入数据, 并且实行 MCMC 方法的代码为:

```
logitb2= "  data {
  int N;
  int y[N];
  int n[N];
}
parameters {
  real theta;
}
transformed parameters {
  real odds;
  odds=theta/(1-theta);
}
model {
  theta ~ beta(1, 1);
  y ~ binomial(n, theta);
}
"
fit_log2=stan(
  model_code = logitb2, data = data_list2, chains = 2, warmup = 1000,
  iter = 5000, cores = 2, refresh = 1000
)

rat=read.csv("rat.csv")

fit_log2=stan(
  model_code = logitb2, data = data_list2, chains = 2, warmup = 1000,
```

```
  iter = 5000, cores = 2, refresh = 1000
)
```

输出 MCMC 得到的马尔可夫链的汇总结果:

```
> fit_log2
Inference for Stan model: anon_model.
2 chains, each with iter=5000; warmup=1000; thin=1;
post-warmup draws per chain=4000, total post-warmup draws=8000.

         mean se_mean   sd    2.5%     25%     50%     75%   97.5% n_eff Rhat
theta    0.15    0.00 0.01    0.14    0.15    0.15    0.16    0.17  3077    1
odds     0.18    0.00 0.01    0.16    0.17    0.18    0.19    0.20  3074    1
lp__  -736.99    0.01 0.69 -739.01 -737.14 -736.72 -736.55 -736.50  4321    1

Samples were drawn using NUTS(diag_e) at Fri Mar  1 17:41:37 2024.
For each parameter, n_eff is a crude measure of effective sample size,
and Rhat is the potential scale reduction factor on split chains (at
convergence, Rhat=1).
```

使用下面的代码生成参数的置信区间及马尔可夫链图 (见图8.2.1):

```
library(lattice)
require(gridExtra)
dev.off()
p1=plot(fit_log2)
p2=stan_trace(fit_log2)
grid.arrange(p1,p2, ncol=2)
```

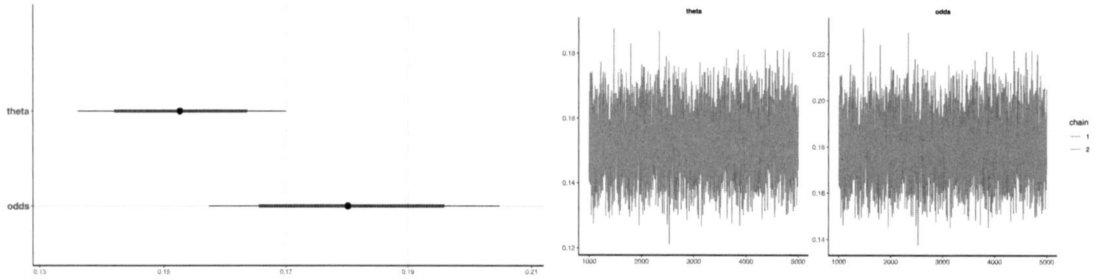

图 8.2.1 例 3.2 参数的置信区间 (左图) 和马尔可夫链 (右图)

使用下面的代码从上面拟合好的模型抽样, 并画出密度图 (见图 8.2.2):

```
ef=extract(fit_log2)
g1=densityplot(ef$theta)
g2=densityplot(ef$odds)
grid.arrange(g1,g2,ncol=2)
```

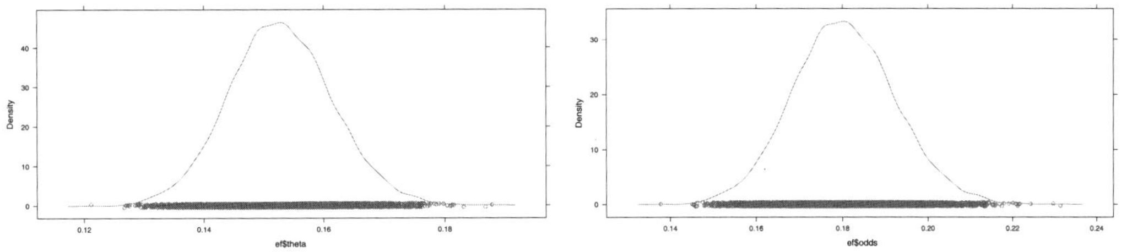

图 8.2.2 例 3.2 参数的抽样密度图

8.2.2 模型 (8.2.1)~(8.2.3) 的 PyMC 代码

输入数据及确定模型:

```
w=pd.read_csv("rat.csv")
y=w['y'];n=w['n']

with pm.Model() as binom_model:
    theta=pm.Beta('theta',alpha=1,beta=1)
    odds=pm.Deterministic('odds',theta/(1-theta))
    logodds=pm.Deterministic('logodds',pm.math.log(odds))
    obs = pm.Binomial('obs', p=theta, n=n,observed=y)
```

实行 MCMC 方法:

```
with binom_model:
    trace=pm.sample(2000, chains=2, tune=1000,
                    random_seed=[20190818, 20191010], target_accept=.90)
```

点出参数的密度估计及马尔可夫链图 (见图 8.2.3):

```
az.plot_trace(trace,figsize=(20,5))
```

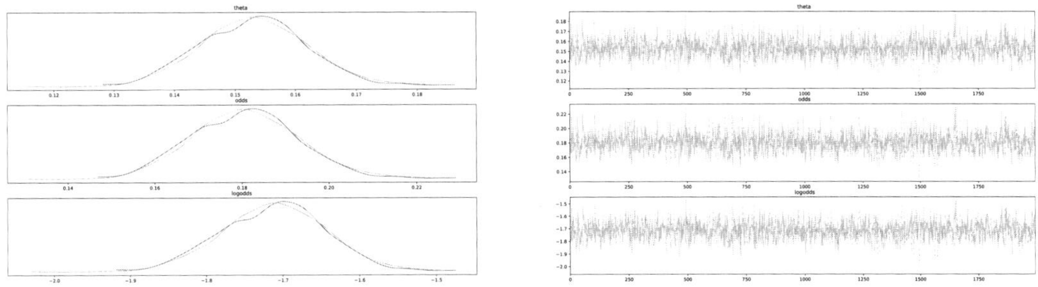

图 8.2.3 例 3.2 的参数密度估计 (左边 3 图) 及马尔可夫链图 (右边 3 图)

用 `pm.summary(trace)` 输出汇总信息, 得到

	mean	sd	hdi_3%	hdi_97%	mcse_mean	mcse_sd	ess_bulk	ess_tail	r_hat
theta	0.153	0.009	0.137	0.170	0.000	0.000	1545.0	2302.0	1.0
odds	0.181	0.012	0.159	0.205	0.000	0.000	1545.0	2302.0	1.0
logodds	-1.714	0.067	-1.836	-1.584	0.002	0.001	1545.0	2302.0	1.0

8.3 第 4 章例子的贝叶斯编程计算 Poisson 模型参数的后验分布

回顾第 4 章的模型 (4.1.1)、(4.1.2) 为:

$$p(\boldsymbol{y}|\theta) = \prod_{i=1}^{n} \text{Poisson}(y_i|\theta),$$

$$p(\theta) = \text{Gamma}(\theta|\alpha, \beta).$$

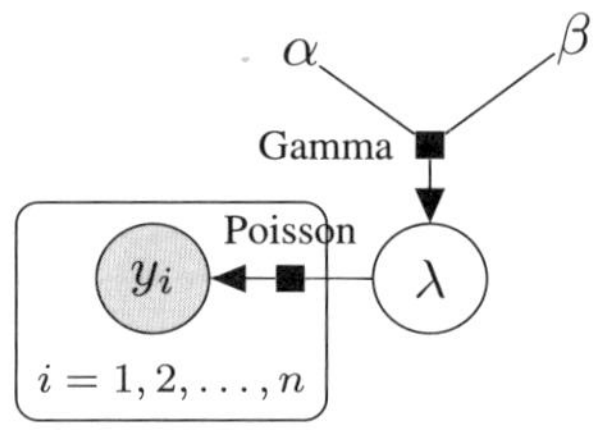

8.3.1 模型 (4.1.1) 和 (4.1.2) 的 Stan 代码

确定模型及输入例 4.1 的数据:

```
library(rstan)
model_p <- "
data {
  int n;
  int y[n];
}
parameters {
  real theta;
}
model {
  theta ~ gamma(1, 1);
  y ~ poisson(theta);
}
"
y = rep(0,9)
data_list <- list(y = y, n = length(y))
```

实行 MCMC 方法:

```
stan_samples <- stan(model_code = model_p, data = data_list)
```

输出 MCMC 得到的马尔可夫链 (默认 4 个链) 的汇总结果:

```
> stan_samples
Inference for Stan model: anon_model.
4 chains, each with iter=2000; warmup=1000; thin=1;
```

```
post-warmup draws per chain=1000, total post-warmup draws=4000.

       mean se_mean   sd  2.5%   25%   50%   75% 97.5% n_eff Rhat
theta  0.10    0.01 0.10  0.00  0.03  0.07  0.13  0.38   347 1.01
lp__  -0.99    0.05 0.98 -3.77 -1.35 -0.68 -0.29 -0.03   347 1.01
Samples were drawn using NUTS(diag_e) at Fri Mar  1 19:34:53 2024.
For each parameter, n_eff is a crude measure of effective sample size,
and Rhat is the potential scale reduction factor on split chains (at
convergence, Rhat=1).
```

生成参数的置信区间及马尔可夫链图 (见图8.3.1).

```
library(lattice)
require(gridExtra)
p1=plot(stan_samples)
p2=stan_trace(stan_samples)
grid.arrange(p1,p2, ncol=2)
```

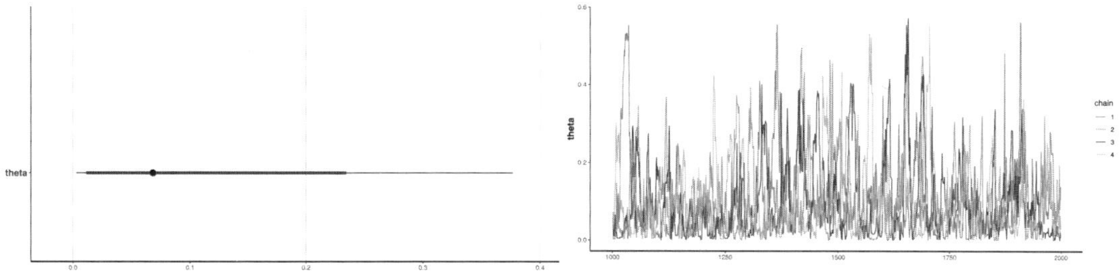

图 8.3.1　例 4.1 参数的置信区间 (左图) 和马尔可夫链 (右图)

使用下面的代码从上面拟合好的模型抽样, 并画出密度和最高密度区域图 (见图 8.3.2):

```
ef=extract(stan_samples)
densityplot(ef$theta)
library(hdrcde)
hdr.den(ef$theta)
```

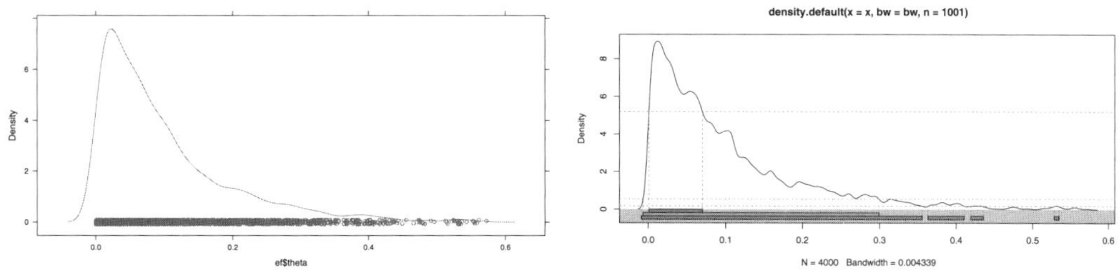

图 8.3.2　例 4.1 参数的抽样密度和最高密度区域图

8.3.2 模型 (4.1.1) 和 (4.1.2) 的 PyMC 代码

输入数据及确定模型:

```
y=np.repeat(0,9)
with pm.Model() as Poisson_model:
    theta=pm.Gamma('theta',alpha=1,beta=1)
    obs = pm.Poisson('obs', mu=theta, observed=y)
```

实行 MCMC 方法:

```
with Poisson_model:
    trace=pm.sample(10000, chains=2, tune=1000,
                    random_seed=[20190818, 20191010], target_accept=.90)
```

点出参数密度估计及马尔可夫链图 (见图8.3.3):

```
az.plot_trace(trace,figsize=(20,5))
```

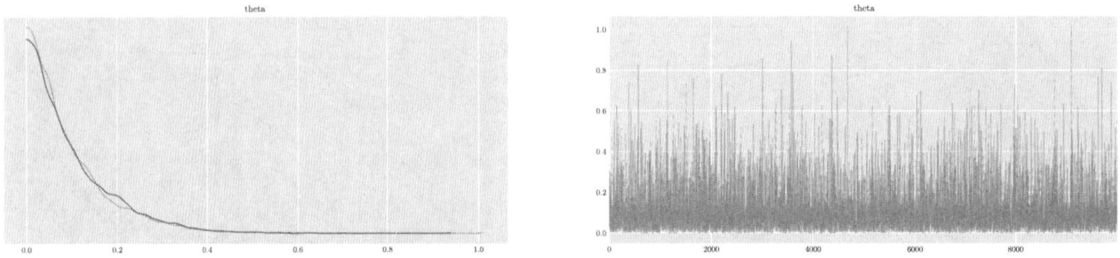

图 8.3.3 例 4.1 参数密度估计 (左图) 及马尔可夫链图 (右图)

用 `pm.summary(trace)` 输出汇总信息, 得到:

```
       mean     sd  hdi_3%  hdi_97%  mcse_mean  mcse_sd  ess_bulk  ess_tail  r_hat
theta   0.1  0.099     0.0    0.277      0.001    0.001    4887.0    4612.0    1.0
```

8.4 第 5 章例子的贝叶斯编程计算后验分布的正态分布例子

首先假定模型满足下面关系:

$$p(\boldsymbol{y}|\mu,\sigma)=\prod_{i=1}^{N}N(y_i|\mu,\sigma), \tag{8.4.1}$$

$$p(\mu)=N(\mu|\mu_0,\sigma_0), \tag{8.4.2}$$

$$p(\sigma)=U(\sigma|\mathrm{a}_l,\mathrm{a}_u). \tag{8.4.3}$$

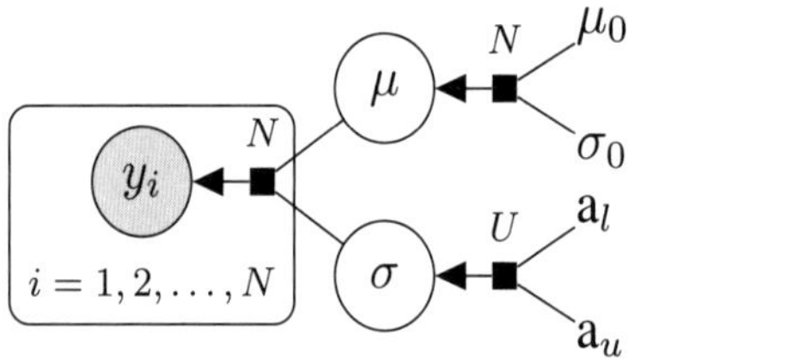

这里的式 (8.4.1) 为 $\boldsymbol{y}$ 的正态 (条件) 分布, 作为参数的均值 μ 和精度 (方差的倒数) τ 为随机变量, 其中 μ 有正态先验分布 (式 (8.4.2)), 有固定的超参数 (均值 μ_0, 标准差 σ_0), 而 σ 有 $U(a_l,a_u)$ 均匀先验分布 (式 (8.4.3)). 这些关系显示在示意盘子图中. 其中数据 y_i 是在有填充的圆圈中, 而作为隐变量的正态分布参数 μ 和 σ 在没有填充的圆圈中, 实心矩形节点代

表联系着随机变量 (在下面) 及其参数 (在上面) 的分布. 固定参数没有框. 这里只有一个盘子 (plate) 代表数据 $\{y_i\}$ $(i = 1, 2, \ldots, N)$.

下面我们用模型 (8.4.1)～(8.4.3) 拟合例 5.1 的数据, 通过计算来得到后验分布, 我们总是可以写出后验分布的理论公式

$$p(\mu, \sigma) = \frac{p(\boldsymbol{y}|\mu, \sigma)p(\mu)p(\sigma)}{\int p(\boldsymbol{y}|\mu, \sigma)p(\mu)p(\sigma)\mathrm{d}\mu\mathrm{d}\sigma}. \tag{8.4.4}$$

这是个看上去很简单的公式, 但是把具体分布 $p(\boldsymbol{y}|\mu, \sigma)$, $p(\mu)$ 和 $p(\sigma)$ 的表达式代入式 (8.4.4) 之后, 再做分母上的积分就不那么简单了.

下面我们将基于 R 和 Python 分别使用贝叶斯程序 Stan 和 PyMC 通过 MCMC 来对例 5.1 做关于后验分布的计算.

8.4.1 模型 (8.4.1)～(8.4.3) 的 Stan 代码

首先在 R 中建立 Stan 模型, 注意, 在 Stan 模型代码中, 符号"//"后面与符号"/*"和符号"*/"之间的字符都属于注释, 不参与计算. 这里超参数 $\mu_0 = 0$, $\sigma_0 = 1000$, $a_l = 0$, $a_u = 40$.

```
stanmodelcode = "
data {                              // 数据块
  int<lower=1> N;                   // 样本量
  vector [N] y;                     // 目标变量
}
parameters {                        // 参数块
  real mu;
  real sigma;
}
model {                             // 模型块
  // 先验分布
  mu~normal(0,1000);
  sigma ~ uniform(0, 40);
  // 似然
  y[N] ~normal(mu,sigma);
}
"
```

下面输入相应于上面 `data{}` 部分的数据 (按照 Stan 语法, 数据的各部分必须形成一个 `list` 的形式).

```
w=read.csv("THM.csv")
N=nrow(w)
y=w[,2]
dat = list(N=N, y=y)
```

下面使用 Stan 方法于模型和数据.

```
library(rstan)
options(mc.cores = parallel::detectCores())
rstan_options(auto_write = TRUE)
### Run the model and examine results
fit = stan(model_code = stanmodelcode,
  data = dat,
  iter = 10000,
  control=list(max_treedepth=15,
  adapt_delta=0.95),
  chains = 2)  #选择运行两个Markov链
```

用代码 stan_trace(fit) 画出两个参数的马尔可夫链 (见图 8.4.1).

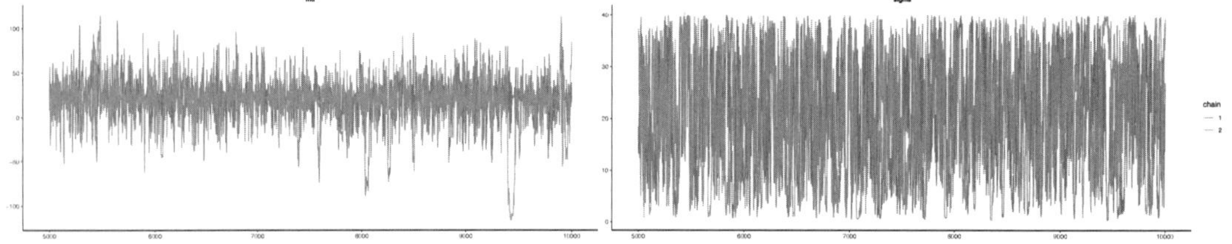

图 8.4.1 例 5.1 两个参数的马尔可夫链, 左图关于 μ, 右图关于 σ

利用 summary(fit) 输出该方法的汇总. 它返回 $summary 和 $c_summary 的命名列表, 其中分别包含合并链和单个链的汇总, 包括分位数、均值、标准差 (sd)、有效样本量 (n_eff) 和说明拟合质量的拆分 Rhat(split R^2). 对于合并链的汇总, 还报告了蒙特卡罗标准误差 (se_mean).

```
> summary(fit)
$summary
           mean    se_mean        sd       2.5%       25%      50%       75%      97.5%
mu    19.265758 1.15421986 25.298961 -39.988375  9.618021 21.54995 31.326844 67.4711385
sigma 20.282875 0.48322525 11.468896   1.540792 10.494821 19.99633 30.252225 39.1968869
lp__  -3.287551 0.06246288  1.229547  -5.926417 -3.799196 -3.34893 -2.701076 -0.7429396
         n_eff     Rhat
mu    480.4280 1.011912
sigma 563.3055 1.002469
lp__  387.4771 1.004721

$c_summary
, , chains = chain:1

         stats
parameter      mean       sd       2.5%       25%       50%       75%      97.5%
    mu    20.348861 23.57046 -32.013142 10.201213 21.860800 32.316080 66.0233096
    sigma 20.026082 11.33556   1.557616 10.113509 19.658039 29.920076 38.9850855
    lp__  -3.274814  1.16269  -5.863513 -3.810471 -3.355174 -2.703373 -0.7939087

, , chains = chain:2
```

```
         stats
parameter      mean        sd       2.5%       25%       50%       75%      97.5%
    mu     18.182655 26.875443 -43.912183  9.004543 21.166829 30.256279 69.2014439
    sigma 20.539668 11.596143   1.540792 10.865971 20.359659 30.592025 39.3943836
    lp__   -3.300288  1.292942  -6.041137 -3.780586 -3.344292 -2.697535 -0.6675638
```

还可以用代码 `plot(fit)` 得到两个参数的 80%与 95%置信区间 (见图 8.4.2).

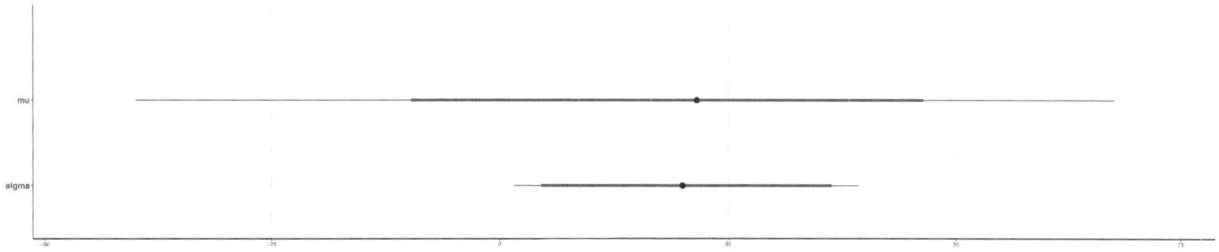

图 8.4.2 例 5.1 两个参数的 80%与 95%置信区间

和图 8.4.2 对应的是用代码 `plot(fit, plotfun="hist")` 得到的两个参数的直方图 (见图 8.4.3).

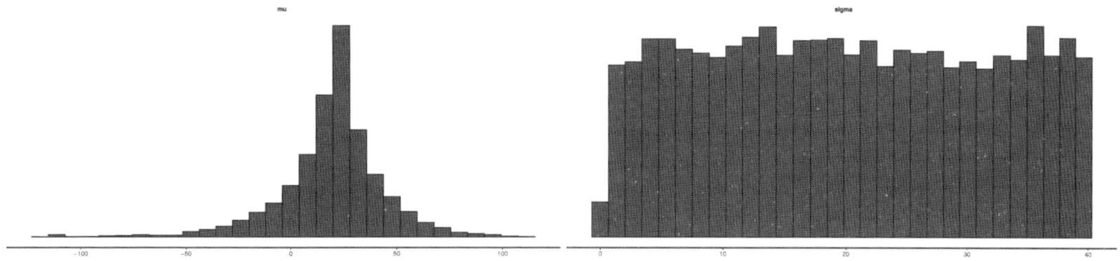

图 8.4.3 例 5.1 两个参数的直方图

我们可以从上面拟合好的模型抽样, 并画出密度图 (见图 8.4.4).

```
library(lattice)
require(gridExtra)
ef=extract(fit)
g1=densityplot(ef$mu)
g2=densityplot(ef$sigma)
grid.arrange(g1,g2, ncol=2)
```

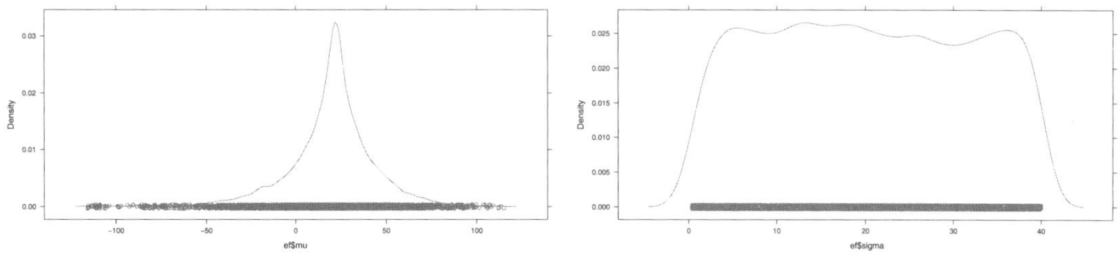

图 8.4.4 例 5.1 两个参数的抽样密度图

8.4.2 模型 (8.4.1)～(8.4.3) 的 PyMC 代码

载入模拟数据并确定模型:

```
y=pd.read_csv("THM.csv")['Sample_result']
with pm.Model() as norm_model:
    mu0=pm.Normal('mu0',mu=0,sigma=1000)
    sd0=pm.Uniform('sd0',lower=0, upper=40)
    obs = pm.Normal('obs', mu=mu0, sigma=sd0, observed=y)
```

进行 MCMC 过程 (自动用 NUTS 方法):

```
with norm_model:
    trace=pm.sample(10000, chains=2, tune=1000,
                    random_seed=[20190818, 20191010], target_accept=.90)
```

用代码 az.plot_trace(trace,figsize=(25,5)) 画出两个参数的马尔可夫链 (见图8.4.5).

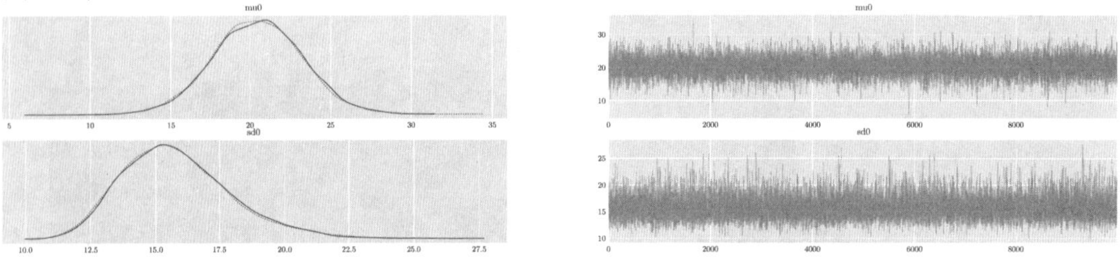

图 8.4.5 例 5.1 两个参数的非参数密度估计 (左图) 和马尔可夫链 (右图)

利用代码 pm.summary(trace) 输出汇总统计量:

	mean	sd	hdi_3%	hdi_97%	mcse_mean	mcse_sd	ess_bulk	ess_tail	r_hat
mu0	20.393	2.827	14.978	25.563	0.022	0.016	16143.0	13402.0	1.0
sd0	15.827	2.148	12.146	20.009	0.020	0.015	12600.0	10179.0	1.0

8.5 习 题

1. 考虑8.1.2节的例子.
   (1) 把 μ 的先验分布改成 Uniform(0,5) 会发生什么情况? 总结经验.
   (2) 把 μ 的先验分布改成 Normal(0,100) 会发生什么情况? 总结经验.
   (3) 把 σ 的先验分布改成 Uniform(0,1) 会发生什么情况? 总结经验.
   (4) 把 σ 的先验分布改成 Normal(0,10) 会发生什么情况? 总结经验.
2. 考虑8.1.3节的例子.
   (1) 把模型中关于回归系数的两个正态分布先验分布改成不同范围的均匀分布会发生什么情况? 总结经验.
   (2) 把模型中的精度 τ 的先验分布从 Gamma 分布改成不同标准差和均值的正态分布会如何? 总结经验.

3. 在对例 4.1 的计算中, 试把 Stan 程序中的迭代次数从 2000 改到 `iter = 20000` 看能不能改进 Stan 程序中痕迹图的显示.
4. 考虑对例 5.1 的计算.
   (1) 把模型中 σ 的先验分布从 Uniform(0,40) 改成 Uniform(0,100) 会发生什么? 总结经验.
   (2) 把模型中 σ 的先验分布从均匀分布改成正态分布, 又会发生什么? 总结经验.

第四部分

更多的贝叶斯模型

第 9 章　贝叶斯广义线性模型

9.1　指数分布族和广义线性模型

用概率密度函数 (或概率质量函数) 来表示的指数族分布有下面的形式:

$$f(z|\zeta)=\exp[t(z)u(\zeta)]r(z)s(\zeta)=\exp[t(z)u(\zeta)+\log r(z)+\log s()], \tag{9.1.1}$$

这里, r 和 t 为 z 不依赖 ζ 的实数值函数, 而 s 和 u 为不依赖 z 的实数值函数, 而且 $r(z)>0$, $s(\zeta)>0, \forall z, \zeta$.

9.1.1　指数分布族的正则形式

在式 (9.1.1) 中, 考虑变换 $y=t(z)$ 及 $\theta=u(\zeta)$, 则称 θ 为**正则参数** (canonical parameter). 这个变换产生指数族分布的**正则形式** (canonical form)

$$f(y|\theta)=\exp[y\theta b(\theta)+c(y)]. \tag{9.1.2}$$

指数族常常包含一个**尺度参数** (scale parameter):

$$f(y|\theta)=\exp\left[\frac{y\theta b(\theta)}{\Phi}+c(y,\Phi)\right]. \tag{9.1.3}$$

对于独立样本 $\boldsymbol{y}=(y_1,y_2,\ldots,y_n)^\top$ 指数族形式仍然保持:

$$f(y|\theta)=\exp\left[\sum_{i=1}^n y_i\theta nb(\theta)+\sum_{i=1}^n c(y_i)\right]$$

或

$$f(y|\theta)=\exp\left[\frac{\sum_{i=1}^n y_i\theta-nb(\theta)}{\Phi}+\sum_{i=1}^n c(y_i,\Phi)\right].$$

例 9.1 作为指数族的正态分布.

$$f(y|\mu,\Sigma^2)=(2\pi\Sigma^2)^{1/2}\exp\left[-\frac{1}{2\Sigma^2}(y-\mu)^2\right]=\exp\left[-\frac{1}{2}\log(2\pi\Sigma^2)-\frac{1}{2\Sigma^2}(y-\mu)^2\right]$$

$$=\exp\left\{\left(y\mu-\frac{\mu^2}{2}\right)\Big/\Sigma^2+\frac{-1}{2}\left[\frac{y^2}{\Sigma^2}+\log(2\pi\Sigma^2)\right]\right\}.$$

做如下变换:

$$\theta=\mu,\ b(\theta)=\theta^2/2,\ \Phi=\Sigma^2,\ c(y,\Phi)=\frac{-1}{2}\left(\frac{y^2}{\Phi}+\log(2\pi\Phi)\right),$$

正态分布密度则有式 (9.1.3) 的形式:

$$f(y|\mu,\Sigma^2)=\exp\left[\frac{y\theta-b(\theta)}{\Phi}+c(y,\Phi)\right].$$

例 9.2 作为指数族的二项分布 (n 已知).

$$f(y|p)=\binom{n}{y}p^y(1-p)^{n-y}=\exp\left[\log\binom{n}{y}+y\log\left(\frac{p}{1-p}\right)+n\log(1-p)\right].$$

做如下变换:

$$\theta=\log\left(\frac{p}{1-p}\right),\ b(\theta)=n\log(1+\mathrm{e}^\theta),\ c(y,\Phi)=\log\binom{n}{y},\ \Phi=1,$$

二项分布密度则有式 (9.1.3) 的形式:

$$f(y|p)=\exp\left[\frac{y\theta-b(\theta)}{\Phi}+c(y,\Phi)\right].$$

一般来说, 比较式 (9.1.3) 对在正则参数 θ 状态下的若干指数族分布有下面性质:

- **Poisson 分布:** $y\sim P(\lambda)$. 其密度函数为
$$\mathrm{e}^{-\lambda}\frac{\lambda^y}{y!}=\exp[y\log(\lambda)-\lambda-\log(y!)].$$
可导出 $\theta=\log(\lambda)), b(\theta)=\mathrm{e}^\theta, \Phi=1, c(y,\Phi)=-\log(y!)$.
- **Gamma 分布:** $y\sim \Gamma(\alpha,\beta)$. 其密度函数为
$$\frac{y^{\alpha-1}}{\Gamma(\alpha)\beta^\alpha}\mathrm{e}^{-\beta y}=\exp\{\alpha\log(y)-\alpha\log(\beta)-\log[\Gamma(\alpha)]-\log(y)-\beta^{-1}y\}.$$
当 α 已知时, 可导出 $\theta=-\beta^{-1}$, $b(\theta)=\alpha\log(\beta)$, $\Phi=1$, $c(y,\Phi)=(\alpha-1)\log(y)-\log(\Gamma(\alpha))$.
- **负二项分布:** $y\sim NB(k,p)$. 其密度函数 (对于 $y=k,k+1,...$) 为
$$\binom{y-1}{k-1}p^k(1-p)^{y-k}=\exp\left[y\log(1-p)+k\log\frac{p}{1-p}+\log\binom{y-1}{k-1}\right].$$
可导出 $\theta=\log(1-p)$, $\kappa(\theta)=-k\log\left[(1-\mathrm{e}^\theta)/\mathrm{e}^\theta\right]$, $\Phi=1$, $a(\Phi)=1$, $c(y_i,\Phi)=\log\binom{y-1}{k-1}$.

正则指数族形式、正则参数使得广义线性模型的分析很方便.

9.1.2 广义线性模型和连接函数

广义线性模型 (generalized linear model, GLM)[1] 是简单线性回归模型的推广 (Nelder and Wedderburn, 1972). 广义线性模型把属于指数分布族的因变量的均值与自变量的线性表示联系起来. 下面介绍广义线性模型的基本概念, 关于广义线性模型的基本内容, 请参看 McCullagh and Nelder (1989).

记因变量观测值为 $\boldsymbol{y}=(y_1,y_2,\ldots,y_n)^\top$, 而自变量观测值为由 $\boldsymbol{x}_i^\top=(x_{i1},x_{i2},\ldots,x_{ip})$ $(i=1,2,\ldots,n)$ 作为行向量形成的 $n\times p$ 矩阵

$$\boldsymbol{x}=\begin{bmatrix}x_{11}&x_{12}&\cdots&x_{1p}\\x_{21}&x_{22}&\cdots&x_{2p}\\\vdots&\vdots&&\vdots\\x_{n1}&x_{n2}&\cdots&x_{np}\end{bmatrix}=\begin{bmatrix}\boldsymbol{x}_1^\top\\\boldsymbol{x}_2^\top\\\vdots\\\boldsymbol{x}_n^\top\end{bmatrix}=[\boldsymbol{x}_1,\boldsymbol{x}_2,\ldots,\boldsymbol{x}_n]^\top.$$

[1] 请不要和一般线性模型 (general linear model) 混淆, 一般线性模型就是简单的 $\boldsymbol{y}=\boldsymbol{x}\boldsymbol{\beta}+\boldsymbol{\epsilon}$.

记自变量的线性表达式为 $\eta_i = \boldsymbol{x}_i^\top \boldsymbol{\beta} = \beta_1 x_{i1} + \beta_2 x_{i2} + \cdots + \beta_p x_{ip}$, 这里 $\boldsymbol{\beta} = (\beta_1, \beta_2, \ldots, \beta_p)^\top$, 通常 $\boldsymbol{x}_1$ 可以是代表常数项的元素皆为 1 的向量.

首先回顾经典统计中的线性模型

$$\boldsymbol{y} = \boldsymbol{\eta} + \boldsymbol{\epsilon} = \boldsymbol{x}\boldsymbol{\beta} + \boldsymbol{\epsilon} \text{ 或者 } y_i = \eta_i + \epsilon_i = \boldsymbol{x}_i^\top \boldsymbol{\beta} + \boldsymbol{\epsilon}_i,\ \ i = 1, 2, \ldots, n, \tag{9.1.4}$$

这里 $\boldsymbol{\epsilon}$ 假定是由独立同正态分布 ($N(0, \Sigma^2)$) 元素组成的零均值向量, 即 $\boldsymbol{\epsilon} \sim N(\boldsymbol{0}, \Sigma)$, 这里 $\Sigma = \boldsymbol{I}\Sigma^2$. 因此有

$$\boldsymbol{y} \sim N(\boldsymbol{x}\boldsymbol{\beta}, \Sigma | \boldsymbol{x}, \Sigma^2).$$

在传统统计中可以通过最大似然法得到参数 $\boldsymbol{\beta}$ 及 Σ 的估计, 而且这个估计在 $\boldsymbol{y}$ 的正态假定下等价于最小二乘估计. 对 $\boldsymbol{y}$ 取期望, 得到

$$\boldsymbol{\mu} = E(\boldsymbol{y}) = \boldsymbol{x}\boldsymbol{\beta} = \boldsymbol{\eta} \text{ 或者 } \boldsymbol{\mu} = \boldsymbol{\eta}. \tag{9.1.5}$$

注意式 (9.1.5) 等号的左边是一个参数而不是变量, 右边是一个数学表达式, 没有诸如 $\boldsymbol{\epsilon}$ 那样的随机变量, 不要把它和模型表达式 (9.1.4) 混淆.

模型 (9.1.5) 只对正态分布的 $\boldsymbol{y}$ 适用, 但如果 $\boldsymbol{y}$ 有其他限制, 比如 $\boldsymbol{y}$ 为频数或者二元响应, 如果方差依赖均值, 则模型 (9.1.5) 可能就不合适了. 为了适应更加广泛的不同分布的变量, 需要推广模型 (9.1.5). (注意, 不是推广表达式 (9.1.4)!) 广义线性模型把 $\boldsymbol{\mu}$ 和 $\boldsymbol{\eta}$ 之间用一个函数 $g(\cdot)$ 连接起来, 即

$$g(\boldsymbol{\mu}) = \boldsymbol{x}\boldsymbol{\beta} = \boldsymbol{\eta} \text{ 或者 } g(\boldsymbol{\mu}) = \boldsymbol{\eta}. \tag{9.1.6}$$

这就是广义线性模型, 这里, 作用在均值 μ 上的变换函数 $g(\cdot)$ 称为**连接函数** (link function), 而其逆函数 $m(\cdot)$ 称为均值函数. 对于指数族来说, 方便的连接函数 $\boldsymbol{\theta} = \boldsymbol{\eta}$ 称为**正则连接函数**, 表 9.1.1 列出了常用的某些指数族分布的正则连接函数.

表 9.1.1　某些指数族分布的正则连接函数

分布	连接函数在 R 中的名字	连接函数 $g(\mu)$	均值函数 $m(\eta)$
正态 (高斯)	`identity`	$\boldsymbol{x}'\boldsymbol{\beta} = \mu$	$\mu = \boldsymbol{x}'\boldsymbol{\beta}$
指数	`inverse`	$\boldsymbol{x}'\boldsymbol{\beta} = -\mu^{-1}$	$\mu = -(\boldsymbol{x}'\boldsymbol{\beta})^{-1}$
Gamma	`inverse`	$\boldsymbol{x}'\boldsymbol{\beta} = -\mu^{-1}$	$\mu = -(\boldsymbol{x}'\boldsymbol{\beta})^{-1}$
逆高斯	`1/mu^2`	$\boldsymbol{x}'\boldsymbol{\beta} = -\mu^{-2}$	$\mu = (-\boldsymbol{x}'\boldsymbol{\beta})^{-1/2}$
Poisson	`log`	$\boldsymbol{x}'\boldsymbol{\beta} = \log(\mu)$	$\mu = \exp(\boldsymbol{x}'\boldsymbol{\beta})$
二项	`logit`	$\boldsymbol{x}'\boldsymbol{\beta} = \log\left(\dfrac{\mu}{1-\mu}\right)$	$\mu = \dfrac{\exp(\boldsymbol{x}'\boldsymbol{\beta})}{1+\exp(\boldsymbol{x}'\boldsymbol{\beta})}$

对于正则连接函数, 除了作为定义的 $\theta_i = \eta_i$ 之外, 有如下结果 (按照式 (9.1.2) 和式 (9.1.3) 的符号系统):

$$E(y_i) = \mu(\theta_i) = \frac{\partial}{\partial\theta_i} b(\theta_i) = \frac{\partial}{\partial\eta_i} b(\eta_i);$$

$$\mathrm{Var}(y_i) = \Phi \frac{\partial^2}{\partial\theta_i^2} b(\theta_i) = \Phi \frac{\partial^2}{\partial\eta_i^2} b(\eta_i) = \Phi \frac{\partial}{\partial\theta_i} \mu(\theta_i);$$

$$g[\mu(\theta_i)] = g\left[\frac{\partial}{\partial\theta_i} b(\theta_i)\right] = g\left[\frac{\partial}{\partial\eta_i} b(\eta_i)\right] = \eta_i.$$

正则连接函数使得数学推导简单很多. 虽然在数学上有方便之处, 但没有任何证据说明正则连接函数在拟合实际数据时比其他连接函数要好. 还有一些非正则连接函数, 比如对于二项

分布的 probit 连接函数 $g(\mu) = \Phi^{-1}(\mu)$ 和互补的双对数 (complementary log-log) 连接函数 $g(\mu) = \log[-\log(1-\mu)]$.

下面是相应于指数族正则形式 (9.1.2) 关于几个分布的具体例子:

- 对于正态分布, $g(\mu) = \theta = \mu$;
- 对于二项分布, $g(p) = \theta = \log[p/(1-p)]$;
- 对于 Poisson 分布, $g(\lambda) = \theta = \log(\lambda)$.

9.2 线性回归

线性回归是广义线性模型最简单的一员, 其连接函数是等价函数. 下面通过一个数值例子来看如何确定线性回归的分层贝叶斯模型及计算.

例 9.3 教育数据 (Anscombe.csv). 该数据是关于美国 1970 年各州 (外加华盛顿特区) 教育情况的数据 (Anscombe, 1981). 有 51 个观测值和 4 个变量. 变量为 education (人均教育花费, 单位: 美元)、income (人均收入, 单位: 美元)、young (每 1000 人中 18 岁以下者的数目)、urban (每 1000 人中城镇人口数目). 该数据可从 R 程序包 `carData` 直接获取 (名为 `Anscombe`).

这个例子虽然很简单, 但所用的模型有些夸张, 层数太多. 如此的目的是让读者通过这个简单例子熟悉这类问题的编程, 学会如何对各种参数或超参数取先验分布, 并且用 R/Stan 及 Python/PyMC 软件 (使用 MCMC) 来计算各个参数的后验分布.

记数据的样本量为 n, 对于 $i = 1, 2, \ldots, n$ 用 y_i 表示因变量, $\boldsymbol{x}_i = (1, x_{i1}, x_{i2}, \ldots, x_{ik})^\top$ 表示自变量, 系数为 $\boldsymbol{\beta} = (\beta_0, \beta_1, \ldots, \beta_k)^\top$. 记因变量的样本均值和样本标准差分别为 $\bar{y}$ 和 s, 考虑线性表示

$$y_i = \boldsymbol{x}_i^\top \boldsymbol{\beta} = \beta_0 + \beta_1 x_{i1} + \beta_2 x_{i2} + \cdots + \beta_k x_{ik}.$$

对于例 9.3, $n = 51, k = 3$. 我们采用下面的模型 (其中 $j = 1, 2, \ldots, k$):

$$p(\boldsymbol{y}_i|\mu_0, \lambda, \nu) = \prod_{i=1}^{n} t(y_i|\mu_0 = \boldsymbol{x}_i^\top \boldsymbol{\beta}, \lambda_0, \nu_0),\ \nu_0 = 1.5; \tag{9.2.1}$$

$$p(\beta_j|\mu_1, \lambda_1, \nu_1) = t(\beta_j|\mu_1, \lambda_1, \nu_1),\ \nu_1 = 1; \tag{9.2.2}$$

$$p(\lambda_0) = \text{Unif}(a, b),\ a = 0,\ b = 100; \tag{9.2.3}$$

$$p(\mu_1) = N(\mu_{10}, \Sigma_{10}),\ \mu_{10} = 0,\ \Sigma_{10} = 10; \tag{9.2.4}$$

$$p(\lambda_1) = \text{Gamma}(\alpha_{10}, \beta_{10}),\ \alpha_{10} = 1,\ \beta_{10} = 0.1; \tag{9.2.5}$$

$$p(\beta_0) = N(\mu_2, \Sigma_2),\ \mu_2 = \bar{y}, \Sigma_2 = s. \tag{9.2.6}$$

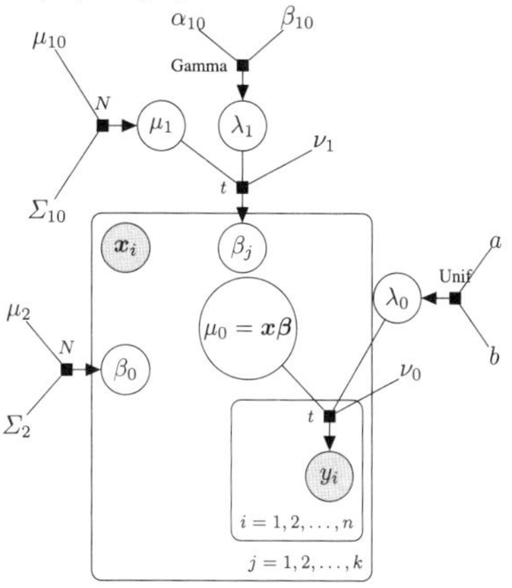

上面的因变量 y 及各个系数取的是广义 t 分布, 其密度函数为

$$f(x|\mu, \lambda, \nu) = \frac{\Gamma(\frac{\nu+1}{2})}{\Gamma(\frac{\nu}{2})} \left(\frac{\lambda}{\pi\nu}\right)^{\frac{1}{2}} \left[1 + \frac{\lambda(x-\mu)^2}{\nu}\right]^{-\frac{\nu+1}{2}}.$$

广义 t 分布比通常的正态分布有更厚重的尾部, 作为先验分布较稳健. 但这里的常数项 β_0 还是使用的正态分布.

9.2.1 模型 (9.2.1)～(9.2.6) 的 Stan 代码

首先把模型 (9.2.1)～(9.2.6) 用下面的 Stan 代码 (作为字符串) 描述. 在 Stan 代码中, 注释放在“//”之后 (或“/*”与“*/”之间), 不能用 R 中的“#”.

```
MM="
data {
  int<lower=1> N;  // total number of observations
  vector[N] Y;  // response variable
  int<lower=1> K;  // number of population-level effects
  matrix[N, K] X;  // population-level design matrix
}
transformed data {
  real mean_y=mean(Y);
  real sd_y=sd(Y);
}
parameters {
  real m;
  real lam;
  real lambda;
  vector[K] b;  // population-level effects
  real Intercept;  // intercept
}
model {
  vector[N] mu = Intercept + X * b;
  m~normal(0,10);
  lam~uniform(0,100);
  target += gamma_lpdf (lambda| 1, .1);
  for(i in 1:K){
  target += student_t_lpdf(b[i] |1, m, lambda);
  };
  Intercept~normal(mean_y, sd_y);
  target += student_t_lpdf(Y |1.5, mu,lam);
}
"
```

然后用 R 语句读入数据, 并且用程序包 rstan 的函数在 R 中执行上面模型的 Stan 代码.

```
library(rstan)
w=read.csv("Anscombe.csv")#读入数据
data=list(N=nrow(w),Y=w[,1],K=ncol(w)-1,X=w[,-1])#数据必须用list
fit1 <- stan(
  model_code = MM,  # Stan 模型程序
  data = data,     # 数据名字
  chains = 4,              # 使用的Markov链数目
```

```
  warmup = 1000,          # 每条链热身迭代次数
  iter = 20000,            # 每条链总迭代次数
  cores = 4,              # 核的数目
  refresh = 1000          # 每1000次迭代显示结果
  )
```

上面代码中的迭代 20000 次实际上过度谨慎了, 其实用不着. 我们可以从拟合结果 `fit1` 打印或者画图. 比如, 使用代码 `print(fit1)` 得到下面输出:

```
> print(fit1)
Inference for Stan model: anon_model.
4 chains, each with iter=20000; warmup=1000; thin=1;
post-warmup draws per chain=19000, total post-warmup draws=76000.

             mean se_mean    sd    2.5%     25%     50%     75%   97.5% n_eff Rhat
m           -0.05    0.00  0.42   -0.68   -0.13   -0.04    0.04    0.54 12893 1.00
lam         22.19    0.11  4.03   15.28   19.30   21.81   24.84   30.79  1271 1.01
lambda       0.37    0.01  0.79    0.01    0.07    0.15    0.35    2.13  3366 1.00
b[1]         0.06    0.00  0.02    0.02    0.05    0.07    0.08    0.09   172 1.02
b[2]        -0.12    0.00  0.12   -0.36   -0.19   -0.11   -0.03    0.08   922 1.00
b[3]        -0.08    0.00  0.06   -0.18   -0.12   -0.09   -0.05    0.03   292 1.01
Intercept   83.29    0.52 42.03    3.50   54.57   82.65  110.13  170.01  6519 1.00
lp__      -261.77    0.17  3.37 -269.53 -263.66 -261.32 -259.48 -256.55   407 1.01

Samples were drawn using NUTS(diag_e) at Sat Mar  2 11:03:32 2024.
For each parameter, n_eff is a crude measure of effective sample size,
and Rhat is the potential scale reduction factor on split chains (at
convergence, Rhat=1).
```

使用代码 `plot(fit1,pars=c("m","lambda",'b[1]','b[2]','b[3]'))` 可得到参数 μ_1 (代码 `m`)、λ_1 (代码 `lambda`)、β_j $(j=1,2,3)$ (代码 `b[1],b[2],b[3]`) 的后验分布均值及其 80%(细线) 及 95%(粗线) 后验高密度区域 (见图 9.2.1). 如果使用代码 `plot(fit1)` 还会比图 9.2.1 多产生参数 β_0 (代码 `intercept`)、λ_0 (代码 `lam`) 的均值及后验高密度区域 (因为较其他区间宽很多, 画在一张图中不匹配).

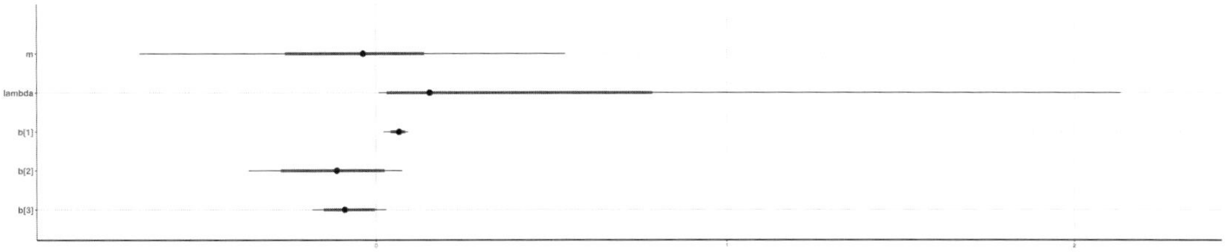

图 9.2.1　例 9.3 一些变量的后验均值及后验高密度区域

用代码 `traceplot(fit1, inc_warmup = TRUE, nrow = 2)` 生成 MCMC 抽样痕迹图 (见图 9.2.2). [2]

---

[2]等价代码为 `plot(fit1,plotfun = "trace",inc_warmup = TRUE, nrow = 2)`.

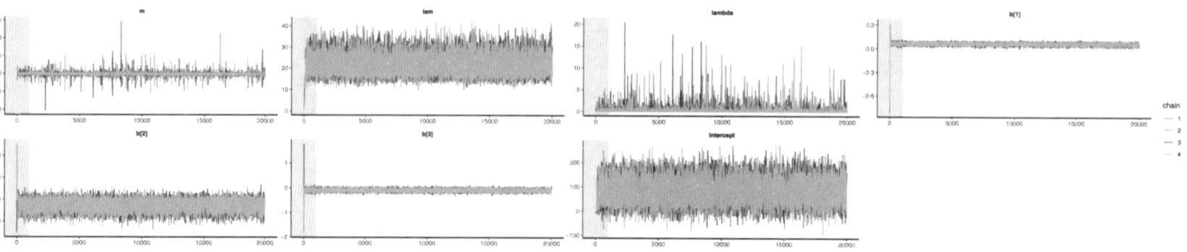

图 9.2.2　例 9.3 各变量 MCMC 抽样痕迹图

代码`pairs(fit1,pars=c("m","lambda",'b[1]','b[2]','b[3]'))`可以生成成对后验密度图 (见图9.2.3).

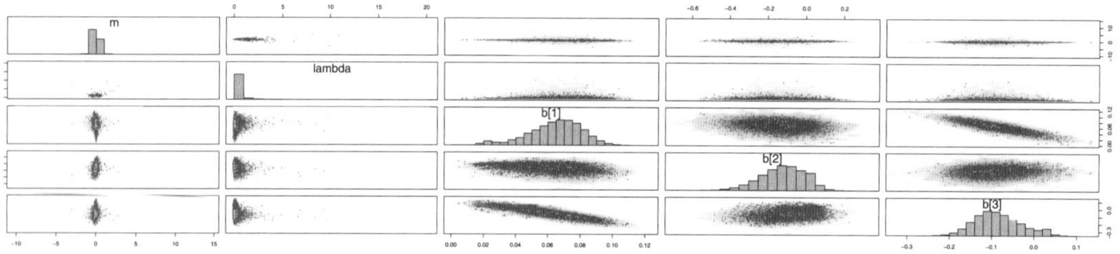

图 9.2.3　例 9.3 各变量成对后验密度图

9.2.2 模型 (9.2.1)～(9.2.6) 的 PyMC 代码

输入数据:

```
w = pd.read_csv('Anscombe.csv')
X=w.iloc[:,1:]
y=w['education']
```

描述模型, 并且实行 MCMC 抽样以计算各个后验分布:

```
with pm.Model() as model_education:
    Lam=pm.Uniform('Lam',0,100)
    gmean = pm.Normal('gmean', mu=0, sigma=10)
    gprec = pm.Gamma('gprec', alpha=1, beta=.1)
    s = pm.StudentT('s',mu=gmean, lam=gprec, nu=1,shape=3)
    intercept = pm.Normal('intercept',mu=w.education.mean(),
              sigma=w.education.std())
    y_est=intercept + np.array(X)@s
    likelihood = pm.StudentT("y", mu=y_est, nu=1.5, lam=Lam, observed=y)
    trace_education = pm.sample(10000, cores=2)
```

利用下面代码可输出汇总结果:

```
summary(trace_education)
```

	mean	sd	hdi_3%	hdi_97%	mcse_mean	mcse_sd	ess_bulk	ess_tail	r_hat
gmean	-0.059	0.206	-0.446	0.312	0.002	0.002	12044.0	8621.0	1.0
s[0]	0.070	0.014	0.044	0.095	0.000	0.000	8122.0	8422.0	1.0
s[1]	-0.136	0.115	-0.358	0.075	0.001	0.001	7327.0	9625.0	1.0
s[2]	-0.099	0.048	-0.188	-0.007	0.001	0.000	8400.0	8400.0	1.0
intercept	82.088	43.901	0.119	164.205	0.519	0.367	7139.0	9088.0	1.0
Lam	0.003	0.001	0.001	0.005	0.000	0.000	11132.0	9797.0	1.0
gprec	17.400	12.605	0.445	40.727	0.111	0.079	9599.0	8102.0	1.0

利用下面的代码生成所选参数的后验密度及抽样痕迹图 (见图 9.2.4):

```
az.plot_trace(trace_education,
              var_names=['gprec','Lam','s'],figsize=(22,5))
```

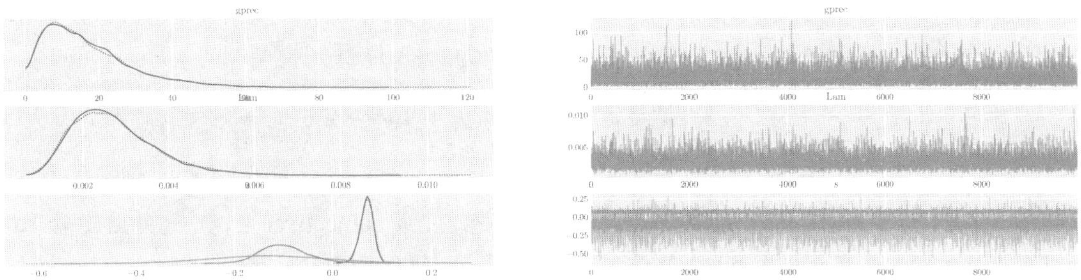

图 9.2.4 例 9.3 三个参数的后验密度及抽样痕迹图

对于 (如前面打印的) 汇总结果也可以选择其内容做图形表示, 比如, 用下面的代码可生成所选参数的后验高密度区域图 (见图 9.2.5).

```
az.plot_forest(trace_education, var_names=['gmean', 's'],figsize=(25,5))
```

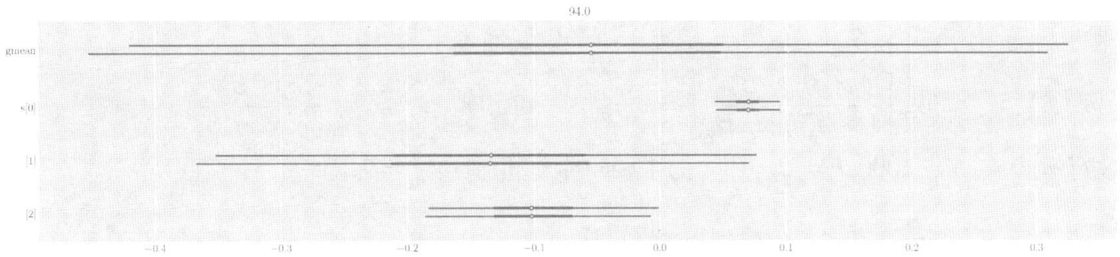

图 9.2.5 例 9.3 一些参数的后验高密度区域图

利用下面的代码生成部分变量成对后验密度图 (见图 9.2.6):

```
df=az.convert_to_inference_data(obj=trace_education).\
              to_dataframe(include_coords=False,groups='posterior')
scatter_matrix(df[['s[0]','s[1]','intercept']],figsize=(20,5))
```

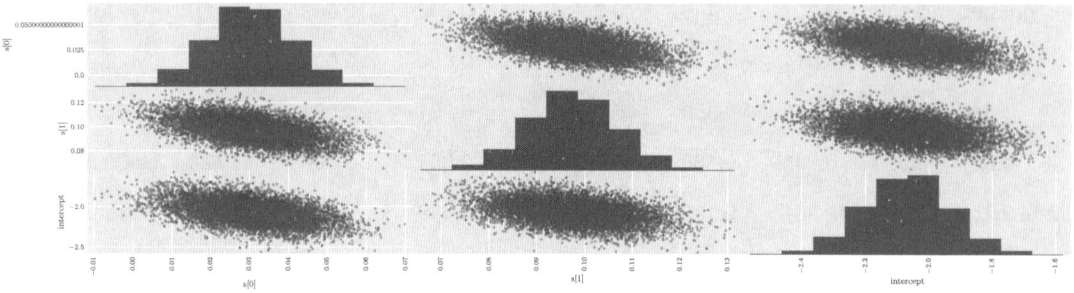

图 9.2.6 例 9.3 部分变量成对后验密度图

9.3 二水平变量问题: logistic 回归

如果因变量为二分变量 (记为哑元 0, 1), 比如因变量为 Bernoulli 试验的结果或者服从二项分布的变量, 成功概率为 $p(y=1)=p$, 那么, 对于式 (9.1.6) 所代表的广义线性模型, 我们取连接函数为 $g(p)=\log[p/(1-p)]$, 这时的模型为 logistic 回归模型:

$$\log\left[\frac{p(y_i=1|\boldsymbol{x}_i)}{1-p(y_i=1|\boldsymbol{x}_i)}\right]=\boldsymbol{x}_i\boldsymbol{\beta}\ \text{或者}\ p(y_i=1|\boldsymbol{x}_i)=\frac{\exp(\boldsymbol{x}_i\boldsymbol{\beta})}{1+\exp(\boldsymbol{x}_i\boldsymbol{\beta})} \tag{9.3.1}$$

例 9.4 (Sports.csv, Sports2.csv) 这是用于客观性分析的体育文章数据集[3], 使用 Amazon Mechanical Turk 对 1000 篇体育文章标记了 objective(客观) 或 subjective(主观), 这是因变量 Label 的两个水平. 自变量包含 59 个数值型变量, 给出了 1000 篇文章的字数、词频及记分等信息, 这里不赘述, 感兴趣的读者请查看原网址. 本文使用了数据文件 Sports.csv 和 Sports2.csv, Sports2.csv 是原数据仅仅有变量 Label, PRP, VBN, imperative, Quotes, past, CC, JJS, WRB 的简化版本.

在下面的建模中, 我们将以例 9.4 的 Label 为因变量, 以 PRP 和 VBN 作为自变量做 logistic 回归, 连接函数用 logit 函数 $g(p)=\log[p/(1-p)]=\eta$ (或 $p=[\exp(\eta)]/[1+\exp(\eta)]$).

记数据的样本量为 n, 对于 $i=1,2,\ldots,n$, 用 y_i 表示因变量, $\boldsymbol{x}_i=(1,x_{i1},x_{i2},\ldots,x_{ik})^\top$ 表示自变量, 系数为 $\boldsymbol{\beta}=(\beta_0,\beta_1,\ldots,\beta_k)^\top$. 考虑线性表示

$$\log\left[\frac{p(y_i|\boldsymbol{x}_i,\boldsymbol{\beta})}{1-p(y_i|\boldsymbol{x}_i,\boldsymbol{\beta})}\right]=\boldsymbol{x}_i^\top\boldsymbol{\beta}\ \text{或}\ p(y_i|\boldsymbol{x}_i,\boldsymbol{\beta})=\frac{\exp(\boldsymbol{x}_i^\top\boldsymbol{\beta})}{1+\exp(\boldsymbol{x}_i^\top\boldsymbol{\beta})}.$$

对于例 9.4 , $n=1000, k=2$. 我们采用下面的模型 (其中 $j=1,2$):

$$p(\boldsymbol{y}|\boldsymbol{x},\boldsymbol{\beta})=\prod_{i=1}^{n}\text{Bernoulli}\left[\frac{\exp(\boldsymbol{x}_i\boldsymbol{\beta})}{1+\exp(\boldsymbol{x}_i\boldsymbol{\beta})}\right]; \tag{9.3.2}$$

$$p(\beta_0)\sim N(\mu_0,\Sigma_0),\ \mu_0=-1.5, \Sigma_0=2; \tag{9.3.3}$$

$$p(\beta_j)\sim N(\mu_1,\Sigma_1),\ \mu_1=0, \Sigma_1=0.5,\ j=1,2. \tag{9.3.4}$$

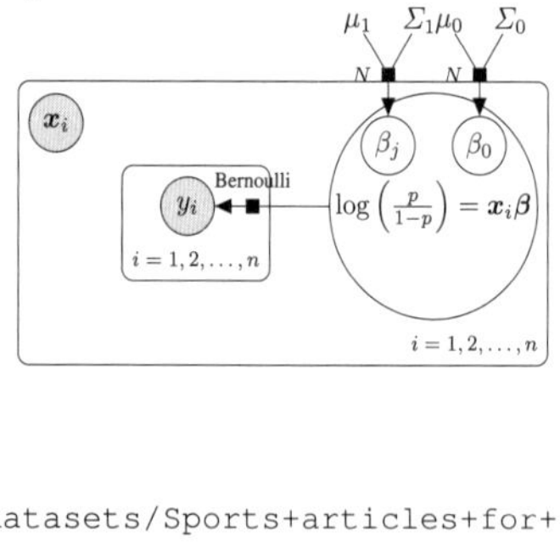

[3] 全部原始资料都可以从以下网址下载: http://archive.ics.uci.edu/ml/datasets/Sports+articles+for+objectivity+analysis.

9.3.1 模型 (9.3.2)～(9.3.4) 的 Stan 代码

首先把模型 (9.3.2)～(9.3.4) 的代码用 Stan 模型以字符形式表示出来:

```
ML="
data {
//输入的数据
  int N;
  int y[N];
  int K;
  matrix[N, K] X;
  // 先验参数值
  real alpha_loc;
  real alpha_scale;
  vector[K] beta_loc;
  vector[K] beta_scale;
}
parameters {
  real alpha;
  vector[K] beta;
}
transformed parameters {
  // linear predictor
  vector[N] eta;
  eta = alpha + X * beta;
}
model {
  alpha ~ normal(alpha_loc, alpha_scale);
  beta ~ normal(beta_loc, beta_scale);
  //  y ~ bernoulli(inv_logit(eta)); 和下面等价, 但慢些
  y ~ bernoulli_logit(eta);
}
generated quantities {
  // 每个观测值的对数似然
  vector[N] log_lik;
  // 概率
  vector[N] mu;
  for (i in 1:N) {
    mu[i] = inv_logit(eta[i]);
    log_lik[i] = bernoulli_logit_lpmf(y[i] | eta[i]);
  }
}
"
```

然后输入数据, 并用模型来拟合:

```
u=read.csv("Sports.csv")#Label~PRP+VBN
u_data=list(N=nrow(u), X=u[,c(22,34)], K=2,
  y=(u$Label=='subjective')*1, #换成哑元
  alpha_loc = -1.5, alpha_scale= 2, beta_loc = rep(0, 2),
  beta_scale = rep(0.5, 2)
)
library(rstan)
fit2 <- stan(
  model_code = ML, data = u_data, chains = 4, warmup = 1000,
  iter = 2000, cores = 2, refresh = 1000
)
```

用代码 `print(fit2,pars=c("alpha","beta[1]","beta[2]"))` 得到截距和斜率的打印输出 (实际上对每个作为参数变换的线性表示 η_i $(i=1,2,\dots,n)$ 都得到了结果, 这里就不显示了):

```
> print(fit2,pars=c("alpha","beta[1]","beta[2]"))
Inference for Stan model: anon_model.
4 chains, each with iter=2000; warmup=1000; thin=1;
post-warmup draws per chain=1000, total post-warmup draws=4000.

         mean se_mean   sd  2.5%   25%   50%   75% 97.5% n_eff Rhat
alpha   -2.07       0 0.14 -2.34 -2.16 -2.07 -1.97 -1.80  2173    1
beta[1]  0.03       0 0.01  0.01  0.02  0.03  0.04  0.05  2202    1
beta[2]  0.10       0 0.01  0.08  0.09  0.10  0.10  0.12  2293    1

Samples were drawn using NUTS(diag_e) at Sat Mar  2 17:43:04 2024.
For each parameter, n_eff is a crude measure of effective sample size,
and Rhat is the potential scale reduction factor on split chains (at
convergence, Rhat=1).
```

用代码 `plot(fit2,pars=c("beta[1]","beta[2]"))` 得到两斜率的后验均值估计和高密度区域图 (见图 9.3.1).

图 9.3.1　例 9.4 各斜率的后验均值估计和高密度区域图

使用下面代码生成截距斜率的 MCMC 抽样痕迹图 (见图 9.3.2):

```
traceplot(fit2, inc_warmup =TRUE,
          pars=c("alpha","beta[1]","beta[2]"))
```

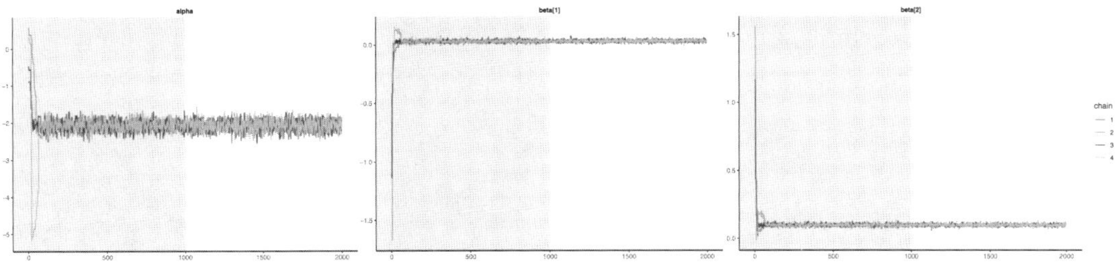

图 9.3.2 例 9.4 截距斜率的 MCMC 抽样痕迹图

使用下面代码产生截距斜率的成对后验分布散点图 (见图 9.3.3):

```
pairs(fit2, inc_warmup =TRUE, pars=c("alpha","beta[1]","beta[2]"))
```

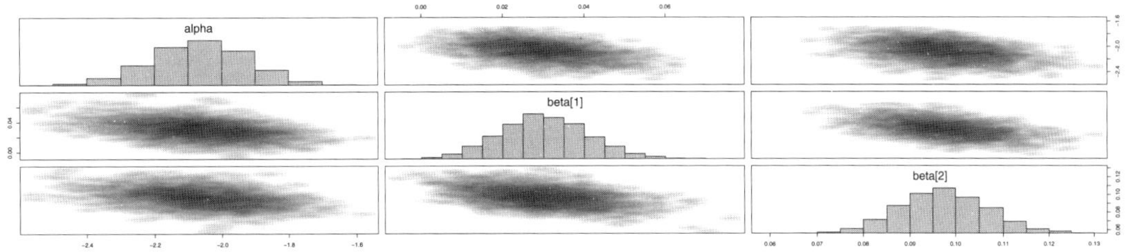

图 9.3.3 例 9.4 截距斜率成对后验分布散点图

9.3.2 模型 (9.3.2)~(9.3.4) 的 PyMC 代码

读入数据、描述模型,并且实行 MCMC 抽样以计算各个后验分布:

```
w=pd.read_csv('sports.csv')
X=w[['PRP','VBN']]
y=pd.get_dummies(w['Label'])@np.arange(2)
with pm.Model() as BC:
    s = pm.Normal('s',mu=0, sigma=0.5,shape=2)
    intercept = pm.Normal('intercept',mu=-1.5, sigma=2)
    theta=pm.math.exp(intercept + np.array(X)@s)
    likelihood = pm.Bernoulli("y", p=theta/(1+theta), observed=y)
    trace_BC = pm.sample(10000, chains=2, tune=1000,
                    random_seed=[20190818, 20191010], target_accept=.90)
```

使用代码 `pm.summary(trace_BC)` 输出参数 s 和 intercept 的结果汇总:

	mean	sd	hdi_3%	hdi_97%	mcse_mean	mcse_sd	ess_bulk	ess_tail	r_hat
s[0]	0.030	0.011	0.011	0.051	0.000	0.000	10877.0	10155.0	1.0
s[1]	0.097	0.009	0.080	0.115	0.000	0.000	10447.0	10089.0	1.0
intercept	-2.067	0.137	-2.324	-1.811	0.001	0.001	10197.0	9918.0	1.0

用下面的代码可生成参数 s 和 intercept 的后验高密度区域图 (见图 9.3.4):

```
az.plot_forest(trace_BC,figsize=(25,5))
```

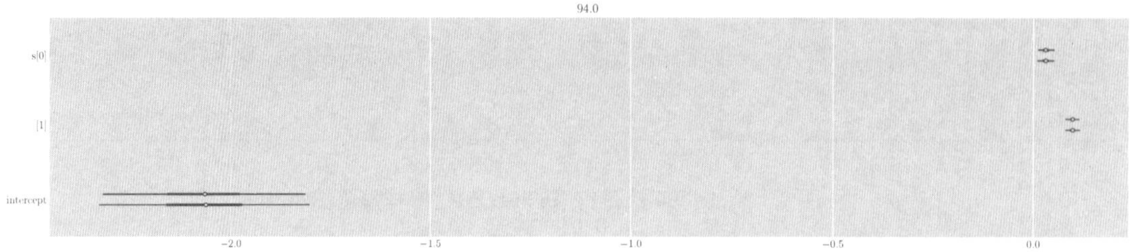

图 9.3.4　例 9.4 参数 **s** 和 **intercept** 的后验高密度区域图

利用代码 `pm.plots.traceplot(trace_BC,figsize=(10,4))` 生成参数 `s` 和 `intercept` 的后验密度及抽样痕迹图 (见图 9.3.5).

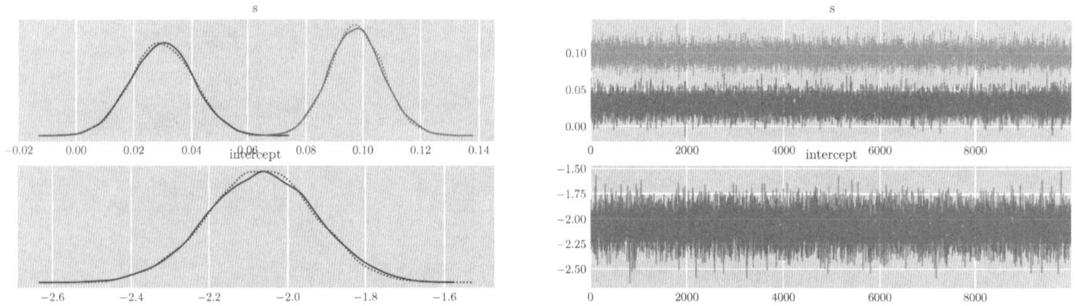

图 9.3.5　例 9.4 参数 **s** 和 **intercept** 的后验密度及抽样痕迹图

使用下面代码生成参数 `s` 和 `intercept` 的后验密度成对散点图 (见图 9.3.6):

```
df=az.convert_to_inference_data(obj=trace_BC).\
          to_dataframe(include_coords=False,groups='posterior')
scatter_matrix(df[['s[0]','s[1]','intercept']],figsize=(20,5))
plt.savefig("mlp027.pdf", format="pdf", bbox_inches="tight",pad_inches=0)
```

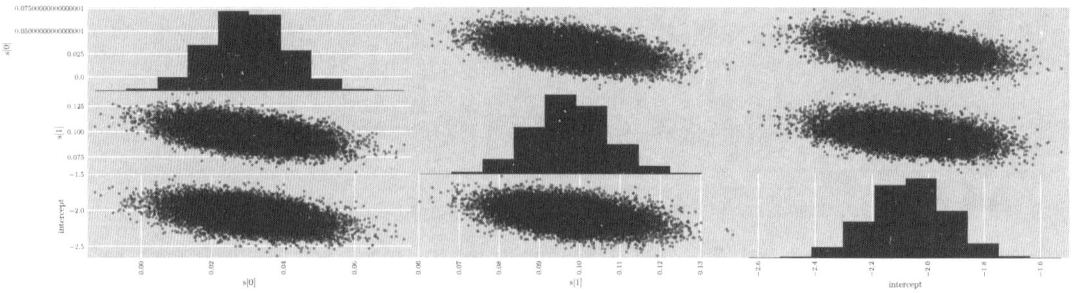

图 9.3.6　例 9.4 参数 **s** 和 **intercept** 的后验密度成对散点图

9.4　分层线性回归: 多水平模型

分层线性模型 (hierarchical linear regression) 为**多水平模型** (multilevel modeling) 的特例,

经典统计中的**线性随机效应混合线性模型** (linear random effect mixed model) 为分层线性模型的特例. 我们用下面的简单例子来说明这个模型.

例 9.5 (sleepstudy.csv) 这些数据来自 Belenky et al. (2003) 所述的研究, 这些研究的对象是睡眠不足群体, 研究包括 10 天中相对于不同的缺乏睡眠天数时实验对象不同的平均反应时间的记录, 该数据在 R 程序包 `lme4` 中提供, 名为 `sleepstudy`. 该数据有 180 个观测值, 三个变量: Reaction (平均反应时间, 单位: 毫秒), Days (睡眠不足的天数), Subject (观察对象的编号). 该数据在 R 中可以用 `data(sleepstudy, package='lme4')` 得到.

对于例 9.5, 我们将以睡眠不足的天数为自变量, 以之后的平均反应时间为因变量做回归.

对此最简单的模型是把所有人都看成没有区别, 用一个模型描述, 式中的下标值域 $j \in \{1,2,\dots,J\}$ $(J=18)$ 代表 18 个试验对象, $i=1,2,\dots,n$ $(n=180)$ 是个体的下标, 这里只有一组回归系数: $\theta=(\alpha,\beta)$.

$$\text{Reaction}_{ij}=\alpha+\beta\times\text{Days}_{ij}+\epsilon,\ \forall i=1,2,\dots,n, j=1,2,\dots,J. \tag{9.4.1}$$

模型 (9.4.1) 有些太概括了, 没有考虑不同对象的个性. 另一个极端是为每个对象 (根据该对象的数据) 建立一个模型, 因此有 18 个不同的模型, 总共有 18 组回归系数: $\theta_j=(\alpha_j,\beta_j)$.

$$\text{Reaction}_{ij}=\alpha_j+\beta_j\times\text{Days}_{ij}+\epsilon_j. \tag{9.4.2}$$

折中的思维是, 我们假设不同个体的截距 α_j 和倾斜 β_j 来自一个**共同的分布** (这里取正态分布), 以强调它们的共性:

$$\alpha_j\sim N(\mu_\alpha,\Sigma_\alpha^2),\ \beta_j\sim N(\mu_\beta,\Sigma_\beta^2),\ j=1,2,\dots,J.$$

然后我们估计它们各自的 (对本例一共 18 组) 后验分布, 以体现由不同数据得到的个性. 这就是为什么该模型称为多水平、多层或部分组合建模 (multilevel, hierarchical or partial-pooling modeling).

按照广义线性模型的一般记号, 因变量 $\boldsymbol{y}$ 为 $n\times 1$ 维, 自变量 $\boldsymbol{x}$ 为 $n\times K$ 维, 对于每个 $j=1,2,\dots,J$, 系数 $\boldsymbol{\beta}_j$ 为 $K\times 1$ 维有共同分布的随机变量, 我们要用的模型如下 (这里 $j=1,2,\dots,J, k=1,2,\dots,K$):

$$p(y|\boldsymbol{x}_j,\boldsymbol{\beta}_j)=\prod_{i=1}^{n}N(\boldsymbol{x}_i^\top\boldsymbol{\beta}_j,\Sigma); \tag{9.4.3}$$

$$\boldsymbol{\beta}_{jk}\sim N(\mu_0,\Sigma_0); \tag{9.4.4}$$

$$\Sigma_0\sim \text{Cauchy}(\mu_c,\beta_0); \tag{9.4.5}$$

$$\Sigma\sim \text{Cauchy}(\mu_c,\beta_0). \tag{9.4.6}$$

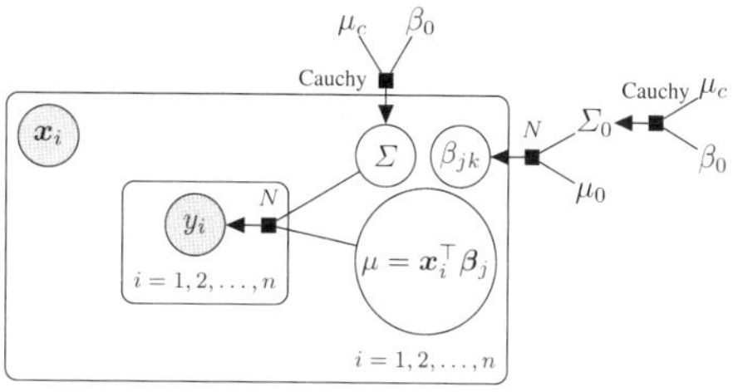

上面公式中的超参数, 在下面取 $\mu_0=0$, 而对于 Cauchy 分布, 在 R/Stan 程序中用通常的 Cauchy 分布 (取超参数 $\mu_c=0,\beta=5$), 其密度为:

$$\text{Cauchy}(y|\mu_c,\beta)=\frac{2}{\pi\beta\left[1+((y-\mu_c)/\beta)^2\right]},\ \beta>0.$$

在 Python/PyMC 程序中用半 Cauchy 分布 (取超参数 $\beta=5$), 其密度为:

$$\text{HalfCauchy}(y|\beta)=\frac{2}{\pi\beta\left[1+(y/\beta)^2\right]},\ y>0,\beta>0.$$

9.4.1 模型 (9.4.3)～(9.4.6) 的 Stan 代码

首先把模型 (9.4.3)～(9.4.6) 用下面 Stan 代码 (作为字符串) 描述.

```
XX="
data {
  int N;
  int J;
  int K;
  int id[N];
  matrix[N,K] X;
  vector[N] y;
}
parameters {
  vector[K] gamma;
  vector[K] tau;

  vector[K] beta[J];
  real sigma;
}
model {
  vector[N] mu; //linear predictor
  //priors
  gamma ~ normal(0,5);
  tau ~ cauchy(0,5);
  sigma ~ cauchy(0,5);

  for(j in 1:J){
   beta[j] ~ normal(gamma,tau);
  }

  for(n in 1:N){
    mu[n] = X[n] * beta[id[n]];
  }

  //likelihood
  y ~ normal(mu,sigma);
}
"
```

然后用 R 语句读入数据, 并且用程序包 `rstan` 的函数在 R 中执行上面的 Stan 代码.

```
library(rstan)
w=read.csv("sleepstudy.csv")
ss=list(N=nrow(w),J=18,K=2,id=rep(1:18,each=10),
        X=cbind(1,w[,2]),y=w[,1])
m_s0<-stan(model_code = XX,data=ss,chains = 2)
```

利用代码 summary(m_s0) 可得到以下输出 (只显示部分):

```
> summary(m_s0)
$summary

            mean se_mean    sd   2.5%    25%    50%    75%  97.5%   n_eff Rhat
gamma[1]    1.67    0.09  5.04  -8.15  -1.80   1.81   5.12  11.12 3496.44    1
gamma[2]    9.58    0.03  1.57   6.39   8.62   9.64  10.65  12.62 2631.58    1
tau[1]    256.41    1.16 45.55 186.02 223.94 250.65 281.46 363.81 1538.22    1
tau[2]      6.18    0.05  1.41   3.91   5.24   6.04   6.95   9.17  874.22    1
beta[1,1] 253.88    0.31 14.19 225.21 244.15 254.35 263.34 281.06 2074.00    1
beta[1,2]  19.58    0.06  2.65  14.26  17.84  19.54  21.31  24.99 1975.85    1
```

用下面的代码生成所选择参数的后验均值估计和高密度区域图 (见图 9.4.1):

```
plot(m_s0,pars=c("beta[1,1]","beta[1,2]","beta[2,1]","beta[2,2]"))
```

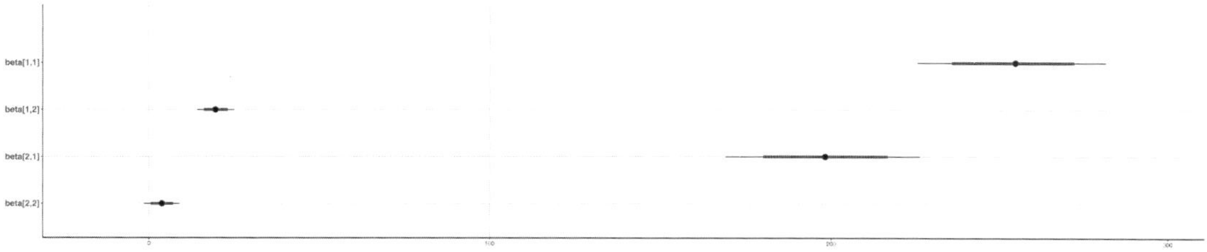

图 9.4.1 例 9.5 中部分参数的后验均值估计和高密度区域图

用代码 traceplot(m_s0, inc_warmup =TRUE,nrow=2) 生成部分参数的 MCMC 抽样痕迹图 (见图 9.4.2).

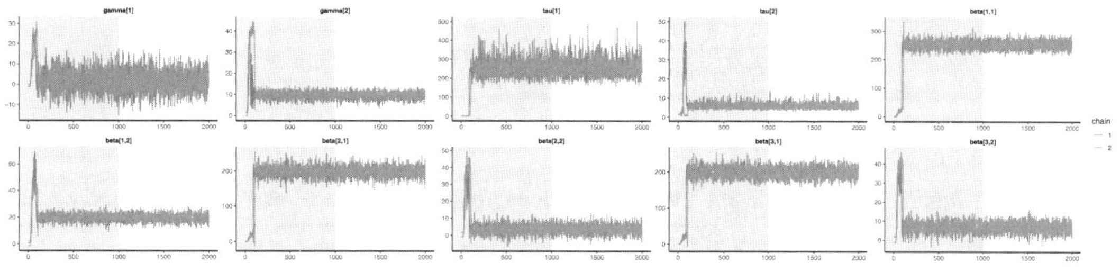

图 9.4.2 例 9.5 中部分参数的 MCMC 抽样痕迹图

用下面的代码生成部分参数成对后验分布散点图 (见图 9.4.3):

```
pairs(m_s0, inc_warmup =TRUE,
      pars=c("gamma[1]","tau[1]","beta[1,1]","beta[1,2]"))
```

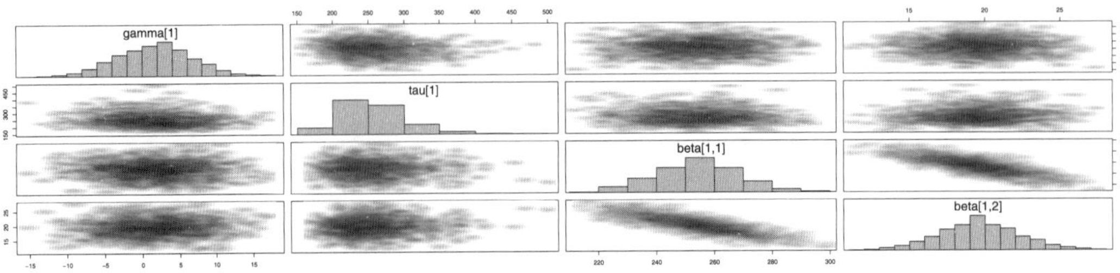

图 9.4.3 例 9.5 中部分参数成对后验分布散点图

9.4.2 模型 (9.4.3)～(9.4.6) 的 PyMC 代码

输入数据:

```
w = pd.read_csv('sleepstudy.csv')
sub_idx=np.repeat(np.arange(18),10)
n_sub=18
```

输入模型, 并且实行 MCMC 抽样以计算各个后验分布:

```
with pm.Model() as w2_model:
    mu_a = pm.Normal('mu_a', mu=0., sigma=100**2)
    sigma_a = pm.HalfCauchy('sigma_a', 5)
    mu_b = pm.Normal('mu_b', mu=0., sigma=100**2)
    sigma_b = pm.HalfCauchy('sigma_b', 5)
    a = pm.Normal('a', mu=mu_a, sigma=sigma_a, shape=n_sub)
    b = pm.Normal('b', mu=mu_b, sigma=sigma_b, shape=n_sub)
    eps = pm.HalfCauchy('eps', 5)

    Reaction_est = a[sub_idx] + b[sub_idx] * w.Days

    Reaction_like = pm.Normal('Reaction_like', mu=Reaction_est,\
     sigma=eps, observed=w.Reaction)
with w2_model:
    w2_trace = pm.sample(draws=2000, n_init=1000)
```

利用代码 `pm.summary(w2_trace)` 输出汇总结果 (只显示部分):

	mean	sd	hdi_3%	hdi_97%	mcse_mean	mcse_sd	ess_bulk	ess_tail	r_hat
mu_a	251.480	6.910	238.107	264.488	0.077	0.055	8103.0	6295.0	1.0
mu_b	10.475	1.662	7.416	13.641	0.017	0.012	9820.0	5850.0	1.0
a[0]	253.032	12.552	229.990	276.774	0.119	0.085	11070.0	5943.0	1.0
a[1]	212.603	13.364	187.407	237.421	0.140	0.100	9037.0	6420.0	1.0

利用下面的代码生成各个参数的后验高密度区域图 (见图 9.4.4):

```
az.plot_forest(w2_trace,figsize=(20,5))
```

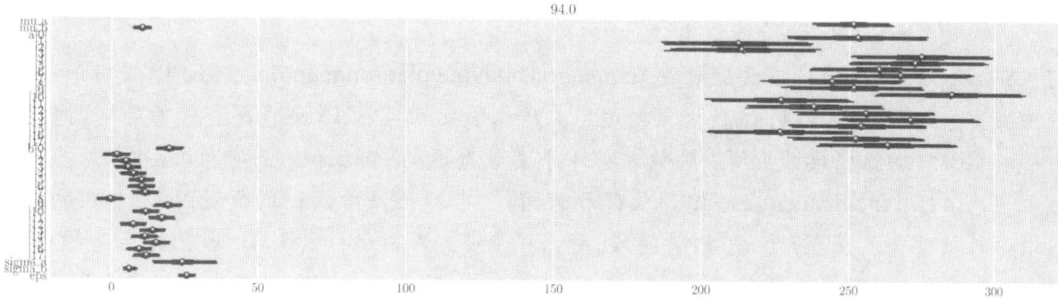

图 9.4.4 例 9.5 各个参数的后验高密度区域图

利用下面的代码生成所选参数的后验密度及抽样痕迹图 (见图 9.4.5):

```
az.plot_trace(w2_trace,var_names=['mu_a','mu_b','a','b'],figsize=(24,6))
```

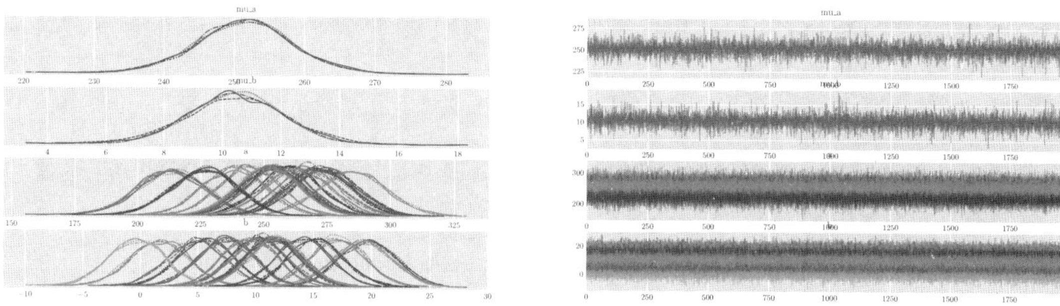

图 9.4.5 例 9.5 所选参数的后验密度及抽样痕迹图

利用下面的代码生成所选的前三个参数的后验密度成对散点图 (见图 9.4.6):

```
df=az.convert_to_inference_data(obj=w2_trace).\
            to_dataframe(include_coords=False,groups='posterior')
scatter_matrix(df.iloc[:,2:5],figsize=(20,5))
```

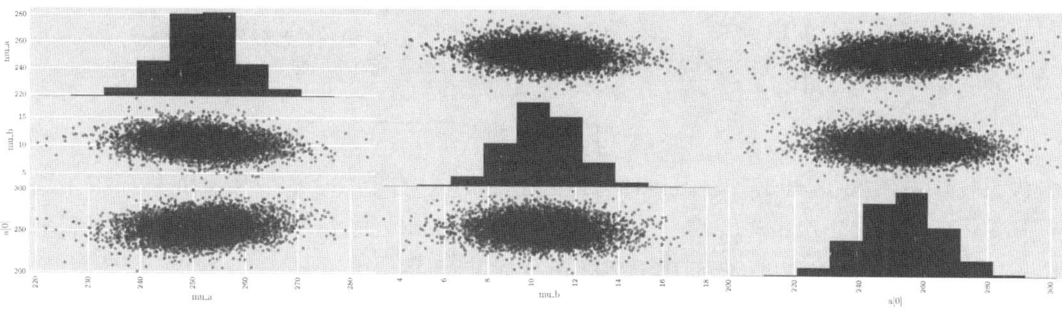

图 9.4.6 例 9.5 所选的前三个参数的后验密度成对散点图

9.5 分层 logistic 回归

分层 logistic 回归 (hierarchical logistic regression) 也是**多水平模型** (multilevel modeling) 的特例, 我们用下面的简单例子来说明这个模型.

例 9.6 (cbpp.csv) 牛传染性胸膜肺炎 (contagious bovine pleuropneumonia, CBPP) 是非洲牛的一种由支原体引起的疾病, 该数据集描述了在埃塞俄比亚某区 15 个牧群进行的后续调查中, 瘤牛的 CBPP 的血清学发病率. 该数据有 4 个变量及 56 个观测值. 变量为 herd (牧群, 编号为 $1, 2, \ldots, 15$), incidence (在给定的牧群和时间段内, 新血清学病例的数量), size (在给定时间段内的牧群牛的头数), period (时间段, 为因子变量, 水平为 1, 2, 3, 4). 我们在后面的计算中, 把 period 哑元化 (转换成 period1、period2、period3、period4), 因而在建模中不取截距. 该数据在 R 程序包 `lme4` 中以 `cbpp` 名字提供. 数据来源: Lesnoff et al. (2004).

对于例 9.6, 我们以时间段 period (period1, period2, period3, period4) 作为自变量, 考虑 logistic 回归. 对此最简单的模型是把所有 herd (牧群) 都看成没有区别, 用一个模型描述, 式中的下标 $j \in \{1, 2, \ldots, J\}$ $(J = 15)$ 代表 15 个试验对象, 而 $i = 1, 2, \ldots, n$ $(n = 56)$ 是个体的下标, 这里有 4 个回归系数 β_i $(i = 1, 2, 3, 4)$ 代表着 4 个时间段的截距. 假定发病服从二项分布 $\text{Binomial}(n_{ij}, p_{ij})$, 这里 n_{ij} 代表 size, 而 p_{ij} 代表发病概率. 类似于多层线性回归, 我们的模型为

$$\frac{p_{ij}}{1 - p_{ij}} = \beta_{kj}, \text{ 对于 period } k, \forall i = 1, 2, \ldots, n, j = 1, 2, \ldots, J. \tag{9.5.1}$$

模型 (9.5.1) 过多考虑不同牧群的个性, 没有考虑共性, 我们假设不同个体的截距 β_{kj} 来自一个**共同的分布** (这里取正态分布), 以强调它们的共性:

$$\beta_{kj} \sim N(\mu_0, \Sigma_0),\ j = 1, 2, \ldots, J,\ k = 1, 2, 3, 4.$$

然后我们估计它们各自的 (对本例一共 15 组) 后验分布, 以体现由不同数据得到的个性.

按照广义线性模型的一般记号, 因变量 $\boldsymbol{y}$ 为 $n \times 1$ 维, 自变量 $\boldsymbol{x}$ 为 $n \times K$ 维, 对于每个 $j = 1, 2, \ldots, J$, 系数 $\boldsymbol{\beta}_j$ 为 $K \times 1$ 维有共同分布的随机变量, 我们要用的模型如下 (这里的 $j = 1, 2, \ldots, J, k = 1, 2, \ldots, K$):

$$p(y|\boldsymbol{x}_j, \boldsymbol{\beta}_j) = \prod_{i=1}^{n} \text{Binomial}[\boldsymbol{n}, \text{logistic}(x_i^\top \boldsymbol{\beta}_j)]; \tag{9.5.2}$$

$$\boldsymbol{\beta}_{jk} \sim N(\mu_0, \Sigma_0); \tag{9.5.3}$$

$$\mu_0 \sim t(\nu, \mu, \text{sd}); \tag{9.5.4}$$

$$\Sigma_0 \sim N(m_0, \Sigma). \tag{9.5.5}$$

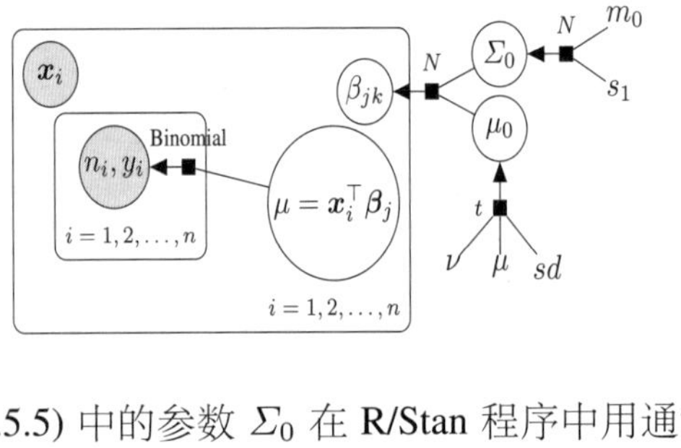

式 (9.5.4) 中的参数 $\nu = 3$, $\mu = 0$, $\text{sd} = 1$, 式 (9.5.5) 中的参数 Σ_0 在 R/Stan 程序中用通常的正态分布 $N(0, 1)$ $(m_0 = 0, \Sigma = 1)$, 而在 Python/PyMC 程序中用半正态分布 (取超参数 $\Sigma = 1$). 半正态分布的密度 (分别对于精度 τ 及标准差 Σ) 为:

$$f(x \mid \tau) = \sqrt{\frac{2\tau}{\pi}} \exp\left(\frac{-x^2\tau}{2}\right), \quad f(x \mid \Sigma) = \Sigma\sqrt{\frac{2}{\pi}} \exp\left(\frac{-x^2}{2\Sigma^2}\right).$$

而式 (9.5.2)“logistic”函数为逆 logit 函数 (logit 函数为 $\log[p/(1-p)]$):

$$\text{logit}^{-1}(\alpha) = \text{logistic}(\alpha) = \frac{1}{1+\exp(-\alpha)} = \frac{\exp(\alpha)}{\exp(\alpha)+1}.$$

9.5.1 模型 (9.5.2)~(9.5.5) 的 Stan 代码

输入数据, 并且把因子变量哑元化 (不要截距):

```
w=read.csv("cbpp.csv")

w[,4]=factor(w[,4])
w1=data.frame(model.matrix(~.-1,w))
```

把 Stan 模型写入字符串:

```
MLL="
data {
  int N; //the number of observations (N=nrow(w1)=56)
  int J; //the number of groups (J=length(unique(w1$herd))=15)
  int K; //number of columns in the model matrix (K=4 (包括 1))
  int id[N]; //vector of group indeces  (w1$herd)
  matrix[N,K] X; //the model matrix (56,4: w1[,c(4:7)])
  int y[N]; //the response variable (w1[,2]或w$incidence)
  int n[N]; // w1$size
}
parameters {
  real mu; //population-level regression coefficients
  real tau; //the standard deviation of the regression coefficients

  vector[K] beta[J]; //matrix of group-level regression coefficients
}
model {
  vector[N] eta; //linear predictor
  //priors
  mu ~ student_t(3, 0, 1);
  tau ~ normal(0,1);

//priors <- c(set_prior( “normal(0,1)” , class = “Intercept” ),
//set_prior( “normal(0,.5)” , class = “b” , coef = “” , lb = 0))

  for(j in 1:J){
   beta[j] ~ normal(mu,tau);
  }

  for (i in 1:N) {
    eta[i] = inv_logit(X[i] * beta[id[i]]);
```

```
  }
  //likelihood binomial_lpmf(ints n | ints N, reals theta)
  // y ~ binomial(n, eta);
  for (i in 1:N) {
  target += binomial_lpmf(y[i] | n[i], eta[i]);
  }
}
"
```

然后输入数据并执行代码:

```
library(rstan)

df=list(N=nrow(w1),J=15,K=4,id=w1$herd,X=w1[,4:7],y=w1[,2],n=w1$size)
ml10<-stan(model_code = MLL,data=df,chains = 2)

summary(ml10)
```

输出结果 (只展示部分输出):

```
$summary
           mean se_mean   sd  2.5%   25%   50%   75% 97.5%   n_eff Rhat
mu        -2.47    0.01 0.24 -2.97 -2.63 -2.46 -2.31 -2.03  748.72    1
tau        1.19    0.01 0.22  0.82  1.03  1.17  1.32  1.67  392.01    1
beta[1,1] -2.12    0.01 0.73 -3.62 -2.60 -2.08 -1.61 -0.80 3339.58    1
beta[1,2] -1.55    0.01 0.69 -2.99 -2.01 -1.53 -1.07 -0.26 3651.68    1
beta[1,3] -0.86    0.01 0.64 -2.11 -1.27 -0.85 -0.43  0.33 2622.17    1
```

用下面的代码生成例 9.6 中部分参数的后验均值估计和高密度区域图 (见图 9.5.1):

```
plot(ml10,pars=c("beta[1,1]","beta[1,2]","beta[2,1]","beta[2,2]"))
```

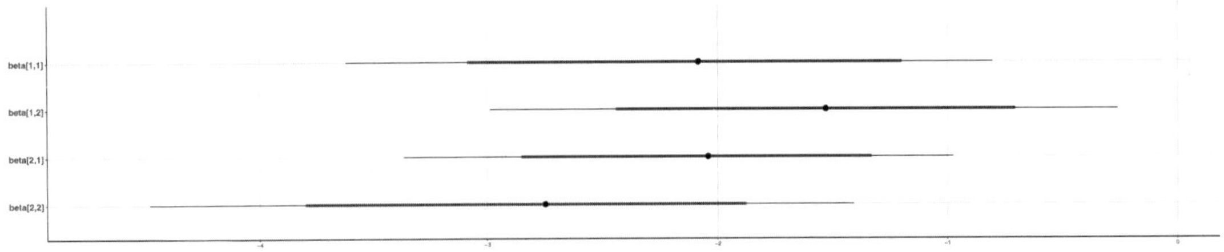

图 9.5.1 例 9.6 中部分参数的后验均值估计和高密度区域图

用代码 `traceplot(ml10, inc_warmup =TRUE,nrow=2)` 生成部分参数的 MCMC 抽样痕迹图 (见图 9.5.2).

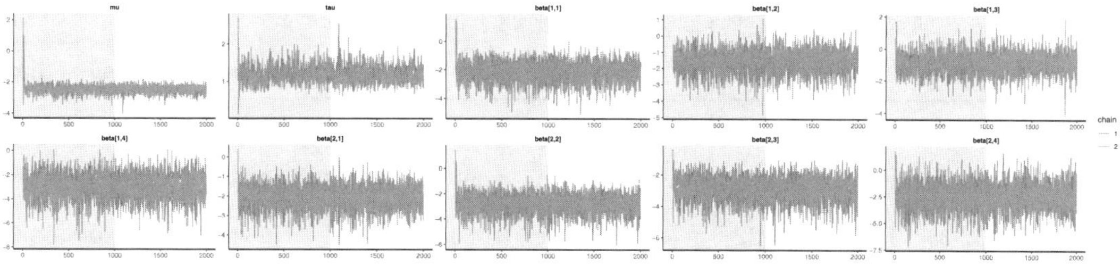

图 9.5.2 例 9.6 部分参数 MCMC 抽样痕迹图

用下面的代码生成部分参数成对后验分布散点图 (见图 9.5.3):

```
pairs(mll0, inc_warmup =TRUE,pars=c("mu","tau","beta[1,1]","beta[1,2]"))
```

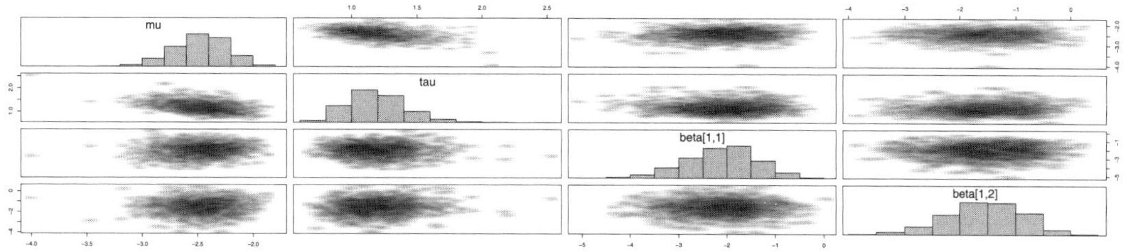

图 9.5.3 例 9.6 部分参数的成对后验分布散点图

9.5.2 模型 (9.5.2)～(9.5.5) 的 PyMC 代码

```
w=pd.read_csv("cbpp.csv")
herd_idx=w['herd'].values-1
n_herds=len(set(herd_idx))
w['period']=w['period'].astype('category')
w1=pd.get_dummies(w,drop_first=False)
```

建立模型:

```
with pm.Model() as mll_model0:
    # 超先验
    mu_b = pm.StudentT('mu_b', nu=3, mu=0., sigma=1.0)
    sigma_b = pm.HalfNormal('sigma_b', sigma=1.0)
    # 截距
    b = pm.Normal('b1', mu=mu_b, sigma=sigma_b, shape=(n_herds,4))
    yhat=pm.invlogit((b[herd_idx,:]*np.array(w1.iloc[:,-4:])).sum(axis=1))
    # 拟合预测
    y = pm.Binomial('y', n=w1.size, p=yhat,
                    observed=w1.incidence.values)
with mll_model0:
    mll_trace0 = pm.sample(2000)
```

使用代码 `pm.summary(mll_trace0)` 生成下面汇总数据 (部分):

	mean	sd	hdi_3%	hdi_97%	mcse_mean	mcse_sd	ess_bulk	ess_tail	r_hat
mu_b	-5.978	0.230	-6.418	-5.561	0.005	0.003	2207.0	3947.0	1.0
b1[0, 0]	-5.616	0.665	-6.860	-4.406	0.007	0.005	10257.0	5344.0	1.0
b1[0, 1]	-5.234	0.579	-6.332	-4.186	0.006	0.004	9647.0	5071.0	1.0
b1[0, 2]	-4.949	0.532	-6.020	-4.026	0.006	0.004	8685.0	5043.0	1.0
b1[0, 3]	-6.781	0.936	-8.598	-5.131	0.012	0.009	6496.0	4871.0	1.0

使用下面的代码点出各个变量的后验高密度区域图 (见图 9.5.4):

```
az.plot_forest(mll_trace0,figsize=(40,10))
```

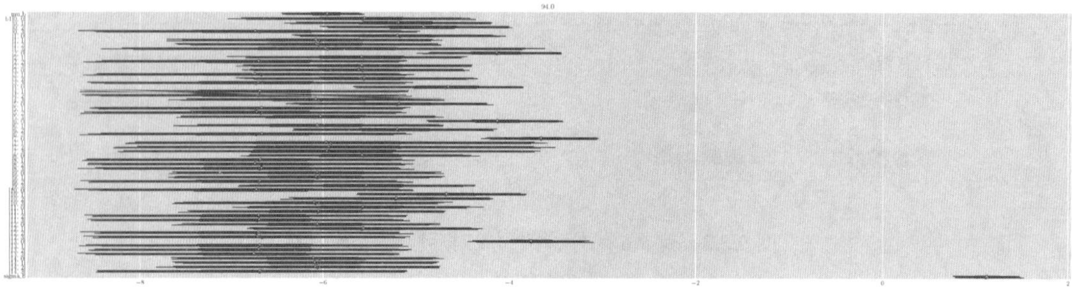

图 9.5.4　例 9.6 各个参数的后验高密度区域图

使用 `az.plot_trace(mll_trace0,figsize=(40,10))` 生成所选参数的后验密度及抽样痕迹图 (见图 9.5.5).

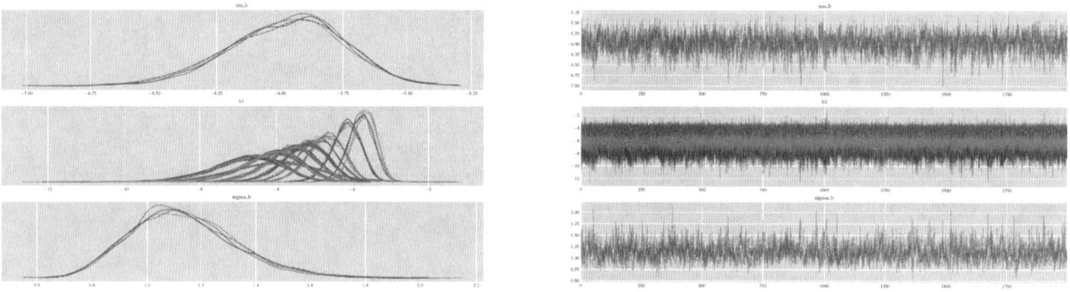

图 9.5.5　例 9.6 所选参数的后验密度及抽样痕迹图

9.6　习　题

1. 对于例 9.3 的数据, 考虑下面的问题:
   (1) 把参数 λ_0 的先验分布改成 Uniform(0,20), 会发生什么? 总结经验.
   (2) 把迭代次数 (`iter`) 从夸张的 20000 次减少到 2000 次, 会发生什么? 总结经验.
   (3) 试着把参数 λ_1 和 μ_1 改成随意选择的常数值, 不同的常数值会有什么结果?
   (4) 随意增减模型中的层数, 会有什么结果? 总结经验.

(5) Stan 和 PyMC 代码中的 `cores` 是什么意思? 有没有大小限制?

(6) 用你自己的数据拟合这个模型.

2. 对于例 9.4 , 考虑下面的问题:

(1) 把 Stan 程序中的两个斜率的先验分布分别设为不同的正态分布, 修改程序, 看结果有什么不同.

(2) 用你自己的数据拟合这个模型.

3. 对于例 9.5, 考虑下面的问题:

(1) 把模型中的两个 Cauchy 分布改成正态分布, 看结果有什么不同. 总结经验.

(2) 用你自己的数据拟合这个模型.

4. 对于例 9.6, 考虑下面的问题:

(1) 把截距项参数的先验分布改成 t 分布, 看结果有什么不同. 总结经验.

(2) 把 μ_0 的先验分布改成正态分布, 看结果有什么不同. 总结经验.

(3) 把 Σ_0 的先验分布改成 Gamma 分布, 看结果有什么不同. 总结经验.

(4) 随意改变几个参数的先验分布. 根据结果总结经验.

(5) 用你自己的数据拟合这个模型.

第 10 章　生存分析

10.1　生存分析的基本概念

下面用传统统计的语言来描述生存分析的基本概念. 首先, 假定随机变量 T 是到我们感兴趣的事件 (比如对象死亡或失效) 发生时的时间, 则**生存函数** (survival function) $S(t)$ 定义为

$$S(t) = P(T > t) = 1 - F(t),$$

这里的函数 $F(\dot{)}$ 为 T 的累积分布函数.

通常人们喜欢用**危险率** (hazard rate) 或**危险函数** (hazard function) $\lambda(t)$ 来描述生存函数. 危险率是事件在 t 时刻发生的瞬时概率 (条件为: 在此之前事件没有发生).

$$\begin{aligned}
h(t) &= \lim_{\Delta t \to 0} \frac{P(t < T < t + \Delta t \mid T > t)}{\Delta t} \\
&= \lim_{\Delta t \to 0} \frac{P(t < T < t + \Delta t)}{\Delta t \cdot P(T > t)} \\
&= \frac{1}{S(t)} \cdot \lim_{\Delta t \to 0} \frac{S(t + \Delta t) - S(t)}{\Delta t} = -\frac{S'(t)}{S(t)} = \frac{f(t)}{S(t)} = -\frac{\mathrm{d} \log[S(t)]}{\mathrm{d}t}.
\end{aligned}$$

解微分方程可得

$$S(t) = \exp\left[-\int_0^s h(s)\, \mathrm{d}s\right].$$

累积危险函数

$$H(t) = \int_0^t h(s)\, \mathrm{d}s$$

给出了生存函数的另一个表示: $S(t) = \exp[-h(t)]$.

生存数据中一个重要的问题是**删失** (censoring). 人们注意比较多的是所谓右删失问题, 也就是有一部分对象的记录在某个时刻或时间段就没有了. 但删失数据并不是没有意义, 它说明对象 (诸如死亡或失效) 的事件发生时间至少是 (但不刚好是) 最后观测到的时间.

对于右删失数据, 似然函数包括对删失的观测值的 $S(t_i)$ 及对于观测到死亡的 $f(t_i) = h(t_i)S(t_i)$. 对删失的 $\delta_i = 1$ 观测到的 $\delta_i = 0$, 似然函数为

$$L = \prod_{\delta_i = 1} f(t_i) \prod_{\delta_i = 0} S(t_i).$$

对数似然为

$$\log L = \sum_{\delta_i = 1} \log(h(t_i)) - \prod_{\delta_i = 0} H(t_i).$$

生存函数 $S(t)$ 最基本的两个描述性估计为初等的 Kaplan-Meier 估计和累积危险函数

的 Nelson-Aalen 估计. 关于下面 3 个例子的生存函数非参数估计的图 10.1.1、图 10.1.2 以及图 10.1.3 就是 Kaplan-Meier 估计方法产生的, 由于这是非参数描述方法, 本书不予讨论.

10.1.1 本章的例子

本章将使用下面 3 个数据例子通过不同的方法做分析.

例 10.1 (aml.csv) 该数据是关于急性髓性白血病 (acute myelogenous leukemia) 患者的生存率. 问题是化疗的标准疗程是否应该延长. 该数据来自 Rupert(1997), 在 R 程序包`survival`中提供. 该数据有三个变量: time (生存或到删失时的时间), status (是否删失, 0 代表删失, 1 代表死亡), x (代表是否做了化疗, Maintained 表示是, Nonmaintained 表示不是). 一共有 23 个观测值.

图 10.1.1为例 10.1 数据对生存函数的近似描述, 是用下面的语句产生的:

```
w=read.csv("aml.csv")
library(survival)
fit <- survfit(Surv(time, status) ~ x, data=w)
library(survminer)
ggsurvplot(fit, data = w, pval = TRUE)
```

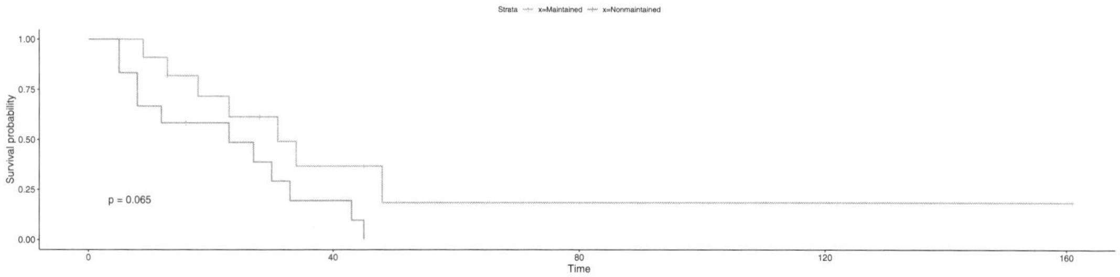

图 10.1.1 例 10.1 数据对生存函数的描述

例 10.2 (flc9000.csv) 这是一个分层的随机样本, 包含 1/2 的受试者, 研究血清自由光链 (FLC) 和死亡率之间的关系. 原始样本包含约 2/3 的某县至少 50 岁居民的样本. 此数据集包含年龄和性别分层随机样本, 包括原始 15759 个受试者中的 7874 个. 为了保护患者身份, 已删除原始主题标识符和日期. 为了进一步保护这些信息, 进行了子抽样. 数据来源于 Dispenzieri et al. (2012) 及 Kyle et al. (2006), 而且在 R 程序包`survival`[1]中以`flchain` 的数据名提供. 该数据有 7874 个观测值, 10 个变量: age (年龄, 单位: 岁), sex (性别, F= 女性, M= 男性), sample.yr (抽取血样的日历时间, 单位: 日历年), kappa (血清自由光链的 kappa 比例), lambda (血清自由光链的 lambda 比例), flc.grp (对象中的血清自由光链群), creatinine (血清肌氨酸), mgus (如果受试者被诊断为单克隆免疫球蛋白血症 (MGUS) 则取 1, 否则为 0), futime (存活时间), death (死亡 (删失), 0= 删失, 1= 未删失).

由于原来样本量很大, 这里使用的 flc9000.csv 数据是用下面代码抽样得到的:

[1]Therneau T (2015). A Package for Survival Analysis in S. version 2.38. URL: `https://CRAN.R-project.org/package=survival`.

```
set.seed(9000);flchain[sample(1:7874,100),]
```

图 10.1.2 为例 10.2 数据对生存函数的近似描述, 是用下面的语句生成的:

```
w=read.csv("flc9000.csv")
library(survival)
fit <- survfit(Surv(futime, death) ~ mgus, data=w)
library(survminer)
ggsurvplot(fit, data = w, pval = TRUE)
```

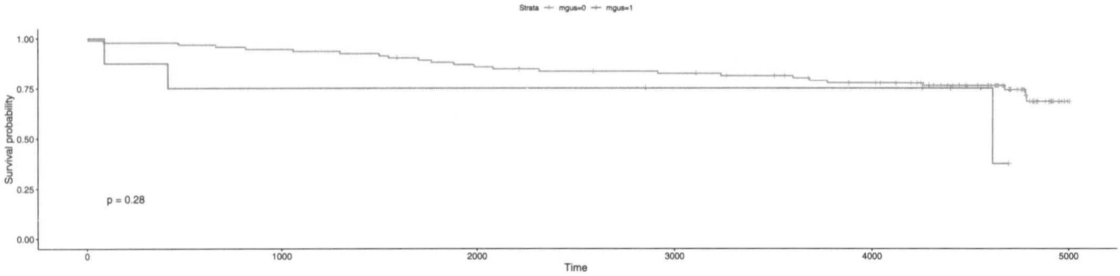

图 10.1.2　例 10.2 数据对生存函数的描述

例 10.3 (mastectomy.csv) 该数据是关于乳腺癌患者乳房切除术后的存活时间 (月数). 基于组织化学标记将癌症分类为已经转化或未转化. 变量有 time (生存时间, 单位: 月), event (事件, 观察到: TRUE, 删失: FALSE), metastized (转移与否, 转移: yes, 未转移: no). 数据一共有 44 个观测值; 数据来源于 Everitt and Rabe-Hesketh (2001), 数据以 `mastectomy` 的名字在 R 程序包 `HSAUR` 中提供.

图 10.1.3 为例 10.3 数据对生存函数的近似描述, 是用下面语句生成的:

```
w=read.csv('mastectomy.csv')
library(survival)
fit <- survfit(Surv(time, event) ~ metastized, data=w)
library(survminer)
ggsurvplot(fit, data = w, pval = TRUE)
```

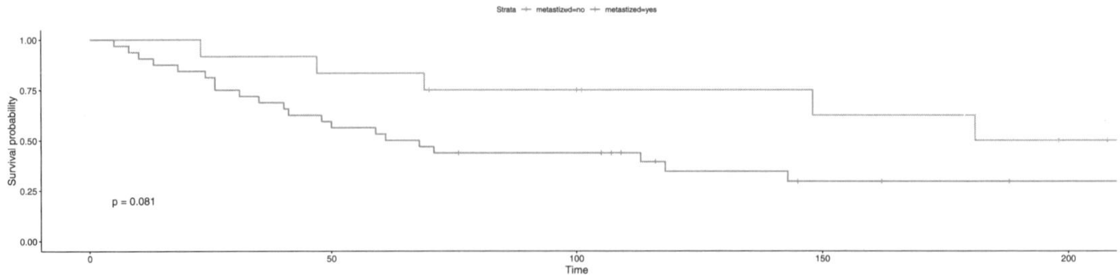

图 10.1.3　例 10.3 数据对生存函数的描述

在下面几小节, 我们介绍几种频率派统计学家常用的生存分析模型, 这些模型并不是互相排斥的, 很多模型可能属于其中几种.

10.1.2 Cox PH 模型

当协变量 $\boldsymbol{x}=(x_1,x_2,\ldots,x_p)^\top$ 存在时, **Cox 比例危险模型** (Cox proportional hazards model, Cox PH 模型) 或 Cox 回归模型 (Cox, 1972) 的危险函数为

$$h(t|\boldsymbol{x})=h_0(t)\exp(\beta_1x_1+\beta_2x_2+\cdots+\beta_px_p)=h_0(t)\exp(\boldsymbol{x}^\top\boldsymbol{\beta}), \tag{10.1.1}$$

式中, $h_0(t)$ 为**基线危险函数** (baseline hazard function), 它是不依赖协变量的危险函数, $\boldsymbol{\beta}=(\beta_1,\beta_2,\ldots,\beta_p)$ 为回归系数向量. 相应于式 (10.1.1) 的生存函数为

$$S(t|\boldsymbol{x})=S_0(t)^{\exp(\boldsymbol{x}^\top\boldsymbol{\beta})}.$$

这个模型不假定 $h_0(t)$ 的形式, 但假定了协变量的线性参数形式, 因此 Cox 模型被认为是半参数模型. 人们还是可以估计出 $\boldsymbol{\beta}$、**危险率** (hazard ratio) 及调整的危险函数. 两个有不同协变量 $\boldsymbol{x}$ 及 $\boldsymbol{y}$ 的对象的危险率定义为它们危险函数的比:

$$\text{HR}=\frac{h_0(t)\exp(\boldsymbol{x}^\top\boldsymbol{\beta})}{h_0(t)\exp(\boldsymbol{y}^\top\boldsymbol{\beta})}=\exp[(\boldsymbol{x}-\boldsymbol{y})^\top\boldsymbol{\beta}].$$

不同于其他类型的回归, 自变量 $\boldsymbol{x}$ 不应包括与截距相对应的常数项, 否则模型变得无法识别. [2]

为了对 Cox PH 模型做贝叶斯分析, 可以假定参数 $\boldsymbol{\beta}$ 的分布 (通常是正态分布), 困难的是基线危险函数 $h_0(t)$ 在 Cox 模型中并未假定, 因此在贝叶斯分析中必须对其做一些人工的模型假定. 根据 Christensen et al. (2010), Lunn et al. (2012), Ibrahim et al. (2001) 等对 Cox 模型的建议及讨论, 可以把 $h_0(t)$ 假定为分段阶梯函数, 也就是说把时间的值域划分为区间, 比如 $0\leqslant s_1<s_2<\cdots<s_N$, 而当 $s_j\leqslant t<s_{j+1}$ 时, $h_0(t)=\lambda_j\ (j=1,2,\ldots,N-1)$, 而且可以假定 λ_j 的分布 (比如 Gamma 分布). 最终第 i 个对象在区间 j 死亡或失效被这些文献认为可以假定为以 $\lambda\exp(\boldsymbol{x}^\top\boldsymbol{\beta})$ 为均值的 Poisson 分布. 后面的数据例子将会使用这种模型.

实际上, 上述模型是不是合理很有进一步探讨的余地, 人们可能会问时间值域应该分成多少段、每段用其他分布是不是比 Poisson 分布更合理、各个参数的分布及超参数该如何选择及确定等问题. 这些都没有定论, 有待人们做进一步研究.

10.1.3 参数 PH 模型

参数比例危险模型 (parametric proportional hazards model, 参数 PH 模型) 和 Cox PH 模型一样, 在有协变量 $\boldsymbol{x}=(x_1,x_2,\ldots,x_p)^\top$ 的情况下, 危险函数为

$$h(t|\boldsymbol{x})=h_0(t)\exp(\beta_1x_1+\beta_2x_2+\cdots+\beta_px_p)=h_0(t)\exp(\boldsymbol{x}^\top\boldsymbol{\beta}); \tag{10.1.2}$$

---

[2] 实际上, 对于任何一个常数 c, 我们的模型

$$\begin{aligned}h(t)&=h_0(t)\exp(\beta_0+\mathbf{x}\beta)=h_0(t)\exp(\beta_0)\exp(\mathbf{x}\beta)\\&=h_0(t)\exp(\beta_0-c+c+\mathbf{x}\beta)=h_0(t)\exp(\beta_0-c)\exp(c+\mathbf{x}\beta).\end{aligned}$$

令 $\tilde{\beta}_0=c, \tilde{\lambda}_0(t)=\lambda_0(t)\exp(\beta_0-c)$, 则

$$h(t)=h_0(t)\exp(\beta_0+\mathbf{x}\beta)=\tilde{h}_0(t)\exp(\tilde{\beta}_0+\mathbf{x}\beta).$$

这表明截距项不可识别.

与 Cox PH 模型的区别是参数 PH 模型确定了基线危险函数的分布形式，这些模型通常基于生存时间的分布来定义. 下面介绍几种参数 PH 模型. 虽然这些模型都是频率派模型，但都可以通过对各种参数假定分布来做贝叶斯分析.

1. Weibull PH 模型

这里，生存时间假定有 Weibull 分布，由于 Weibull 分布的参数化形式不同，生存函数 $S(t)$ 和危险函数 $h(t)$ 的形式也不同，下面列出不同参数化的形式 (见表 10.1.1).

表 10.1.1 不同参数化的形式

参数	参数和第一行参数的关系	$1-F(t)=S(t)$	$h(t)$
α,β,μ		$\exp\{-[(t-\mu)/\beta]^\alpha\}$	$\alpha\beta^{-\alpha}(t-\mu)^{\alpha-1}$
α,λ	$\mu=0,\lambda=1/\beta$	$\exp[-(\lambda t)^\alpha]$	$\alpha\lambda^\alpha t^{\alpha-1}$
α,λ	$\mu=0,\lambda=\beta^{-\alpha}$	$\exp(-\lambda t^\alpha)$	$\lambda\alpha t^{\alpha-1}$

表 10.1.1 中, $\alpha>0,\beta>0,\lambda>0$. 对于表 10.1.1 中最后一种参数化，有

$$S(t|\boldsymbol{x})=\exp[-\exp(\boldsymbol{x}^\top\boldsymbol{\beta})\lambda t^\alpha];\ \ h(t|\boldsymbol{x})=\lambda\alpha t^{\alpha-1}\exp(\boldsymbol{x}^\top\boldsymbol{\beta}) \tag{10.1.3}$$

和

$$\log[-\log S(t)]=\log\lambda+\alpha\log t.$$

2. 指数 PH 模型

Weibull 分布 (在 $\alpha=1$ 时) 的特例为指数分布，

$$S(t)=\exp(-\lambda t),\ \ h(t)=\lambda.$$

因此，

$$h(t|\boldsymbol{x})=\lambda\exp(\boldsymbol{x}^\top\boldsymbol{\beta})$$

3. Gompertz PH 模型

Gompertz HP 模型定义很多，比如:

$$\begin{aligned}S(t)&=\exp\{\lambda\theta^{-1}[1-\exp(\theta t)]\};\\h(t)&=\lambda\exp(\theta t);\\h(t|\boldsymbol{x})&=\lambda\exp(\boldsymbol{x}^\top\boldsymbol{\beta})\exp(\theta t).\end{aligned}$$

由于上述这些参数 PH 模型都有大量的参数，包括分布参数和线性部分的系数，贝叶斯分析可以把这些参数看成随机的，并假定先验分布进行探讨.

10.1.4 加速失效时间模型

如果对象 1 和对象 2 的生存函数分别为 $S_1(t)$ 和 $S_2(t)$，如果 $S_1(t)=S_2(\theta t)$，那么，对象 1 活过某时间 t 的概率与对象 2 活过时间 θt 的概率一样. 如果 $\theta>1$，则对象 1 风险比对象 2 大，这时的 θ 称为**加速因子** (acceleration factor). 如果 $\theta<1$ 则正相反. 这就是加速失效时间模型 (accelerated failure time mode)，简称 AFT 模型.

如果对于对象 i，协变量为 $\boldsymbol{x}_i=(x_{1i},x_{2i},\dots,x_{pi})^\top$ 的情况，AFT 模型的 θ 通常被定义为协变量的某个线性组合的函数. 令 T_i 为代表第 i 个对象生存时间的一个随机变量，可能观测到也可能观测不到. 可以考虑其对数作为协变量 $\boldsymbol{x}_i$ 的线性组合，比方说，T_i 的对数

$Y_i = \log(T_i)$ 有下面对数线性模型的形式:

$$Y_i = \log(T_i) = \mu + \boldsymbol{x}_i^\top \boldsymbol{\alpha} + \sigma\epsilon_i, \tag{10.1.4}$$

式中, ϵ_i 是一个适当的具有待确定分布的误差项, σ 为尺度参数, $\boldsymbol{\alpha} = (\alpha_1, \alpha_2, \ldots, \alpha_p)^\top$ 为线性组合系数. 如果令 $\eta_i = \boldsymbol{x}_i^\top \boldsymbol{\alpha}$, 则模型 (10.1.4) 可写成

$$Y_i = \log(T_i) = \mu + \eta_i + \sigma\epsilon_i.$$

对于生存函数, 这实际上代表了下面的变换:

$$\begin{aligned} S_i(t) =& P(T_i > t) = P(\log T_i > \log t) = P\left(\epsilon_i > \frac{\log t - \mu - \boldsymbol{x}_i^\top \boldsymbol{\alpha}}{\sigma}\right) \\ =& S_{\epsilon_i}\left(\frac{\log t - \mu - \boldsymbol{x}_i^\top \boldsymbol{\alpha}}{\sigma}\right) = S_{\epsilon_i}\left(\frac{\log t - \mu - \eta_i}{\sigma}\right) \end{aligned} \tag{10.1.5}$$

对于对数线性模型 (关于 $\log(T)$) 的误差项 ϵ 分布的选择确定了 AFT 模型 (关于 T 的) 基线生存函数 S_0, 表10.1.2给出了几个常用的 ϵ 分布及相应的生存函数 S_0.

表 10.1.2 几个常用的 ϵ 分布及相应的生存函数 S_0

对数线性模型 $\log(T)$ 误差 ε 分布	基线生存函数 T 的尾分布 (S_0)
Normal	log-normal
Extreme value (Gumbel)	Weibull
Logistic	Log-logistic

表 10.1.2 还可包含更多内容, 比如 3-参数的广义 Gamma 分布实际上以 Weibull 分布和 log-normal 分布作为特例, 再如作为 Weibull 分布特例的指数分布等. 表 10.1.3 是指数分布、Weibull(一种参数化的) 分布及 log-logistic 分布的密度函数、$S(t)$ 及 $h(t)$ 的公式对照.

表 10.1.3 三种分布的 $f(t)$、$S(t)$ 及 $h(t)$ 公式对照

分布	$f(t)$	$S(t)$	$h(t)$
Exponential	$\lambda \exp(-\lambda t)$	$\exp(-\lambda t)$	λ
Weibull	$\lambda p t^{p1} \exp(-\lambda t^p)$	$\exp(-\lambda t^p)$	$\lambda p t^{p1}$
log-logistic	$\frac{\lambda p t^{p1}}{(1+\lambda t^p)^2}$	$\frac{1}{1+\lambda t^p}$	$\frac{\lambda p t^{p1}}{1+\lambda t^p}$

1. Weibull AFT **模型**

如果 T 有 Weibull 分布, 那么 ϵ 有极端值分布或 Gumbel 分布, 标准 Gumbel 分布的生存函数为

$$S_{\epsilon_i}(\epsilon) = \exp[-\exp(\epsilon)],$$

即有

$$\begin{aligned} S_i(t) &= \exp\left[-\exp\left(\frac{\log t - \mu - \boldsymbol{x}_i^\top \boldsymbol{\alpha}}{\sigma}\right)\right] \\ &= \exp\left[-\exp\left(\frac{-\mu - \boldsymbol{x}_i^\top \boldsymbol{\alpha}}{\sigma}\right) t^{1/\sigma}\right]. \end{aligned} \tag{10.1.6}$$

做变换 $\boldsymbol{\beta} = -\boldsymbol{\alpha}/\sigma$, $\lambda = \exp(-\mu/\sigma)$, $\gamma = 1/\sigma$, 则有

$$S_i(t) = \exp[-\exp(\boldsymbol{x}^\top \boldsymbol{\beta})\lambda t^\gamma]. \tag{10.1.7}$$

而基线危险函数为

$$h_i(t) = \exp(\boldsymbol{x}^\top \boldsymbol{\beta})\lambda\gamma t^{\gamma-1}. \tag{10.1.8}$$

可以看出模型 (10.1.7) 和模型 (10.1.8) 与前面的 Weibull PH 模型 (10.1.3) 形式上完全一样.

2. log-logistic AFT 模型

如果 T 有 log-logistic 分布, 那么 ϵ 有 logistic 分布, 其生存函数为

$$S_{\epsilon_i}(\epsilon) = \frac{1}{1+\exp(\epsilon)},$$

即有

$$S_i(t) = \left[1 + t^{1/\sigma} \exp\left(\frac{-\mu - \boldsymbol{x}_i^\top \boldsymbol{\alpha}}{\sigma}\right)\right]^{-1}. \tag{10.1.9}$$

做变换 $\theta = -\mu/\sigma, k = 1/\sigma$, 则有

$$S_i(t) = \frac{1}{1 + \exp[\theta - k\log(\boldsymbol{x}_i^\top \boldsymbol{\alpha})]t^k}. \tag{10.1.10}$$

而基线危险函数为

$$\begin{aligned} h_i(t) =& \frac{1}{\sigma t}\left[1 + t^{-1/\sigma} \exp\left(\frac{\mu + \boldsymbol{x}_i^\top \boldsymbol{\alpha}}{\sigma}\right)\right]^{-1} \\ =& \frac{kt}{1 + t^{-k}\exp\left(-\theta + k\boldsymbol{x}_i^\top \boldsymbol{\alpha}\right)}. \end{aligned} \tag{10.1.11}$$

生存分析中还有一个概念叫作**比例优势** (proportional odds, PO), 它常用于这里的 log-logistic AFT 模型. 优势 (odds) 也称为赔率, 生存分析中的优势有两种:

- 生存优势 (survival odds):
$$\frac{S(t)}{1-S(t)} = \frac{P(T>t)}{P(T \leqslant t)}$$
- 失效优势 (failure odds), 定义为生存优势的倒数:
$$\frac{1-S(t)}{S(t)} = \frac{P(T \leqslant t)}{P(T>t)}$$

对于式 (10.1.10) 的生存函数, 生存优势为

$$\frac{S_i(t)}{1-S_i(t)} = \exp[-\theta + k\log(\boldsymbol{x}_i^\top \boldsymbol{\alpha})]t^{-k}.$$

这有什么意义呢? 如果 log-logistic 模型的基线生存函数为

$$S_0(t) = \frac{1}{1+\exp(\theta)t^k},$$

那么,

$$\frac{S_0(t)}{1-S_0(t)} = \exp(-\theta)t^{-k}.$$

因此, 令 $\boldsymbol{\beta} = k\boldsymbol{\alpha} = \boldsymbol{\alpha}/\sigma$, 我们有

$$\frac{S_i(t)}{1-S_i(t)} = \exp(\boldsymbol{x}_i^\top \boldsymbol{\beta})\frac{S_0(t)}{1-S_0(t)}.$$

这就说明优势 $S_i(t)/[1-S_i(t)]$ 和优势 $S_0(t)/[1-S_0(t)]$ 成比例, 其比例常数为 $\exp(\boldsymbol{x}_i^\top \boldsymbol{\beta})$, 它称为**优比**或**优势比** (odds ratio, OR), 这就是说在 log-logistic 分布情况下有比例优势性质.

10.2 数值计算例子

10.2.1 Cox PH 模型 *

对 Cox PH 模型做贝叶斯分析很困难, 因为它并不是全参数模型. 纯粹的贝叶斯派学者不会自找麻烦来尝试. 本小节介绍某些尝试, 它们试图把这个模型改造成某种参数化模型, 再做贝叶斯分析. 这些尝试有相当多的变化和发展余地, 关键问题是这些尝试能否对原始问题更有说明性. 至少, 我们希望读者能够从中得到某些有益的启发.

根据 Christensen et al. (2010), Lunn et al. (2012), Ibrahim et al. (2001) 等的讨论, 我们考虑把时间的值域分成 N 个区域, 每个区域的基线危险函数用一个有 Gamma 分布的值 λ 表示, 对个体 i 在区域 j 的事件发生数目 y_{ij} 用以 $t_{ij}\lambda_{ij}\exp(\boldsymbol{x}_i^\top\boldsymbol{\beta})$ 为均值的 Poisson 分布来描述, 这里的 t_{ij} 为相应区间长度.

$$p(\boldsymbol{y}_i|\boldsymbol{\mu}_i) = \prod_{k=1}^{N}\text{Poisson}(y_{ik}|\mu_{ij}), \tag{10.2.1}$$

$$\mu_{ij} = t_{ij}\lambda_{ij}\exp(\boldsymbol{x}_i^\top\boldsymbol{\beta}), \tag{10.2.2}$$

$$\lambda_{ij} = \text{Gamma}(\alpha_\lambda, \beta_\lambda), \tag{10.2.3}$$

$$p(\boldsymbol{\beta}|\mu_\beta, \sigma_\beta) = \text{Normal}(\beta|\mu_\beta, \sigma_\beta), \tag{10.2.4}$$

$$i = 0, 1, \ldots, n,\ j = 1, 2, \ldots, N.$$

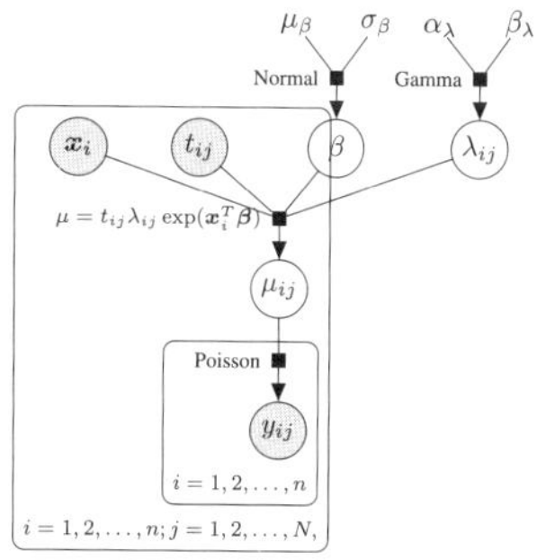

关于模型 (10.2.1)～(10.2.4) 的讨论很多, Yoshida[3]对此有详尽的讨论和数学公式的推导, 但未能给出完整的 Stan 代码, 而仅仅给出了 R 程序包 `rstanarm` 所能够提供的部分解决方案的代码. 但 Rochford[4]给出了对该模型完整的 PyMC3 代码. 下面对例 10.3 的数据做 Cox PH 模型计算的代码为对 Rochford 的 PyMC3 代码的模仿. 由于这个模型的各种困难和争论, 包括收敛不理想或者不收敛 (Stan), 我们仅仅给出代码及结果, 更多的研究和讨论留给感兴趣的读者.

下面对模型 (10.2.1)～(10.2.4) 应用 Python/PyMC 代码于例 10.3. 输入例 10.3 的数据并做好使用准备:

```
df = pd.read_csv('mastectomy.csv') #输入数据
df.event = df.event*1 #把因子哑元化
df.metastized= (df.metastized == 'yes')*1 #把因子哑元化
n=df.shape[0] #样本量
row_names=np.arange(n) #行号
iv_len = 3 #划分的区间长度
iv_cut = np.arange(0, df.time.max() + iv_len + 1, iv_len) #区间端点
N = iv_cut.size - 1 #区间数目
iv_number = np.arange(N) #区间编号
```

[3]网址为http://rpubs.com/kaz_yos/surv_stan_piecewise1.

[4]网址https://austinrochford.com/posts/revisit-survival-pymc.html.

```
last_period = np.floor((df.time - 0.01) / iv_len).astype(int)
#上边是每个时间除以3
death = np.zeros((n, N)) #矩阵: 每个对象一行, 每个区间一列
death[row_names, last_period] = df.event #每个对象的最后时间区间为0/1
expos = np.greater_equal.outer(df.time.values,iv_cut[:-1])*iv_len
# (n, N)矩阵: 如果事件至少在某区间发生则先为3, 如发生则改为实际时长(0到3):
expos[row_names, last_period] = df.time - iv_cut[last_period]
```

下面是模型 (10.2.1)~(10.2.4) 及抽样的代码:

```
import pytensor.tensor as pt
with pm.Model() as Cox_ph_model:
    lambda_ = pm.Gamma('lambda_', 0.01, 0.01, shape=N)
    beta = pm.Normal('beta', 0, sigma=1000)
    eta_ = pm.Deterministic('eta_', pt.outer(pt.exp(beta * df.metastized),
                                              lambda_))
    mu = pm.Deterministic('mu', expos * eta_)
    obs = pm.Poisson('obs', mu, observed=death)
    Cox_PH_trace = pm.sample(1000, tune=1000, random_seed=1010)
```

使用下面的代码生成参数 β 和 λ 的抽样痕迹图 (见图 10.2.1):

```
az.plot_trace(Cox_PH_trace, var_names=['beta','lambda_'],figsize=(32,8))
```

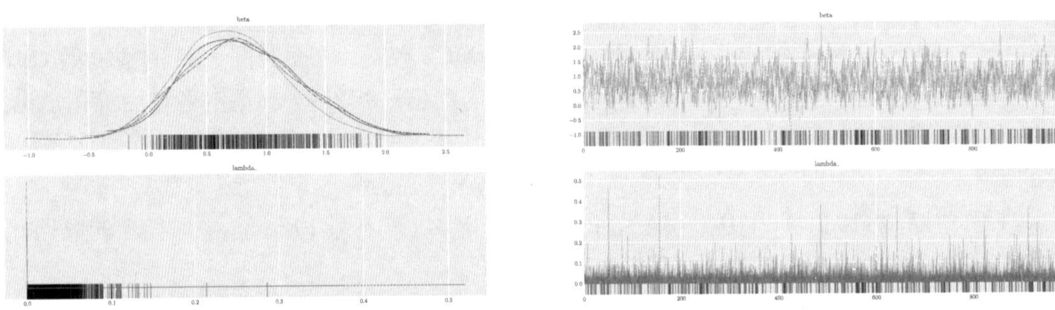

图 10.2.1 例 10.3 参数 β 和 λ 的抽样痕迹图

用下面的代码输出参数 β 和 λ 的汇总数据 (只展示几行):

```
pm.summary(Cox_PH_trace, var_names=['beta','lambda_']).round(2)
```

	mean	sd	hdi_3%	hdi_97%	mcse_mean	mcse_sd	ess_bulk	ess_tail	r_hat
beta	0.78	0.48	-0.07	1.69	0.02	0.01	767.0	1083.0	1.01
lambda_[0]	0.00	0.00	0.00	0.00	0.00	0.00	674.0	916.0	1.01
lambda_[1]	0.00	0.00	0.00	0.01	0.00	0.00	1323.0	968.0	1.00

注意此处模型的 β 只有一维, 而处理组 (癌细胞转移) 的 $x=1$, 对照组 (癌细胞未转移) 的 $x=0$, 因此危险比例应该为 $\exp(\beta)$:

```
np.exp(Cox_PH_trace.posterior.beta.mean())
```

得到危险比例为 2.18645724.

使用下面的代码可生成参数 β 的后验最高密度区域图 (见图 10.2.2):

```
az.plot_forest(Cox_PH_trace,var_names=['beta'],figsize=(28,7))
```

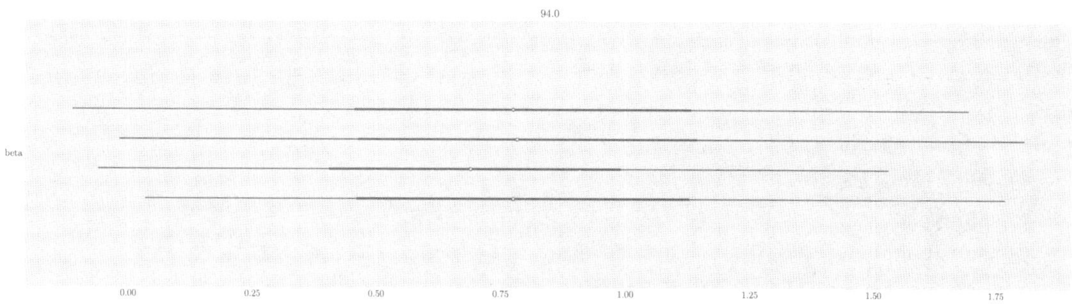

图 10.2.2 例 10.3 参数 β 的后验最高密度区域图

使用下面的代码生成所谓能量图 (见图 10.2.3), 看 NUTS 抽样中失去的信息是否重要.

```
az.plot_energy(Cox_PH_trace,figsize=(20,5))
```

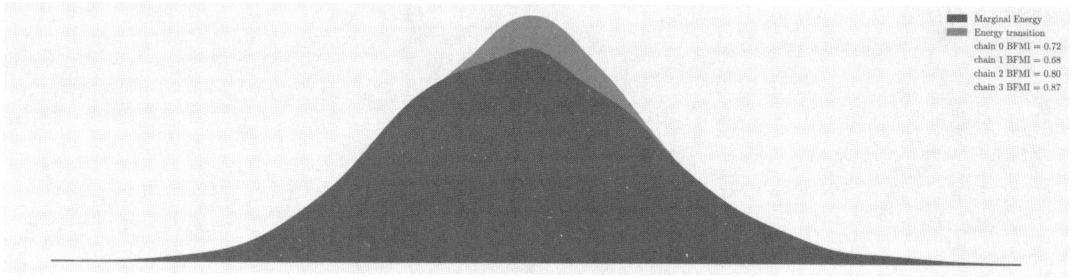

图 10.2.3 例 10.3 抽样的能量图

10.2.2 AFT-Weibull 模型

我们考虑比较典型的 AFT 模型, 首先考虑其中观测的生存时间服从 Weibull 分布, 或者是其对数服从 Gumbel 分布 (这是下面模型描述的), Gumbel 分布的密度函数为

$$f(x \mid \mu, \alpha) = \frac{1}{\alpha} \mathrm{e}^{-(z+\mathrm{e}^{-z})}, \quad z = \frac{x-\mu}{\alpha}.$$

式中, μ 为位置参数, α 为尺度参数, 在下面的模型中, 位置参数用 $\boldsymbol{x}^\top \boldsymbol{\beta}$ 代表, 尺度参数 α 和线性表示的系数向量 $\boldsymbol{\beta}$ 假定有先验的正态分布.

$$p(\log(\boldsymbol{y})|\mu,\alpha)=\prod_{i=1}^{n}\text{Gumbel}[\log(y_i)|\boldsymbol{x}^\top\boldsymbol{\beta},\alpha],\quad(10.2.5)$$

$$p(\alpha|\mu_0,\sigma_0)=\text{Normal}(\alpha|\mu_0,\sigma_0),\quad(10.2.6)$$

$$p(\beta_j|\mu_0,\sigma_0)=\text{Normal}(\beta_j|\mu_0,\sigma_0),\quad(10.2.7)$$

$$j=0,1,\ldots,p,\ \mu_0=0,\sigma_0=5.$$

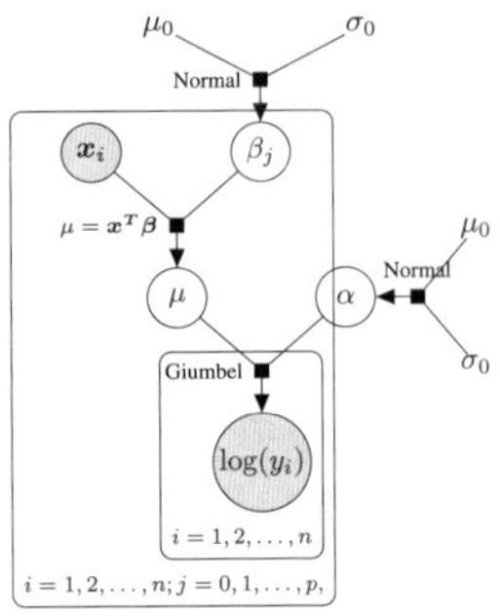

1. 对模型 (10.2.5)～(10.2.7) 应用 R/Stan 代码于例 10.1

输入数据:

```
w=read.csv("aml.csv")

A=1*(w$x=='Maintained')
X <- model.matrix(~ A)
aml_data=list(
  y_m=as.vector(scale(log(w$time[w$status==0]))),X_m=X[w$status==0,],
  y_o=as.vector(scale(log(w$time[w$status==1]))),X_o=X[w$status==1,],
  N_m=sum(w$status==0),N_o=sum(w$status==1),
  P=2
)
```

输入模型:

```
AFT_model <- "
data {
  int P; // number of beta parameters

  // data for censored subjects
  int N_m;
  matrix[N_m,P] X_m;
  vector[N_m] y_m;

  // data for observed subjects
  int N_o;
  matrix[N_o,P] X_o;
  vector[N_o] y_o;
}

parameters {
  vector[P] beta; //coefficients
  real alpha; // Gumbel scale
}
```

```
transformed parameters{
  // model Weibull rate as function of covariates
  vector[N_m] eta_m;
  vector[N_o] eta_o;

  // standard weibull AFT re-parameterization
  eta_m = exp(X_m*beta);
  eta_o = exp(X_o*beta);
}

model {
  beta ~ normal(0, 5);
  alpha ~ normal(0,5);

  // evaluate likelihood for censored and uncensored subjects
  target += gumbel_lcdf(y_o | eta_o,alpha);
  target += gumbel_lccdf(y_m | eta_m,alpha);
}
"
```

执行 Stan:

```
library(rstan)
amlAFT <- stan(model_code = AFT_model,data = aml_data,
               chains=2,control = list(max_treedepth=12,adapt_delta=.99))
```

由 summary(amlAFT) 可以得到拟合的一些结果, 下面是输出的部分结果 (最后一列 Rhat 全部为 1, 略去):

```
> head(summary(amlAFT)[[1]][,-10])
          mean se_mean   sd   2.5%   25%   50%   75%  97.5%   n_eff
beta[1]   -5.38    0.13 3.13 -12.66 -7.14 -4.95 -3.08  -0.77  578.29
beta[2]   -1.74    0.16 4.22 -10.71 -4.42 -1.46  1.19   5.84  666.13
alpha      6.51    0.12 2.89   2.50  4.35  5.95  8.12  13.73  557.93
eta_m[1]   0.07    0.01 0.25   0.00  0.00  0.00  0.03   0.65 1529.90
eta_m[2]   0.07    0.01 0.25   0.00  0.00  0.00  0.03   0.65 1529.90
eta_m[3]   0.07    0.01 0.25   0.00  0.00  0.00  0.03   0.65 1529.90
```

使用下面的代码生成例 10.1 的几个参数的后验分布直方图及非参数密度估计图 (见图 10.2.4):

```
post_draws<-rstan::extract(amlAFT)
nm=names(post_draws)
layout(matrix(1:4,2,2,by=TRUE))
for(i in 1:4){
```

```
hist(post_draws[[i]],col=4,probability = T,
    xlab=nm[[i]], main=paste(nm[[i]],'Posterior Distribution'))
lines(density(post_draws[[i]]),col=2)
}
```

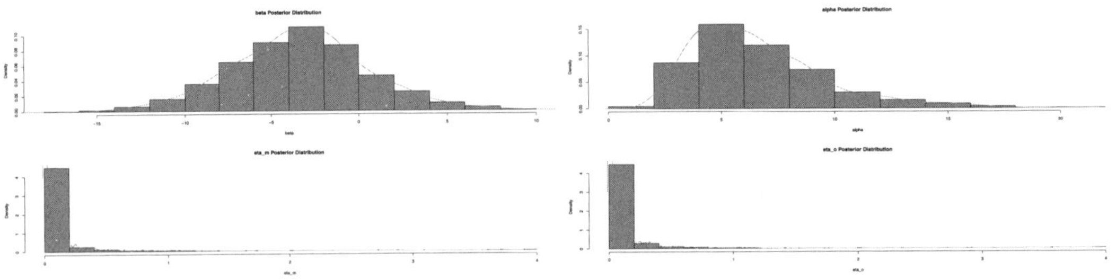

图 10.2.4　例 10.1 的几个参数的后验分布直方图及非参数密度估计图

用代码 `plot(amlAFT,pars=c("beta","alpha"))` 生成例 10.1 的 3 个参数的后验均值及 80%和 95%区间 (见图 10.2.5).

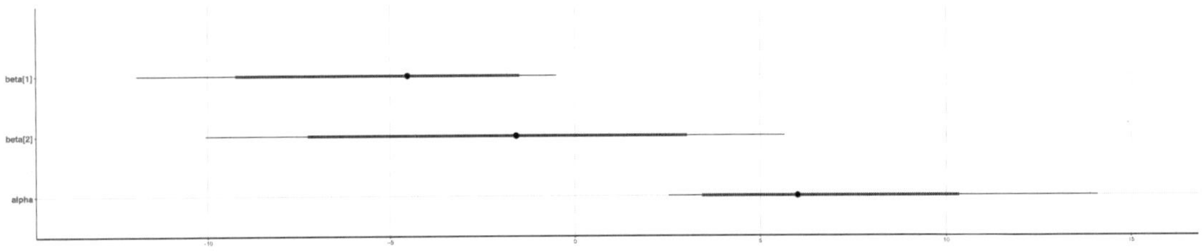

图 10.2.5　例 10.1 的 3 个参数的后验均值和 80%及 95%区间

使用下面的代码生成部分的参数 MCMC 的抽样痕迹图 (见图 10.2.6):

```
traceplot(amlAFT, pars=c("beta","alpha"),
          inc_warmup =TRUE,nrow=1)
```

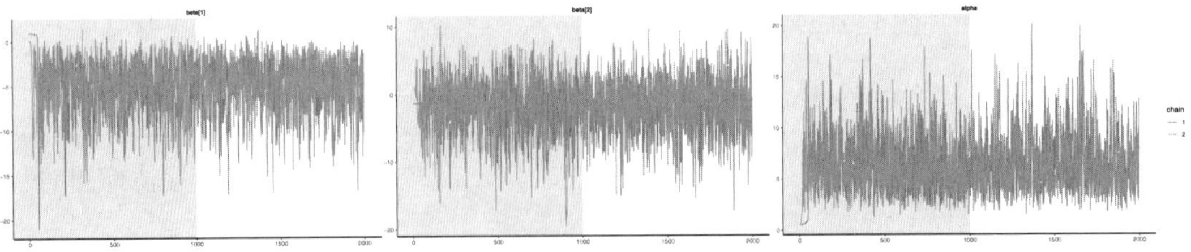

图 10.2.6　例 10.1 部分参数的 MCMC 抽样痕迹图

2. 对模型 (10.2.5)～(10.2.7) 应用 Python/PyMC 代码于例 10.1

输入并整理数据:

```
df=pd.read_csv('aml.csv')
n_patient, _ = df.shape
X = np.empty((n_patient, 2))
X[:, 0] = 1.
X[:, 1] = (df.x=='Maintained').values*1
y = np.log(df.time.values)
y_std = (y - y.mean()) / y.std()
cens = df.status.values == 0.
```

定义 Gumbel 分布的尾概率:

```
import pytensor.tensor as pt
def gumbel_sf(y, mu, sigma):
    return 1. - pt.exp(-pt.exp(-(y - mu) / sigma))
```

定义模型并用NUTS 做抽样:

```
with pm.Model() as amlAFT_model:
    beta = pm.Normal('beta', mu=0., sigma=5, shape=2)
    eta = beta@(X.T)
    alpha = pm.HalfNormal('alpha', sigma=5.)
    y_obs = pm.Gumbel('y_obs', eta[~cens], alpha, observed=y_std[~cens])
    y_cens = pm.Potential('y_cens',gumbel_sf(y_std[cens],eta[cens],alpha))
    amlAFT_trace = pm.sample(draws=1000, tune=1000,target_accept=0.9)
```

用下面代码生成一些参数的抽样分布和痕迹图 (见图 10.2.7):

```
az.plot_trace(amlAFT_trace,var_names=['alpha', 'beta'],figsize=(20,5))
```

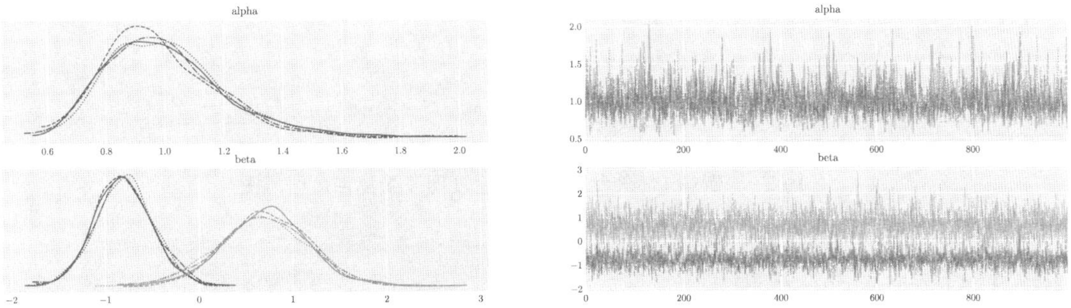

图 10.2.7　例 10.1 部分参数的抽样分布及痕迹图

使用下面的代码输出部分参数的汇总:

```
pm.summary(amlAFT_trace, var_names=['alpha', 'beta']).round(2)
```

	mean	sd	hdi_3%	hdi_97%	mcse_mean	mcse_sd	ess_bulk	ess_tail	r_hat
alpha	1.00	0.21	0.63	1.37	0.00	0.00	1586.0	1847.0	1.0
beta[0]	-0.80	0.31	-1.40	-0.22	0.01	0.00	1947.0	2373.0	1.0
beta[1]	0.69	0.48	-0.19	1.63	0.01	0.01	1931.0	1952.0	1.0

使用下面的代码生成所谓能量图 (见图 10.2.8), 看 NUTS 抽样中失去的信息是否重要.

```
az.plot_energy(amlAFT_trace,figsize=(15,3))
```

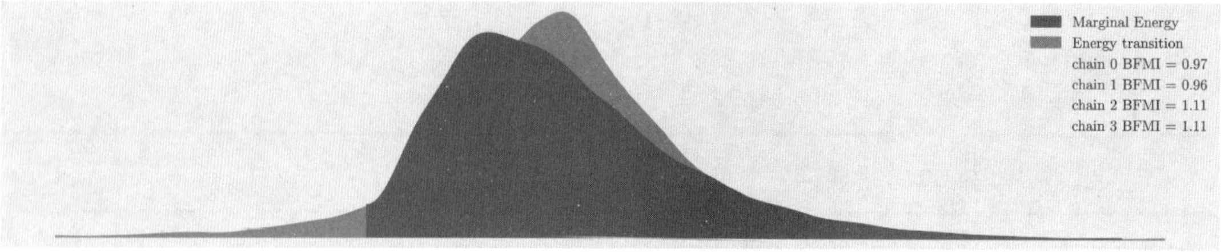

图 10.2.8 例 10.1 NUTS 抽样的能量图

使用下面的代码点出后验密度直方图及最高密度区域图 (见图 10.2.9), 该图和图 10.2.7 (左边) 及图 10.2.5 有同样的信息.

```
az.plot_posterior(amlAFT_trace, figsize=(25,5))
```

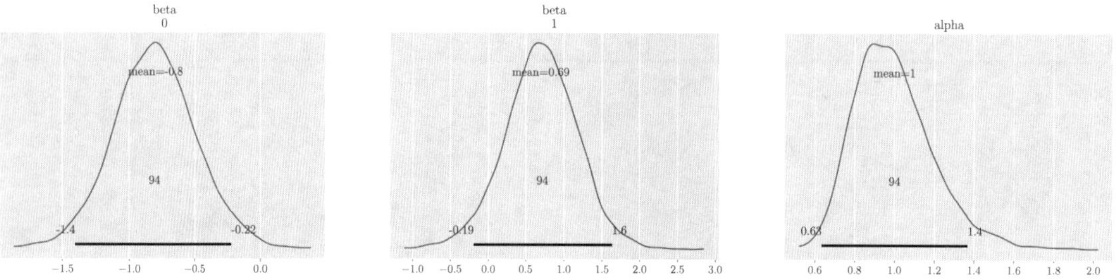

图 10.2.9 例10.1部分参数的后验密度图及最高密度区域图

10.2.3 AFT-log-logistic 模型

下面考虑 AFT 模型的观测的生存时间服从 log-logistic 分布的情况, 或者是其对数服从 logistic 分布 (这是下面模型描述的), logistic 分布的密度函数为

$$P(Y \geqslant y) = 1 - \frac{1}{1+\exp\left[-\left(\frac{y-\mu}{\alpha}\right)\right]},$$

式中, μ 为位置参数, α 为尺度参数. 在下面模型中, 位置参数用 $\boldsymbol{x}^\top\boldsymbol{\beta}$ 代表, 尺度参数 α 和线性表示的系数向量 $\boldsymbol{\beta}$ 假定有先验的正态分布.

$$p[\log(\boldsymbol{y})|\mu,\alpha]=\prod_{i=1}^{n}\text{Logistic}[\log(y_i)|\boldsymbol{x}^\top\boldsymbol{\beta},\alpha], \quad (10.2.8)$$

$$p(\alpha|\mu_0,\sigma_0)=\text{Normal}(\alpha|\mu_0,\sigma_0), \quad (10.2.9)$$

$$p(\beta_j|\mu_0,\sigma_0)=\text{Normal}(\beta_j|\mu_0,\sigma_0), \quad (10.2.10)$$

$$j=0,1,\ldots,p,\ \mu_0=0,\sigma_0=5.$$

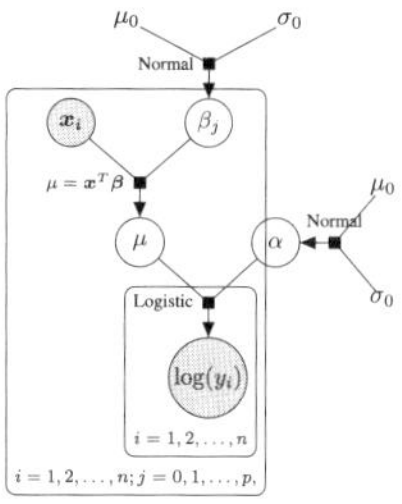

1. **对模型** (10.2.8)～(10.2.10) **应用** R/Stan **代码于例** 10.1

由于这里的模型和前面的模型 (10.2.5)～(10.2.7) 几乎完全一样, 数据格式也相同, 这里仅仅给出模型和显示输出的代码.

输入模型和执行 Stan:

```
AFTLL_model <- "
data {
  int P; // number of beta parameters
  // data for censored subjects
  int N_m;
  matrix[N_m,P] X_m;
  vector[N_m] y_m;
  // data for observed subjects
  int N_o;
  matrix[N_o,P] X_o;
  vector[N_o] y_o;
}
parameters {
  vector[P] beta; //coefficients
  real alpha; // Gumbel scale
}
transformed parameters{
  // function of covariates
  vector[N_m] eta_m;
  vector[N_o] eta_o;
  // standard weibull AFT re-parameterization
  eta_m = exp(X_m*beta);
  eta_o = exp(X_o*beta);
}
model {
  beta ~ normal(0, 5);
  alpha ~ normal(0,5);
  // evaluate likelihood for censored and uncensored subjects
  target += logistic_lcdf(y_o | eta_o,alpha);
  target += logistic_lccdf(y_m | eta_m,alpha);
}
```

```
"
library(rstan)
amlLLAFT <- stan(model_code = AFTLL_model,data = aml_data,
               chains=2,control = list(max_treedepth=12,adapt_delta=.99))
```

由 summary(amlLLAFT) 可以得到拟合的一些结果, 下面是输出的部分结果 (最后一列 Rhat 全部为 1, 略去):

```
> head(summary(amlLLAFT)[[1]][,-10])
          mean se_mean   sd   2.5%   25%   50%   75% 97.5%   n_eff
beta[1]  -4.81    0.13 3.06 -11.64 -6.65 -4.42 -2.47 -0.14  580.40
beta[2]  -1.72    0.18 4.25 -10.76 -4.35 -1.54  1.21  5.84  587.99
alpha     5.78    0.14 3.00   1.62  3.50  5.21  7.53 12.90  443.45
eta_m[1]  0.15    0.01 0.47   0.00  0.00  0.00  0.06  1.39 1341.28
```

用下面的代码生成例 10.1 几个参数的后验分布直方图及非参数密度估计图 10.2.10:

```
post_draws<-rstan::extract(amlLLAFT)
nm=names(post_draws)

layout(t(1:4))
for(i in 1:4){
hist(post_draws[[i]],col=4,probability = T,
     xlab=nm[[i]], main=paste(nm[[i]],'Posterior Distribution'))
lines(density(post_draws[[i]]),col=2)
}
```

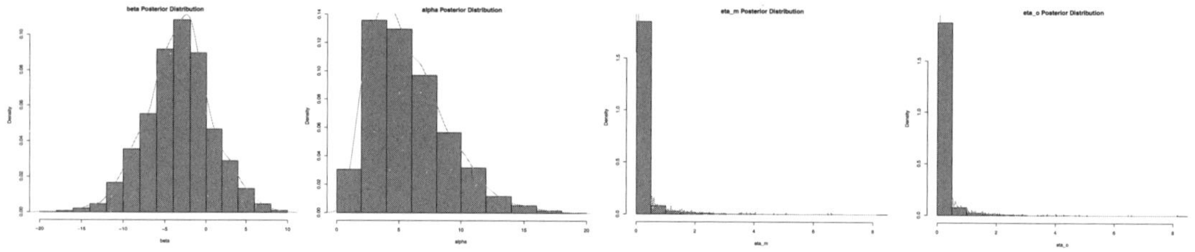

图 10.2.10　例 10.1 几个参数的后验分布直方图及非参数密度估计图

用代码 plot(amlLLAFT,pars=c("beta","alpha")) 生成例 10.1 的 3 个参数的后验均值和 80%及 95%区间 (见图 10.2.11).

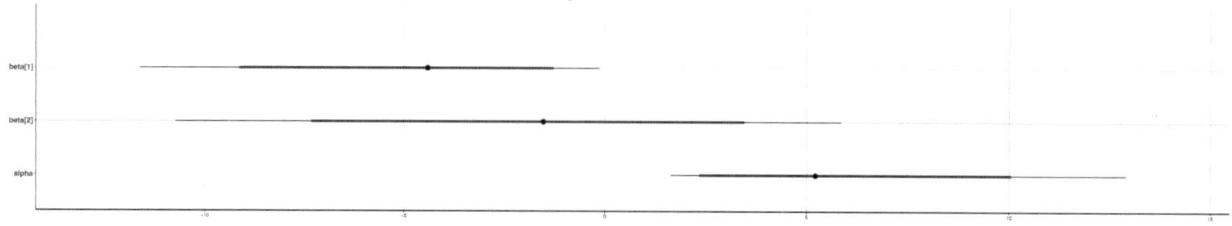

图 10.2.11　例 10.1 的 3 个参数的后验均值和 80%及 95%区间

用下面的代码生成部分参数的 MCMC 抽样痕迹图 (见图 10.2.12):

```
traceplot(amlLLAFT, pars=c("beta","alpha"),
          inc_warmup =TRUE,nrow=1)
```

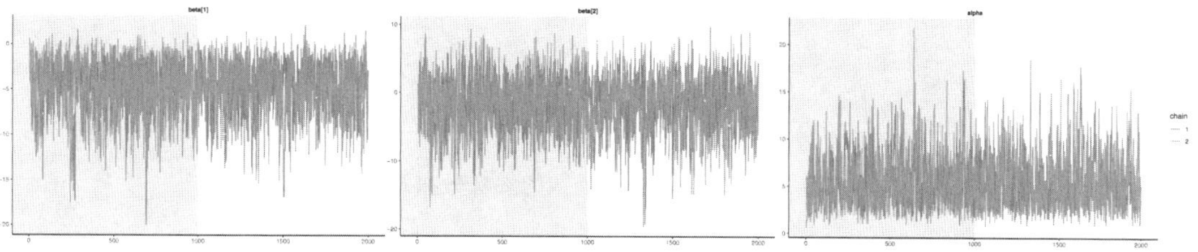

图 10.2.12 例 10.1 部分参数的 MCMC 抽样痕迹图

2. 对模型 (10.2.8)～(10.2.10) 应用 Python/PyMC 代码于例 10.1

输入并整理数据、定义模型并用 NUTS 做抽样:

```
df=pd.read_csv('aml.csv')

n_patient, _ = df.shape

X = np.empty((n_patient, 2))
X[:, 0] = 1.
X[:, 1] = (df.x=='Maintained').values*1

y = np.log(df.time.values)
y_std = (y - y.mean()) / y.std()
cens = df.status.values == 0.

def logistic_sf(y, mu, alpha): #logistic分布的尾概率
    return 1. - pm.math.sigmoid((y - mu) / alpha)

with pm.Model() as amlLL_model:
    beta = pm.Normal('beta', mu=0., sigma=5, shape=2)
    eta = beta.dot(X.T)
    alpha = pm.HalfNormal('alpha', sigma=5.)
    y_obs = pm.Logistic('y_obs', eta[~cens], alpha, observed=y_std[~cens])
    y_cens = pm.Potential('y_cens', logistic_sf(y_std[cens], eta[cens],
                          alpha))
    amlLL_trace = pm.sample(draws=1000, tune=1000,target_accept=0.9)
```

用下面的代码生成一些参数的抽样分布和痕迹图 (见图 10.2.13):

```
az.plot_trace(amlLL_trace,var_names=['alpha', 'beta'],figsize=(24,6))
```

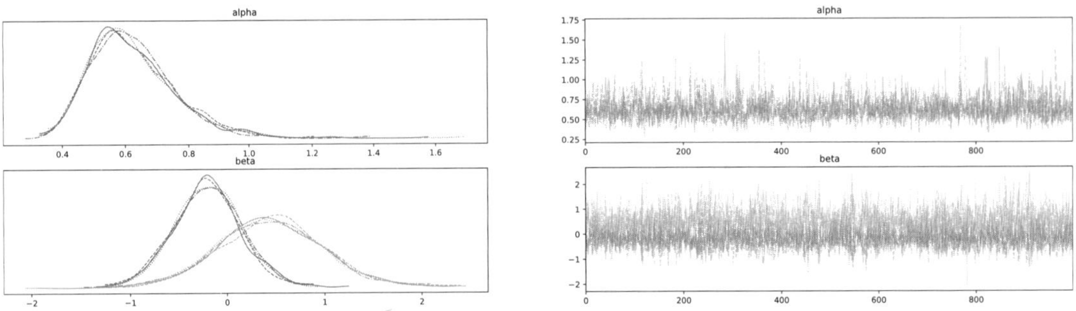

图 10.2.13　例 10.1 部分参数的抽样分布及痕迹图

用下面的代码输出部分参数的汇总数据:

```
pm.summary(amlLL_trace, var_names=['alpha', 'beta']).round(2)
```

	mean	sd	hdi_3%	hdi_97%	mcse_mean	mcse_sd	ess_bulk	ess_tail	r_hat
alpha	0.62	0.13	0.40	0.88	0.00	0.00	2380.0	2510.0	1.0
beta[0]	-0.20	0.34	-0.83	0.43	0.01	0.01	2082.0	2238.0	1.0
beta[1]	0.41	0.51	-0.58	1.36	0.01	0.01	2050.0	2383.0	1.0

用下面的代码点出参数的后验最高密度区域图 (见图 10.2.14):

```
az.plot_forest(amlLL_trace,figsize=(30,5))
```

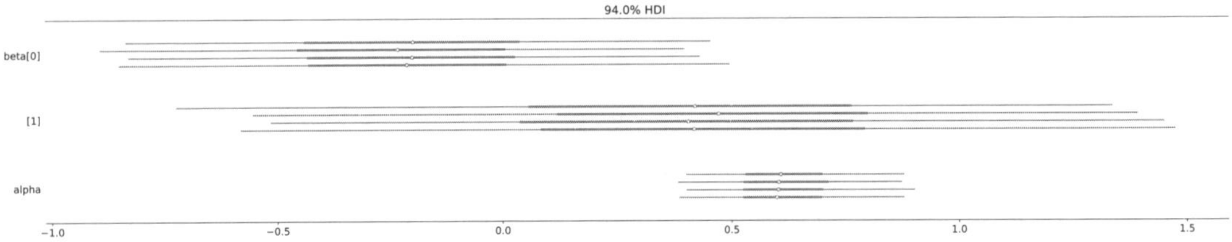

图 10.2.14　例 10.1 参数的后验最高密度区域图

使用下面的代码生成能量图 (见图 10.2.15), 看 NUTS 抽样中失去的信息是否重要.

```
az.plot_energy(amlLL_trace,figsize=(15,3))
```

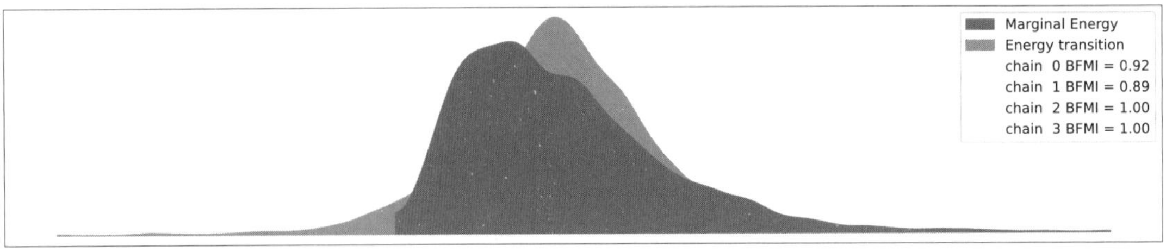

图 10.2.15　例 10.1 NUTS 抽样的能量图

使用下面的代码点出部分参数的后验密度图及最高密度区域图 (见图 10.2.16), 该图和前面的图 10.2.13 (左边) 及图 10.2.14 有同样的信息.

```
az.plot_posterior(amlLL_trace, figsize=(22,5))
```

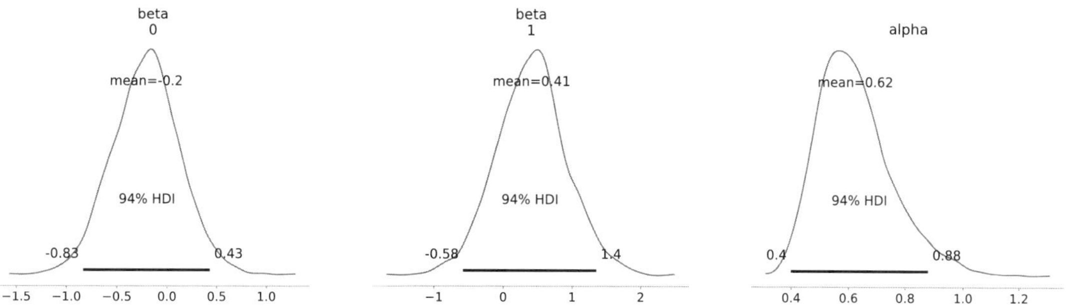

图 10.2.16　例 10.1 部分参数的后验密度图及最高密度区域图

10.2.4 Weibull 模型

1. **简单的 Weibull 模型并应用 Python/PyMC 代码于例** 10.2

$$p(\boldsymbol{y}|\alpha,\lambda)=\prod_{i=1}^{n}\text{Weibull}(y_i|\alpha,\lambda); \qquad (10.2.11)$$

$$p(\alpha|\mu_0,\sigma_0)=\text{Normal}(\alpha|\mu_0,\sigma_0),\ \mu_0=0,\sigma_0=0.1; \qquad (10.2.12)$$

$$p(\mu|\mu_1,\sigma_1)=\text{Normal}(\mu|\mu_1,\sigma_1),\ \mu_1=0,\sigma_0=1,$$
$$\lambda=\exp\left(\frac{\mu}{\alpha}\right) \qquad (10.2.13)$$

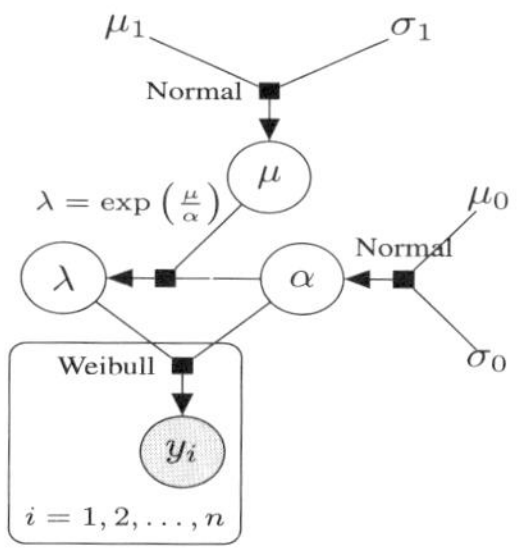

下面对模型 (10.2.11)～(10.2.13) 应用 Python/PyMC 代码于例 10.2. 输入并整理数据:

```
w=pd.read_csv('/users/wuxizhi/xwu/bayes/data/flc9000.csv')
y = w.futime.values #只取一个变量
censored = ~w['death'].values.astype(bool)
y_norm = y / np.max(y)
```

定义模型以做 NUTS 抽样并产生抽样分布及痕迹图 (见图 10.2.17):

```
import pytensor.tensor as pt
with pm.Model() as model_s:
    mu = pm.Normal("mu", mu=0, sigma=1)
    alpha_raw = pm.Normal("a0", mu=0, sigma=0.1)
    alpha = pm.Deterministic("alpha", pt.exp(alpha_raw))
    Lambda = pm.Deterministic("lambda", pt.exp(mu / alpha))
    hazard_ratio = pm.Deterministic('hazard_ratio', np.exp(Lambda/alpha))
    latent = pm.Weibull.dist(alpha=alpha, beta=Lambda)
```

```
    y_obs = pm.Censored("Censored_likelihood", latent,
                         upper=right_censored, observed=y_norm)
with model_s:
    trace_models = pm.sample()
az.plot_trace(trace_models, var_names=["alpha", "lambda"])
```

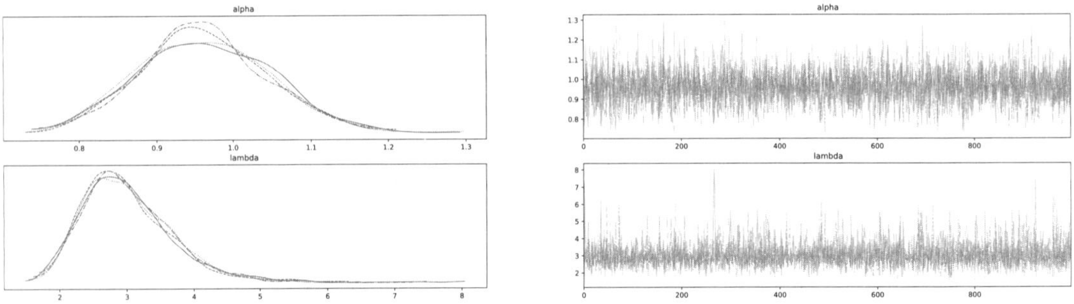

图 10.2.17　例 10.2 部分参数的抽样分布及痕迹图

用下面的代码输出部分参数的汇总:

```
az.summary(trace_models, var_names=["alpha", "lambda","hazard_ratio"],
           round_to=2)
```

	mean	sd	hdi_3%	hdi_97%	mcse_mean	mcse_sd	ess_bulk	ess_tail	r_hat
alpha	0.96	0.09	0.81	1.13	0.00	0.00	4127.93	2835.76	1.0
lambda	3.02	0.70	1.86	4.28	0.01	0.02	4055.08	2922.54	1.0
hazard_ratio	62.00	556.64	4.19	120.77	11.32	203.78	4003.28	2570.71	1.0

使用下面的代码点出一些变量的后验最高密度区域图 (见图 10.2.18), 由于放在一张图中尺度差距较大, 于是放在 3 张图中.

```
az.plot_forest(flc_trace, var_names=['alpha', 'b0'],figsize=(7,5))
az.plot_forest(flc_trace, var_names=['b'],figsize=(7,5))
az.plot_forest(flc_trace, var_names=['hazard_ratio'],figsize=(7,5))
```

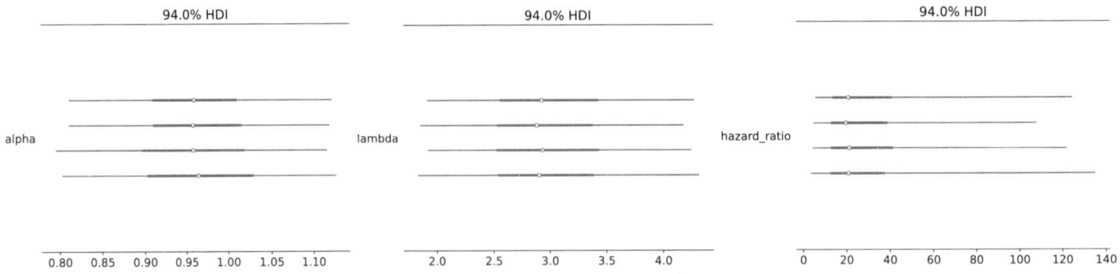

图 10.2.18　例 10.2 部分参数的后验最高密度区域图

2. 复杂一些的 Weibull 模型并应用 R/Stan 代码于例 10.2

下面的模型可以看成 Weibull AFT 模型 (10.1.7) 和模型 (10.1.8), 也可以看成 Weibull PH 模型 (10.1.3), 因为它们形式上完全一样. 当然, 对于参数的具体含义及先验分布的定义可以根据分析者的角度有多种变化.

$$\beta \sim N(0,100);\ \alpha \sim \text{Gamma}(1,0.001),$$
$$\lambda = \exp\left(-\frac{\boldsymbol{x}^\top\beta}{\alpha}\right),$$
$$y \sim \text{Weibull}(\alpha,\lambda).$$

注: 由于 Weibull 分布的参数化形式较多, 上面模型 (及后面计算代码) 中的 Weibull(α,λ) 分布的 CDF 形式为

$$F(y) = 1 - \exp\left[-\left(\frac{y}{\lambda}\right)^\alpha\right].$$

$$p(\boldsymbol{y}|\alpha,\lambda) = \prod_{i=1}^{n} \text{Weibull}(y_i|\alpha,\lambda); \qquad (10.2.14)$$

$$p(\alpha|\alpha_0,\beta_0) = \text{Gamma}(\alpha|\alpha_0,\beta_0),\ \alpha_0 = 1, \beta_0 = 0.001; \qquad (10.2.15)$$

$$p(b_j|\mu_0,\sigma_0) = \text{Normal}(b_j|\mu_0,\sigma_0),\ \mu_0 = 0, \sigma_0 = 100, \quad j = 1,2,\dots,p; \qquad (10.2.16)$$

$$\lambda = \exp\left(-\frac{\boldsymbol{x}^T\boldsymbol{b}}{\alpha}\right) \qquad (10.2.17)$$

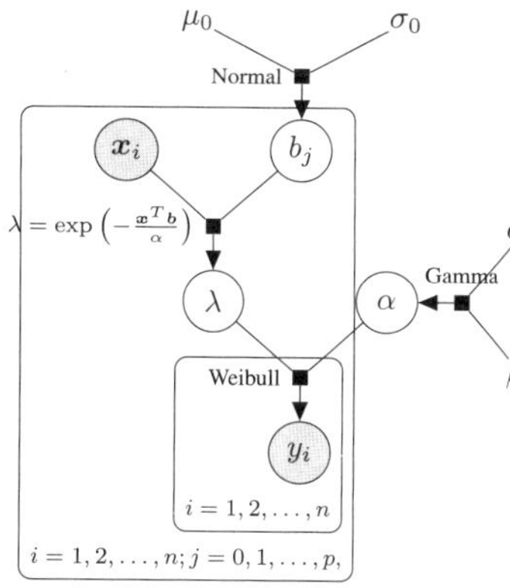

下面对模型 (10.2.14)～(10.2.17) 应用 R/Stan 代码于例 10.2. 首先输入数据和模型:

```
w=read.csv("flc9000.csv")
A=1*(w$mgus==1)
X <- model.matrix(~ A)
flc_data=list(
  y_m=w$futime[w$death==0],X_m=X[w$death==0,],
  y_o=w$futime[w$death==1],X_o=X[w$death==1,],
  N_m=sum(w$death==0),N_o=sum(w$death==1),
  P=2
)

flc_model <- "
data {
  int P; // number of beta parameters
  // data for censored subjects
  int N_m;
  matrix[N_m,P] X_m;
```

```
  vector[N_m] y_m;
  // data for observed subjects
  int N_o;
  matrix[N_o,P] X_o;
  real y_o[N_o];
}
parameters {
  vector[P] beta; //Scale
  real alpha; // Weibull Shape
}
transformed parameters{
  // model Weibull rate as function of covariates
  vector[N_m] lambda_m;
  vector[N_o] lambda_o;
  // standard weibull AFT re-parameterization
  lambda_m = exp(-(X_m*beta)/alpha);
  lambda_o = exp(-(X_o*beta)/alpha);
}
model {
  beta ~ normal(0, 100);
  alpha ~ gamma(1, 0.001);
  // evaluate likelihood for censored and uncensored subjects
  target += weibull_lpdf(y_o | alpha, lambda_o);
  target += weibull_lccdf(y_m | alpha, lambda_m);
}
// generate posterior quantities of interest
generated quantities{
  real hazard_ratio;
  // generate hazard ratio
  hazard_ratio = exp(beta[2]/alpha ) ;
}
"
```

执行 Stan:

```
library(rstan)
flc_fit <- stan(model_code = flc_model,data = flc_data)
```

由`summary(flc_fit)`可以得到拟合的一些结果, 下面是部分结果 (最后一列`Rhat`全部为 1, 略去) 输出:

```
> summary(flc_fit)[[1]][1:4,-10]
          mean se_mean   sd   2.5%   25%   50%   75% 97.5%   n_eff
beta[1]  -8.58    0.04 1.30 -11.32 -9.44 -8.54 -7.67 -6.27 1037.15
beta[2]   0.39    0.02 0.65  -1.06  0.00  0.45  0.85  1.50 1188.46
```

```
alpha              0.87     0.00      0.15      0.60      0.77      0.87      0.98      1.20 1032.30
lambda_m[1] 20958.13  284.11 11514.55 10418.37 14661.28 18210.34 23734.64 46804.79 1642.54
```

下面生成例 10.2 的危险比率的后验分布直方图及非参数密度估计图 (见图 10.2.19).

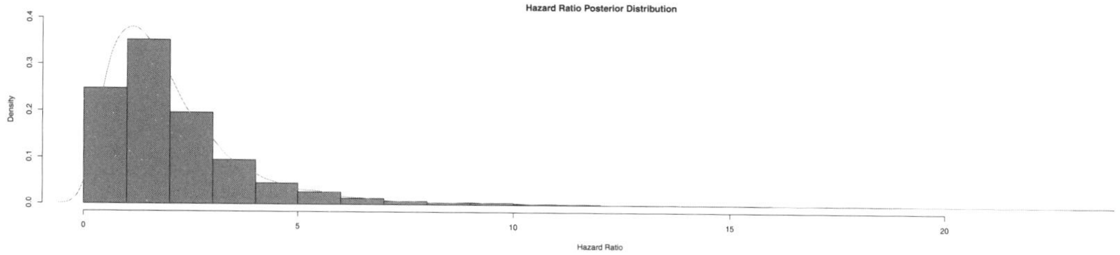

图 10.2.19　例 10.2 的危险比率的后验分布直方图及非参数密度估计图

```
post_draws<-rstan::extract(flc_fit)
hist(post_draws$hazard_ratio,20,col=4,probability = T,ylim=c(0,.4),
     xlab='Hazard Ratio', main='Hazard Ratio Posterior Distribution')
lines(density(post_draws$hazard_ratio),col=2,ylim=c(0,.4))
```

使用下面代码生成部分参数的 MCMC 抽样痕迹图 (见图 10.2.20):

```
traceplot(flc_fit, pars=c("alpha","beta"),
          inc_warmup =TRUE,nrow=1)
```

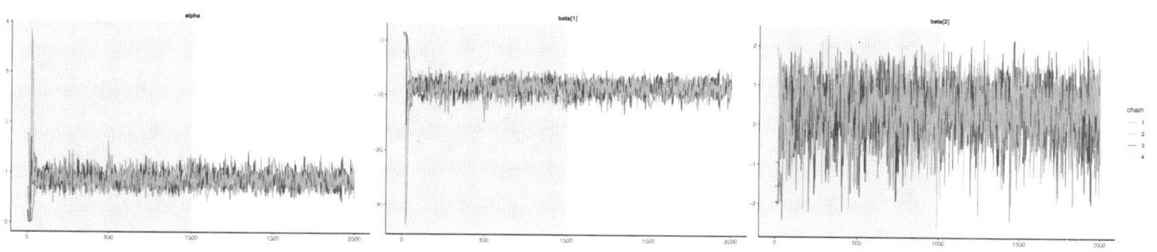

图 10.2.20　例 10.2 部分参数的 MCMC 抽样痕迹图

用代码 `plot(flc_fit,pars=c("beta","alpha","hazard_ratio"))` 生成例 10.2 的 4 个参数的后验均值和 80%及 95%区间 (见图 10.2.21).

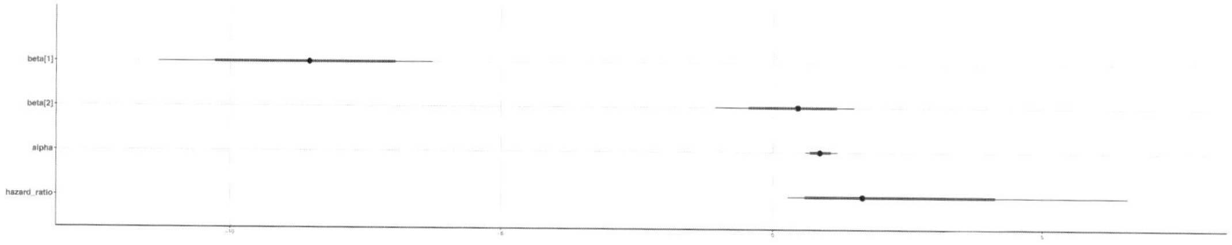

图 10.2.21　例 10.2 的 4 个参数的后验均值和 80%及 95%区间

10.3　习　题

1. 考虑10.2.1节关于例 10.3 的模型 (10.2.1)～(10.2.4).

(1) 这个模型在 Stan 中不易收敛, 能不能尝试简化这个模型, 使其在 Stan 中收敛?

(2) 用非贝叶斯方法拟合 Cox PH 模型.

2. 考虑10.2.2节关于例 10.1 的 ATF-Weibull 模型 (10.2.5)～(10.2.7).

(1) 在程序中, α 和 β 的先验分布取值范围看来是合理的, 能不能增加它们先验分布中 $\sigma_0 = 5$ 到诸如 100 等更大的数目?

(2) 如果对 α 和 β 的先验分布取 Cauchy 或者均匀分布会发生什么? 应该注意什么?

(3) 增加迭代次数是不是会使得收敛更好?

3. 考虑10.2.3节关于例 10.1 的 log-logistic 分布模型 (10.2.8)～(10.2.10). 这个模型和前面的模型几乎完全一样. 拟合结果也差不多. 请重复上一题的练习内容.

4. 考虑10.2.4节关于例 10.2 的 Weibull 分布模型 (10.2.14)～(10.2.17).

(1) 这里的 α 先验分布取均匀分布好不好? 如果要取的话, 需要注意什么? 取正态分布呢?

(2) 参数 b_j 的先验分布能不能取均匀分布? 如果要取的话, 需要注意什么? 取广义 t 分布或其他分布呢?

(3) 参数 λ 如果不取指数形式, 这个模型还能不能成立? 还能不能算出来?

5. 本章的模型都是跟随传统统计生存分析的思路走的, 有很强的模仿痕迹. 能不能有和传统生存分析思路不一样的思路? 这种创新需要依靠更多读者的聪明才智.

第 11 章　朴素贝叶斯

朴素贝叶斯 (naive Bayes) 是基于贝叶斯定理发展起来的非常简单而又有效的概率机器学习方法, 可用于各种分类任务.

朴素贝叶斯模型易于构建, 没有复杂的迭代参数估计, 很容易编码, 并且能够非常快地预测. 这使得它对于非常大的数据集特别有用. 尽管简单, 但朴素贝叶斯分类器通常表现出色, 并且由于它通常优于更复杂的分类方法而被广泛使用.

11.1　基本概念

11.1.1 类条件独立性假定

如果因变量有 K 类, 为 $c_1, c_2, \ldots, c_K$, 朴素贝叶斯假定在给定 c_k $(k = 1, 2, \ldots, K)$ 的条件下自变量 $\boldsymbol{x} = (x_1, x_2, \ldots, x_n)$ 都是独立的, 这称为**类条件独立性** (class conditional independence). 这种独立性假定给了该方法“朴素”(或天真, naive) 的帽子, 它意味着改变一个变量的值, 不直接影响或改变算法中使用的任何其他变量的值.

朴素贝叶斯方法通常在给定类别 (比如 c_k) 之后假定它们的条件分布 $p(x_i|c_k)$ 的类型, 比如正态分布、多项分布或 Bernoulli 分布等.

朴素贝叶斯的目的就是要计算在给定数据 $\boldsymbol{x}$ 的条件下属于类 c_k 的概率, 即后验概率 $p(c_k|\boldsymbol{x})$, 并且求使后验概率最大的类 c_k.

根据贝叶斯定理, 后验分布 (给定数据 $\boldsymbol{x}$ 的条件下属于类 c_k 的概率)

$$p(c_k|\boldsymbol{x}) = \frac{p(c_k)p(\boldsymbol{x}|c_k)}{p(\boldsymbol{x})} \tag{11.1.1}$$

$$\propto p(c_k)p(\boldsymbol{x}|c_k) = p(c_k)p(x_1, x_2, \ldots, x_n|c_k) \tag{11.1.2}$$

$$= p(c_k)p(x_1|c_k)p(x_2|c_k)\cdots p(x_n|c_k) = p(c_k)\prod_{i=1}^{n} p(x_i|c_k). \tag{11.1.3}$$

其中, 式 (11.1.1) 是贝叶斯定理, 式 (11.1.2) 是因为分母的概率 $p(\boldsymbol{x})$ 与我们关心的类没有关系 (这里符号 $\propto$ 是“成比例”的意思), 式 (11.1.3) 是因为假定观测值 $x_1, x_2, \ldots, x_n$ 在给定了 c_k 的条件下独立.

有了上面的式子及假定的 $p(x_i|c_k)$ 的条件分布, 给定数据 $x_1, x_2, \ldots, x_n$ 之后, 我们就可以寻求使得 $p(c_k)\prod_{i=1}^{n} p(x_i|c_k)$ 最大的类 c_k.

11.1.2 朴素贝叶斯分类器类型

如果没有具体的概率分布则无法计算. 上面说到, 给定类别 (比如 c_k) 之后需要假定它们的条件分布 $p(x_i|c_k)$ 的类型, 比如正态分布、多项分布或 Bernoulli 分布等.

- **多项朴素贝叶斯**: 可用于属性分类的问题. 比如一个评论是正面、负面还是中性等; 一个文档是属于体育、科技、民生、新闻等. 预测变量多为某种特征的频数.
- **Bernoulli 朴素贝叶斯**: 预测变量通常是二分变量或布尔变量.
- **高斯朴素贝叶斯**: 当预测变量是连续的而非离散的时, 通常假设这些值有正态总体.

虽然在上面做了一些诸如独立性或分布等假定, 实际上这些假定并不一定满足, 但这种方法能产生很精确的分类. 因此从某种意义上说, 朴素贝叶斯方法仅仅是借用了贝叶斯定理及后验分布的思想来解释其方法的根据.

11.2 朴素贝叶斯方法分类数值例子

例 11.1 (indian_diabetes.csv) 该数据集描述了皮马印第安人的医疗记录以及每个患者是否在多年内患有糖尿病.[1] 具体变量描述如下: preg (怀孕的次数), plas (口服葡萄糖耐量试验中的 2 小时血浆葡萄糖浓度), pres (舒张压, mm Hg), skin (肱三头肌皮肤褶皱厚度, mm), test (2 小时血清胰岛素, μU/ml), bmi (体重指数, 体重 kg/身高 m^2), pedi (糖尿病谱系功能), age (年龄, 岁), class (类, 1: 糖尿病检测阳性, 0: 糖尿病检测阴性).

我们用程序包 `e1071` 的函数 `naiveBayes` 对例 11.1 糖尿病数据来做分类. 注意: 这个函数假定自变量的条件分布是正态分布.

直接将全部数据作为训练集, 用朴素贝叶斯分类的代码为:

```
library(e1071);library(tidyverse)
w=read.csv('indian_diabetes.csv')
w$class=factor(w$class)
a=naiveBayes(class~.,w)%>% predict(w)
table(w$class,a);mean(w$class!=a)
```

输出的混淆矩阵及误判率为:

```
> table(w$class,a);mean(w$class!=a)
   a
      0   1
  0 421  79
  1 104 164
[1] 0.2382812
```

误判率为 23.8%. **但是, 对于诸如分类或者回归这样的有监督学习, 必须做交叉验证. 仅仅使用训练集的预测精度来判断一个模型是不负责任的误导.** 为了做 10 折交叉验证, 我们还使用 `Fold` 函数来创造交叉验证的下标集.

```
Fold=function(w,Z=10,D,seed=7777){
  n=nrow(w);d=1:n; e=levels(w[,D]);
  N=length(e)#目标变量的水平个数
```

[1]Rossi, R. and Ahmed, N. (2015) The network data repository with interactive graph analytics and visualization, Twenty-Ninth AAAI Conference on Artificial Intelligence, *AAAI*, aaai.org, `http://networkrepository.com`.

```
  set.seed(seed)
  dd=lapply(1:N, function(i){
    d0=d[w[,D]==e[i]];j=length(d0)
    ZT=rep(1:Z,ceiling(j/Z))[1:j]
    id=cbind(sample(ZT),d0);id})
  #上面每个dd[[i]]是随机1:Z及i类的下标集组成的矩阵
  mm=lapply(1:Z,
    function(i){u=NULL;for(j in 1:N)
    u=c(u,dd[[j]][dd[[j]][,1]==i,2]);u})
  return(mm)
}
```

然后做朴素贝叶斯分类的交叉验证, 并输出混杂矩阵和误判率:

```
library(e1071);library(tidyverse)
Z=10;D=9;set.seed(1010)
mm=Fold(w,Z,D)
Pr=data.frame(NB=w$class)
for(i in 1:Z){
     Pr$NB[mm[[i]]]=
        a=naiveBayes(class~.,w[-mm[[i]],])%>%
        predict(w[mm[[i]],])
}
table(w$class,Pr$NB);mean(w$class!=Pr$NB)
```

输出结果为:

```
      0   1
  0 422  78
  1 109 159
[1] 0.2434896
```

结果表明, 对于这个数据, 朴素贝叶斯分类的交叉验证误判率为 24.3%. 只比全部数据作为训练集的误判率高 0.52%.

11.3 本章的 Python 代码

对于例 11.1 数据的朴素贝叶斯分类 (假定条件分布为正态分布) 做 10 折交叉验证. 我们也要输入一个 Python 版本的 `Fold` 函数以及一个辅助函数 `CCV` 来创造交叉验证的下标集及实现交叉验证:

```
def Fold(u,Z,seed=8888):
    u=np.array(u).reshape(-1)
    id=np.arange(len(u))
    zid=[];ID=[];np.random.seed(seed)
```

```
    for i in np.unique(u):
        n=sum(u==i)
        ID.extend(id[u==i])
        k=(list(range(Z))*int(n/Z+1))
        np.random.shuffle(k)
        zid.extend(k[:n])
    zid=np.array(zid);ID=np.array(ID)
    zid=zid[np.argsort(ID)]
    return zid

def CCV(clf,X, y,Zid):
    y_pred=np.array(y)
    for j in np.unique(Zid): #j has Z kinds of values
        clf.fit(X[Zid!=j],y[Zid!=j])
        y_pred[Zid==j]=clf.predict(X[Zid==j])
    error=np.mean(y!=y_pred)
    return(error,y_pred)
```

进行具体的朴素贝叶斯分类的交叉验证, 并输出混杂矩阵和误判率:

```
from sklearn.metrics import roc_curve, auc, confusion_matrix
w=pd.read_csv("indian_diabetes.csv")
X=w.iloc[:,:-1];y=w["class"]
from sklearn.naive_bayes import GaussianNB
clf = GaussianNB()
Zid=Fold(y,Z=10,seed=8888)
a,y_pred=CCV(clf,X=X,y=y,Zid=Zid)
print(a,"\n",confusion_matrix(y,y_pred))
```

得到的误判率和混杂矩阵为:

```
0.25
 [[417  83]
 [109 159]]
```

11.4 习 题

例 11.2 这是程序包 mlbench[2]的 DNA 例子. 它由 3186 个观测值 (剪接点) 组成. 一共有 180 个二元自变量, 因变量 Class 有 3 个需要识别的类别: ei, ie, neither, 即外显子和内含子之间的边界 (boundaries between exons and and introns). 外显子是剪接后保留的 DNA 序列部分, 内含子是拼接出的 DNA 序列.

[2]Leisch, F. and Dimitriadou, E. (2010). mlbench: Machine Learning Benchmark Problems. R package version 2.1-1.

例 11.3 手写数字笔迹识别 (pendigits.csv). 该数据有 10992 个观测值和 17 个变量, 其中前 3498 个观测值是测试集, 而后 7494 个观测值为训练集. 原始数据是两个数据集合, 有大量缺失值, 这里给出的数据文件为用`missForest()` 函数弥补缺失值后的数据. 变量中, 第 17 个变量 (V17) 为有 10 个水平的因变量, 而其余变量都是数量变量. 如果要用本书原始数据 (从网上下载), 请注意数据格式的转换和缺失值的标识方法.[3]

1. 对于例 11.2 的数据, 以变量 Class 为因变量做分类.
   (1) 得到训练集的预测精度和混杂矩阵.
   (2) 得到 10 折交叉验证的预测精度和混杂矩阵.
   (3) 比较对训练集分类和交叉验证结果的差距.
2. 对于例 11.3 的数据, 以变量 V17 为因变量做分类.
   (1) 得到训练集的预测精度和混杂矩阵.
   (2) 得到 10 折交叉验证的预测精度和混杂矩阵.
   (3) 比较对训练集分类和交叉验证结果的差距.
3. 对于例 9.4 的数据, 以 Label 变量为因变量做分类.
   (1) 得到训练集的预测精度和混杂矩阵.
   (2) 得到 10 折交叉验证的预测精度和混杂矩阵.
   (3) 比较对训练集分类和交叉验证结果的差距.

[3]原数据的网址之一为 `http://www.csie.ntu.edu.tw/~cjlin/libsvmtools/datasets/multiclass.html#news20` , 数据名为 pendigits (训练集) 和 pendigits.t (测试集), 都属于 LIBSVM 格式. 网址`https://github.com/mikeizbicki/datasets/blob/master/csv/uci/pendigits.names`也提供该数据, 但其中的缺失值都以字符“空格+0”表示 (但说明中显示无缺失值, 这是不对的). 第二个网址给出了数据的细节. 数据来源于 E. Alpaydin, Fevzi. Alimoglu, Department of Computer Engineering, Bogazici University, 80815 Istanbul Turkey, alpaydinboun.edu.tr.

第 12 章　贝叶斯网络

本章的主要内容来自吴喜之所著的教材《复杂数据统计方法——基于 R 的应用》(第三版) (中国人民大学出版社, 2015) 的第 12 章.

12.1　概 述

12.1.1 基本概念

属于**概率图形** (probabilistic graphical models, GM) 族的网络模型**贝叶斯网络** (Bayesian networks, BN)[1]包括图理论、概率论、计算机科学及统计的概念, 是多变量概率分布的一种概率图模型.

贝叶斯网络包含**有向无回路图** (directed acyclic graph, DAG). DAG 是由**节点** (node) 或**顶点** (vertex) 和**有向边**或**有向弧**组成的. "无回路"意味着没有节点是它自己的祖先或后代, 也就是顺着箭头不会经过已经走过的节点. DAG 的每个节点都对应于一个变量, 箭头代表变量之间的相依关系. 每个箭头的终点称为"子节点"(child), 起点称为"父节点"(parent). 和图模型类似, 没有父节点的节点称为根节点 (root node), 没有子节点的节点称为叶节点 (leaf node), 其他节点称为中间节点 (intermediate node). 每个变量都附有给定其父节点的 (条件) 局部概率, 因此贝叶斯网络也称为概率有向无回路图模型 (probabilistic directed acyclic graphical model), 这就区别于其他具有 DAG 的图模型.

贝叶斯网络的每个变量 x_i 在一个有向无回路图中表示为节点 (或称顶点); 概率分布 $p(x_1, x_2, \ldots, x_N)$ 以因子分解的形式表示如下:

$$p(x_1, x_2, \ldots, x_N) = \prod_{i=1}^{M} p(\boldsymbol{x}_i|\Pi_{x_i}), \tag{12.1.1}$$

式中, $\Pi_{\boldsymbol{x}_i}$ 是图中 $\boldsymbol{x}_i$ 父节点的集合. 这个表达式显示了贝叶斯网络满足因果马尔可夫假定, 即每个点的概率在给定其父节点时独立于其他祖先, 表达式 (12.1.1) 还使得一个原本非常烦琐的联合分布[2]被大大简化. 贝叶斯网络被下面二者完全确定:

(1) 图结构, 即图中的有向弧 (或有向边);

(2) 对每个变量 x_i 的**条件概率表** (conditional probability table, CPT).

当一个贝叶斯网络被确定之后, 就可以通过式 (12.1.1) 计算想要的任何条件概率, 这可以直接手工计算 (比如对下面例 12.1 的简单情况), 当然, 通常是用计算机软件实现.

贝叶斯网络非常便于表示概率因果关系系统. 一方面, 通过从一个节点到另一个节点 (比如图 12.1.1 中的 C 到 R) 添加有向边并适当地设置概率, 就可以很容易地在网络中确立

[1] 贝叶斯网络有很多英文名称: Bayesian network, Bayes network, belief network, Bayes(ian) model, causal networks.

[2] 原始联合分布的公式为 $p(x_1, x_2, \ldots, x_N) = p(x_1)p(x_2 \mid x_1)\cdots p(x_N \mid x_{N-1}, \ldots, x_2, x_1)$.

"C 如何经常导致 R"的事实; 另一方面, 如果 C 对 B 没有因果影响, 它们之间就不会有一个有向边.

贝叶斯网络广泛应用于统计、机器学习、人工智能等领域. 贝叶斯网络在数学上严格而且易于理解. 虽然箭头代表变量间直接的因果关系, 但推理能够作用于任何方向 (无论有没有箭头).

贝叶斯网络不像完全主观构造而又很难更新或修改的结构方程模型, 它根据数据中变量之间的相关性来构建图中的变量联系, 同时也可以加上主观的介入. 因此, 贝叶斯网络从某种意义上说比图模型更加客观, 与数据所反映的现实世界的关系也更加密切.

12.1.2 贝叶斯网络的难点及优缺点

贝叶斯网络中有哪些变量 (节点)、它们之间的关系 (那些有向边或有向弧) 以及有关的条件概率表 (CPT) 实际上是很难事先知道的, 这些必须根据数据来获得, 这就是贝叶斯网络最核心也是充斥着难点的地方.

1. **优点**

- 适用于较小的和不完全的数据集;
- 能够通过数据学习网络结构和各种条件概率;
- 可结合不同来源的信息, 包括主观的、怀疑的以及证据确凿的信息;
- 明白地处理不确定性, 并支持决策系统;
- 所有结构都以解析的形式描述, 一旦结构的学习过程完成, 可以很快得到想要的结论.

2. **缺点**

- 选择先验分布不太容易;
- 对于连续变量有困难, 通常需要离散化, 这有利有弊;
- 把专家知识构造进贝叶斯网络有各种困难, 包括概率的确定;
- 做完全的贝叶斯学习过程极其花费计算资源, 即使在网络结构已知的情况下仍然不易;
- 对于高维数据贝叶斯网络表现不佳;
- 贝叶斯网络可能不易解释, 特别是不同部分效果的区分;
- 对于可能出现的循环的关系, 会很困难 (可能需要非指向的图模型, 诸如马尔可夫随机域).

12.1.3 贝叶斯网络的一个简单例子

例 12.1 图 12.1.1是一个简单的贝叶斯网络例子. C 表示通常的感冒, R 表示流鼻涕, H 表示头疼, B 表示接触过有禽流感的家禽, A 是禽流感, N 是一般抗生素无效. 左图为贝叶斯网络, 右图为每个变量为真 (T, 用哑元 1 代表) 及为伪 (F, 哑元 0 代表) 的概率及条件概率.

例 12.1 的图 12.1.1 中显示了下面的概率:

$p(C=0)=0.9; p(C=1)=0.1; p(B=0)=0.999; p(B=1)=0.001;$

$p(A=0|B=0)=1; p(A=1|B=0)=0; p(A=0|B=1)=0.99; p(A=1|B=1)=0.01;$

$p(R=0|C=0,A=0)=0.95; p(R=1|C=0,A=0)=0.05;$

$p(R=0|C=0,A=1)=0.5; p(R=1|C=0,A=1)=0.5;$

$p(R=0|C=1,A=0)=0.1; p(R=1|C=1,A=0)=0.9;$

$p(R=0|C=1,A=1)=0.02; p(R=1|C=1,A=1)=0.98;$

$p(H=0|C=0,A=0)=0.94; p(H=1|C=0,A=0)=0.06;$

$p(H=0|C=0,A=1)=0.03; p(H=1|C=0,A=1)=0.97;$

$p(H=0|C=1,A=0)=0.4; p(H=1|C=1,A=0)=0.6;$

$p(H=0|C=1,A=1)=0.01; p(H=1|C=1,A=1)=0.99;$

$p(N=0|A=0)=0.7; p(N=1|A=0)=0.3;$

$p(N=0|A=1)=0.001; p(N=1|A=1)=0.999.$

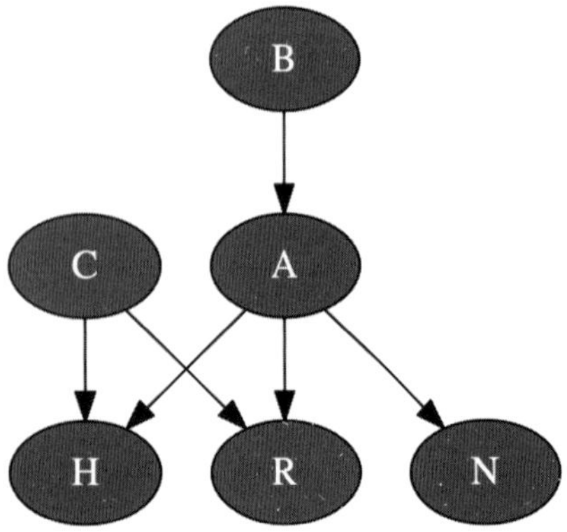

C: 0	C: 1
0.9000	0.1000

B: 0	B: 1
0.9990	0.0010

B	A: 0	A: 1
0	1.0000	0.0000
1	0.9900	0.0100

A	C	R: 0	R: 1
0	0	0.9500	0.0500
1	0	0.5000	0.5000
0	1	0.1000	0.9000
1	1	0.0200	0.9800

A	C	H: 0	H: 1
0	0	0.9400	0.0600
1	0	0.0300	0.9700
0	1	0.4000	0.6000
1	1	0.0100	0.9900

A	N: 0	N: 1
0	0.7000	0.3000
1	0.0010	0.9990

图 12.1.1 例 12.1 的贝叶斯网络

例 12.1 的贝叶斯网络的计算很简单, 类似于计算器.

1. **例 12.1 的贝叶斯网络利用 Python 的简单计算**

例 12.1 的贝叶斯网络在 Python 中是如下产生的:

```
import pyAgrum as gum
import pyAgrum.lib.notebook as gnb

bna=gum.BayesNet('Avian') #注意：下面3行只能运行一次，反复运行会报错！
A, B, C, R, H, N = [ bna.add(name, 2) for name in "ABCRHN" ]
for link in [(B,A),(C,H),(C,R),(A,H),(A,N),(A,R)]:
    bna.addArc(*link)

bna.cpt(C).fillWith([0.9,0.1])
bna.cpt(B).fillWith([0.999,0.001])
bna.cpt(A)[:]=[ [1,0],[0.99,0.01]]
bna.cpt(R)[:]=[ [[0.95,0.05],[0.5,0.5]],[[0.1,0.9],[0.02,0.98]]]
bna.cpt(H)[:]=[ [[0.94,0.06],[0.03,0.97]],[[0.4,0.6],[0.01,0.99]]]
```

```
bna.cpt(N)[:]=[ [0.7,0.3],[0.001,0.999]]
```

图 12.1.1 的各个部分是由独立实现下面每个代码产生的:

```
bna;bna.cpt(C);bna.cpt(B);bna.cpt(A);bna.cpt(R);bna.cpt(H);bna.cpt(N)
```

如无任何数据 (新证据), 例 12.1 模型可得到整个贝叶斯网络的推断结果 (见图 12.1.2).

```
gnb.showInference(bna,evs={})
```

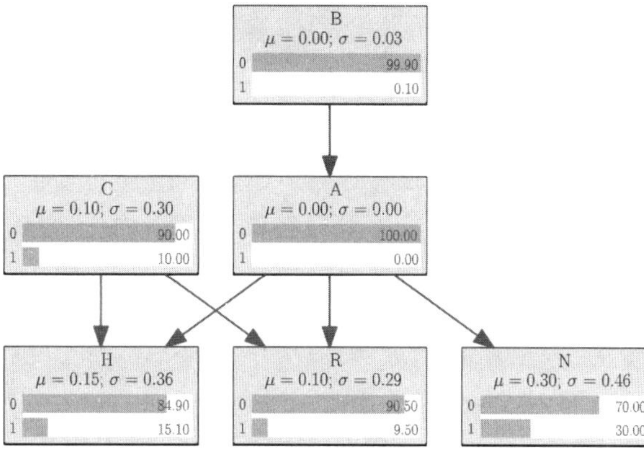

图 12.1.2 例 12.1 原始模型的完全推断

如果知道一些信息, 比如 $C = 1$, $A = 0$, 则可以通过下面的代码得到结果 (见图 12.1.3).

```
gnb.showInference(bna,evs={'C':1,'A':0})
```

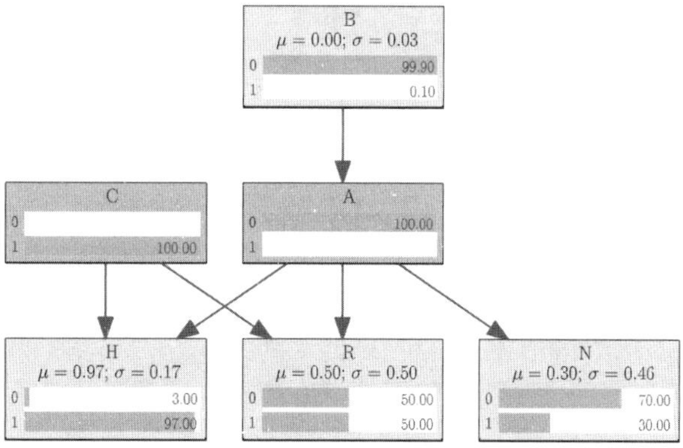

图 12.1.3 例 12.1 有一些证据时的完全推断

在有些怀疑 (先验分布) 及有部分证据时, 比如对变量 $C = 0$ 有 30%的信任, 而对 $C = 1$ 有 90%的信任, 而有 $B = 1$ 时, 对部分目标 (A 和 H) 的推断. 代码如下, 结果见图 12.1.4.

```
gnb.showInference(bna,evs={'C':[0.3,0.9],'B':1},targets={'A','H'})
```

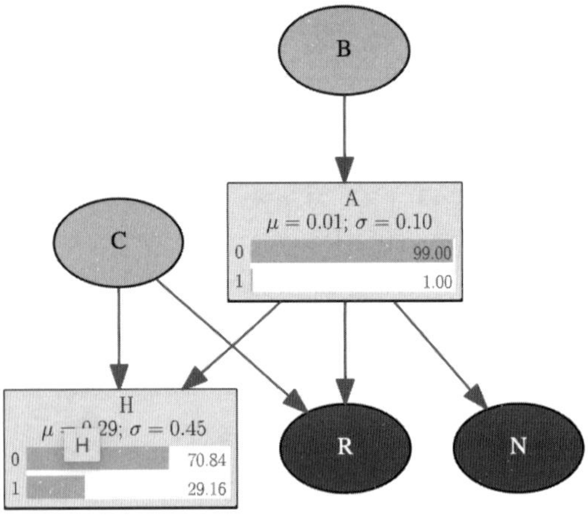

图 12.1.4　例 12.1 有些怀疑及证据时对部分目标的推断

2. 例 12.1 的贝叶斯网络利用 R 的简单计算

我们用下面的代码构造并生成例 12.1 的贝叶斯网络图 (见图 12.1.5). 由于所需要的程序包 Rgraphviz 可能不易安装, 可以用下面头两行的代码安装:

```
install.packages("BiocManager")
BiocManager::install("Rgraphviz")

library(bnlearn)
library(Rgraphviz)
bl.av <- model2network('[C][B][A|B][R|C:A][H|C:A][N|A]')
graphviz.plot(bl.av)
```

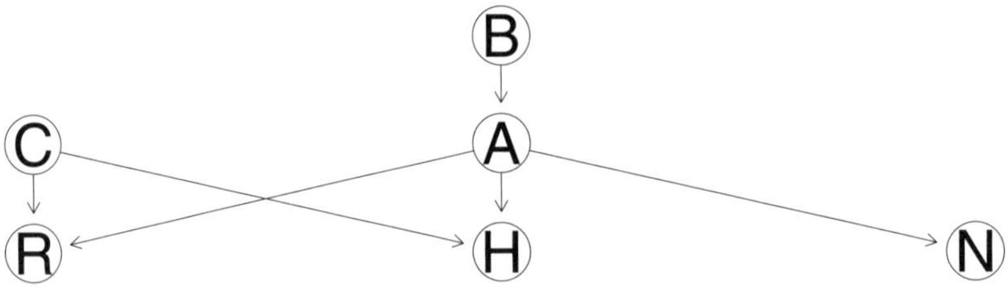

图 12.1.5　例 12.1 的贝叶斯网络图

定义例 12.1 贝叶斯网络的概率:

```
ny <- c("no","yes")
C <- array(dimnames = list(C = ny), dim = 2, c(0.90,0.10))
B <- array(dimnames = list(B = ny), dim = 2, c(0.999,0.001))
A <- array(dimnames = list(A = ny, B = ny), dim = c(2, 2),
c(1,0,0.99,0.01))
R <- array(dimnames = list(R = ny,A=ny,C=ny), dim = c(2,2,2),
          c(0.95,0.05,0.5,0.5,0.1,0.9,0.02,0.98))
H <- array(dimnames = list(H = ny,A=ny,C=ny), dim = c(2,2,2),
```

```
          c(0.94,0.06,0.03,0.97,0.4,0.6,0.01,0.99))
N <- array(dimnames = list(N = ny, A = ny), dim = c(2, 2),
          c(0.7,0.3,0.001,0.999))

cpts <- list(C=C,B = B, A = A, R = R,H=H, N = N)
bn.av.fit = custom.fit(bl.av, cpts)
```

输出 3 个节点的概率和条件概率:

```
> C
C
 no yes
0.9 0.1
> A
     B
A      no  yes
  no    1 0.99
  yes   0 0.01
> R
, , C = no

     A
R       no yes
  no   0.95 0.5
  yes  0.05 0.5

, , C = yes

     A
R       no  yes
  no   0.1 0.02
  yes  0.9 0.98
```

生成 2 个节点的条件概率图 (见图 12.1.6).

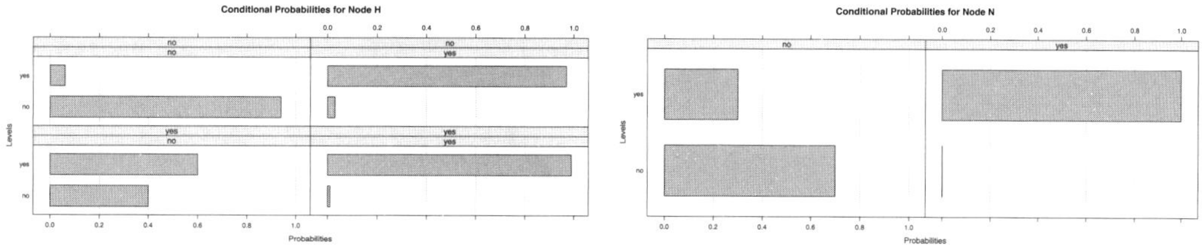

图 12.1.6　例 12.1 的两个节点的条件概率图

```
bn.fit.barchart(bn.av.fit$H)
bn.fit.barchart(bn.av.fit$N)
```

12.2 学习贝叶斯网络

在多数情况下, 贝叶斯网络结构及条件概率表都是未知的, 需要从数据学习. 首先给出训练集和先验信息 (比如专家知识、因果关系), 然后估计图形拓扑 (网络结构) 和贝叶斯网络中的联合概率分布的参数. 学习贝叶斯网络结构比获得贝叶斯网络的条件概率更难, 而且还可能有部分可观测的障碍, 比如有隐变量和缺失值.

学习贝叶斯网络不是一个单纯的数学或概率过程, 还要了解数据所代表的研究对象领域的知识, 要寻求最有效的方法和途径, 要考虑概率的变化方向以及如何处理缺失数据. 由于贝叶斯网络是用有向箭头联系的, 学习中必须考虑可能的因果关系.

12.2.1 贝叶斯网络中的条件独立性

下面要介绍的 d 分离概念对于理解贝叶斯网络各个节点之间的条件独立或相依关系十分有帮助.

因果马尔可夫假定建立了贝叶斯网络中的条件独立性. 据此, 对于贝叶斯网络中的一般条件独立性和依赖性, Pearl (1988) 提出了 **d 分离** (d-separation, direction-dependent separation) 的概念. 它有下面的含义: 如果两个节点集合 X 和 Y 在贝叶斯网络中被不包括 X 和 Y 的第三个节点集合 Z 造成 d 分离, 那么, 对于给定的 Z 中的变量, 对应的变量集合 X 和 Y 是独立的. 这里 d 分离的定义为: 两个节点集合 X 和 Y 在贝叶斯网络中被不包含 X 和 Y 的第三个集合 d 分离, 当且仅当 X 和 Y 之间的每个路径被“阻塞”(blocked). 图 12.2.1给出了 V 节点阻塞 (未阻塞) X 和 Y 的几种情况.

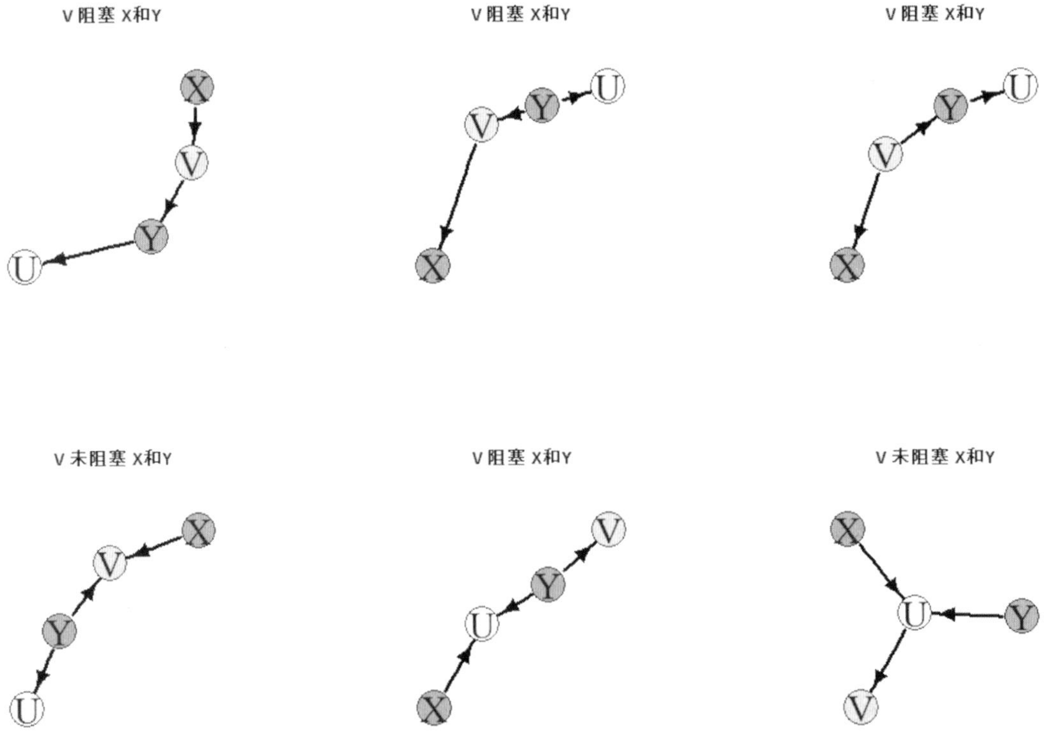

图 12.2.1 V 节点阻塞 (未阻塞)X 和 Y 的几种情况

这里"阻塞"是指有一个不来自 X 和 Y 的中间变量 V, 使得

(1) X 和 Y 通过中间点 V 被连接 (如 $X \to V \to Y$ 或 $X \leftarrow V \leftarrow Y$), 或者

(2) X 和 Y 被一个共同原因连接, 而 V 是这个共同原因 ($X \leftarrow V \to Y$), 或者

(3) X 和 Y 被一个共同效果连接, 但 V 不是共同效果或共同效果之一 ($X \to \{不是 V\} \leftarrow Y$).

(1) 和 (2) 比较好理解, 如果 X 和 Y 不独立, 这是由于 V 造成的. 如果控制了 V, 即以 V 为条件, 则去掉了 X 和 Y 的相依性, 它们是条件独立的. 换言之, V 阻塞了 X 和 Y 之间的通路.

至于 (3), 在 V 给定时, X 和 Y 独立 (即 V 阻塞了它们之间的通路), 只有当 V 不是它们共同效果的函数时才成立. 这是因为, 如果 V 是共同效果或其函数, 那么以 V 为条件将导致 X 和 Y 变得相依. 如果 X 和 Y 原本独立, 而且 $X \to V \leftarrow Y$ (或者 $X \to U \leftarrow Y$ 而且 $U \to V$ 等), 那么在知道 V 和 X 的信息时, 人们就知道了 Y 的信息, 这意味着给定 V 时, X 和 Y 条件不独立.

以例 12.1 来说, 本来 C (普通感冒) 和 B (与有禽流感的家禽接触) 互相独立, 当一个事件发生时, 人们并不知道另一个事件是否发生. 但如果知道 A (得禽流感) 没有发生, 又知道 R(流鼻涕) 发生了, 这就意味着很可能 C 发生了而 B 没有发生. 这说明在给定 A 时, C 和 B 就不独立了.

Verma and Pearl (1988) 证明, 如果集合 V 在一个贝叶斯网络中 d 分离 X 和 Y, 那么给定 V 时, X 和 Y 条件独立. 最小的使得节点 A 和网络中其他节点 d 分离的节点集合是 A 的**马尔可夫毯** (Markov blanket, MB). 贝叶斯网络中节点 A 的马尔可夫毯为 A 的父节点、子节点及子节点的父节点的集合. 也就是说, 给定其马尔可夫毯时, 节点独立于所有其他点.

图 12.2.2 显示了贝叶斯网络中节点 E 的马尔可夫毯, 它包括 E 的父节点——节点 C 和 D, 子节点——节点 G 和 F, 以及子节点 G 的父节点——节点 H.

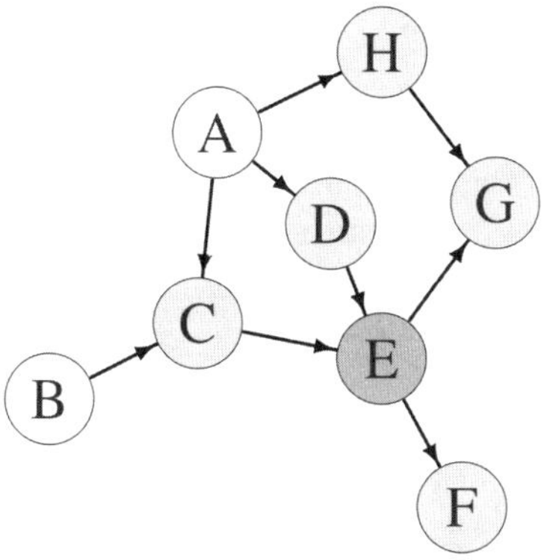

图 12.2.2 贝叶斯网络节点 E 的马尔可夫毯

12.2.2 网络学习算法的种类

从算法的角度看, 贝叶斯网络结构学习算法能够分成两类:

(1) **基于约束的算法** (constraint-based algorithms). 这个算法利用分析贝叶斯网络马尔可夫性的条件独立性检验来分析其概率关系, 比如把搜索局限于节点的马尔可夫毯来优化, 然后构造统计上相应于 d 分离的图形. 往往把边 (弧或箭头) 的所有方向都看成三元 V 结

构 (如 $X_j \to X_i \to X_k$, $X_j \to X_i \leftarrow X_k$, $X_j \leftarrow X_i \to X_k$) 的一部分. 出于主观的经验, 或者为了确保满足无回路条件, 可能还要增加一些约束. 最终, 即使是从观测数据来学习, 得到的模型也常常解释为因果模型.

(2) **基于记分的算法** (score-based algorithms). 这个算法给每个候选的贝叶斯网络一种记分, 这些记分的定义多种多样, 但都是按照某些标准衡量网络. 有了记分标准之后, 就可以利用诸如**吝啬搜索** (greedy search)、**登山** (hill-climbing) 或**禁忌搜索** (tabu search) 等直观搜索方法来得到使记分最大的网络结构. **记分函数** (scoring function) 通常是**记分等价的** (score-equivalent), 也就是说, 具有同样概率分布的网络有同样的记分. 记分种类有很多, 比如似然或对数似然记分、AIC 及 BIC 记分、离散变量的贝叶斯 Dirichlet 后验密度记分、K2 记分, 以及对连续变量的正态的 Wishart 后验密度记分, 等等.

12.2.3 几种可能面对的问题

一般将可能需要面对的问题划分成四种情况 (见表 12.2.1), 每种情况都可能相对于上面提到的不同种类的学习方法. 后面将对各种情况做概括介绍.

表 12.2.1 四种可能面对的问题

图形	数据	学习方法举例
已知	完全	最大似然法 (ML)、最大后验概率法 (MAP)
已知	部分	EM 算法、梯度上升法、MCMC
未知	完全	模型空间搜索
未知	部分	EM+ 搜索模型空间

1. 已知图形及完全的数据

已知图形及完全的数据的情况最容易处理. 假定学习目标是找到使得训练数据的似然函数最大化的每个条件概率分布的参数值, 这也是最简单的最大似然法. 考虑有 m 个独立观测的训练集 $\boldsymbol{x} = \{\boldsymbol{x}_1, \boldsymbol{x}_2, \dots, \boldsymbol{x}_m\}$, 这里 $\boldsymbol{x}_\ell = (x_{\ell 1}, x_{\ell 2}, \dots, x_{\ell n})^\top$. 参数集 $\boldsymbol{\Theta} = (\boldsymbol{\theta}_1, \boldsymbol{\theta}_2, \dots, \boldsymbol{\theta}_n)$, 这里 $\boldsymbol{\theta}_i$ 为变量 (节点)X_i 的条件分布的参数集. 训练集的对数似然为 (和号中每一项对应一个节点):

$$\ln L(\boldsymbol{x}|\boldsymbol{\Theta}) = \sum_{\ell=1}^{m}\sum_{i=1}^{n} \ln P(x_{\ell i}|\pi_i, \theta_i).$$

该对数似然记分函数按照已知的图结构分解, 然后独立地最大化每个节点对对数似然记分的贡献. 当然这里要假定每个节点的参数独立于其他节点的参数.

另外一种方法是最大后验概率法 (maximum a posteriori, MAP). 在最大似然法中, 考虑的是 $\max_{\boldsymbol{\Theta}} \ln P(\boldsymbol{x}|\boldsymbol{\Theta})$, 而在 MAP 中, 考虑的是 $\max_{\boldsymbol{\Theta}} \ln P(\boldsymbol{x}|\boldsymbol{\Theta})P(\boldsymbol{\Theta})$, 这里的 $P(\boldsymbol{\Theta})$ 是先验分布. 和最大似然法一样, 这里也要假定各个节点参数的独立性, 以便于把联合概率分布分解. 对于多项分布 $\text{Multi}(N, p_1, p_2, \dots, p_k)$ 的例子, 先验分布一般取与其共轭的 Dirichlet 分布 $\text{Dirichlet}(\theta_{\pi_i}|\alpha_{1|\pi_i}, \alpha_{2|\pi_i}, \dots, \alpha_{k|\pi_i})$. 这时

$$\text{MAP}(\theta_{x|\pi_x}) = \frac{\#(x|\pi_x) + \alpha_{x|\pi_x}}{\sum_x \#(x|\pi_x) + \sum_x \alpha_{x|\pi_x}},$$

这里的 $\{\alpha_{x|\pi_x}\}$ 可以是等价的样本量, 算是先验知识.

对于这种离散的多项分布情况, 仅仅计数就可以得到结果. 而对于连续的情况, 通常节

点分布为正态分布, 计算样本均值和样本方差, 再通过线性回归来估计权数矩阵. 还可以给每个参数向量设定先验概率密度, 并利用训练集计算后验参数分布和贝叶斯估计.

2. 已知图形但数据不完全

在已知结构及部分观测的情况下, 能够用 EM (expectation maximization) 算法找到参数的局部最优最大似然估计. EM 算法从包括初始参数的目前图形 $(\boldsymbol{G}, \Theta)$ 开始, 然后利用贝叶斯网络的推断来计算期望 (在多项分布情况下为期望计数)

$$E_X[\#(x|\pi_x)] = \sum_k P(x|\pi_x, \boldsymbol{G}, \boldsymbol{\Theta}),$$

这是 E 步骤, 再把它通过 ML 或者 MAP 方法最大化以更新参数 (M 步骤), 之后回到 E 步骤继续迭代直到收敛.

3. 未知图形但数据完全

对于寻求结构未知但有完全观测的情况, 最一般的是基于记分的搜寻方法 (score+search paradigm), 它把学习网络看成优化问题的组合. 搜寻方法是在与贝叶斯网络关联的空间中搜寻, 而记分函数则是评估该空间对数据的拟合程度的度量或准则. 形式上, 记分搜寻方法可描述为: 给定完全的 m 个独立观测的训练集 $\boldsymbol{x} = \{\boldsymbol{x}_1, \boldsymbol{x}_2, \dots, \boldsymbol{x}_m\}$, 这里 $\boldsymbol{x}_\ell = (x_{\ell 1}, x_{\ell 2}, \dots, x_{\ell n})^\top$, 在有 n 个节点的所有可能网络图形 $\boldsymbol{G}_n$ 中, 寻求一个 DAG $\hat{\boldsymbol{G}}$, 满足下面条件

$$\hat{\boldsymbol{G}} = \arg\max_{\boldsymbol{G} \in \mathcal{G}_n} g(\boldsymbol{G}|\boldsymbol{x}).$$

式中, $g(\boldsymbol{G}|\boldsymbol{x})$ 是度量候选 $\boldsymbol{G}$ 对数据拟合程度的记分函数, $\mathcal{G}_n$ 为定义在这 n 个节点或变量上的所有 DAG.

最大化似然记分是最直接的想法, 它有大量的参数, 可以最好地拟合数据, 但可能会有过拟合. 为避免过拟合, 在模型上加先验分布 $P(\boldsymbol{\Theta})$, 这样, 根据贝叶斯定理, 我们要最大化后验分布

$$P(\boldsymbol{\Theta}|\boldsymbol{x}) = \frac{P(\boldsymbol{x}|\boldsymbol{\Theta})P(\boldsymbol{\Theta})}{P(\boldsymbol{x})} \propto P(\boldsymbol{x}|\boldsymbol{\Theta})P(\boldsymbol{\Theta}).$$

取对数, 得到

$$\ln P(\Theta|\boldsymbol{x}) \propto \ln P(\boldsymbol{x}|\boldsymbol{\Theta}) + \ln P(\boldsymbol{\Theta}).$$

这里 $P(\boldsymbol{\Theta})$ 的作用就像复杂模型的惩罚项一样.

一种由 Cooper and Herskovits (1992) 建议的记分函数称为 K2, 它依赖几个假定: 多项分布, 没有缺失值, 参数独立, 参数模块化及在给定网络结构时参数先验分布均匀化. K2 记分是 Heckerman et al. (1995) 提出的 BD (Bayesian Dirichlet) 记分的一个特例. 在这里我们使用 de Campos (2006) 的符号: x_i 的取值有 r_i 个, 其父节点 π_i 设置有 q_i 个, $q_i = \prod_{x_j \in \pi_i} r_i$; $w_{ij}(j = 1, 2, \dots, q_i)$ 代表 π_i 的设置; m_{ijk} 为数据集 $\boldsymbol{x}$ 中的 x_i 取值 x_{ik} 以及 π_i 的变量取值 w_{ij} 的观测值数目; m_{ij} 是 π_i 的变量取其第 j 个设置 w_{ij} 的观测值数目; $m_{ij} = \sum_{k=1}^{r_j} m_{ijk}$; $m_{ik} = \sum_{j=1}^{q_i} m_{ijk}$. 下面是 BD 记分形式上的定义:

$$g_{BD}(\boldsymbol{G}|\boldsymbol{x}) = \ln[p(\boldsymbol{G})] + \sum_{i=1}^{n} \left(\sum_{j=1}^{\eta_i} \left\{ \ln\left[\frac{\Gamma(\eta_{ij})}{\Gamma(m_{ij} + \eta_{ij})}\right] + \sum_{k=1}^{r_i} \ln\left[\frac{\Gamma(m_{ijk} + \eta_{ijk})}{\Gamma(\eta_{ijk})}\right] \right\} \right),$$

式中, $\Gamma()$ 为 Gamma 函数, 如果 c 为整数, 则 $\Gamma(c) = (c-1)!$, 如果再加上 $\eta_{ijk} = 1$, 则称为 K2 记分.

确定 η_{ijk} 很困难, 但 Heckerman et al. (1995) 提出的似然等价的记分则简化很多, 称为 BDe 记分, 其中 $\eta_{ijk} = \eta \times p(x_{ik}, w_{ij}|B_0)$, 这里 $p(\cdot|B_0)$ 代表与一个先验贝叶斯网络 B_0 相关的概率分布, 而 η 代表等价样本量的一个参数. BDe 记分的一个特例为 Buntine (1991) 提出的 BDeu 记分, 其中 $p(x_{ik}, w_{ij}|B_0) = 1/(r_i q_i)$, 即对于每个设定的 $\{x_i\} \cup \pi_i$, 先验网络假定为均匀分布.

结构的学习过程是学习能最好解释数据的 DAG. 这是 NP-hard 问题, 因为 n 个变量的 DAG 的个数是 n 的超指数数量级的. 如果知道变量的次序并且假定节点之间的参数独立, 事情就好办多了, 因为可以独立地逐个学习每个节点的父节点, 而不必为无回路的约束操心. 对于每个节点最多有 $\sum_{k=0}^{n-1}\binom{n}{k} = 2^n - 1$ 个可能父节点的集合. 因此可以逐个集合地搜寻最高得分. 可以从没有父节点、有 1 个父节点搜寻到有 $n-1$ 个父节点的方向, 也可以反过来搜寻, 还可以从中间搜寻.

比如, 我们从最少父节点开始往上搜索, 这就需要确定增加父节点按照某种准则是否划算. 重构分析 (reconstructibility analysis, RA) 的标准做法是利用交互信息 (mutual information, MI). X 和 Y 之间的交互信息定义为:

$$MI(X,Y) = \sum_{x,y} p(x,y) \ln\left[\frac{p(x,y)}{p(x)p(y)}\right].$$

而 X 和 Y 之间在给定 Z 时的条件交互信息定义为:

$$\mathrm{MI}(X,Y|Z) = \sum_{z}\left\{p(z)\sum_{x,y} p(x,y|z) \ln\left[\frac{p(x,y|z)}{p(x|z)p(y|z)}\right]\right\}.$$

在搜索过程中, 有可能需要做一系列条件独立性检验. 根据 de Campos (2006), 交互信息可以用渐近 χ^2 检验来评估, 以确定 MI 记分在搜索过程中是增加还是减少. 此外, 它和对数似然比检验 G^2 成比例 (相差 $2n$ 个因子, n 是样本量), 而且和被检验模型的偏差 (deviance) 有关. 与此相关的条件独立性检验还包括蒙特卡罗置换检验和对离散变量的经典的 Pearson χ^2 检验.

还有很多方法, 原理上相差不多, 但具体细节和效果依数据所反映的情况而定.

4. 未知图形及不完全的数据

这是最困难的情况. 通常用对后验分布的渐近近似, 即 BIC (Bayesian information criterion), 定义为:

$$\ln P(\boldsymbol{x}|\boldsymbol{G}) \approx \ln P(\boldsymbol{x}|\boldsymbol{G}, \hat{\boldsymbol{\Theta}}_{\boldsymbol{G}}) - \frac{\ln m}{2}\#\boldsymbol{G}.$$

式中, m 为样本量; $\hat{\boldsymbol{\Theta}}_{\boldsymbol{G}}$ 为参数的最大似然估计; $\#\boldsymbol{G}$ 为模型的维数. 在完全可观测的情况下, 模型维数等于自由参数的数目, 在有隐变量的情况下, 维数要少些. 上面第一项是似然函数, 第二项为模型复杂性的惩罚项. BIC 得分和最小描述长度记分 (minimum description length (MDL) score) 等价: MDL$= -$BIC. 虽然 BIC 可分解成局部项, 但很费时, 因为必须对每个节点利用 EM 算法来计算 $\hat{\boldsymbol{\Theta}}$. 也可以在 EM 算法的 M 步内做局部搜索, 这称为结构 EM (structural EM).

12.3 贝叶斯网络的数值例子及计算

我们在本节使用下面的数据.

例 12.2 驾车 (Driver.csv, DriverC.csv). 考虑几个二分变量: Y (Young, 是否年轻), D (Drink, 是否饮酒), A (Accident, 是否有过事故), V (Violation, 是否违规过), C (Citation, 是否收到过罚单), G (Gear, 是否自动档). 数据中用的是 0,1 哑元变量, 对每个变量,"是"对应于 1,"否"对应于 0. 图 12.3.1 为相应的 DAG 图. 这张 DAG 图说明了各个点存在的独立性和相关性, 而箭头表示假定的因果关系. 这里变量 A, C, V 的父节点均为 Y 和 D.

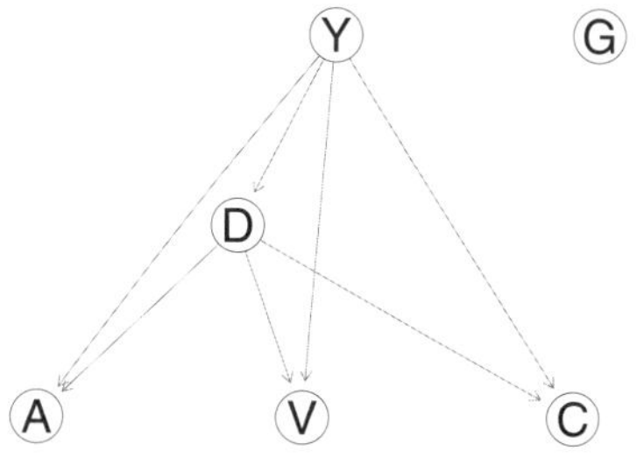

图 12.3.1 例 12.2 的 DAG 图

例 12.3 自我评分 (score.csv). 这是关于理解力 (U) 和记忆力 (M) 以及对各科喜恶程度的自我评分, 科目包括 MATH(数学)、PHYS(物理)、CHEM(化学)、LITE(语文)、HIST(历史) 等.

例 12.4 健康和社会特征 (ksl.csv). 该数据来自 Badsberg (1995), 是一项度量健康和社会特征的研究, 涉及丹麦 70 岁的人, 样本取自 1967 年和 1984 年, 总共 1083 个观测值, 每个观测包含 9 个不同变量. 其中的定性变量用哑元 ($\{0,1\}$ 或 $\{1,2\}$) 表示. 具体变量情况见表 12.3.1.

表 12.3.1 变量情况

节点	指数	变量及说明
1	Fev	肺活量: 肺功能
2	Kol	胆固醇
3	Hyp	高血压 (0, 1)
4	logBMI	对数体质指数 (Body Mass Index, BMI)
5	Smok	吸烟 (1, 2)
6	Alc	酒精摄入程度 (1, 2)
7	Work	工作 (1, 2)
8	Sex	性别 (1,2)
9	Year	调查年 (1,2)

按照原作者的说法, 分析的目的是看哪些变量影响血压. 可以猜测某些连续变量, 诸如 Fev、Kol 和 BMI 会有影响. 该数据包含在程序包 `deal`[3] 之中, 而且可以使用 `deal` 程序来处理. 但是, 程序包 `deal` 目前还不允许离散节点有连续的父节点, 因此, 只能把血压变量 Hyp 当成连续变量.

[3] Bottcher, S.G. and Dethlefsen, C. (2018). deal: Learning Bayesian Networks with Mixed Variables. R package version 1.2-39. `https://CRAN.R-project.org/package=deal`.

12.3.1 全部变量是离散变量的情况

1. 例 12.2 数据的构造贝叶斯网络的 R 程序

首先考虑例 12.2 的驾车数据 (Driver.csv), 其中有 6 个二分变量: Y (Young, 是否年轻), D (Drink, 是否饮酒), A (Accident, 是否有过事故), V (Violation, 是否违规过), C (Citation, 是否收到过罚单), G (Gear, 是否自动档). 数据中用的是 0,1 哑元变量, 对每个变量, "是"对应于 1, "否"对应于 0. 实际上, 图 12.3.1是用登山算法算出来的 DAG 图. 这里用的程序包为 `bnlearn`.[4] 下面首先采用程序包 `bnlearn` 中目前对于离散变量所用的几种基于记分的方法来做计算. 这里的记分包括:

- 多项对数似然记分, 代码为 `loglik`, 也称为熵度量.
- AIC 记分 (Akaike information criterion score), 代码为 `aic`.
- BIC 记分 (Bayesian information criterion score), 代码为 `bic`.
- BD 等价记分的对数 (logarithm of the Bayesian Dirichlet equivalent score), 代码为 `bde`.
- 改进的 BD 等价记分的对数 (logarithm of the modified Bayesian Dirichlet equivalent score), 代码为 `mbde`.
- K2 记分的对数, 代码为 `k2`. 它是 Dirichlet 后验密度, 但不是记分等价的.

输入数据并把哑元设置为因子的代码如下:

```
w=read.csv("driver.csv")
for(i in 1:ncol(w))w[,i]=factor(w[,i])
names(w)=c("Y","D","A","V","C","G") #为简单用缩写变量名
```

然后用登山算法对各种记分度量进行搜寻. 程序包 `bnlearn` 目前只有登山算法一种记分搜索方法.

```
library("bnlearn")
(w.hc.aic=hc(w, score = "aic"))
(w.hc.bic=hc(w, score = "bic"))
(w.hc.loglik=hc(w, score = "loglik"))
(w.hc.bde=hc(w, score = "bde"))
(w.hc.mbde=hc(w, score = "mbde"))
(w.hc.k2=hc(w, score = "k2"))
```

对每一种记分都输出学习的模型形式, 比如, 对于 AIC 的方法, 输出如下:

```
Bayesian network learned via Score-based methods


model:
 [Y][G][D|Y][A|Y:D][V|Y:D][C|Y:D]
nodes:                                    6
arcs:                                     7
```

[4]Nagarajan,R., Scutari, M., and Lebre, S., (2013). *Bayesian Networks in R with Applications in Systems Biology*. Springer, New York. ISBN 978-1461464457.

```
  undirected arcs:                      0
  directed arcs:                        7
average markov blanket size:            2.33
average neighbourhood size:             2.33
average branching factor:               1.17

learning algorithm:                     Hill-Climbing
score:                                  AIC (disc.)
penalization coefficient:               1
tests used in the learning procedure:   50
optimized:                              TRUE                          TRUE
```

输出中包括搜索出来的模型、节点之间有向和无向联系的个数、平均马尔可夫毯的大小、平均邻近点个数等. 当然, 用图形会更直观. 我们用函数 graphviz.plot() 来作图 (见图 12.3.2), 代码如下:

```
library("Rgraphviz")
layout(t(1:6))
graphviz.plot(w.hc.aic,main="Score-based hill-climbing: aic")
graphviz.plot(w.hc.bic,main="Score-based hill-climbing: bic")
graphviz.plot(w.hc.loglik,
    main="Score-based hill-climbing: loglik")
graphviz.plot(w.hc.bde,main="Score-based hill-climbing: bde")
graphviz.plot(w.hc.mbde,main="Score-based hill-climbing: mbde")
graphviz.plot(w.hc.k2,main="Score-based hill-climbing: k2")
```

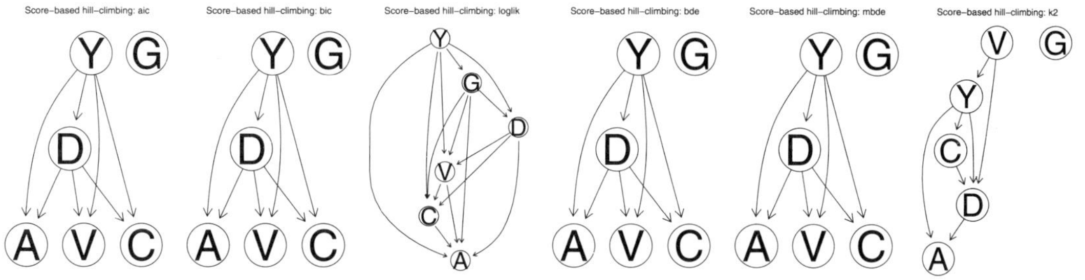

图 12.3.2 对例 12.2 使用 6 种记分的登山搜索方法的结果图

图 12.3.2 为对例 12.2 使用 6 种记分的登山搜索方法结果图. 可以看出, 除了对数似然和 k2 得到的结果之外, 另外 4 种记分 (aic,bic, bde, mbde) 的结果相同, 而且比较合理.

我们也可以用基于约束的方法. 程序包 bnlearn 目前一共有以下几种方法 (最后一种方法并不是基于约束的):

- 增长收缩 (grow-shrink): 最简单的基于增长收缩马尔可夫毯 (grow-shrink Markov blanket) 搜索算法. 代码为 gs.
- 增量关联 (incremental association): 基于增量关联的马尔可夫毯算法 (IAMB), 基于两相搜索方法 (向前选择及除掉假阳性). 代码为 iamb.

- 快速增量关联 (fast incremental association): 利用推测的向前步骤选择以减少条件独立检验数目的各种 IAMB. 代码为 `fast.iamb`.
- 交替增量关联 (interleaved incremental association): 另一种 IAMB, 向前步骤选择以在马尔可夫毯搜寻步骤 (相) 中减少条件独立检验数目. 代码为 `inter.iamb`.
- 最大最小父节点子节点 (max-min parents and children): 在前一次迭代所选择的任何节点子集中把观测的最小关联最大化作为邻域向前搜索. 它学习贝叶斯网络的背景结构 (所有的弧为无向的, 不试图测试方向). 代码为 mmpc.

下面是用这些方法对例 12.2 做结构搜索的代码:

```
w.gs <- gs(w,debug=T) #成为bn类型object
(w.iamb=iamb(w))
(w.fiamb=fast.iamb(w))
(w.iiamb=inter.iamb(w))
(w.mmpc=mmpc(w))
```

同样要输出各种搜索结果, 包括非常详细的搜索步骤. 但都没有给出有向线段. 这可以从图 12.3.3 看出. 绘制该图的代码如下:

```
layout(t(1:5))
graphviz.plot(w.gs,main="Constraint-based algorithms: gs")
graphviz.plot(w.iamb,main="Constraint-based algorithms: iamb")
graphviz.plot(w.fiamb,main="Constraint-based algorithms: fiamb")
graphviz.plot(w.iiamb,main="Constraint-based algorithms: iiamb")
graphviz.plot(w.mmpc,main="mmpc")
```

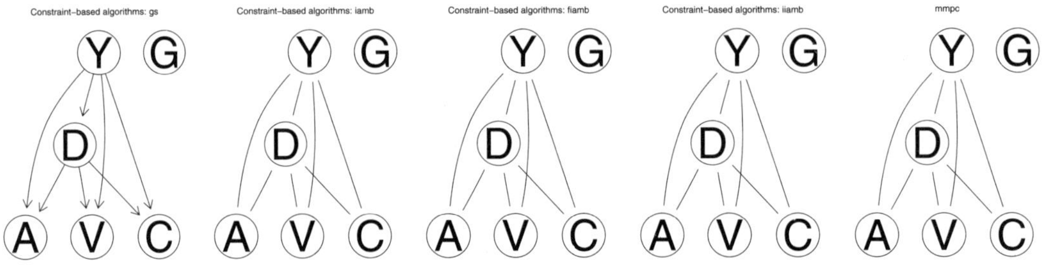

图 12.3.3 对例 12.2 使用 5 种搜索方法 (其中 4 种是基于约束的) 的结果图

由于节点间的线段没有方向, 可以使用“白名单”和“黑名单”来人为控制方向. 白名单就是设定某些箭头的方向, 黑名单就是阻止设定某些箭头方向. 下面是代码和结果. 所生成的图和图 12.3.1 相同, 这里就不展示了.

```
WL=data.frame(from=c(rep("Y",4),rep("D",3)),
    to=c("D",rep(c("A","C","V"),2)))
w.gs <- gs(w, whitelist=WL)
graphviz.plot(w.gs)
```

```
> print(WL)
  from to
1    Y  D
2    Y  A
3    Y  C
4    Y  V
5    D  A
6    D  C
7    D  V
```

2. 例 12.2 数据构造贝叶斯网络的 Python 程序

我们在这里使用 Python 的模块 pgmpy[5], 该模块是贝叶斯网络的纯 Python 实现, 重点关注模块化和可扩展性, 可以实现结构学习、参数估计、近似 (基于采样) 和精确推理以及因果推理的各种算法. 其模型可以通过 graphviz 形成 dot 图形文件, 可转换成 pdf 或 png 图形文件. 此外, 模块 pgmpy 输入的用字符串表示的分类变量数据必须哑元化.

首先导入必要的模块并读入文件 DriverC.csv 中的数据:

```
from pgmpy.estimators import HillClimbSearch, BicScore,K2Score, BDeuScore,\
BDsScore,AICScore
w=pd.read_csv("DriverC.csv")
w1=pd.get_dummies(w,drop_first=True)
w1.columns=[x[0] for x in w1.columns]
Score=[K2Score, BDeuScore, BDsScore, BicScore,AICScore]
Key=['K2Score', 'BDeuScore', 'BDsScore', 'BicScore','AICScore']
```

上面的 w1 为哑元化的数据, 而且变量名都采用了原名的第一个字母. 下面是数据 w 和 w1 各自的前 3 行:

```
  Young Drink Accident Violation Citation Gear
0    Y1    D0       A0        V0       C0   G1
1    Y0    D0       A0        V0       C0   G1
2    Y0    D1       A0        V0       C0   G1
   Y  D  A  V  C  G
0  1  0  0  0  0  1
1  0  0  0  0  0  1
2  0  1  0  0  0  1
```

然后基于数据使用登山法构造贝叶斯网络. 除了数据输入选项之外, 这里还有一个重要的关于记分方法的选项 scoring_method, 它有 5 个选择: 'K2Score', 'BDeuScore', 'BDsScore', 'BicScore', 'AICScore'. 其中 'K2Score' 是默认方法.

下面根据数据使用全部 5 种记分方法来得到网络, 结果在图 12.3.4 中.

[5] 本书第一版使用的是 pomegranate 模块.

```
Res=dict()
BestModel=dict()
for i, S in enumerate(Score):
    est = HillClimbSearch(w1)
    BestModel[Key[i]] = est.estimate(scoring_method=S(w1))
    Res[Key[i]]=(sorted(BestModel[Key[i]].nodes()),
                         BestModel[Key[i]].edges())
```

输出的 dict `BestModel` 为 5 个模型, 而 dict 形式结果 `Res` 则包括 5 个模型的节点和各边的名称. 为了画图 (图 12.3.4), 使用下面的从模型生成 dot 和 pdf 图形文件的函数和代码:

```
def SaveFile(Model,Path,Print=False, View=False):
    from graphviz import Source
    path = Path+'.dot'
    Model.to_graphviz().write(Path+'.dot')
    s = Source.from_file(path)
    if Print: print(s.source)
    s.render(Path, format='pdf',view=View)

for i, k in enumerate(Res):
    SaveFile(BestModel[k],Path=Key[i])
```

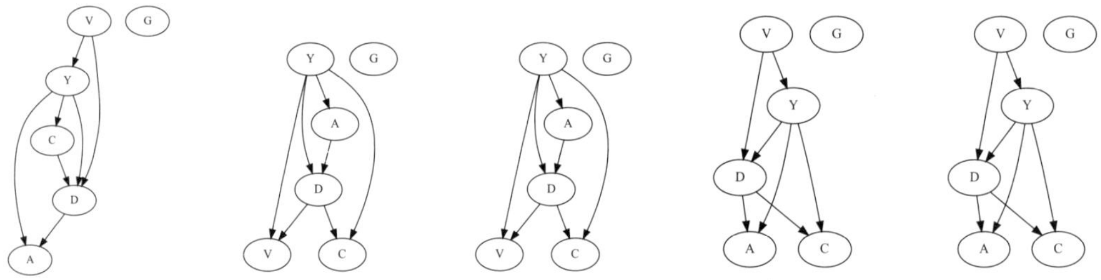

图 12.3.4　例 12.2 数据用登山法构造的 5 个贝叶斯网络 (使用的记分方法从左到右分别为: K2Score, BDeuScore, BDsScore, BicScore, AICScore)

12.3.2 全部变量是连续变量的情况

我们通过例 12.3 来描述在全部变量都是连续变量的情况下网络学习的计算.

这里先用不加黑白名单的增长收缩法 (gs) 和登山法 (hc) 来学习网络, 选项用的都是缺省值. 然后对增长收缩法加白名单, 而对登山法既加白名单又加黑名单, 最后得到四个网络. 四个图形在图 12.3.5 中, 左边两个图未加黑名单或白名单, 而左数第三图是加了白名单的, 最右图是既加了白名单又加了黑名单的.

```
library(bnlearn);U=read.csv("score.csv")
for(i in 1:ncol(U))U[,i]=as.numeric(U[,i])
U.gs0=gs(U);U.hc0=hc(U) #未加黑白名单
```

```
U.w=data.frame(from=c("M","M","LITE","U","U","U","MATH"),
    to=c("LITE","HIST","HIST","MATH","CHEM","PHYS","PHYS"))
U.gs=gs(U,whitelist=U.w) #加白名单
U.hc=hc(U,whitelist=U.w,blacklist=c("LITE","MATH")) #加黑白名单

layout(t(1:4))
graphviz.plot(U.gs0,main="Original gs")
graphviz.plot(U.hc0,main="Original hc")
graphviz.plot(U.gs,main="Gs with whitelist")
graphviz.plot(U.hc,main="Hc with white list & blacklist")
```

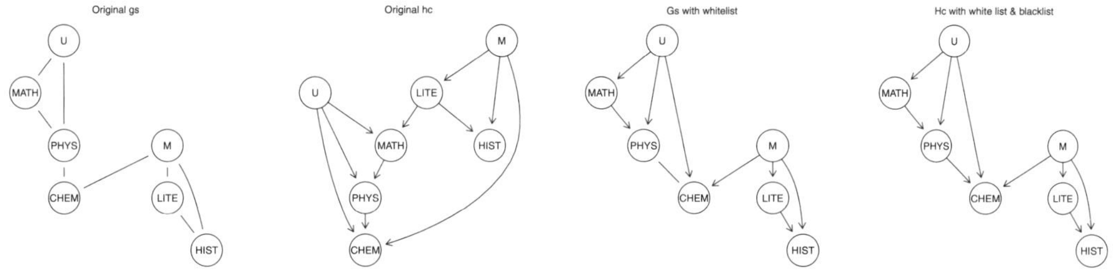

图 12.3.5　对例 12.3 使用增长收缩法和登山法的网络学习效果图

Python 程序包 pgmpy 对于连续变量的功能非常有限, 只能使用基于约束的 PC 算法从给定数据集来估计 DAG. 使用统计独立性检验 (这里是 Pearson 检验) 来识别数据集中的条件依赖性, 并估计满足已识别依赖性的 DAG 模式. 图形结构选项 return_type 有 3 种: 'dag', 'cpdag', 'pdag'. 下面为涉及的代码及结果 (见图 12.3.6), 这里使用了前面定义的 Python 函数 SaveFile.

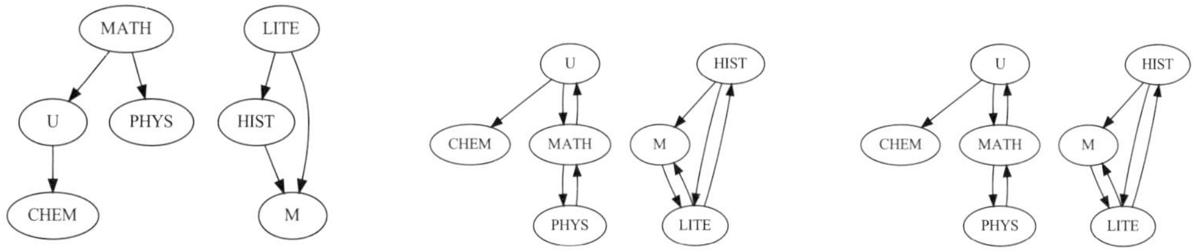

图 12.3.6　例 12.3 数据用 PC 法构造的 3 个贝叶斯网络 (从左到右的结构格式为: "dag", "cpdag", "pdag")

```
Dags=("dag","cpdag", "pdag")

from pgmpy.estimators import PC
Models=dict()
for d in Dags:
    est = PC(w)
    Models[d] = est.estimate(ci_test='pearsonr',max_cond_vars=7,
                    return_type=d)
```

```
SaveFile(Models[d],Path=d)
```

12.3.3 连续和离散变量混合的情况

这里我们利用可以处理变量类型混合情况的混合程序包 deal 中自带的函数及数据 ksl 来应对连续和离散变量混合情况的网络学习.

程序包 deal 允许贝叶斯网络既有离散变量又有连续变量, 于是, 网络中所有变量集合 $X = I \cup Y$, 这里 I 和 Y 分别为离散变量和连续变量的集合. 在 deal 中, 为确保局部计算方法存在, 不允许离散变量有连续的父节点, 但连续变量可以有离散的父节点. 于是变量子集合 $x = (i, y)$ $(x \in X, i \in I, y \in Y)$ 的联合概率分布可以因子化成为离散和混合两部分, 因此

$$p(x) = p(i, y) = \prod_{i \in I} p(i|\pi_i \in I) \prod_{y \in Y} p(y|\pi_y \in I \cup Y).$$

由于这里既有连续变量, 又有离散变量, 对于连续变量, 这里假定是正态分布; 对于离散变量, 假定服从多项分布, 先验分布就更复杂了, 包括正态分布、逆 Wishart 分布、逆 Gamma 分布、Dirichlet 分布等.

程序包 deal 的方法是基于记分的搜索算法, 原则上能够关联所有可能的 DAG 评估网络, 但随着节点增加, 可能的 DAG 数目呈指数增长. 寻找高记分的 DAG 是需要的. deal 的战略是随机重新开始吝啬搜索. 为比较不同的 DAG 结构, 比如结构 G 和 G^* (这里的结构在下面的概率表示中也代表该结构所对应的参数, 而 x 代表数据), 利用后验优势 (posterior odds)

$$\frac{p(G|x)}{p(G^*|x)} = \frac{p(G, x)}{p(G^*, x)} = \frac{p(G)}{p(G^*)} \times \frac{p(x|G)}{p(x|G^*)},$$

式中, $p(G)/p(G^*)$ 为先验优势; $p(x|G)/p(x|G^*)$ 为贝叶斯因子 (Bayes factor). 目前, 在 deal 仅有的对各种 DAG 设置先验分布选项是让所有 DAG 同等可能, 先验优势总等于 1. 因此利用贝叶斯因子来比较两个不同的 DAG. 在吝啬搜索中仅仅比较有一个箭头不同的模型, 或者加入、删除, 或者反向. 在这些情况中, 贝叶斯因子因为网络记分的可分解性而特别简单.

考虑例 12.4. 下面是对该例学习网络所用的代码. 首先读入数据, 把最后 5 个变量设为定性变量, 前面 4 个 (包括血压) 为数量变量, 然后确保均匀的先验分布的超参数.

```
w=read.csv("ksl.csv")
for(i in c(5:9))w[,i]=factor(w[,i])
library(deal)
w.nw <- network(w) #创造一个空的框架
w.prior <- jointprior(w.nw) #默认想象样本量64(可自己设)
#下面查看默认的超参数值(也可以修改)
w.prior$jointalpha #2^5=32种 均匀离散 Dirichlet参数
w.prior$jointnu #2^5 均匀离散 正态协方差的除数
w.prior$jointrho #2^5 均匀离散 逆Wishart自由度
w.prior$jointmu #32乘4 每种离散设置4个连续(样本均值)正态均值
w.prior$jointsigma  #32个4乘4样本方差对角阵 正态协方差
```

```
w.prior$jointphi  #32个4乘4样本方差对角阵 IW协方差
```

由于离散变量水平组合有 $2^5 = 32$ 个, 上面的 jointalpha (α) 给出了 Dirichlet 的参数, 是 32 个同样的值. jointnu(ν) 给出了正态分布协方差参数的作为尺度调整的参数, 是 32 个同样的值. jointrho (ρ) 给出了正态分布协方差参数的逆 Wishart 分布的自由度, 是 32 个同样的值. jointmu (μ) 对于 32 种离散水平组合, 给出了正态分布均值参数的先验分布, 每种用 4 个变量的样本均值代替. jointsigma (σ) 对于 32 种离散水平组合, 给出了正态分布方差的先验分布, 每种用 4×4 的样本方差对角矩阵代替. jointphi (ϕ) 对 32 种离散水平组合给出逆 Wishart 分布方差的先验分布, 各用其样本方差 4×4 对角矩阵代替.

这里可以设"黑名单", 称为禁止名单 (ban list), 但没有"白名单". 下面就是搜索代码, 输出了搜索中途和最终的结构图. 其中, 函数 autosearch() 给出了图 12.3.7 中的左图, 这里没有用禁止名单; 函数 heuristic() 给出了图 12.3.7 中的右图, 使用了禁止名单.

```
mybanlist <- matrix(c(5,5,6,6,7,7,9,8,9,8,9,8,9,8),ncol=2)
banlist(w.nw) <- mybanlist
w.nw <- learn(w.nw,w,w.prior)$nw
# 结构搜索:
w.search <- autosearch(w.nw,w,w.prior,trace=TRUE)
# 扰动最好的, 重复搜寻2次:
w.heuristic <- heuristic(w.search$nw,w,w.prior,
    restart=2,degree=10,
    trace=TRUE,trylist=w.search$trylist)
thebest2 <- w.heuristic$nw
```

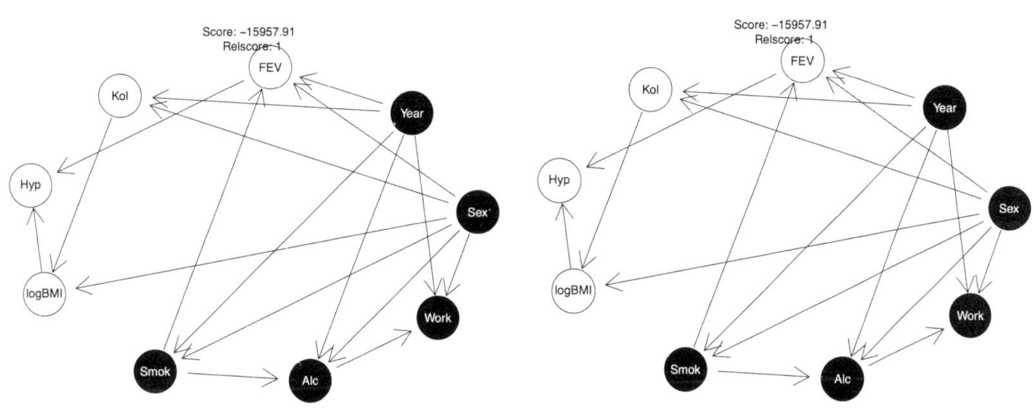

图 12.3.7 对例 12.4 的网络学习效果图

从图 12.3.7 可以看出, 加入禁止名单后, 把"吸烟导致饮酒"和"饮酒导致工作"的箭头颠倒过来了. 此外, 图中的黑底节点代表离散变量, 白底节点代表连续变量.

第 13 章　隐马尔可夫模型 *

13.1　概 述

隐马尔可夫模型 (hidden Markov model, HMM) 是具有不可观察 (即隐藏) 状态的马尔可夫模型. 它可以表示为最简单的动态贝叶斯网络. HMM 背后的数学最初是由 Baum and Petrie (1966) 提出的. HMM 与早期 Stratonovich (1960) 关于最优非线性滤波问题的研究密切相关.

在更简单的马尔可夫模型 (如马尔可夫链) 中, 状态对于观察者是直接可见的, 因此状态转移概率是唯一的参数, 而在隐马尔可夫模型中, 可观测的仅仅是取决于不可观测状态的显示. 这些显示的数据给出了关于状态的信息而不是状态本身.

隐马尔可夫模型可以认为是混合模型的推广, 这里控制混合分量的隐变量不是独立的而是由马尔可夫模型联系的, 也称为依赖混合模型 (dependent mixture model). HMM 强化学习和瞬时模式识别等在诸如心理学、经济学、遗传学及各种社会科学领域中有广泛的应用.

举例来说, 我们可以看见下雨 (Rain)、阴天 (Cloudy) 和不下雨 (Dry), 这是可观测的状况, 相应的高空气压有高 (High)、低 (Low) 之分, 这是人们不可观测的状态. 假定高空状态是个马尔可夫链, 有状态转移概率矩阵:

$$\boldsymbol{A} = \begin{bmatrix} 0.7 & 0.3 \\ 0.2 & 0.8 \end{bmatrix}$$

或者

	High	Low
High	$P(\text{High}\vert\text{High}) = 0.70$	$P(\text{Low}\vert\text{High}) = 0.30$
Low	$P(\text{High}\vert\text{Low}) = 0.20$	P(Low|Low)=0.80

对于这个马尔可夫链, 可假定有一个初始概率 $\boldsymbol{\pi} = (0.6, 0.4)^\top$ 或者

$$P(\text{High}) = 0.6; P(\text{Low}) = 0.4.$$

这样, 通过 n 次转移之后的各个状态的概率为 $\boldsymbol{A}^n\boldsymbol{\pi}$.

从不可见的状态到可观测的状态会有一个发送 (emission) 概率转移矩阵:

$$\boldsymbol{B} = \begin{bmatrix} 0.6 & 0.3 & 0.1 \\ 0.2 & 0.2 & 0.6 \end{bmatrix}$$

或者

	Dry	Cloudy	Rain
High	$P(\text{Dry}\vert\text{High}) = 0.60$	$P(\text{Cloudy}\vert\text{High}) = 0.30$	$P(\text{Rain}\vert\text{High}) = 0.10$
Low	$P(\text{Dry}\vert\text{Low}) = 0.20$	$P(\text{Cloudy}\vert\text{Low}) = 0.20$	P(Rain|Low)=0.60

这时, 如果 $\boldsymbol{\pi}, \boldsymbol{A}, \boldsymbol{B}$ 都已知, 那么在 n 次转移之后的可观测状态的概率为 $\boldsymbol{B}^{\top}\boldsymbol{A}^{n}\boldsymbol{\pi}$.

当然, 在现实世界, 这些概率并不一定都是已知的. 图 13.1.1 为马尔可夫链的隐状态 $\{S_t\}$、可观测状态 $\{O_t\}$ $(t=1,2,\ldots,T)$ 通过转移概率矩阵 $\boldsymbol{A}$ 及 $\boldsymbol{B}$ 导出的关系示意图.

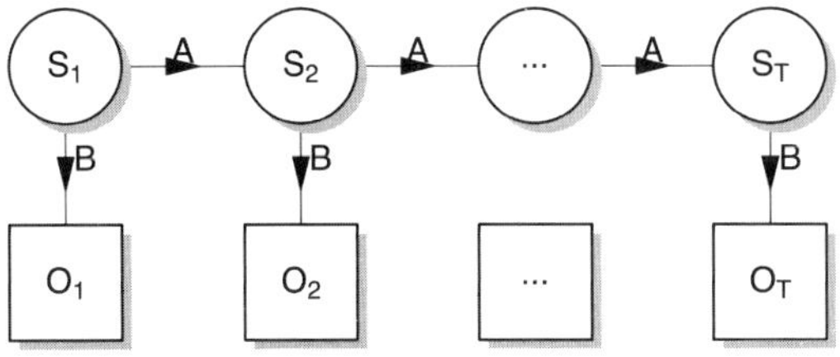

图 13.1.1 隐状态 $\{S_t\}$、可观测状态 $\{O_t\}$ $(t=1,2,\ldots,T)$ 通过转移概率矩阵 $\boldsymbol{A}$ 及 $\boldsymbol{B}$ 导出的关系示意图

下面定义一些符号:

- $\boldsymbol{S}=\{S_t\}$ $(t=1,2,\ldots,T)$: 隐马尔可夫过程.
- T: 观测序列长度.
- n: 模型中状态个数.
- m: 可观测的值的个数.
- $\boldsymbol{s}=\{s_i\}$: 有 n 个元素的状态空间, 即隐马尔可夫过程的不同的状态.
- $\boldsymbol{V}=\{v_1,v_2,\ldots,v_m\}$: 可能观测到的值的集合.
- $\boldsymbol{A}=\{a_{ij}\}$: $(n\times n)$ 状态转移概率矩阵, 有可能是某协变量 $\boldsymbol{z}_t$ 的函数 $a_{ij}(\boldsymbol{z}_t)$.
- $\boldsymbol{B}$: $(n\times m)$ 发送转移概率矩阵, 其元素有时记为 $\{b_{S_i}(O_j)\}$. 它有可能是某协变量 $\boldsymbol{z}_t$ 的函数.
- $\boldsymbol{\pi}=\{\pi_i\}$: 状态的初始分布的 (n) 维向量, 有可能是某协变量 $\boldsymbol{z}_t$ 的函数 $\pi_i(\boldsymbol{z}_t)$.
- $\boldsymbol{O}=\{O_t\}$: 观测值序列, 可看成为从 $\boldsymbol{V}$ 中抽取的值.

HMM 由三个概率表示为

$$M=(\boldsymbol{A},\boldsymbol{B},\boldsymbol{\pi}).$$

对于前面天气和气压的例子, 如果我们的观测值为

$$\boldsymbol{O}=(\text{Rain},\text{Rain},\text{Cloudy},\text{Drey}),$$

除了前面给出的 $\boldsymbol{\pi},\boldsymbol{A},\boldsymbol{B}$ 之外, 对于该例有

$$T=4, n=2, \boldsymbol{s}=\{\text{High},\text{Low}\}, m=3, \boldsymbol{V}=\{\text{Rain},\text{Cloudy},\text{Dry}\}.$$

对于任意状态序列 $s_i\in\boldsymbol{s}$ $(i=1,\ldots,n)$, 不可观测状态的马尔可夫性定义为

$$P(S_n=s_n|S_1=s_1,\ldots,S_{n-1}=s_{n-1})=P(S_n=s_n|S_{n-1}=s_{n-1}).$$

13.2 HMM 的三个主要问题

(1) **评估问题:** 对于 HMM $M=(\boldsymbol{A},\boldsymbol{B},\boldsymbol{\pi})$ 和观测序列 $\boldsymbol{O}=\{O_i\}$, 找到产生 $\{O_i\}$ 序列的概率 $P(\boldsymbol{O}|M)$. 方法是得到 $\boldsymbol{O}$ 相对于给定模型 M 的得分.

(2) **解码问题:** 对于 HMM $M=(\boldsymbol{A},\boldsymbol{B},\boldsymbol{\pi})$ 和观测序列 $\boldsymbol{O}=\{O_i\}$, 找到隐马尔可夫过程的最佳状态序列, 也就是最可能产生 $\boldsymbol{O}$ 的隐马尔可夫过程.

(3) **学习问题:** 给定观察序列 $\boldsymbol{O}$ 与维度 n 和 m, 找到最可能产生 $\boldsymbol{O}$ 的概率模型 $M=$

$(\boldsymbol{A}, \boldsymbol{B}, \boldsymbol{\pi})$, 即训练模型以最佳地拟合观察到的数据. 这也可视为在参数 $\boldsymbol{A}, \boldsymbol{B}, \boldsymbol{\pi}$ 的 (离散) 空间上的登山法.

下面对这三个问题做出说明.

13.2.1 评估问题

观测序列 $\boldsymbol{O} = \{O_i\}$, 找到产生 $\{O_i\}$ 序列的概率 $P(\boldsymbol{O}|M)$. 我们有

$$\begin{aligned} P(\boldsymbol{O}|M) &= \sum_{\boldsymbol{S} \in \boldsymbol{s}} P(\boldsymbol{O}|\boldsymbol{S}, M) P(\boldsymbol{S}|M) \\ &= \sum_{\boldsymbol{S} \in \boldsymbol{s}} \pi_{S_1} b_{S_1}(O_1) \cdot a_{S_1,S_2} b_{S_2}(O_2) \cdot a_{S_2,S_3} b_{S_3}(O_3) \cdots a_{S_{T-1},S_T} b_{S_T}(O_T). \end{aligned} \quad (13.2.1)$$

然而, 这种直接计算通常是不可行的, 因为它需要乘大约 $2 \times T \times n^T$ 次. 但存在能够达到同样结果的更加有效的算法. 下面介绍具体的算法, 即**向前向后 HMM 算法** (forward-backward HMM algorithms).

向前向后 HMM 算法由两种方法组成, 分别称为**向前递归法** (forward-recursion) 和**向后递归法** (backward-recursion). 后者在下面 13.2.2 节解码问题中涉及. 对于 $t = 1, 2, \ldots, T$ 及 $i = 1, 2, \ldots, n$, 向前递归法定义

$$\alpha_t(i) = P(O_0, O_1, \cdots, O_t, S_t = s_i|M)$$

为到时间 t 时部分观测值序列的概率, 而时间 t 时背景状态为 s_t. $\alpha_t(i)$ 可以如下迭代计算:

(1) 对于 $i = 1, 2, \ldots, n$, $\alpha_1(i) = \pi_i b_i(O_1)$.

(2) 对于 $t = 2, 3, \ldots, T$ 及 $i = 1, 2, \ldots, n$,

$$\alpha_t(i) = \left[\sum_{j=1}^{n} \alpha_{t-1}(j) \right] b_i(O_t).$$

(3) 根据式 (13.2.1), 有

$$P(\boldsymbol{O}|M) = \sum_{i=1}^{n} \alpha_T(i).$$

向前迭代只需计算 $n^2 T$ 次乘法.

13.2.2 解码问题

1. 解码问题的最大期望值方法

观测序列 $\boldsymbol{O} = \{O_i\}$, 找到隐马尔可夫过程的最佳状态序列, 即最可能产生 $\boldsymbol{O}$ 的隐马尔可夫过程 $\boldsymbol{S}$. 我们希望最大化 $P(S|\boldsymbol{O})$ 或等价地最大化 $P(S_1, S_2, \ldots, S_T, O_1, O_2, \ldots, O_T)$. 这种方法和动态规划 (dynamic programming) 结果不一定一样, 后面会加以说明.

向后递归法 (backward-recursion) 定义

$$\beta_t(i) = P(O_{t+1}, O_{t+2}, \cdots, O_T, |S_t = s_i, M)$$

为时间 t 之后部分观测值序列的概率, 而时间 t 时背景状态为 s_t. $\beta_t(i)$ 可以如下迭代计算:

(1) 对于 $i = 1, 2, \ldots, n$, $\beta_T(i) = 1$.

(2) 对于 $t=1,2,3,\ldots,T-1$ 及 $i=1,2,\ldots,n$,

$$\begin{aligned}\beta_t(i) &= P(O_{t+1},O_{t+2},\cdots,O_T,|S_t=s_i,M)\\ &= \sum_{j=1}^{n} P(O_{t+1},O_{t+2},\cdots,O_T,S_{t+1}=s_j|S_t=s_i)\\ &= \sum_{j=1}^{n} P(O_{t+2},O_{t+3},\cdots,O_T|S_{t+1}=s_j)a_{ij}b_j(O_{t+1}) = \sum_{j=1}^{n}\beta_{t+1}(j)a_{ij}b_j(O_{t+1}).\end{aligned}$$

对于 $t=1,2,\ldots,T-2$ 及 $i=1,2,\ldots,n$, 定义

$$\gamma_t(i)=P(S_t=s_i|\boldsymbol{O},M).$$

因为 $\alpha_t(i)$ 度量到时间 t 为止的有关概率, 而 $\beta_t(i)$ 度量时间 t 之后的有关概率,

$$\gamma_t(i)=\frac{\alpha_t(i)\beta_t(i)}{P(\boldsymbol{O}|M)}.$$

由于

$$P(\boldsymbol{O}|M)=\sum_{i=1}^{n}\alpha_T(i),$$

根据 $\gamma_t(i)$ 的定义, 在时间 t 最可能的状态 s_i 是把 $\gamma_t(i)$ 最大化的状态 s_i, 即 i 使得

$$i=\mathop{\arg\max}_{i=1,2,\ldots,n}\gamma_t(i).$$

2. 解码问题的 Viterbi 方法

下面介绍称为 **Viterbi 方法** (Viterbi algorithm) 的**动态规划**. 定义

$$\delta_k(i)=\max_{(S_1,S_2,\ldots,S_{k-1})\in\boldsymbol{s}} P(S_1,S_2,\ldots,S_{k-1},S_k=s_i,O_1,O_2,\ldots,O_k).$$

该方法的关键思想为, 如果产生 $S_k=s_j$ 的最好的过程包含 $S_{k-1}=s_i$, 那么它也应该包含产生 $S_{k-1}=s_i$ 的最好的过程. 则有

- $\delta_k(i)$ 为:

$$\begin{aligned}\delta_k(i) &= \max_{(S_1,S_2,\ldots,S_{k-1})\in\boldsymbol{s}} P(S_1,S_2,\ldots,S_{k-1},S_k=s_j,O_1,O_2,\ldots,O_k)\\ &= \max_i\left[a_{ij}b_j(O_k)\max_{(S_1,S_2,\ldots,S_{k-2})\in\boldsymbol{s}} P(S_1,S_2,\ldots,S_{k-1}=s_i,O_1,O_2,\ldots,O_{k-1})\right].\end{aligned}$$

- 保持着 s_j 之前一个状态是 s_i, 并回溯最好的路径.

根据这个思想, Viterbi 方法可以描述如下:

- 对于 $i=1,2,\ldots,n$, 初始值

$$\delta_1(i)=\max P(S_1=s_i,O_1)=\pi_i b_i(O_1).$$

- 对于 $j=1,2,\ldots,n$ 及 $k=2,\ldots,T$, 向前递归:

$$\begin{aligned}\delta_k(i) &= \max_{(S_1,S_2,\ldots,S_{k-1})\in\boldsymbol{s}} P(S_1,S_2,\ldots,S_{k-1},S_k=s_j,O_1,O_2,\ldots,O_k)\\ &= \max_i\left[a_{ij}b_j(O_k)\max_{(S_1,S_2,\ldots,S_{k-2})\in\boldsymbol{s}} P(S_1,S_2,\ldots,S_{k-1}=s_i,O_1,O_2,\ldots,O_{k-1})\right]\\ &= \max_i[a_{ij}b_j(O_k)\delta_{k-1}(i)].\end{aligned}$$

- 最终, 寻找在时间 T 停止的最好路径 $\max_i \delta_T(i)$.
- 回溯最好的路径.

该算法类似于评估问题的前向递归, 只不过把那里的和号$\sum$ 用 max 替换, 并增加额外的回溯. 上面过程可以写成下面的函数形式的伪代码:

```
VITERBI(o, s, pi, O, A, B) #定义函数, 输出最可能的状态S
  #O是观测值, o为观测值空间, s是状态空间,
  #pi是初始概率, A是状态转移概率矩阵, B是发射转移概率矩阵
    for i in 1:n #对每个状态
        T1[i,1]<- pi[i] B_[i,O[1]]
        T2[i,1]<- 0
    for j in 2:T  #对第2:T观测值
        for i in 1:n #对每个状态
            T1[i,j]<- max_k(T1[k,j-1]A[k,i]B[i,O[j]])
            T2[i,j]<- arg max_k(T1[k,j-1]A[k,i])
    z[T]<- arg max_k(T1[k,T])
    S[T]<-s[z[T]]
    for j in T:2
        z[j-1]<-T2[z[j],j]
        S[j-1]<-s[z[j-1]]
    return S
```

13.2.3 学习问题

给定观察序列 $\boldsymbol{O}$ 与维度 n 和 m, 找到使得产生 $\boldsymbol{O}$ 最可能的概率模型 $M=(\boldsymbol{A},\boldsymbol{B},\boldsymbol{\pi})$. 目前没有找到最优结果的办法, 但可以用 EM 算法来得到 $P(\boldsymbol{O}|M)$ 的局部极大值, 也就是 **Baum-Welch 方法** (Baum-Welch algorithm), 其基本思想为:

$$a_{ij} =P(S_j|S_i) = \frac{\text{从 } S_i \text{ 到 } S_j \text{ 转移的期望数目}}{\text{从 } S_i \text{ 转移出的期望数目}};$$
$$b_i(o_\ell) =P(O_i=o_\ell|S_i) = \frac{S_i \text{ 中出现 } o_\ell \text{ 的期望数目}}{S_i \text{ 出现的期望数目}};$$
$$\pi_i =P(S_i) = \text{在时间 } k=1 \text{ 时在 } S_i \text{ 的期望频率}.$$

因此, Baum-Welch 的 E 步为:

- 定义变量 $\xi_k(i,j)$ 为给定观测值 $O_1,O_2,\ldots,O_T$ 的条件下在时间 k 位于状态 s_i, 而在时间 $k+1$ 位于状态 s_j 的概率, 即

$$\begin{aligned}
\xi_k(i,j) &= P(S_k=s_i,S_{k+1}=s_j|O1,O_2,\ldots,O_T)\\
&=\frac{P(S_k=s_i,S_{k+1}=s_j,O_1,O_2\ldots,O_T)}{P(O_1,O_2,\ldots,O_k)}\\
&=\frac{P(S_k=s_i,O_1,O_2,\ldots,O_k)a_{ij}b_j(O_{k+1})P(O_{k+2},O_{k+3},\ldots,O_T|S_{k+1}=s_j)}{P(O_1,O_2,\ldots,O_k)}\\
&=\frac{\alpha_k(i)a_{ij}b_j(O_{k+1})\beta_{k+1}(j)}{\sum_i\sum_j \alpha_k(i)a_{ij}b_j(O_{k+1})\beta_{k+1}(j)}.
\end{aligned}$$

- 定义变量 $\gamma_k(i)$ 为给定观测值 $O_1, O_2, \ldots, O_T$ 的条件下在时间 k 状态 $S_k = s_i$ 的概率:
$$\gamma_k(i) = P(S_k = s_i|O_1, O_2, \ldots, O_T) = \frac{P(S_k = s_i, O_1, O_2, \ldots, O_k)}{P(O_1, O_2, \ldots, O_k)} = \frac{\alpha_k(i)\beta_k(i)}{\sum_i \alpha_k(i)\beta_k(i)}.$$
- 计算
$$\xi_k(i,j) = P(S_k = s_i, S_{k+1} = s_j|O_1, O_2, \ldots, O_T);$$
$$\gamma_k(i) = P(S_k = s_i|O_1, O_2, \ldots, O_T).$$
- 从状态 S_i 到 S_j 的期望转移数目为 $\sum_k \xi_k(i,j)$.
- 从状态 S_i 转出的期望数目为 $\sum_k \gamma_k(i)$.
- 在状态 S_i 的期望观测 O_ℓ 的数目为 $\sum_k \gamma_k(i)$, 这里 $O_k = O_\ell$.
- 在时间 $k = 1$ 时, 在状态 s_i 的期望频率为 $\gamma_1(i)$.

Baum-Welch 的 M 步为:
$$a_{ij} = P(S_j|S_i) = \frac{\text{从 } S_i \text{ 到 } S_j \text{ 转移的期望数目}}{\text{从 } S_i \text{ 转移出的期望数目}} = \frac{\sum_k \xi_k(i,j)}{\sum_k \gamma_k(i)};$$
$$b_i(o_\ell) = P(O_i = o_\ell|S_i) = \frac{S_i \text{ 中出现 } o_\ell \text{ 的期望数目}}{S_i \text{ 出现的期望数目}} = \frac{\sum_k \xi_k(i,j)}{\sum_{k,O_k=o_\ell} \gamma_k(i)};$$
$$\pi_i = P(S_i) = \text{在时间 } k=1 \text{ 时在 } S_i \text{ 的期望频率} = \gamma_1(i).$$

上面的迭代过程可以总结如下:

(1) 初始化 $M = (\boldsymbol{A}, \boldsymbol{B}, \boldsymbol{\pi})$. 这一步如果没有较好的猜测, 则随机选择一些值, 比如 $\pi_i \approx 1/n$, $a_{ij} \approx 1/n$, $b_j(k) \approx 1/m$. 它们一定要随机化, 不能刚好是均匀分布, 否则不收敛.

(2) 计算 $\alpha_t(i), \beta_t(i), \gamma_t(i,j)$ 及 $\gamma_t(i)$.

(3) 重新估计模型 $M = (\boldsymbol{A}, \boldsymbol{B}, \boldsymbol{\pi})$.

(4) 如果 $P(\boldsymbol{O}|M)$ 增加, 回到第 (2) 步. 如果 $P(\boldsymbol{O}|M)$ 的增加达不到事先确定的阈值, 则停止迭代.

13.3 HMM 的数值例子和计算

13.3.1 数值例子

例 13.1 (dishonestCasino.csv) 这个人工数据的构思和结构来自 Durbin et al. (1999), 而且 R 程序包HMM[1]提供了该数据的构造及拟合的程序. 这个数据描述了下面的场景: 一个不诚实的赌场使用两个骰子, 其中一个是公平的 (Fair), 另一个是作弊 (灌铅) 的 (Unfair). 对于得到骰子的点数 $(1,2,3,4,5,6)$, 公平骰子的概率是相同的: $(1/6, 1/6, 1/6, 1/6, 1/6, 1/6)$; 灌铅骰子的概率为 $(1/10, 1/10, 1/10, 1/10, 1/10, 1/2)$, 也就是说, 得到 6 点的机会是 1/2, 而得到其他点机会的总和才是 1/2. 观察者不知道实际使用了哪个骰子 (状态是隐藏的), 但是掷骰子实际得到的序列 (观察) 可用于推断使用了哪个骰子 (状态).

该数据的状态空间为`("Fair", "Unfair")`, 真实的状态转移概率矩阵、发送转移概

[1]Himmelmann SS-DL (2022). HMM: Hidden Markov Models. R package version 1.0.1, `https://CRAN.R-project.org/package=HMM`.

率矩阵及初始概率分别为:

$$\boldsymbol{A}=\begin{bmatrix}0.99 & 0.01\\0.02 & 0.98\end{bmatrix};\ \boldsymbol{B}=\begin{bmatrix}1/6 & 1/6 & 1/6 & 1/6 & 1/6 & 1/6\\1/10 & 1/10 & 1/10 & 1/10 & 1/10 & 1/2\end{bmatrix};\ \boldsymbol{\pi}=(0.5,0.5)^{\top}.$$

由这个 $M=(\boldsymbol{A},\boldsymbol{B},\boldsymbol{\pi})$ 所生成的 2000 个观测值在有两个变量的文件 dishonestCasino.csv 中, 其中变量 states 是隐藏状态, observation 是观测的点数.

13.3.2 使用 HMM 方法于例 13.1 的 R 代码

1. HMM 模型

首先载入程序包和数据:

```
library(HMM)
w=read.csv("dishonestCasino.csv")
```

输入符号及真实模型 $M=(\boldsymbol{A},\boldsymbol{B},\boldsymbol{\pi})$:

```
S = c("Fair", "Unfair")
Sb = 1:6
A = matrix(c(0.99, 0.01, 0.02, 0.98), c(length(S),
        length(S)), byrow = TRUE)
B = matrix(c(rep(1/6, 6), c(rep(0.1, 5), 0.5)),
        c(length(S), length(Sb)), byrow = TRUE)
Pi=c(.5,.5)
(hmm = initHMM(S, Sb, startProbs=Pi,transProbs = A, emissionProbs = B))
```

输出为:

```
$States
[1] "Fair"   "Unfair"

$Symbols
[1] 1 2 3 4 5 6

$startProbs
  Fair Unfair
   0.5    0.5

$transProbs
        to
from      Fair Unfair
  Fair    0.99   0.01
  Unfair 0.02    0.98

$emissionProbs
        symbols
```

```
states           1         2         3         4         5         6
  Fair   0.1666667 0.1666667 0.1666667 0.1666667 0.1666667 0.1666667
  Unfair 0.1000000 0.1000000 0.1000000 0.1000000 0.1000000 0.5000000
```

2. 向前及向后递归

使用下面代码可以得到向前及向后递归得到的概率对数:

```
f = forward(hmm, w$observation)
b = backward(hmm, w$observation)
```

上面得到的 f 和 b 都是 2×2000 的矩阵, 分别对应于 $\alpha_t(i)$ 和 $\beta_t(i)$, 其中 $i = 1,2$, $t = 1,2,\ldots,2000$.

3. Viterbi 方法

通过下面的代码使用 Viterbi 方法得到最优的隐状态估计:

```
vit = viterbi(hmm, w$observation) #已经有了M得到最优的状态
```

得到的 vit 为 2000 个隐状态的估计值.

4. Baum-Welch 方法

如果我们仅仅知道观测值, 可以用 Baum-Welch 方法来估计原先的模型 $M = (\boldsymbol{A}, \boldsymbol{B}, \boldsymbol{\pi})$, 我们首先选取初始值, 形成初始模型:

```
Pi0=c(.6,.4);A0=matrix(c(.95,.05,.05,.95),by=T,nrow=2);
B0=matrix(c(rep(1,6),rep(.4,5),.8),by=T,nrow=2)
hmm0 = initHMM(S, Sb, startProbs=Pi0,transProbs = A0, emissionProbs = B0 )
```

然后使用 Baum-Welch 方法:

```
(bw=baumWelch(hmm0, w$observation, maxIterations=100,
              delta=1E-9, pseudoCount=0))
```

得到最终迭代产生的模型 $M = (\boldsymbol{A}, \boldsymbol{B}, \boldsymbol{\pi})$ 的估计:

```
$hmm
$hmm$States
[1] "Fair"   "Unfair"

$hmm$Symbols
[1] 1 2 3 4 5 6

$hmm$startProbs
  Fair Unfair
   0.6    0.4
```

```
$hmm$transProbs
        to
from             Fair     Unfair
  Fair   0.97357956 0.02642044
  Unfair 0.02609509 0.97390491

$hmm$emissionProbs
        symbols
states            1         2         3         4         5         6
  Fair   0.16596286 0.1603997 0.1643535 0.1575667 0.1890919 0.1626254
  Unfair 0.09214302 0.1276473 0.1247034 0.1075051 0.1000358 0.4479653
```

除了上面输出之外, 还有这里未显示的 `$difference`, 它是在 Baum-Welch 过程的每次迭代中根据连续跃迁和发射矩阵计算出的差异向量. 差异是 L2 范数中连续跃迁矩阵和发射矩阵之间的距离之和.

5. 画图

利用程序包 HMM, 可以对上面得到的结果画出直观的图 (见图 13.3.1).

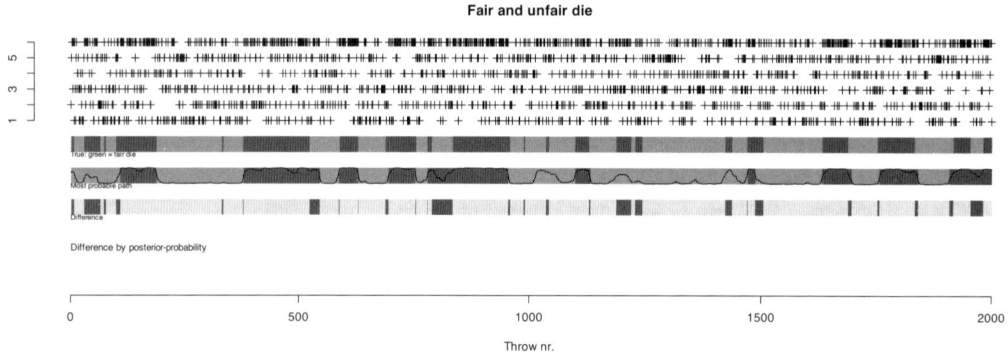

图 13.3.1　例 13.1 HMM 计算结果展示图

图 13.3.1 中最上面的 6 条线上标记了骰子 6 个点在实际 2000 个观测中的位置. 下面有 3 个由许多矩形块组成的长矩形条, 其中最上面的一条是真实的状态, 一种颜色的矩形块是一种状态 (黑白印刷看不出颜色, 但可以分辨深浅, 浅色为代表公平骰子的绿色, 深色为代表作弊骰子的红色), 第二个矩形条为 Viterbi 方法给出的最可能路径, 其中的曲线为后验概率, 第三个矩形条显示了上面两条之间的差别.

HMM 提供的画图 13.3.1 的代码如下 (稍作修改):

```
q=2000
i <- f[1, q]
j <- f[2, q]
p_O = (i + log(1 + exp(j - i)))
post = exp((f + b) - p_O) #后验分布
x = list(hmm = hmm, sim = w, vit = vit, post = post)
```

```
mn = "Fair and unfair die"
xlb = "Throw nr."
ylb = ""
plot(x$sim$observation, ylim = c(-9.5, 6), pch = 3, main = mn,
xlab = xlb, ylab = ylb, bty = "n", yaxt = "n")
axis(2, at = 1:6)
text(0, -1.2, adj = 0, cex = 0.6, col = "black", "True: green = fair die")
for (i in 1:q) {
  if (x$sim$states[i] == "Fair")
    rect(i, -1, i + 1, 0, col = "green", border = NA)
  else rect(i, -1, i + 1, 0, col = "red", border = NA)
}
text(0, -3.2, adj = 0, cex = 0.6, col = "black", "Most probable path")
for (i in 1:q) {
  if (x$vit[i] == "Fair")
    rect(i, -3, i + 1, -2, col = "green", border = NA)
  else rect(i, -3, i + 1, -2, col = "red", border = NA)
}
text(0, -5.2, adj = 0, cex = 0.6, col = "black", "Difference")
differing = !(x$sim$states == x$vit)
for (i in 1:q) {
  if (differing[i])
    rect(i, -5, i + 1, -4, col = rgb(0.3, 0.3, 0.3), border = NA)
  else rect(i, -5, i + 1, -4, col = rgb(0.9, 0.9, 0.9), border = NA)
}
points(x$post[2, ] - 3, type = "l") #画后验概率曲线
text(0, -7.2, adj=0, cex=0.8, col="black",
     "Difference by posterior-probability")
for (i in 1:nSim) {
  if (post[1, i] > 0.5) {
    if (x$sim$states[i] == "Fair")
      rect(i, -7, i + 1, -6, col = rgb(0.9, 0.9, 0.9), border = NA)
    else rect(i, -7, i + 1, -6, col = rgb(0.3, 0.3, 0.3), border = NA)
  }
  else {
    if (x$sim$states[i] == "Unfair")
        rect(i, -7, i + 1, -6, col = rgb(0.9, 0.9, 0.9), border = NA)
    else rect(i, -7, i + 1, -6, col = rgb(0.3, 0.3, 0.3), border = NA)
  }
}
text(0, -9.2, adj = 0, cex = 0.6, col = "black", "Difference by
    posterior-probability > .95")
for (i in 1:q) {
  if (post[2, i] > 0.95 || post[2, i] < 0.05) {
```

```
    if (differing[i])
      rect(i, -9, i + 1, -8, col = rgb(0.3, 0.3, 0.3),border = NA)
    else rect(i, -9, i + 1, -8, col = rgb(0.9, 0.9, 0.9),border = NA)
  }
  else {
    rect(i, -9, i + 1, -8, col = rgb(0.9, 0.9, 0.9),border = NA)
  }
}
```

13.3.3 使用 HMM 方法于例 13.1 的 Python 代码

本书第 1 版关于 HMM 的 Python 代码是笔者自编的, 当时还没有较方便的 Python 程序包, 后来出现了 scikit-learn 的程序包 HMM, 该程序包已经不维护了, 转移到程序包 hmmlearn, 该程序包的维护也不足, 但肯定比笔者自编的好用. 这里使用程序包 hmmlearn. 对于 HMM 存在 3 个问题: (1) 给定模型参数和观测数据, 估计隐藏状态的最佳序列. (2) 给定模型参数和观测数据, 计算模型的似然. (3) 仅给出观察到的数据, 估计模型参数. 第 (1) 和第 (2) 个问题可以分别通过 Viterbi 算法和前向-后向算法的动态规划算法来解决, 第 (3) 个问题可以通过迭代期望最大化 (EM) 算法, 即 Baum-Welch 算法来解决.

对于例 13.1, 通过程序包 hmmlearn 的 CategoricalHMM 模型 (Baum-Welch 算法) 用数据中的观测值来估计模型参数, 然后用 Viterbi 算法来验证所得到的模型和数据中的“已知的”状态隐变量值的符合程度.

1. 数据描述

首先, 输入数据, 并查看前 100 行数据点图 (见图 13.3.2).

```
plt.figure(figsize=(10,2))
m=100
ax=sns.scatterplot(data=w.iloc[:m,:], x=w.index[:m], y="observation",
                   hue="states",style="states")
sns.move_legend(ax, "lower center", bbox_to_anchor=(.5, 1), ncol=2,
                title=None, frameon=False)
plt.savefig("Casino100.pdf",format="pdf",bbox_inches="tight",pad_inches=0)
```

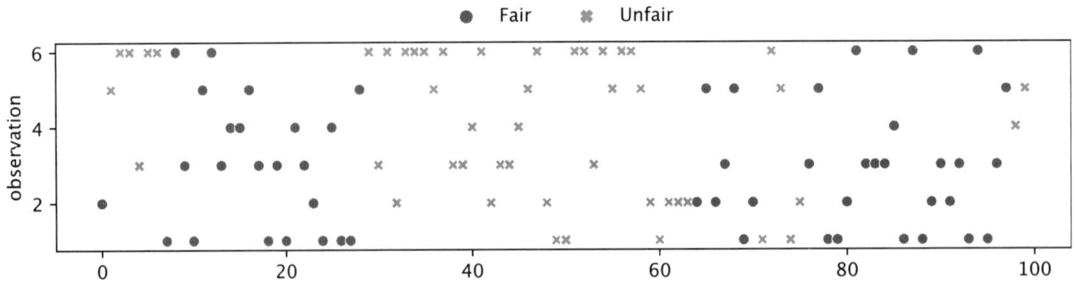

图 13.3.2　例 13.1 的前 100 行数据点图, 纵坐标为点数, 各点的色调和形状反映了两个状态 (Fair 或 Unfair)

然后显示状态 (Fair 或 Unfair) 变化图 (见图 13.3.3 左图) 和不同点数时两种状态的直方

图 (见图 13.3.3 右图), 显然, 在 Unfair 状态下, 得到 6 点的比例要比得到其他点大很多.

```
w=pd.read_csv("dishonestCasino.csv")
fig, ax = plt.subplots(1,2, figsize=(20,4))
ax[0].plot(w.states)
ax[0].set_title('States over time')
ax[0].set_xlabel('Time (# of rolls)')
ax[0].set_ylabel('State')
ax[1].hist(w.observation[w.states == 'Fair'], label='Fair', alpha=0.5,
           bins=np.arange(7) + 0.5, density=True)
ax[1].hist(w.observation[w.states == 'Unfair'], label='Unfair', alpha=0.5,
           bins=np.arange(7) + 0.5, density=True)
ax[1].set_title('Roll probabilities by state')
ax[1].set_xlabel('States')
ax[1].set_ylabel('Observation')
ax[1].legend()
plt.savefig("Casino01.pdf", format="pdf", bbox_inches="tight",pad_inches=0)
```

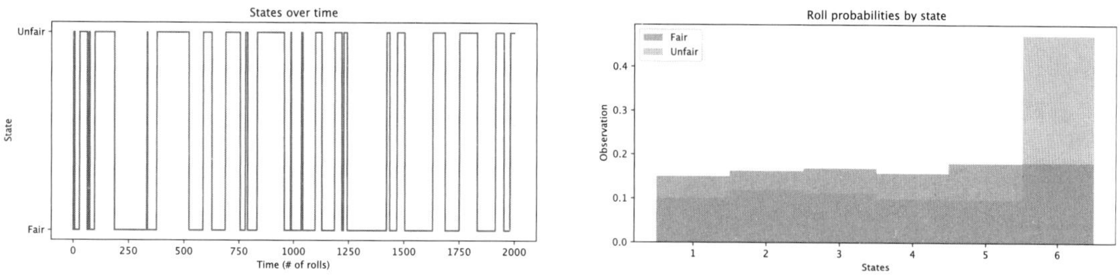

图 13.3.3 例 13.1 数据的状态变化图 (左) 和不同点数的两种状态直方图

2. 拟合模型并评估结果

输入模块, 并把原始数据换成数值型, 其中 Fair 和 Unfair 分别用 0 和 1 表示, 把 observation 中的骰子点数用 0 到 5 表示, 并且转换成适合软件的列向量形式.

```
from hmmlearn import hmm
w1=pd.get_dummies(w)
X=(w1['observation'].values-1).reshape(-1,1) #rolls
S=w1.states_Unfair.values.astype(int)
```

把数据分成训练集和评估集两部分, 进行迭代 (这里取 50 次).

```
X_train = X[:n//2]
X_validate = X[n//2:]
best_score = best_model = None
n_fits = 50
np.random.seed(1010)
for idx in range(n_fits):
    model = hmm.CategoricalHMM(n_components=2, random_state=idx,
```

```
                    init_params='se')
    model.transmat_ = np.array([np.random.dirichlet([0.9, 0.1]),
                        np.random.dirichlet([0.1, 0.9])])
    model.fit(X_train)
    score = model.score(X_validate)
    if best_score is None or score > best_score:
        best_model = model
        best_score = score
```

从得到的模型可以得到转移概率矩阵 $\boldsymbol{A}$、发送转移概率矩阵 $\boldsymbol{B}$ 及初始概率 π.

```
[np.round(x,4) for x in [best_model.transmat_,best_model.emissionprob_,
                         best_model.startprob_]]
```

输出为:

```
[array([[0.9763, 0.0237],
        [0.0208, 0.9792]]),
 array([[0.1911, 0.1424, 0.1661, 0.1575, 0.1782, 0.1647],
        [0.0833, 0.1341, 0.1243, 0.1074, 0.091 , 0.4599]]),
 array([9.997e-01, 3.000e-04])]
```

下面用得到的模型使用 Viterbi 算法对原始数据观测值预测可能的状态, 并在图 (见图 13.3.4) 中对"真实"状态值 (图中标记为 original) 和通过模型来预测的状态值 (图中标记为 recovered) 做比较, 同时计算错误率 (输出为 0.191).

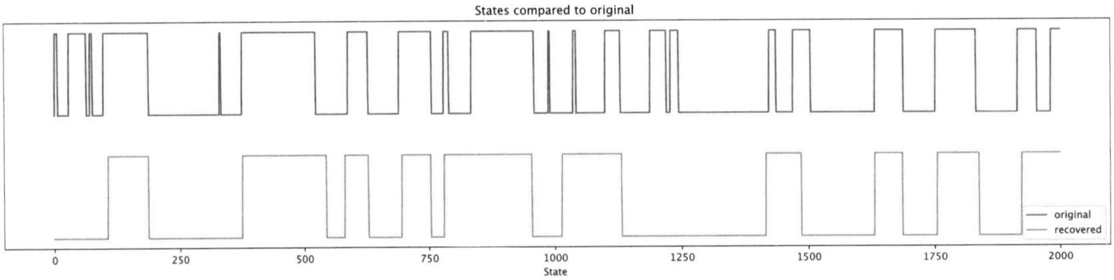

图 13.3.4 "真实" (original) 状态值与预测的状态值 (revovered) 的比较

```
states = best_model.predict(X)

fig, ax = plt.subplots(figsize=(20,4))
ax.plot(S, label='original')
ax.plot(states - 1.5, label='recovered')
ax.set_yticks([])
ax.set_title('States compared to original')
ax.set_xlabel('Time (# rolls)')
ax.set_xlabel('State')
```

```
ax.legend()
plt.savefig("Casino02.pdf",format="pdf",bbox_inches="tight",pad_inches=0)
print(f'Error rate = {(S!=states).mean()}')
```

第 14 章　贝叶斯深度学习简介

14.1　神经网络概述

神经网络 (neural network) 是机器学习的一种基础方法, 一些有名的诸如 AlphaGo, AlphaFold, ChapGpt 等网红算法, 都离不开神经网络. 神经网络不仅仅用于有监督学习和无监督学习方面, 在深度学习、强化学习以及涉及人工智能领域的所有方面都起着基石的作用. 对于简单的回归和分类问题, 神经网络和其他有监督学习方法类似, 并不困难, 但对于处理大数据及复杂目标的应用来说, 神经网络的超参数很多, 训练一个模型的选项也很多, 处理大数据的编程有一定难度, 本节仅对神经网络的基本概念做一概述.

一个用来做有监督学习预测的神经网络形式上可以写成下面形式:

$$\boldsymbol{y} \approx \hat{\boldsymbol{y}} = f(\boldsymbol{x}, \boldsymbol{w}), \tag{14.1.1}$$

这里的表达式 $f(\boldsymbol{x}, \boldsymbol{w})$ 代表一个权重为 $\boldsymbol{w}$ 的神经网络在输入数据 $\boldsymbol{x}$ 之后的输出值 $\hat{\boldsymbol{y}}$ 作为真实目标变量 $\boldsymbol{y}$ 的某种近似. 而近似程度可以用某种损失函数来度量. 记 $\mathcal{D} = \{\boldsymbol{x}_i, \boldsymbol{y}_i\}$, 比如有关于权重复杂度惩罚项的二次损失函数 $\mathcal{L}(\boldsymbol{w})$ (它实际上还是 $\mathcal{D}$ 的函数: $\mathcal{L}(\mathcal{D}, \boldsymbol{w})$) 可以形式上表示为

$$\mathcal{L}(\boldsymbol{w}) := E_{\boldsymbol{x},\boldsymbol{y}\in\mathcal{D}}\left[\|\hat{\boldsymbol{y}} - \boldsymbol{y}\|^2\right] + \lambda\sum_d \boldsymbol{w}_d^2 = \sum_{(\boldsymbol{x}_i,\boldsymbol{y}_i)\in\mathcal{D}} (\boldsymbol{y}_i - f(\boldsymbol{x}_i, \boldsymbol{w}))^2 + \lambda\sum_d \boldsymbol{w}_d^2, \tag{14.1.2}$$

式中, λ 是平衡权重复杂度的超参数.

我们下面将介绍上面公式中的神经网络 f 的结构, 权重参数 $\boldsymbol{w}$ 在神经网络中的作用是如何估计的等问题.

14.1.1 神经网络的结构

图 14.1.1 是一个包含一个输入层、两个隐藏层、一个输出层的完全连接的有监督学习神经网络. 其中, 输入层有 3 个节点, 两个隐藏层分别有 4 个和 3 个节点, 输出层有 2 个节点. **节点** (node) 又称神经元. 该网络是完全连接. 所谓完全连接是两层之间的节点都相连.

在图 14.1.1 中的最左边一层是输入层, 这里用 (x_1, x_2, x_3) 表示, 但为了公式表达和推导方便, 也可以用符号 $(h_1^{(0)}, h_2^{(0)}, h_3^{(0)})$ 表示, 即把输入层记为第 0 层. 类似地, 用 $(h_1^{(3)}, h_2^{(3)})$ 表示输出层 $(\hat{y}_1, \hat{y}_2)$, 即把输出层记为第 3 层. 图 14.1.2 就是如此表示的.

图 14.1.2 包括了每两层各个节点之间连接的数学公式. 其中 $\boldsymbol{h}^{(k)} = (h_0^{(k)}, h_1^{(k)}, \dots, h_n^{(k)})$ 为某一层节点所得到的从上一层节点按照公式计算的数值, 而第 k 层权重矩阵 $\boldsymbol{W}^{(k)}$ (各节点权重向量组成) 和偏差向量 (亦称偏置或常数项) $\boldsymbol{b}^{(k)}$ 为向下一层节点输出值时所需要的. 它们的值需要在训练模型时确定. σ 是根据问题选择的非线性**激活函数** (activation function), 使得神经网络可以处理非常复杂的非线性多元问题. 对于一个学习 (训练) 好了的神经网络,

这些权重是已经估计好了的, 因此根据输入层的自变量数据可以使用神经网络对因变量做预测.

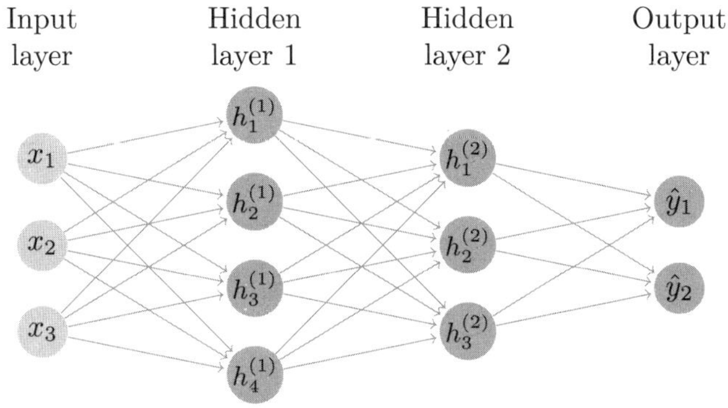

图 14.1.1 包含一个输入层、两个隐藏层、一个输出层的有监督学习神经网络

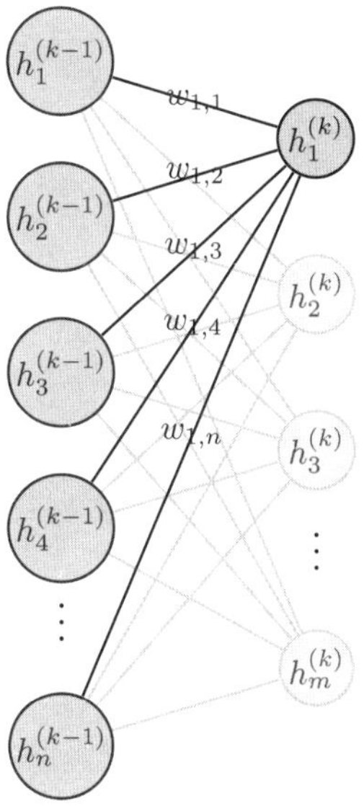

$$= \sigma\left(w_{1,0}h_0^{(k-1)} + w_{1,1}h_1^{(k-1)} + \ldots + w_{1,n}h_n^{(k-1)} + b_1^{(k-1)}\right)$$

$$= \sigma\left(\sum_{i=1}^{n} w_{1,i}h_i^{(k-1)} + b_1^{(k-1)}\right)$$

$$\begin{pmatrix} h_1^{(k)} \\ h_2^{(k)} \\ \vdots \\ h_m^{(k)} \end{pmatrix} = \sigma\left[\begin{pmatrix} w_{1,0} & w_{1,1} & \ldots & w_{1,n} \\ w_{2,0} & w_{2,1} & \ldots & w_{2,n} \\ \vdots & \vdots & \ddots & \vdots \\ w_{m,0} & w_{m,1} & \ldots & w_{m,n} \end{pmatrix}\begin{pmatrix} h_1^{(k-1)} \\ h_2^{(k-1)} \\ \vdots \\ h_n^{(k-1)} \end{pmatrix} + \begin{pmatrix} b_1^{(k-1)} \\ b_2^{(k-1)} \\ \vdots \\ b_m^{(k-1)} \end{pmatrix}\right]$$

$$h^{(k)} = \sigma\left(\mathbf{W}^{(k-1)}h^{(k-1)} + \mathbf{b}^{(k-1)}\right)$$

图 14.1.2 神经网络两层之间的前向计算关系

图 14.1.2 的公式 $h_j^{(k)} = \sigma(\sum_i w_{ji}h_i^{(k-1)} + b_j^{(k-1)})$ 意味着每一层的每个节点 $h_j^{(k)}$ 都是上一层所有节点线性组合的某函数, 因此, 只要 σ 是非线性函数, 这个投影就是非线性的.

激活函数有很多种, 图 14.1.3 显示了 3 种常用的激活函数. 其中的第 1 种是 logistic 函数, 第 2 种是双曲正切函数, 第 3 种称为 ReLU 函数 (rectified linear unit), 分别定义为

$$\sigma(x) = \frac{1}{1+\mathrm{e}^{-x}},\ \sigma(x) = \tanh(x),\ \sigma(x) = \max(0, x).$$

上述前两种函数称为 S 型函数 (sigmoid). 此外, 还有一种激活函数称为 softmax, 定义为

$$\sigma(y_i) = \frac{\mathrm{e}^{y_i}}{\sum_j \mathrm{e}^{y_j}}.$$

这个 softmax 函数常常用于分类问题的输出节点. 它把一个描述记分的向量转换成总和为 1 的概率型向量, 但是, 该向量并不代表真正的概率.

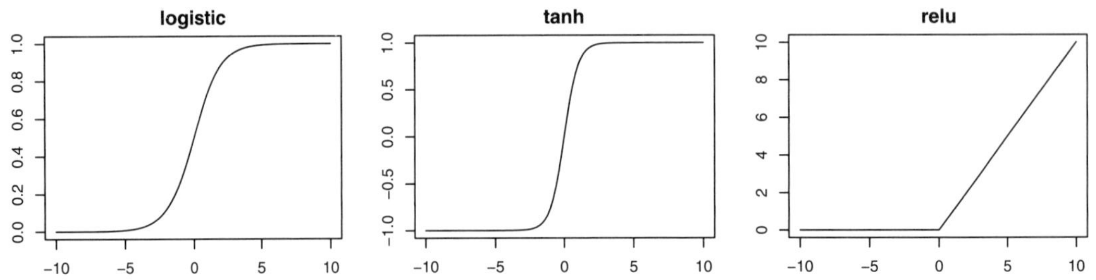

图 14.1.3 三种激活函数图

上面介绍的若干激活函数有很多变种. 此外, 人们针对不同的目标发明了大量其他类型的激活函数, 这里不做过多介绍.

14.1.2 神经网络的训练

在权重 $\boldsymbol{w}$ 确定之后, 前面描述的神经网络 $f(\boldsymbol{x},\boldsymbol{w})$ 就可以用来根据自变量 $\boldsymbol{x}$ 做预测了. 在为寻找使得损失最小的权重估计而测试不同的权重 $\boldsymbol{w}$ 时, $f(\boldsymbol{x},\boldsymbol{w})$ 的计算过程称为前向传播, 而修改权重的过程称为反向传播. 下面就是这种训练神经网络的迭代步骤中的一次循环过程的 3 个步骤.

1. **前向传播**

前向传播 (forward propagation) 从输入层开始, 利用该层各节点数值计算下一层每个节点的值, 即利用目前权重 $\boldsymbol{w}$ 的加权平均 (通过激活函数) 从左边层到右边层的每个节点的计算过程. 在迭代初始时使用的权重和常数项可自行 (或者根据先验信息, 或者随机) 设定. 具体的得到预测值 $\hat{\boldsymbol{y}}$ 的前向传播公式为:

(1) 公式 $\boldsymbol{h}^{(k)}=\sigma\left(\boldsymbol{W}^{(k-1)}\boldsymbol{h}^{(k-1)}+\boldsymbol{b}^{(k-1)}\right)$ 代表从 $\boldsymbol{h}^{(k-1)}$ 层 (向量) 到 $\boldsymbol{h}^{(k)}$ 层 (向量) 的前向传播计算过程.

(2) 其中 $\boldsymbol{W}^{(k-1)}$ 和 $\boldsymbol{b}^{(k-1)}$ 是未知的, 最初可任意地或根据经验来确定, 随着迭代不断更新 (比如根据误差通过梯度下降法调整, 参见图 14.1.4).

(3) 函数 $\sigma()$ 是非线性函数 (如果没有, 则再复杂的神经网络和简单线性模型无异).

2. **评估误差**

误差评估是对前向传播的最后 (最终) 结果 (图 14.1.1 的最右边的输出层数值) $\hat{\boldsymbol{y}}$ 和原数据因变量 $\boldsymbol{y}$ 的比较, 也就是计算 $\boldsymbol{y}$ 和 $\hat{\boldsymbol{y}}$ 的差距 (比如取式 (14.1.2) 那样的二次 (L2) 损失函数), 得到误差 (注意, $\hat{\boldsymbol{y}}$ 是权重 $\boldsymbol{w}$ 的函数). 下面是回归和分类时常用的计算误差的损失函数.

(1) 回归常用均方误差, 这里为式 (14.1.2) 中当 $\lambda=0$ 时的损失函数:

$$\mathcal{L}(\boldsymbol{w})=E_{\boldsymbol{x},\boldsymbol{y}\in\mathcal{D}}\left[\|\hat{\boldsymbol{y}}-\boldsymbol{y}\|^2\right].$$

(2) 分类常用**交叉熵** (cross entropy) (或**负对数似然** (negative log-likelihood)):

$$\mathcal{L}(\boldsymbol{w})=-E_{\boldsymbol{x},\boldsymbol{y}\in\mathcal{D}}\left[\sum_i \hat{y}_i\log y_i\right].$$

3. **反向传播**

如在误差评估时误差较大, 则进行**反向传播** (backpropagation), 即依据关于权重对损失函数的偏导数 (利用复合函数链式法则) 来调整各层权重参数, 再回到前向传播继续迭代; 如误差小到令人满意则训练完成.

在反向传播中使用**梯度下降法** (gradient descent) 更新权重 (参见图 14.1.4):

$$\Delta \boldsymbol{w} = -\eta \nabla_\theta \mathcal{L}(\boldsymbol{w}) = -\eta \frac{\partial \mathcal{L}(\boldsymbol{w})}{\partial \boldsymbol{w}}.$$

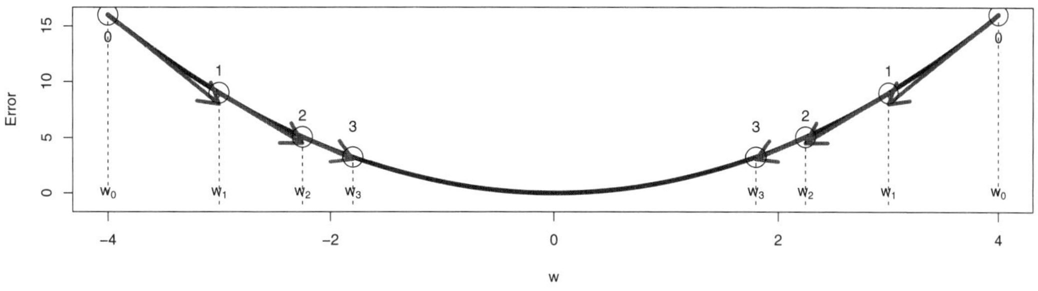

图 14.1.4 对于凸 (下凸) 损失函数的梯度下降法示意图

选择 (小的) 学习率 η 以确保平滑收敛. 具体步骤为:

(1) 将链式法则应用于神经网络的前向传播:

$$\frac{\partial \mathcal{L}(\theta)}{\partial \boldsymbol{W}_k} = \frac{\partial \mathcal{L}(\theta)}{\partial \boldsymbol{y}} \times \frac{\partial \boldsymbol{y}}{\partial \boldsymbol{h}_n} \times \frac{\partial \boldsymbol{h}_n}{\partial \boldsymbol{h}_{n-1}} \times \cdots \times \frac{\partial \boldsymbol{h}_k}{\partial \boldsymbol{W}_k}.$$

(2) 当从损失函数向后退到参数时, 网络的每一层都会增加对梯度的贡献. 对于全连接层, 偏导为:

$$\frac{\partial \boldsymbol{h}_k}{\partial \boldsymbol{h}_{k-1}} = f'(\boldsymbol{W}_k \times \boldsymbol{h}_{k-1} + \boldsymbol{b}_k)\boldsymbol{W}_k.$$

(3) 它对参数的依赖是:

$$\frac{\partial \boldsymbol{h}_k}{\partial \boldsymbol{W}_k} = f'(\boldsymbol{W}_k \times \boldsymbol{h}_{k-1} + \boldsymbol{b}_k)\boldsymbol{h}_{k-1}; \quad \frac{\partial \boldsymbol{h}_k}{\partial \boldsymbol{b}_k} = f'(\boldsymbol{W}_k \times \boldsymbol{h}_{k-1} + \boldsymbol{b}_k).$$

梯度下降法和梯度上升法

和梯度下降法等价的是**梯度上升法** (gradient ascent), 只是一个应用于求局部极小值, 另一个应用于求局部极大值. 如果欲求局部极大值的目标函数为 $f(\theta)$, 学习率为 η, 则对参数 θ 的更新为 $\theta \leftarrow \eta\nabla_\theta f(\theta)$.

关于梯度下降法和梯度上升法, 下面理解是显然的:

1. 可以在凸 (下凸) 函数上应用梯度下降法, 在凹 (上凸) 函数上应用梯度上升法.
2. 梯度下降法找到函数最近的最小值, 梯度上升法找到最近的最大值.
3. 只要翻转目标函数 (比如乘 -1), 可以对同一问题使用任一形式的优化.

14.2 深度神经网络的局限性和贝叶斯思维

深度神经网络为强大的函数逼近器, 其强大之处在于具有许多模型参数 (权重和偏差) 的极大灵活性, 这些参数的值可以通过基于梯度的优化从数据中学习. 由于神经网络擅长在有大量数据可用时逼近函数 (输入输出关系), 因此非常适合语音识别和图像分类等人工智能任务.

但神经网络基于大量参数 (在现代模型中通常有数百万个) 的极端灵活性的副作用是它

们特别容易过度拟合, 也就是说很难泛化: 对训练集可以很精确, 但对测试集的拟合很差. 此外, 还有过度依赖验证集、不善于表达不确定性、很容易被对抗性例子愚弄、因可解释性差成为难以信任的黑匣子、对于数据外样本不稳健、优化很挑剔 (包括损失函数和架构的选择) 等问题.

对于神经网络的这些局限性, 贝叶斯范式可能会有补益. 比如神经网络会产生两种不确定性: 一种源于神经网络参数的不确定性, 称为**认知不确定性** (epistemic uncertainty), 可以通过数据量来解决; 另一种源于数据观测值的噪声, 称为**任意不确定性** (aleatoric uncertainty), 这即使在无穷样本量时也存在. 虽然神经网络通常可以实现较高的训练和测试精度, 但其预测的不确定性会被错误校准. 特别是在分类设置中, 将 softmax 输出解释为概率并没有充分依据. 相比之下, 贝叶斯范式通过处理随机预测变量并一致应用贝叶斯规则, 提供了有根据且经过良好校准的不确定性估计 (Kristiadi et al., 2020),

另外, 传统神经网络对训练集和测试集 (通常是隐式) 做了独立同分布的假定. 但很难满足这个假定的实际数据会导致域内 (in-domain)、域外 (out-domain) 样本和域偏移 (domain shifts) 的不确定性问题, 域内不确定性通常反映在训练集中, 而域外不确定性涉及测试集中噪声、变换噪声或其他原因造成的数据损坏 (data corruption). 由于损坏造成训练集和测试集的分布偏移 (distribution shift) 问题, 这使得模型对预测过度自信. 而贝叶斯神经网络将在远离训练数据的区域中给出更多的不确定性, 从而随着数据逐渐损坏而退化, 并偏离训练数据.

现代图像分类器在独立同分布测试集上实现了高精度, 但对其输入的较小的、对抗性选择的扰动并不稳健. 而贝叶斯神经网络的权重和偏差具有分布, 可以对预测的不确定性进行有原则的量化, 提供针对对抗性示例的自然保护.

贝叶斯范式的核心是允许定义先验分布, 这有助于分析哪些任务与当前任务相似、如何对任务噪声进行建模等目标, 这可用于模型的可解释性.

对于训练数据很少的情况, 可能无法在充分训练网络同时还保留足够大的附加集用于验证和测试. 贝叶斯范式目前与称为 PAC-Bayes 的频率论方法相结合, 为深度神经网络带来了最严格的泛化界限 (generalization bounds) (Dziugaite and Roy, 2017).

14.3 贝叶斯神经网络

14.3.1 概述

早在 20 世纪 90 年代就有文献提倡在神经网络中使用贝叶斯原理, 例如使用 MCMC 方法 (Neal, 1995)、拉普拉斯方法 (Mackay, 1991) 和变分推断 (VI) (Hinton and Camp, 1993; Barber and Bishop, 1998; Saul et al., 1996; Anderson and Peterson, 1987). 但主要困难在于具有挑战性的后验分布的计算, 即使是诸如 VI 和 MCMC 的近似方法在历史上实现也很困难. 直到最近, 快速且可行的方法才促进了贝叶斯方法在诸如深度神经网络那样的复杂模型中的越来越多的使用 (Osawa et al., 2019; Khan et al., 2018; Khan and Nielsen, 2018).

贝叶斯范式 (Bayesian paradigm) 就是前面介绍的基于贝叶斯定理的理论系统, 通常与频率派的**频率论范式** (frequentist paradigm) 相对立. 贝叶斯范式基于两个简单的想法:

(1) 概率是对事件发生的信念或相信程度的度量, 而不仅仅是当样本数量接近无穷大时发生频率的某种极限.

(2) 先验信念影响后验信念.

以上两者被贝叶斯定理所描述. 令 $\mathcal{D}$ 表示数据, 而 $p(\mathcal{D}|\boldsymbol{\theta})$ 表示基于假设模型的数据的似然, 这里 $\boldsymbol{\theta} \in \Theta$ 是模型参数的向量. 令 $p(\boldsymbol{\theta})$ 是先验分布. 根据贝叶斯定理 (2.1.1) 或 (2.1.4), 后验分布与先验分布 $p(\boldsymbol{\theta})$ 和似然 $p(\mathcal{D}|\boldsymbol{\theta})$ 的乘积成比例:

$$p(\boldsymbol{\theta}|\mathcal{D}) = \frac{p(\mathcal{D},\boldsymbol{\theta})}{p(\mathcal{D})} = \frac{p(\boldsymbol{\theta})\,p(\mathcal{D}|\boldsymbol{\theta})}{p(\mathcal{D})} \propto p(\boldsymbol{\theta})\,p(\mathcal{D}|\boldsymbol{\theta}), \tag{14.3.1}$$

式中, $p(\mathcal{D})$ 称为证据 (evidence) 或边际似然 (marginal likelihood), 它满足

$$p(\mathcal{D}) = \int_{\Theta} p(\boldsymbol{\theta})\,p(\mathcal{D}|\boldsymbol{\theta})\,\mathrm{d}\boldsymbol{\theta}. \tag{14.3.2}$$

$p(\mathcal{D})$ 充当归一化常数. 未知参数 $\boldsymbol{\theta}$ 被视为随机变量. 先验概率 $p(\boldsymbol{\theta})$ 为收集数据之前有关参数的任何知识, 并在后验概率 $p(\boldsymbol{\theta}|\mathcal{D})$ 中被更新, 通过模型似然将先验知识和数据支持的证据混合在一起.

后验分布 (14.3.1) 除了有限的情况 (如共轭先验分布等) 外很难计算. 在诸如深度学习那样的复杂模型中, 贝叶斯推断既不能通过分析方式也不能通过数值方式进行处理. 我们在第 6 章介绍了一些近似计算方法, 其中 MCMC 抽样很优秀, 但在高维应用中因为需要隐式高维抽样方案而具有挑战性, 通常耗费大量计算资源. 作为一种替代方法, 6.6 节介绍的变分推断 (VI) 方法近年来备受关注. VI 将式 (14.3.1) 中的积分问题转化为最优化问题. VI 通常在一系列表现良好的分布中选择后验分布的近似形式, 并找到特定优化目标的相应参数.

对于认知不确定性, **贝叶斯神经网络** (Bayesian neural networks, BNN) 可以通过把先验分布 $p(\boldsymbol{\theta})$ 利用增加数据变成后验分布 $p(\boldsymbol{\theta}|\mathcal{D})$ 来解决知识不足的问题. 而对于任意不确定性, BNN 可通过似然 $p(\boldsymbol{y}|\mathcal{D},\boldsymbol{\theta})$ 来捕捉. 如果不坚持纯粹贝叶斯派立场的话, 贝叶斯方法可以清楚地视为标准非贝叶斯方法的概括, 而许多机器学习方法可以被视为近似贝叶斯方法, 其近似性质使它们更简单实用. 实践上, 贝叶斯方法隐含地允许处理估计参数和预测中的不确定使其在各个领域 (特别是需要量化不确定性的高风险领域) 广受欢迎. 尽管如此, 由于计算问题, BNN 不像传统神经网络那样即插即用.

知道了后验分布 $p(\boldsymbol{\theta}|\mathcal{D})$ 可以得到作为新输入 $\boldsymbol{x}$ 函数的预测输出值 $\hat{\boldsymbol{y}}$ 的称为后验**预测分布** (predictive distribution) 的概率分布

$$p(\hat{\boldsymbol{y}}(\boldsymbol{x})|\mathcal{D}) = \int_{\Theta} p(\hat{\boldsymbol{y}}(\boldsymbol{x})|\boldsymbol{\theta})p(\boldsymbol{\theta}|\mathcal{D})\mathrm{d}\boldsymbol{\theta} = E_{p(\boldsymbol{\theta}|\mathcal{D})}\left[p(\hat{\boldsymbol{y}}(\boldsymbol{x})|\boldsymbol{\theta})\right]. \tag{14.3.3}$$

这把预测分布表示为单独网络似然在先验分布 $p(\boldsymbol{\theta}|\mathcal{D})$ 下的期望, 即预测分布可看成网络的无穷集成. 此外, 这意味着我们可以使用后验中有限数量的蒙特卡罗样本来近似这个无限集合。仅使用单个蒙特卡罗样本来近似预测分布相当于使用从分布 $p(\boldsymbol{\theta}|\mathcal{D})$ 随机抽取的权重 $\boldsymbol{\theta}$ 形成的单个网络 $\hat{\boldsymbol{y}}_{\boldsymbol{\theta}}(\boldsymbol{x})$, 即从后验分布抽取的网络.

注意, 对于传统神经网络来说, 权重参数 $\boldsymbol{\theta}$ 确定了网络 $\hat{\boldsymbol{y}}_{\boldsymbol{\theta}}(\boldsymbol{x})$, 而在贝叶斯范式下, 权重参数被 $p(\boldsymbol{\theta}|\mathcal{D})$ 替代, 网络被 $p(\hat{\boldsymbol{y}}_{\boldsymbol{\theta}}(\boldsymbol{x})|\mathcal{D})$ 替代. 这使得我们可以量化这些事物的不确定性, 特别是对于小数据而言, 可以避免传统神经网络的过拟合, 并具有可解释性.

计算的一个目标是边际似然或模型证据 $p(\mathcal{D})$ (式 (14.3.2)), 它是在权重空间 Θ 上的积分, 为计算 $p(\boldsymbol{\theta}|\mathcal{D})$ 所要求的. 另一个目标是后验预测分布 $p(\hat{\boldsymbol{y}}(\boldsymbol{x})|\mathcal{D})$, 它也是在权重空间 Θ

上通过分布 $p(\boldsymbol{\theta}|\mathcal{D})$ 的积分 (式 (14.3.3)). 前面提到过这两个目标可通过抽样和变分两种方法来近似. 虽然这两种方法都具有实用性和历史重要性, 但后一种方法采用一种与标准神经网络训练非常相似的称为随机变分推理的学习算法. 下面对抽样方法所依赖的 MC 积分、MCMC 和变分推断做简短回顾 (参见第 6 章有关内容).

14.3.2 抽样方法

1. MC 积分

MC 积分是用有穷随机样本来近似数学期望值. 抽样方法生成一组根据 $p(\boldsymbol{\theta}|\mathcal{D})$ 渐近分布的神经网络来把 $p(\hat{\boldsymbol{y}}(x)|\mathcal{D})$ 近似为在抽样网络下单网络预测 $p(\hat{\boldsymbol{y}}(x)\theta)$ 的经验期望. MC 积分应用广泛, 但可能不实用. 查看边际似然 $p(\mathcal{D})$ 的近似:

$$p(\mathcal{D}) = \int_{\Theta} p(\mathcal{D}|\boldsymbol{\theta})p(\boldsymbol{\theta})\mathrm{d}\boldsymbol{\theta} = E_{p(\boldsymbol{\theta})}[p(\mathcal{D}|\boldsymbol{\theta})] \approx \frac{1}{N}\sum_{i=1}^{N} p(\mathcal{D}|\boldsymbol{\theta}_i),$$

这里网络权重的样本集 $\{\theta_i\}_{i=1}^N$ 是从先验分布 $p(\boldsymbol{\theta})$ 独立抽取的.

有了估计 $p(\mathcal{D})$, 就可以再次利用 MC 积分利用来自该先验分布的网络样本 $\{\theta_i\}_{i=1}^N$ 去近似预测后验分布:

$$\begin{aligned} p(\hat{\boldsymbol{y}}(x)|d) &= \int_{\Theta} p(\hat{\boldsymbol{y}}(x)|\boldsymbol{\theta})p(\boldsymbol{\theta}|d)\mathrm{d}\boldsymbol{\theta} = \int_{\Theta} p(\hat{\boldsymbol{y}}(x)|\boldsymbol{\theta})\frac{p(d|\boldsymbol{\theta})}{p(d)}p(\boldsymbol{\theta})d\boldsymbol{\theta} \\ &\approx \frac{1}{N}\sum_{i=1}^{N} p(\hat{\boldsymbol{y}}(x)|\boldsymbol{\theta}_i)\frac{p(d|\boldsymbol{\theta}_i)}{p(d)}, \quad \text{这里} \quad \boldsymbol{\theta}_i \sim p(\boldsymbol{\theta}). \end{aligned}$$

$$p(\hat{\boldsymbol{y}}(x)|\mathcal{D}) = \int_{\Theta} p(\hat{\boldsymbol{y}}(x)|\boldsymbol{\theta})p(\boldsymbol{\theta}|\mathcal{D})\mathrm{d}\boldsymbol{\theta} \approx \frac{1}{N}\sum_{i=1}^{N} p(\hat{\boldsymbol{y}}(x)|\boldsymbol{\theta}_i), \quad \text{这里} \quad \boldsymbol{\theta}_i \sim p(\boldsymbol{\theta}|\mathcal{D}).$$

由于 $\boldsymbol{\theta}$ 的维数很大, 需要很大的 N 才能利用大数定律使上面两个 MC 积分和真实积分值足够近似.

2. MCMC

在实践中, 通过先验网络权重进行简单抽样来进行 MC 估计是行不通的. 可以放弃样本独立性的假设而是使用马尔可夫链来生成一系列相关样本. 形式上, 在状态 t, 以提议分布 (proposal distribution) $q(\boldsymbol{\theta}'|\boldsymbol{\theta}_t)$ 来选择下一个样本. Metropolis 算法就如此生成一组 $p(\boldsymbol{\theta}|\mathcal{D})$ 渐近分布的样本. 使用马尔可夫链生成候选样本, 然后以称为接受率 (acceptance rate) 的概率 $a = p(\mathcal{D},\boldsymbol{\theta}')/p(\mathcal{D},\boldsymbol{\theta}_t)$ 随机接受该样本. 显然 $p(\mathcal{D},\boldsymbol{\theta}')/p(\mathcal{D},\boldsymbol{\theta}_t) = p(\boldsymbol{\theta}'|\mathcal{D})/p(\boldsymbol{\theta}_t|\mathcal{D})$, 但后者无法计算.

一个提议分布的设置是以当前样本为中心的正态分布 $q(\boldsymbol{\theta}'|\boldsymbol{\theta}_t) = N(\boldsymbol{\theta}_t,\sigma^2)$. 如果接受该分布中的每个样本, 意味着在参数空间中生成随机游走. Metropolis 算法根据接受率的接受/拒绝步骤减少了进入低概率质量区域的随机步骤. 正态分布的设置增加了一个需要调整的超参数 σ. 一般希望为快速收敛而经常接受新样本, 这依赖于接受率, 显然接受率对正态分布的提议分布参数 σ 值很敏感. MCMC 方法更适合高维问题, 因为它们专注于概率质量相对较高的区域, 但仍然无法保证它们的收敛速度.

14.3.3 变分推断

前面小节讨论的基于抽样的方法在样本空间合理并且不在乎计算成本的情况下还是不错的. 但随着网络规模和数据量的增长, 用抽样方法计算后验分布的成本也随之增加. 这就是 6.6 节介绍过的既独特又和传统神经网络相关的变分推断 (VI). 它利用一个称为**近似后验分布** (approximate posterior) 的通过优化寻找的参数化分布 $q_\phi(\boldsymbol{\theta})$ 来代替棘手的 $p(\boldsymbol{\theta}|\mathcal{D})$ 或 $p(\hat{\boldsymbol{y}}(\boldsymbol{x})|\mathcal{D})$. 显然, 这既需要确定 q_ϕ, 也需要确定优化器, 我们可以使用传统神经网络的现成优化器.

寻找分布 $q_\phi(\boldsymbol{\theta})$ 需要两个步骤: 确定相似性度量及相应的优化问题; 最大化近似后验和真实后验的相似性.

在 6.6 节引入的 Kullback-Liebler 散度 (KL 散度) 在衡量分布 $q_\phi(\boldsymbol{\theta})$ 和分布 $p(\boldsymbol{\theta}|\mathcal{D})$ 不相似程度时有

$$\mathrm{KL}[q_\phi(\boldsymbol{\theta})\|p(\boldsymbol{\theta}|\mathcal{D})] = \int_\Theta q_\phi(\boldsymbol{\theta}) \log \frac{q_\phi(\boldsymbol{\theta})}{p(\boldsymbol{\theta}|\mathcal{D})} \mathrm{d}\boldsymbol{\theta} = E_{q_\phi(\boldsymbol{\theta})}[\log q_\phi(\boldsymbol{\theta}) - \log p(\boldsymbol{\theta}|\mathcal{D})].$$

我们希望寻求使得 KL 散度最小的 $q_\phi(\boldsymbol{\theta})$, 但由于后验分布 $p(\boldsymbol{\theta}|\mathcal{D})$ 不易计算, 我们用等价的方式来进行. 注意从

$$\begin{aligned}\mathrm{KL}[q_\phi(\boldsymbol{\theta})\|p(\boldsymbol{\theta}|\mathcal{D})] =& E_{q_\phi(\boldsymbol{\theta})}[\log q_\phi(\boldsymbol{\theta}) - \log p(\boldsymbol{\theta}|\mathcal{D})] \\ =& E_{q_\phi(\boldsymbol{\theta})}[\log q_\phi(\boldsymbol{\theta}) - \log p(\boldsymbol{\theta}, \mathcal{D}) + \log p(\mathcal{D})]\end{aligned}$$

可得 (参见 6.6 节关于证据下限 (ELBO) 的式 (6.6.2))

$$\tilde{L}(\phi) := \overbrace{E_{q_\phi(\boldsymbol{\theta})}[\log p(\boldsymbol{\theta}, \mathcal{D}) - \log q_\phi(\boldsymbol{\theta})]}^{\text{ELBO}} = \overbrace{\log p(\mathcal{D})}^{\text{evidence}} - \overbrace{\mathrm{KL}[q_\phi(\boldsymbol{\theta})\|p(\boldsymbol{\theta}|\mathcal{D})]}^{\text{target}}. \tag{14.3.4}$$

显然, 减少 KL 散度不如使证据下限最大化容易. 在 q_ϕ 分布族选定后, 问题归于寻求使 ELBO 最大的 ϕ: $\arg\max_\phi \tilde{L}(\phi)$.

14.3.4 梯度最优化

> 贝叶斯网络方法对于不同的目标有很多种不同的算法, 而且各种算法还在不断发展之中. 为了理解贝叶斯网络的思维过程, 这里仅仅介绍一种利用随机化梯度的 VI 方法.

VI 将积分的计算 (精确推理的边际似然) 重新定义为证据下界的优化. 这意味着通过稍微调整就可以使用标准神经网络训练的优化工具来近似解决问题, 包括使用小批量 (随机) 梯度进行优化, 即在称为**随机变分推断** (stochastic variational inference, SVI) 的算法中使用随机梯度上升于变分推断.

显然, VI 算法首先要指定权重的分布 $q_\phi(\boldsymbol{\theta})$. 一个简单选择为具有对角协方差的高斯分布 $N(\mu, \sigma^2\boldsymbol{I})$, 这时 $\phi = (\boldsymbol{\mu}, \sigma)$. 当然, 对于大多数问题的实际后验分布 $p(\boldsymbol{\theta}|\mathcal{D})$ 来说, 该分布不一定合适. 该分布密度的对数为 $\log q_{\mu,\sigma}(\boldsymbol{\theta}) = \frac{1}{2}(\boldsymbol{\theta} - \boldsymbol{\mu})^\top(\sigma^2\boldsymbol{I})^{-1}(\boldsymbol{\theta} - \boldsymbol{\mu})$. 这时, 每个网络的权重 $\boldsymbol{\theta}_i \sim N(\mu_i, \sigma_i^2)$.

为了模仿传统神经网络来导出基于梯度的算法, 考虑传统神经网络的 MAP 目标函数

$$L(\boldsymbol{\theta}) = E_{\boldsymbol{x},\boldsymbol{y}\sim\mathcal{D}}[\log p(\hat{\boldsymbol{y}}(\boldsymbol{x}) = \boldsymbol{y}|\boldsymbol{\theta}) + \log p(\boldsymbol{\theta})].$$

而 (根据式 (14.3.4) 的 ELBO)

$$\tilde{L}(\mu,\sigma)=E_{\boldsymbol{x},\boldsymbol{y}\sim\mathcal{D}}\left\{E_{\boldsymbol{\theta}\sim q_{\mu,\sigma}}[\log p(\hat{\boldsymbol{y}}(\boldsymbol{x})=\boldsymbol{y}|\boldsymbol{\theta})+\log p(\boldsymbol{\theta})-\log q_{\mu,\sigma}(\boldsymbol{\theta})]\right\}. \tag{14.3.5}$$

对于 $L(\boldsymbol{\theta})$ 和 $\tilde{L}(\mu,\sigma)$ 的优化都涉及关于数据的期望 $E_{\boldsymbol{x},\boldsymbol{y}\sim\mathcal{D}}$, 可以用标准的随机梯度上升法通过小批量来计算, 但对于 $\tilde{L}(\mu,\sigma)$, 需要额外计算期望 $E_{\boldsymbol{\theta}\sim q_{\mu,\sigma}}$, 因为依赖于 (μ,σ) 的分布 $q_{\mu,\sigma}$ 是我们需要优化的.

1. 随机梯度上升法

首先考虑基于样本量为 N 的批次 (batch) 样本计算的梯度 $\nabla_{\boldsymbol{\theta}}(L(\boldsymbol{\theta}))$ (也记为 $g_{\text{batch}}(\boldsymbol{\theta})$, 称为批次梯度 (batch gradient)).

$$\begin{aligned}\nabla_\theta(L(\boldsymbol{\theta}))=&\nabla_{\boldsymbol{\theta}}E_{\boldsymbol{x},\boldsymbol{y}\sim\mathcal{D}}[\log p(\hat{\boldsymbol{y}}(\boldsymbol{x})=\boldsymbol{y}|\boldsymbol{\theta})+\log p(\boldsymbol{\theta})]\\=&\nabla_{\boldsymbol{\theta}}\frac{1}{N}\sum_{i=1}^{N}[\log p(\hat{\boldsymbol{y}}(\boldsymbol{x}_i)=\boldsymbol{y}_i|\boldsymbol{\theta})+\log p(\boldsymbol{\theta})]\\=&\frac{1}{N}\sum_{i=1}^{N}\nabla_{\boldsymbol{\theta}}[\log p(\hat{\boldsymbol{y}}(\boldsymbol{x}_i)=\boldsymbol{y}_i|\boldsymbol{\theta})+\log p(\boldsymbol{\theta})].\end{aligned}$$

我们利用数据与权重的独立性将梯度算子 $\nabla_{\boldsymbol{\theta}}$ 移动到训练数据的期望 $E_{\boldsymbol{x},\boldsymbol{y}\sim\mathcal{D}}$ 内. 和号内的每个 $\nabla_{\boldsymbol{\theta}}$ 可以通过反向传播有效地计算, 并且整体平均值是可并行的. 根据

$$\boldsymbol{\theta}\leftarrow\boldsymbol{\theta}+\nabla_{\boldsymbol{\theta}}(L(\boldsymbol{\theta}))$$

的迭代更新权重的算法因此称为批次梯度上升法 (batch gradient ascent). 如果训练数据分成 M 个样本量为 $\{N_m\}_{m=1^M}$ 的批次, 则作为 g_{batch} 的平均, 随机梯度上升法 (stochastic gradient ascent, SGA) 的梯度 (记为 g_{SGA}) 可用来近似 $\nabla_{\boldsymbol{\theta}}(L(\boldsymbol{\theta}))$:

$$\nabla_{\boldsymbol{\theta}}L(\boldsymbol{\theta})\approx\frac{1}{M}\sum_{m=1}^{M}\frac{1}{N_m}\sum_{i=1}^{N_m}\nabla_{\boldsymbol{\theta}}[\log p(\hat{\boldsymbol{y}}(\boldsymbol{x}_i)=\boldsymbol{y}_i|\boldsymbol{\theta})+\log p(\boldsymbol{\theta})].$$

2. 重新参数化梯度估计和随机 VI 梯度估计

考虑变分目标 $\tilde{L}(\mu,\sigma)$ 的基于梯度的优化, 需要计算梯度 $\nabla_\mu\tilde{L}(\mu,\sigma)$ 和 $\nabla_\sigma\tilde{L}(\mu,\sigma)$. 根据式 (14.3.5), 以及数据和权重独立的假定, 梯度计算只能进入到两个期望中最外面期望之内, 无法再进一步移动, 即

$$\nabla_{\mu,\sigma}\tilde{L}(\mu,\sigma)=\frac{1}{N}\sum_{i=1}^{N}\left\{\nabla_{\mu,\sigma}E_{\theta\sim q_{\mu,\sigma}}[\log p(\hat{\boldsymbol{y}}(\boldsymbol{x}_i)=\boldsymbol{y}_i|\boldsymbol{\theta})+\log p(\boldsymbol{\theta})-\log q_{\mu,\sigma}(\boldsymbol{\theta})]\right\}.$$

为了避免涉及以参数 ϕ 为条件的分布 $q_\phi(\boldsymbol{\theta})=q(\boldsymbol{\theta}|\phi)$ 的积分计算困难, 我们使用重新参数化技巧 (reparametrization trick), 即把作为条件的参数 ϕ 转变为一个函数的参数及一个无条件分布:

$$q(\boldsymbol{\theta}|\phi)\to\boldsymbol{\theta}=\boldsymbol{\theta}(\phi,\epsilon),\ p(\epsilon).$$

这样就有

$$\begin{aligned}&\nabla_\phi E_{\theta\sim q_\phi}[\log p(\hat{\boldsymbol{y}}(\boldsymbol{x}_i)=\boldsymbol{y}_i|\boldsymbol{\theta})+\log p(\boldsymbol{\theta})-\log q_\phi(\boldsymbol{\theta})]\\=&\nabla_\phi E_{\epsilon\sim p_\epsilon}[\log p(\hat{\boldsymbol{y}}(\boldsymbol{x}_i)=\boldsymbol{y}_i|\boldsymbol{\theta}(\phi,\epsilon))+\log p(\boldsymbol{\theta}(\phi,\epsilon))]\\=&E_{\epsilon\sim p_\epsilon}\nabla_\phi[\log p(\hat{\boldsymbol{y}}(\boldsymbol{x}_i)=\boldsymbol{y}_i|\boldsymbol{\theta}(\phi,\epsilon))+\log p(\boldsymbol{\theta}(\phi,\epsilon))]\end{aligned}$$

重新参数化技巧所使用的分布和函数列在表 14.3.1 中.

表 14.3.1 重新参数化技巧所使用的分布和函数

$q(\boldsymbol{\theta}\|\phi)$	$p(\epsilon)$	$\boldsymbol{\theta}(\phi,\epsilon)$
正态分布: $N(\mu,\sigma)$	$N(0,1)$	$\boldsymbol{\theta}=\sigma\epsilon+\mu$
Gamma 分布: $\text{Gamma}(1,\beta)$	$\text{Gamma}(1,1)$	$\boldsymbol{\theta}=\beta\epsilon$
指数分布: $E(\phi)$	$\text{Uniform}(0,1)$	$\boldsymbol{\theta}=-\log\epsilon/\phi$
多元正态分布: $N(\boldsymbol{\mu},\boldsymbol{\Sigma})$	$N(0,\boldsymbol{I})$	$\boldsymbol{\theta}=\boldsymbol{A}\epsilon+\boldsymbol{\mu},\ \boldsymbol{A}\boldsymbol{A}^\top=\boldsymbol{\Sigma}$

例 14.1 重新参数化例子. 这里考虑重新参数化 $\boldsymbol{\theta}=\mu+\sigma\epsilon$, 这里 $\epsilon\sim\mathcal{N}(0,\boldsymbol{I})$. 类似于对 $\nabla_{\boldsymbol{\theta}}L(\boldsymbol{\theta})$ 的近似, 得到随机 VI 梯度估计 (SVI), 记为 $g_{\text{SVI}(\mu,\sigma)}$, 并以其近似 $\nabla_{\mu,\sigma}\tilde{L}(\mu,\sigma)$:

$$\begin{aligned}\nabla_{\mu,\sigma}\tilde{L}(\mu,\sigma)\approx&\frac{1}{MS}\sum_{m=1}^{M}\frac{1}{N_m}\sum_{i=1}^{N_m}\sum_{j=1}^{S}\nabla_{\mu,\sigma}[\log p(\hat{\boldsymbol{y}}(\boldsymbol{x}_i)\\&=\boldsymbol{y}_i|\boldsymbol{\theta}(\mu,\sigma,\epsilon_j))+\log p(\boldsymbol{\theta}(\mu,\sigma,\epsilon_j))].\end{aligned}$$

这里的新的超参数 S 为从 $p(\boldsymbol{\theta})$ 中抽取的样本数量, 以便用来对期望对数似然做 MC 估计. 可以将其视为训练期间的抽样网络数量. 但有时使用较小的 S, 甚至 $S=1$. 显然, 通过重新参数化, 使用 $g_{\text{SVI}}(\mu,\sigma)$ 估计梯度可直接利用类似于传统神经网络近似 $\nabla_{\boldsymbol{\theta}}L(\boldsymbol{\theta})$ 的方法, 避免了 $\boldsymbol{\theta}$ 的分布 $q_{\mu,\sigma}(\boldsymbol{\theta})$. 在后向传播的迭代中, SGA 和 SVI 更新权重步骤的区别如表 14.3.2 所示.

表 14.3.2 SGA 和 SVI 更新权重步骤的区别

SGA	SVI
$g_{\text{SGA}}\leftarrow$ 后向传播$(\boldsymbol{x},\boldsymbol{y},\boldsymbol{\theta})$ $\boldsymbol{\theta}\leftarrow\boldsymbol{\theta}+\eta\,g_{\text{SGA}}$	$\epsilon\leftarrow\mathcal{N}(0,\boldsymbol{I})$ $g_{\text{SVI}}\leftarrow$ 后向传播$(\boldsymbol{x},\boldsymbol{y},\boldsymbol{\theta}+\epsilon\sigma)$ $\boldsymbol{\theta}\leftarrow\boldsymbol{\theta}+\eta\,g_{\text{SVI}}$ $\sigma\leftarrow\sigma+\eta\,\epsilon\,g_{\text{SVI}}$

14.4 贝叶斯深度神经网络 PyTorch 实现

14.4.1 PyTorch 和传统神经网络

除了 PyTorch 之外, TensorFlow (Keras) 也是深度学习的工具. 这两种语言各有各的长处. PyTorch 对初学者比较友好, 代码的底层容易理解. 由于与 NumPy 的语言类似, 熟悉 NumPy 的人能很容易理解 PyTorch 的代码 (见表 14.4.1).

表 14.4.1 PyTorch 和 NumPy 的少数代码比较例子

PyTorch 代码	NumPy 代码
`import torch`	`import numpy as np`
`torch.tensor([[1,-3],[4,0]])`	`np.array([[1,-3],[4,0]])`
`a=torch.rand(3,2)` `a, a.shape`	`b=np.random.rand(3,2)` `b, b.shape`

`a=torch.rand((2, 3))`
`b=torch.rand((3, 2))`
`a@b` 或 `torch.matmul(a, b)`
`a*b.T,a.T*b`
	`c=np.random.rand(2, 3)`
	`d=np.random.rand(3, 2)`
	`c@d` 或 `c.dot(d)`
	`c*d.T,c.T*d`

PyTorch 有如下的组成部分:

- `torch`: 如同 NumPy 那样的程序包.
- `torch.autograd`: 一个基于 tape 的自动微分库, 支持 torch 中所有可微分的张量 (tensor) 操作. 求梯度是神经网络反向传播的最主要功能.
- `torch.jit`: 用于从 PyTorch 代码创建可序列化和可优化模型的编译堆栈 (TorchScript). 在运行编程中, 人们通常不会注意到其作用.
- `torch.nn`: 与 `autograd` 深度集成的神经网络库, 旨在实现最大的灵活性, 在建立神经网络时, 可通过作为 `torch.nn` 的子类以许多方式定义.
- `torch.multiprocessing`: Python 多处理器, 具有跨进程的 torch 张量的内存共享. 对数据加载和做 Hogwild 训练[1]很有用.
- `torch.utils`: 包括下载数据及其他方便的工具.

根据不同的计算目的, 在深度学习中需要选择使用 CPU 或 GPU (如果有的话). 一般来说, 如果想使用 GPU, 但又不知道自己有没有 GPU, 可在 PyTorch 中输入下面代码通过 cuda[2] 连接 GPU:

```
torch.device('cuda' if torch.cuda.is_available() else 'cpu')
```

或者用某个对象代表需要的设备 (这里对象取名 `device` 仅仅是习惯):

```
device = torch.device('cuda' if torch.cuda.is_available() else 'cpu')
```

这样, 如果有 GPU 就用, 没有就自动使用 CPU. 这时要把模型及张量用 `to(device)` 连接到所需要的设备, 比如可试着执行:

```
import torch
import torch.nn as nn
device = torch.device('cuda' if torch.cuda.is_available() else 'cpu')
model = nn.Sequential(nn.Linear(2, 1)) #一个简单的神经网络
model.to(device)
x=torch.ones((4, 2))
x.to(device)
model(x)
```

实际上, 可以直接输入如下代码来确定设备选择:

```
model = nn.Sequential(nn.Linear(2, 1)).to('cpu')
x=torch.ones((4, 2)).to('cpu')
model(x)
```

如果你没有 GPU, 就根本不用来回切换 (没有选择余地), 只要舍去所有的 `to()` 命令, 就自然选取 CPU, 省去很多麻烦. 我们代码都不用 `to()` 命令.

[1] Hogwild 算法以并行方式运行随机梯度下降 (SGD).

[2] 代码中的 cuda (compute unified device architecture, 计算统一设备架构) 是一种 API (application programming interface) 即并行计算平台和应用程序编程接口, 允许软件使用某些类型的图形处理单元 (GPU) 进行通用处理, 这种方法称为 GPU 上的通用计算 (GPGPU). cuda 是一个软件层, 可直接访问 GPU 的虚拟指令集和并行计算元素, 以执行计算内核.

在 PyTorch 中, 神经网络可以有多种定义方法, 下面介绍 2 种同定义但基本等价的神经网络定义 (为一个二分类例子定义). 除了输入和输出层外有 2 个隐藏层, 而相应的 3 个激活函数为 2 个 ReLU 和 1 个 Sigmond. 这里的 `L1`, `L2` 及 `L3` 是这 4 层的线性连接, 而 `act1`, `act2` 及 `act3` 代表相应的激活函数.

1. 用 `nn.Module` 的子类来定义神经网络

```
from torch import nn
class MLP(nn.Module):
    def __init__(self, n_inputs):
        super(MLP, self).__init__()
        self.L1 = nn.Linear(n_inputs, 10)
        self.act1 = nn.ReLU()
        self.L2 = nn.Linear(10, 8)
        self.act2 = nn.ReLU()
        self.L3 = nn.Linear(8, 1)
        self.act3 = nn.Sigmoid()
    def forward(self, X):
        X = self.L1(X)
        X = self.act1(X)
        X = self.L2(X)
        X = self.act2(X)
        X = self.L3(X)
        X = self.act3(X)
        return X
mlp=MLP(34); print(mlp) #打印结构
```

2. 直接定义神经网络

```
NNS0 = nn.Sequential(
    nn.Linear(34, H1),
    nn.ReLU(),
    nn.Linear(H1, H2),
    nn.ReLU(),
    nn.Linear(H2, 1),
    nn.Sigmoid()
)
```

虽然两个网络有同等结构, 由于前者 (`MLP`) 是一个 class, 可以加入很多函数, 这对于有某种编程习惯的人来说有方便之处.

在用 PyTorch 做深度学习时有几个步骤:

(1) 定义神经网络.

(2) 把通常的数据转换成方便使用软件的深度学习格式.

(3) 反复训练神经网络、核对神经网络及做预测.

14.4.2 贝叶斯深度神经网络及例子

在 PyTorch 包中, 贝叶斯神经网络和传统神经网络在代码形式上很相似, 从下面简单的说明性例子的代码可以看出它们的相似性.

1. 贝叶斯深度神经网络回归例子

例 14.2 波士顿住房数据 (BostonHousing2.csv). 这是一个非常经典的数据, 为 1970 年人口普查的 506 个人口普查区住房数据.[3] 该数据在程序包 `mlbench`[4] 中以 `BostonHousing` 为名提供, 为 Harrison 和 Rubinfeld(1979) 的原始数据, 而数据 `BostonHousing2` 为带有额外空间信息的校正版本.

原始数据有 14 个变量的 506 个观察值, 其中, medv (自住房屋房价中位数, 单位: 千美元) 是原始的目标变量, 其他变量包括: crim (城镇的人均犯罪率)、zn (占地面积超过 25000 平方英尺的住宅用地的比例)、indus (每个镇的非零售业务比例, 单位: 英亩)、chas (有关查尔斯河的虚拟变量, 如果挨着河为 1, 否则为 0)、nox (一氧化氮浓度, 单位: ppm)、rm (平均每套住房的房间数量)、age (1940 年以前建成的自住单位的房龄比例)、dis (5 个波士顿就业中心的加权距离)、rad (高速公路的可达性指数)、tax (每万美元全价物业值的财产税率)、ptratio (城镇学生与教师的比例)、b ($= 1000(B - 0.63)^2$, 其中的 B 是城镇黑人的比例)、lstat (低收入人口比例); 更正过的数据集有以下附加变量: cmedv (修正了的自住房价中位数, 单位: 千美元)、town (镇名称)、tract (人口普查区)、lon (人口普查区的经度)、lat (人口普查区的纬度).

我们将用 cmedv (修正了的自住房屋房价中位数) 作为因变量, 舍弃原来的 medv, 而其他多数变量作为自变量 (除了 town (镇名称), tract (人口普查区), lon (人口普查区的经度), lat (人口普查区的纬度) 等变量).

和传统神经网络类似, 输入需要的程序包 (除了基本的之外), 比传统神经网络多一个 `bnn (torchbnn)`.

```
import torch
import torch.nn as nn
import torch.optim as optim
import torchbnn as bnn
```

读入数据, 并分成训练集和测试集两部分:

```
housing=pd.read_csv('BostonHousing2.csv')
X=housing.iloc[:,6:]
X.chas=X.chas.astype('category')
X=pd.get_dummies(X)
y=housing['cmedv']
X = StandardScaler().fit_transform(X)
```

[3]Newman, D.J. & Hettich, S. & Blake, C.L. & Merz, C.J. (1998). UCI Repository of machine learning databases [http://www.ics.uci.edu/~mlearn/MLRepository.html]. Irvine, CA: University of California, Department of Information and Computer Science.

[4]Friedrich Leisch & Evgenia Dimitriadou (2010). mlbench: Machine Learning Benchmark Problems. R package version 2.1-1.

```
y = StandardScaler().fit_transform(np.expand_dims(y, -1))

X_train, X_test, y_train, y_test = train_test_split(X,
                                                    y,
                                                    test_size=.25,
                                                    random_state=42)
X_train,y_train=torch.tensor(X_train).float(),torch.tensor(y_train).float()
X_test, y_test = torch.tensor(X_test).float(), torch.tensor(y_test).float()
```

定义有 2 个隐藏层 (激活函数为 ReLU) 的贝叶斯神经网络, 和传统神经网络的区别在于这里标明先验分布信息.

```
modelH = nn.Sequential(
    bnn.BayesLinear(prior_mu=0, prior_sigma=0.1, in_features=14,
                    out_features=100),
    nn.ReLU(),
    bnn.BayesLinear(prior_mu=0, prior_sigma=0.1, in_features=100,
                    out_features=50),
    nn.ReLU(),
    bnn.BayesLinear(prior_mu=0, prior_sigma=0.1, in_features=50,
                    out_features=10),
    nn.ReLU(),
    bnn.BayesLinear(prior_mu=0, prior_sigma=0.1, in_features=10,
                    out_features=1),
)
```

选定损失函数 (MSE 和 KL 散度)、KL 权重和优化器:

```
mse_loss = nn.MSELoss()
kl_loss = bnn.BKLLoss(reduction='mean', last_layer_only=False)
kl_weight = 0.01
optimizer = optim.Adam(modelH.parameters(), lr=0.01)
```

然后迭代 (3000 次) 训练模型:

```
kl_weight = 0.1
for step in range(3000):
    pre = modelH(X_train)
    mse = mse_loss(pre, y_train)
    kl = kl_loss(modelH)
    cost = mse + kl_weight*kl
    optimizer.zero_grad()
    cost.backward()
    optimizer.step()
print('MSE : %2.2f, KL : %2.2f' % (mse.item(), kl.item()))
```

输出的误差为:

```
MSE : 0.03, KL : 0.36
```

做交叉验证并输出标准化均方误差 (NMSE):

```
y_predict = modelH(X_test)
sum((y_test-y_predict)**2)/sum((y_test-(y_test).mean())**2)
```

输出的标准化均方误差为 0.1452.

2. 贝叶斯深度神经网络分类例子

例 14.3 皮肤病数据 (原数据: dermatology.data, 填补缺失值后的数据: derm.csv). 该数据来自 Ilter[5]、Güvenir [6](也是提供者). 参见 Güvenir, Demiröz and Ilter(2006). [7] 该数据的缺失值是用问号"?"标识的. 该数据的维数为 366×35, 也就是说数据涉及 366 个红斑鳞状细胞疾病 (erythemato-squamous diseases) 患者的数据, 包含一个称为因变量 (response) 或响应变量的目标变量 (皮肤病类型) 及 34 个自变量或预测变量, 其中 32 个是有序变量, 1 个是数量变量: age(年龄), 1 个是定性变量——family history (家族史). 数据自变量属于临床属性的有 12 个自变量, 属于组织病理学属性的有 22 个自变量. 注意: 为了使符号简单, 这些变量在数据中没有用原来名字, 而是用 V1, V2 等符号, 最后的因变量为 V35. 原变量名和简单变量名对照表在文件 derm_names.txt 中.

该数据是关于鉴别红斑鳞状细胞疾病的具体类型. 有监督学习的目的是建立模型, 然后利用 34 个自变量判定因变量 (第 35 个变量) 属于 6 种皮肤病类型中的哪一类, 这就是该数据的因变量, 名为 Class (类型, 一共 6 种水平, 用哑元表示: $1, 2, 3, 4, 5, 6$), 简称 V35.

红斑鳞状细胞疾病的鉴别诊断是皮肤病学中的一个问题. 它们都具有红斑和鳞屑的临床特征, 差异很小. 通常, 活组织检查对于诊断是必需的. 这些疾病也具有许多组织病理学特征. 鉴别诊断的另一个困难是疾病可能在开始阶段显示另一种类型疾病的特征, 也可能具有后面阶段的特征. 对患者首先在临床上评估了 12 个特征, 这些特征中除了 age (年龄) 及 family history (家族史, 0: 没有, 1: 有) 之外, 用 0, 1, 2, 3 打分, 分别表示不存在这个特征 (0) 及严重性 (1, 2, 3), 然后采集皮肤样品, 通过在显微镜下分析确定 22 个组织病理学特征的值 (也取值 0,1,2,3).

安装程序包:

```
import torch
import torch.nn as nn
import torch.optim as optim
import torchbnn as bnn
```

读入例 14.3 皮肤病数据, 并把数据分成 70%的训练集和 30%的测试集 (因变量各水平都以

[5]Nilsel Ilter, M.D., Ph.D., Gazi University, School of Medicine, 06510 Ankara, Turkey, Phone: +90 (312) 214 1080.

[6]H. Altay Güvenir, PhD., Bilkent University, Department of Computer Engineering and Information Science, 06533 Ankara, Turkey, Phone: +90 (312) 266 4133. Email: guvenir@cs.bilkent.edu.tr.

[7]https://archive.ics.uci.edu/dataset/33/dermatology.

大致同样比例分割):

```
w=pd.read_csv("derm.csv")
X=w.iloc[:,:-1].astype('category');Y=(w["V35"]-1).astype('category')
X=pd.get_dummies(X,drop_first=False)
X=np.array(X)
y=np.array(Y)
x, y = torch.from_numpy(X).float(), torch.from_numpy(y).long()
from sklearn.model_selection import train_test_split
from sklearn.model_selection import train_test_split
X_train,X_test,y_train,y_test=train_test_split(x, y,
                                               test_size=0.3,
                                               random_state=42,stratify=y)
```

定义 2 个隐藏层的贝叶斯神经网络 (包括损失函数和优化器等):

```
modelD = nn.Sequential(
    bnn.BayesLinear(prior_mu=0, prior_sigma=0.1, in_features=197,
                    out_features=1000),
    nn.ReLU(),
    bnn.BayesLinear(prior_mu=0, prior_sigma=0.1, in_features=1000,
                    out_features=500),
    nn.ReLU(),
    bnn.BayesLinear(prior_mu=0, prior_sigma=0.1, in_features=500,
                    out_features=100),
    nn.ReLU(),
    bnn.BayesLinear(prior_mu=0, prior_sigma=0.1, in_features=100,
                    out_features=6),
)

ce_loss = nn.CrossEntropyLoss()
kl_loss = bnn.BKLLoss(reduction='mean', last_layer_only=False)
kl_weight = 0.01

optimizer = optim.Adam(modelD.parameters(), lr=0.01)
```

用训练集训练模型:

```
kl_weight = 0.1
for step in range(3000):
    pre = modelD(X_train)
    ce = ce_loss(pre, y_train)
    kl = kl_loss(modelD)
    cost = ce + kl_weight*kl
```

```
    optimizer.zero_grad()
    cost.backward()
    optimizer.step()

_, predicted = torch.max(pre.data, 1)
total = y_train.size(0)
Error = (predicted != y_train).sum()
print(f'Error rate: {Error / total}')
print('CE : %2.2f, KL : %2.2f' % (ce.item(), kl.item()))
```

输出的损失等度量记录为:

```
Error rate: 0.0
CE : 0.00, KL : 0.16
```

使用测试集做交叉验证, 输出误判率和混淆矩阵:

```
_,yhat=torch.max(modelD(X_test).data,1)
print(f'Error rate = {(yhat != y_test).sum()/y_test.size(0)}')
from sklearn.metrics import confusion_matrix
print(f'Confusion matrix:\n{confusion_matrix(y_test,yhat)}')
```

输出误判率 (0.018) 及混淆矩阵 (有 2 个误判):

```
Error rate = 0.0181818176060915
Confusion matrix:
[[34  0  0  0  0  0]
 [ 0 16  0  2  0  0]
 [ 0  0 22  0  0  0]
 [ 0  0  0 15  0  0]
 [ 0  0  0  0 15  0]
 [ 0  0  0  0  0  6]]
```

第 15 章　强化学习中的贝叶斯元素

15.1　强化学习简介

强化学习 (reinforcement learning, RL) 是机器学习的一个重要的组成部分, 是人工智能 (AI) 的基础, 模仿了人类的**认知和决策**, 从下棋或网上游戏到自动驾驶等各种 AI 应用均属于强化学习. 对于不同的问题或课题, 强化学习的模型千差万别, 不能一概而论. 本章将简单介绍强化学习的概念. 虽然贝叶斯思维有其优越性, 但由于种种原因并未大规模融入强化学习之中. 这里仅仅通过例子来展示贝叶斯范式在某些模型中的应用.

15.1.1 强化学习的要素

比较典型的强化模型可以描述为**马尔可夫决策过程** (Markov decision process, MDP). 这意味着在当前状态下, 未来是独立于过去的 (马尔科夫性). MDP 因此是一个**序贯决策过程**. 然而, MDP 结合了行动和动机的特征. 在过程中的每一步 (在每个状态) s_t, 决策者都可以选择在当前状态下采取的行动 a_t, 从而使模型进入下一步 s_{t+1} 并为决策者提供奖励 $((s_t, a_t)\longrightarrow(s_{t+1}, r_{t+1}))$.

MDP 的要素包括:

- **代理** (agent): 动物/机器人/函数或程序 (系统), 为获奖励而行动.
- **环境** (environment): 这是学习的场景, 包括状态、行动以及状态、行动导致的下一状态和奖励:
  (1) **状态** (state) $\{s \in S\}$. 空间 S 可为有穷的或无穷 (连续或离散), 步骤 t 的状态用 s_t 表示. 也用 s 和 s' 分别表示目前和后续状态.
  (2) **行动** (action): $\{a \in A(s)\}$. 空间 $A(s)$ 有穷或无穷 (离散或连续).
  (3) **奖励** (reward): 转移 $s \xrightarrow{a} s'$ 获得的回报, 通常用函数 (投影 $S \times A \times S \mapsto \mathbb{R}$) 形式 $R_a(s, s')$、$r_{(s,a)}$ 或 $r(s, a, s')$、(步骤 t) $r_{t+1} = r(s_t, a_t, s_{t+1})$.
- **策略** (policy): 映射 $S \mapsto A$. 往往用 $\pi(s, a)$ (联合密度)、$\pi(a|s)$ (条件概率密度) 或函数/概率 $a = \pi(s)$ 表示, 这取决于采用的方法/程序.
- 行动 a 造成的转换 $s \mapsto s'$ 以转移概率 $p(s'|s, a) = p(s'|s, \pi(s))$ 发生, 提供即时奖励 $r(s, a, s')$.
- 在状态-行动对 (s, a) 的期望奖励 $q(s, a) = r(s, a) = \sum_{s'\in S} p(s'|s, a)r(s, a, s')$ (Q 价值函数) $v(s) = \sum_{a\in A(s)} r(s, a)$ (V 价值函数).
- **轨迹/情节** (episode): $\boldsymbol{\tau} = (s_0, a_0, s_1, a_1, \ldots, s_T, a_T)$, $T \leqslant \infty$, 或者写成 $s_0 \xrightarrow{a_0} s_1 \xrightarrow{a_1} s_2 \xrightarrow{a_2} s_3 \xrightarrow{a_3} \cdots$.

- 在 MDP 中, **马尔可夫性**体现为转移概率 (你的策略)

$$p(s_{t+1}|s_t, a_t) = p(s_{t+1}|s_t, a_t, s_{t-1}, a_{t-1}, \ldots, s_0, a_0).$$

即从状态 s_t 到状态 s_{t+1} 的概率只与 t 时间的状态和行动 (s_t, a_t) 有关, 而与 t 之前的状态及行动的历史 $(s_{t-1}, a_{t-1}, \ldots, s_0, a_0)$ 无关.

智能机器人学习决策的过程完全类似: 对每个 **(状态-行动)** 对 (s, a), 环境会给予一个奖励 (或惩罚) $r_{(s,a)}$, **希望训练出来的决策使平均最终奖励 R_T 最大.**

上面用概率表示的概念在强化学习中就被所采用的策略/方法/程序/函数确定 (随着策略的变化而变化), 使用这些符号对编程很方便.

下面定义**最优策略**和**最优价值函数**.

(1) 如果满足

$$v^{\pi}(s) \geqslant v^{\pi'}(s), \ \ \forall s \in S,$$

则策略 π 被定义为**优于或等于**策略 π', 用 $\pi \geqslant \pi'$ 表示,

(2) 如果至少一项策略优于或等于所有其他策略, 称为**最优策略** (可能存在不止一项最优策略), 用 π^* 表示所有最优策略. 可以用 $v^*(s)$ 及 $q^*(s, a)$ 分别表示在 s 的**最优 V 价值函数**和在 (s, a) 的**最优 Q 价值函数**.

强化学习寻求最优策略的基本思维模式就是探索和开发. **探索** (exploration) 和**开发** (exploitation) 的思想是设计**权宜** (expedient) 强化学习系统的核心.

(1) 为了最大化奖励, 代理通常会重复它过去尝试过的产生"有利"奖励的操作 (这是开发).

(2) 但是, 为了找到这些导致奖励的行动, 代理必须从一组行动中抽样并尝试以前未选择的不同行动 (这是探索).

一般来说, 只追求探索或只追求开发的代理注定不是权宜之计. 它往往比纯粹的随机代理更糟糕.

15.1.2 动态规划和 Bellman 方程

单单依靠尝试各种轨迹来学习效率不高, 我们需要动态规划和 Bellman 方程.

动态规划求解的基本思想为: 任何问题都可以划分为子问题, 子问题又可划分为更小的子问题, 如果这些子问题之间存在重叠, 则可以保存这些子问题的解决方案以备将来参考. 这可以提高 CPU 的效率.

在强化学习中累积奖励/价值函数的一个基本属性是在 s 的值及其可能的后继状态的值之间满足递归关系: **Bellman 方程**

$$\begin{aligned}R_t =& r_{t+1} + \gamma r_{t+2} + \gamma^2 r_{t+3} + \gamma^3 r_{t+4} + \cdots \\ =& r_{t+1} + \gamma(r_{t+2} + \gamma r_{t+3} + +\gamma^2 r_{t+4} \cdots) \ \ \forall \pi, s. \\ =& r_{t+1} + \gamma R_{t+1}\end{aligned} \tag{15.1.1}$$

即在时间 t 的回报 R_t 是即时奖励 r_{t+1} 与下一个状态的累积折扣回报 γR_{t+1} 之和. 这里的**折扣因子** (discount factor) $\gamma \in [0.1]$ 代表了"远视程度", 随着 γ 变小, 智能体对即时奖励的权重大于相对于未来的远程奖励 ("近视"), 而随着 γ 的增加, 对未来奖励的重视增加 ("远视").

有了什么是最优的定义, 有了 Bellman 方程, 就可以按照动态规划的方式, 利用迭代的

方式求最优策略.

Bellman 方程有各种形式 (分别记 $v^*(s)$ 和 $q^*(s,a)$ 为最优 V 函数和 Q 函数)

$$
\begin{aligned}
R_t =& r_{t+1} + \gamma R_{t+1} \\
v^*(s) = v^{\pi^*}(s) =& \max_{a\in A} \sum_{s'\in S} p(s'|s,a)[r(s,a,s') + \gamma v^*(s')], \ \ \forall s \in S. \\
q^*(s,a) = r(s,a) + \gamma & \sum_{s'\in S} p(s'|s,a) \max_{a'\in A} q^*(s',a'), \ \ \forall s \in S, \ a \in A(s).
\end{aligned}
\tag{15.1.2}
$$

左边的 $R_t, v^*(s), q^*(s,a)$ 是右边子问题 $R_{t+1}, v^*(s'), q^*(s',a')$ 的改进和更新. 这是强化学习基于 Bellman 方程的动态规划迭代的基础. 接下来要做的就是依赖于各种创新思想、计算机程序以及实现和验证想法的计算和调试了. 具体强化学习计算中的迭代就是基于式 (15.1.2) 构建的, 比如, 要求 $q(s,a)$ 的迭代, 就可以如下进行:

$$
q(s,a) \leftarrow \alpha(r_{t+1} + \gamma q(s',a')) + (1-\alpha)q(s,a). \tag{15.1.3}
$$

式 (15.1.3) 中的 α 是**学习率** (learning rate) ($\alpha \in [0,1]$), 在式 (15.1.2) 中没有出现 (或 $\alpha = 1$). 学习率体现了"喜新厌旧"的程度, 这里的"新"是指式 (15.1.3) 中的项 $r_{t+1} + \gamma q(s',a')$, 而"旧"指式 (15.1.3) 中的项 $q(s,a)$.

15.2 在强化学习中的贝叶斯范式

贝叶斯范式把强化学习的行动选择 (探索/开发) 作为不确定性的函数, 提供了一种将先验知识纳入算法的机制. 对此, 我们将通过两个例子来介绍.

15.2.1 多臂老虎机例子

例 15.1 多臂老虎机问题. 独臂老虎机 (one-armed bandit, slot machine) 是赌场中最简单的赌博机器, 有一个杠杆 (臂), 将硬币投入机器之后拉动杠杆可获得即时奖励, 奖励的范围是从零开始到相当高的奖励值, 但平均下来, 所有赌徒最终都会赔钱.

多臂老虎机 (multi-armed bandit) 是有多个杠杆的赌博机器. 在投币后拉动每个杠杆会有一定概率的奖励 (包括零奖励), 但各个杠杆奖励的概率不同 (赌徒对此是未知的). 为了得到尽可能多的收益 (或尽可能减少损失), 就必须做大量的探索, 以找到收益最大的策略 (如找到最有可能得到最多奖励的杠杆). 如果试了几次就只使用奖励相对较多的杠杆 (专注于开发), 可能会忽略有更好奖励前景的杠杆, 如果总是随机探索各个杠杆 (专注于探索), 就和完全随机策略没有区别, 不可能得到最高的奖励. 这就需要在探索与开发之间采取某种平衡. 多臂老虎机的一个关键特征是代理不会通过其行动来修改其环境.

多臂老虎机问题可以推广到很多问题, 这些问题的特点是: 必须在各种竞争 (替代方案) 之间分配固定的有限资源. 做法是以最大化其预期收益的方式进行方案选择. 通常, 每个选择的属性在分配时仅部分已知, 但随着时间的推移或在将资源分配给各种选择的过程中, 可能会学到如何做最优选择.

假设玩 $K \in \mathbb{N}$ 个老虎机, 每场比赛都由 $T \in \mathbb{N}$ 个回合组成. 令 A 为游戏中所有可能行动 (老虎机的臂) 的集合. 由于有 K 个臂可供选择, $|A| = K$. 用 $a_t \in A$ 表示在第 t 时间 (回合) 采取的行动. 每次选择都获得奖励 $r \in \mathbb{R}$. 由同一行动 $a \in A$ 序贯产生的奖励是独立同

分布 (i.i.d) 的, 行动 a 给予奖励 r 的概率分布 $p(\cdot|a)$ 是未知的. 我们用 $q(a)$ 表示相应奖励的期望, 即 $q(a)=E(r|a)$.

对例 15.1 这类问题的强化学习是以序贯方式在线实行的. 在时间 $t=1,2,\dots,T$, 代理选择行动 $a_t\in A$ 并得到服从分布 $p(\cdot|a_t)$ 的奖励 r_t. 实际上, 在时间 t 的决定取决于最大化累积奖励 $\sum_{t=1}^T r_t$ 的目标. 这里的时间范围 T 称为视界, 视界的大小通常取决于应用, 可以在很大范围内变动.

如果某个行动 a 总是被选中, 那么每次行动的预期奖励是 $q(a)$, 相应的累积奖励期望是 $Tq(a)$. 根据大数定律, 当 T 很大时, 这个预期累积奖励接近实际累积奖励. 用 $a^*=\arg\max_{a\in A}q(a)$ 表示在期望奖励方面的最优行动, 类似地, 记 $q^*=\max_{a\in A}q(a)$. 当然, 有可能有若干个最佳行动. 多臂老虎机算法的目标是尽可能快地学习最优行动, 以使累积奖励接近最优 Q 价值 q^*.

1. 本例的设定及相关度量

本例设定每个行动 (臂) 的奖励是独立同分布的 Bernoulli 分布 $B(p_k)$ $(k=1,2,\dots,K)$ (即 $n=1$ 的二项分布 $\text{Bin}(1,p_k)$), 也就是说, 在第 k 个机器, 玩一次会以概率 p_k 获得奖励 1 (等价地, 以概率 $1-p_k$ 得到奖励 0), 或者奖励 $r\sim B(p_k)$. 有

$$q(a)=E(r|a),\ a\in A.$$

奖励分布的参数及其期望值在游戏开始时对于智能代理是未知的, 在下面的代码中设定 $K=3$.

臂的个数以及各个臂奖励的分布类型和后面的方法关系不大. 后面展示的代码设定为 Bernoulli 分布 (包括分布参数 $\boldsymbol{p}$), 也可以设定为正态分布等其他分布, 在后面介绍的各种方法中, 不同分布的程序代码基本类似.

评估多臂老虎机算法性能的标准方法是将其累积奖励与最高期望累积奖励 q^*T 进行比较. 具体来说, 我们将任何算法的**遗憾** (regret) 定义为数量

$$\rho\equiv q^*T-\sum_{t=1}^T r_t.$$

由于奖励和可能的算法本身的随机性, 遗憾可能是随机的, 因此考虑期望遗憾更方便些.

$$E(\rho)=q^*T-\sum_{t=1}^T E[q(a_t)].$$

令 $N_t(a)$ 为到时间 t 时采取行动 a 的次数, 则有

$$\begin{aligned}E(\rho)=&q^*T-\sum_{t=1}^T\sum_{a\in A}E[q(a)I_{a_t=a}]=q^*T-\sum_{a\in A}q(a)\sum_{t=1}^T E[I_{a_t=a}]\\=&q^*T-\sum_{a\in A}q(a)E[N_T(a)]=\sum_{a\in A}[q^*-q(a)]E[N_T(a)].\end{aligned}\tag{15.2.1}$$

另一个指标是算法的精度 (precision), 代表选择最优行动的比例:

$$P=\frac{1}{T}\sum_{t=1}^T I_{a_t\in a^*}=\frac{N_t(a^*)}{T},$$

这里示性函数使用 $a_t\in a^*$ 而不是 $a_t=a^*$, 是因为最优行动可能不唯一. 更方便的是考虑期

望精度

$$E(P)=\frac{E[N_T(a^*)]}{T}.$$

2. 多臂老虎机算法

这里介绍的多臂老虎机算法有 3 种: 部分贪婪算法、UCB1 算法及属于贝叶斯范式的 Thompson 抽样. 下面逐一介绍.

(1) 部分贪婪算法.

总是选择至今已知奖励最多的方法是**贪婪** (greedy) 算法. 对于多臂老虎机问题来说, 如果已经有征兆显示某个臂更好, 则使用完全贪婪算法会浪费时间. 因此我们考虑部分贪婪算法, 即在探索与开发之间采取某种平衡的 ε 贪婪 (ε-greedy) 方法, 其中 ε $(0\leqslant\varepsilon\leqslant 1)$ 是控制探索量与开发量的参数. 以概率 $1-\varepsilon$ 选择开发, 这时代理选择它认为具有最佳长期效果的行动 (行动之间的联系被随机打破); 或者, 以概率 ε 选择探索, 并且完全随机选择行动. ε 通常 (至少一开始) 是一个固定参数, 但随着时间推移或学习的进步, 减小 ε 的值, 使代理逐渐减少探索并利用已经获得的知识.

具体来说, 如果 $N(a)$ 为行动 a 的试验次数, $Q(a)$ 为行动 a 的估计期望奖励 $q(a)$. 我们将使用下面的步骤来做学习:

- 对所有行动 a 设初始值:

$$N(a)\leftarrow\ 0,$$

$$Q(a)\leftarrow 0.$$

- 然后对 $t=1,2,\ldots,T$ 重复下面的过程 (这里 c 是任选的一个常数):
  1) $\epsilon=\frac{c}{c+t}$.
  2) 以概率 ϵ 随机选择行动, 而以概率 $1-\epsilon$ 贪婪选择暂时看上去最好的行动:

$$a\leftarrow\begin{cases}\arg\max_a Q(a), & \text{以概率}1-\epsilon,\\ \text{从 } 1,2,\ldots,K \text{ 随机选择}, & \text{以概率}\epsilon.\end{cases}$$

  3) $r\leftarrow r(a)$.
  4) $N(a)\leftarrow N(a)+1$.
  5) $Q(a)\leftarrow Q(a)+\frac{1}{N(a)}(r-Q(a))$.

(2) UCB1 方法.

最流行的老虎机算法基于面对不确定性时的乐观原则. 具体来说, 每个行动都会获得量化奖励分配不确定性的奖励. 人们趋于选择平均奖励加奖金方面的最佳行动.

下面介绍 UCB (源自 upper confidence bound [1]) 方法中的一种 (UCB1). 记

$$\delta_i=c\sqrt{\log t}/N_t(a_i),$$

于是 UCB 方法的原理为寻找最优行动

$$a_t^*=\max_i\arg\left[Q(a_i)+c\frac{\sqrt{\log t}}{N_t(a_i)}\right],$$

即使得 $Q(a_i)+\delta_i$ 最大化的 a_i. 这种 UCB 操作选择的想法是, 平方根项 δ_i 是估计行动 a_i 时

[1] 也可译为"置信上限"方法, 然而该译名容易误导读者.

不确定性或方差的度量. 因此, 被最大化的量是行动 a_i 的可能真实值的一种上限, 其中 c (在我们的程序中取 $\sqrt{2}$) 确定置信水平. 一方面, 每次选择 a_i 时, 不确定性大概都会减小, 这是因为作为分母的 $N_t(a_i)$ 递增时, 不确定性项变小. 另一方面, 每次选择除 a_i 以外的操作时, t 都会增加, 但 $N_t(a_i)$ 不变, 这使得不确定性估计值变大. 自然对数的使用意味着随着时间的推移, 增加量变小, 但无界, 最终将选择所有操作, 但随着时间的推移, 选择估计值较低或已频繁选择的操作的频率将降低.

具体来说, 可使用下面的步骤来学习 (设定常数 c):

- 对所有行动 a 设初始值:
  1) $N(a) \leftarrow 0$.
  2) $Q(a) \leftarrow 0$.
- 然后对 $t = 1, 2, \ldots, T$ 重复下面的过程:
  1) $\epsilon = \frac{c}{c+t}$.
  2) $a \leftarrow \arg\max_a \left[Q(a) + c\sqrt{\frac{\log t}{N(a)}}\right]$.
  3) $r \leftarrow r(a)$.
  4) $N(a) \leftarrow N(a) + 1$.
  5) $Q(a) \leftarrow Q(a) + \frac{1}{N(a)}(r - Q(a))$.

所有行动在开始时必须被选择以避免分母 $N(a) = 0$. 奖励的特殊形式来自 Hoeffding 不等式, 它为有界随机变量相对于样本数量的期望的错误估计概率提供了一个上限. 参数 c 控制探索与开发之间的平衡: c 越大, 算法的探索性越强. 事实上, UCB 算法有一个次线性的遗憾. 对于二元奖励, 下面的不等式给出了期望遗憾的上界:

$$E(\rho) \leqslant 8 \sum_{a!=a^*} \frac{\log T}{q^* - q(a)} + K\frac{\pi^2}{3}.$$

(3) 贝叶斯派的 Thompson 抽样.

在 UCB 之外, 另一个流行的最古老的算法是贝叶斯派的 Thompson 抽样. 期望奖励的不确定性由相应于不同行动 (臂) 的概率分布来捕获. 当从各个行动获得更多信息时, 这些概率分布往往会集中. 每个行动的先验概率分布起着初始的作用, 探索是由先验的保证的, 而开发是由后验的来执行的.

用 $P(a)$ 表示与行动 a 的期望回报 $q(a)$ 的估计相关的概率分布. 使用一些先验进行初始化, 并通过从动作 a 收到的连续奖励进行更新.

Thompson 抽样可能会在更新上多花计算资源. 对于我们对奖励假定的 Bernoulli 分布 $B(p)$, p 通常取均匀先验分布 $U(0,1)$. 注意

$$p(r|q) = q^r(1-q)^{1-r}, \ \ r = 0, 1.$$

对于同一个行动的 N 个独立同分布的样本 $r_1, r_2, \ldots, r_N$, 则有

$$p(q|r_1, \ldots, r_N) = \frac{p(r_1, \ldots, r_N|q)p(q)}{p(r_1, \ldots, r_N)} \propto q^{r_1+\cdots+r_N}(1-q)^{N-(r_1+\cdots+r_N)}.$$

该后验分布为 Beta(α, β) 分布, 参数 $\alpha = r_1 + \cdots + r_N + 1, \beta = N - (r_1 + \cdots + r_N) + 1$. 于

是得到下面的更新规则, 给定 r, 做更新

$$\alpha \leftarrow \alpha + r,$$
$$\beta \leftarrow \beta + 1 - r.$$

具体来说, 对于 Bernoulli 分布和均匀先验分布可使用下面的步骤来学习:

- 对所有行动 a 设初始分布值:

$$P(a) \leftarrow \text{Beta}(\alpha, \beta)$$

- 然后对 $t = 1, 2, \ldots, T$ 重复下面的过程:
  1) 对所有 a, $p(a)$ 为从 $P(a)$ 抽取的样本.
  2) $a \leftarrow \arg\max_a p(a)$.
  3) $r \leftarrow r(a)$.
  4) $P(a) \leftarrow \text{Beta}(\alpha + r, \beta + 1 - r)$.

3. 多臂老虎机 3 种算法的代码实现

下面是多臂老虎机 3 种算法的总代码:

```
class BLM:
    # T: the total time, p: vector of Bernoulli p such as (.4,.5,.3)
    def __init__(self, T=1000, p=[.3,.4,.5], seed=1010):
        np.random.seed(seed)
        self.K=len(p)
        self.T=T
        self.bandit={}
        for i in range(self.K):
            self.bandit[i]=[np.random.binomial(1,p[i]) for t in range(T)]
        self.t=0
    def Greedy(self,c=100):
        N=np.zeros(self.K)
        Q=np.zeros(self.K)
        for t in range(self.T):
            eps=c/(c+t)
            if np.random.uniform()>eps:
                a=np.argmax(Q)
            else:
                a=np.random.randint(self.K)
            r=self.bandit[a][t]
            N[a]+=1
            Q[a]=Q[a]+1/N[a]*(r-Q[a])
        return(N,Q)
    def UCB(self,c=2):
        N=np.zeros(self.K)
        Q=np.zeros(self.K)
        for t in range(self.T):
```

```
            if all(N)!=0:
                a=np.argmax(Q+np.sqrt(2*np.log(t)/N))
            else:
                a=np.random.randint(self.K)
            r=self.bandit[a][t]
            N[a]+=1
            Q[a]=Q[a]+1/N[a]*(r-Q[a])
        return(N,Q)
    def Thompson(self):
        N=np.zeros(self.K)
        Q=np.zeros(self.K)
        probs=np.zeros(self.K)
        alpha=np.zeros(self.K)
        beta=np.zeros(self.K)
        for t in range(self.T):
            for k in range(self.K):
                probs[k]=np.random.beta(alpha[k] + 1, beta[k] + 1)
            a=np.argmax(probs)
            r=self.bandit[a][t]
            alpha[a]+=r
            beta[a]+=1-r
        return(alpha/(alpha+beta))
```

其中, 基本 class 给出了一些默认值, 如视界 T, 以及若干臂所遵循的 Bernoulli 分布参数 $\boldsymbol{p}$ 向量的维数和值等.

在部分贪婪算法的函数 `Greedy` 中读者可以在代码 `N,Q=Me.Greedy(c=10)` 中改变 c 的值. 当 c 很小时 (比如对本例 $c = 0.5$), 结果不稳定, 可能会过早"黏上"一个看上去最优 (但不一定最优) 的行动, 这有一些风险. 如果 c 比较大 (比如对本例 $c = 50$), 虽然 (相对于小的 c) 偏爱于某一个行动要迟一些, 但大体上不会错.

运行上面代码并生成结果图形 (图 15.2.1), 图中的部分贪婪算法和 UCB1 算法输出的是 3 个臂的 Q 价值, 而贝叶斯的 Thompson 算法输出的是后验均值.

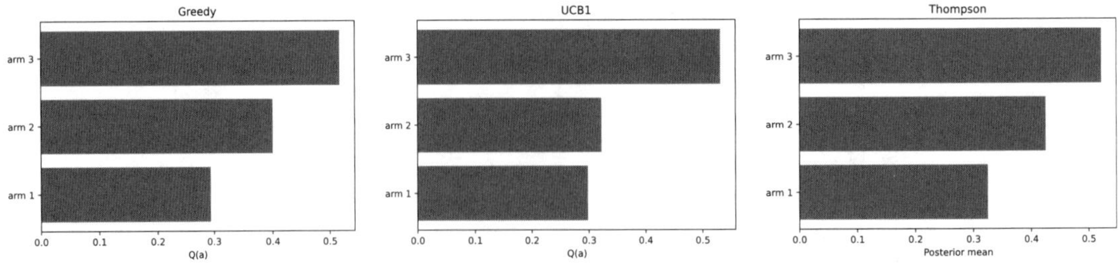

图 15.2.1　多臂老虎机问题的 3 种算法的结果

```
Me=BLM()
Res={}
```

```
Res['Greedy']=Me.Greedy(c=10)[1]
Res['UCB1']=Me.UCB()[1]
Res['Thompson']=Me.Thompson()
label=['arm '+x for x in '123']
xl=['Q(a)','Q(a)','Posterior mean']
plt.figure(figsize=(21,4))
for i, d in enumerate(Res):
    plt.subplot(1,3,i+1)
    plt.barh(width=Res[d],y=range(Me.K))
    plt.yticks(range(Me.K), label)
    plt.xlabel(xl[i])
    plt.title(d)
plt.savefig("BLM3.pdf",bbox_inches='tight',pad_inches=0)
```

15.2.2 迷宫的 Q 学习例子

当状态空间和行动为离散时, 式 (15.1.3) 中的 Q 价值 $q(s,a)$ 为矩阵形式, 称为 Q 矩阵. 一个典型的例子为下面迷宫例子. 这个例子十分简单, 选择的贝叶斯范式也很简单, 因而计算代码也不复杂, 但完全可以解释标准 Q 学习和贝叶斯 Q 学习的基本结构.

例 15.2 图 15.2.2 左图是一个迷宫, 每个分叉或拐弯为一个状态, 0 号是入口, 4 号是出口, 目标是从任意状态出发, 以最短路程到达出口. 右图是等价路径. 实际上一眼可以看到, 如果从 5 出发, 走出该迷宫最短路径是 $5 \to 2 \to 0 \to 1 \to 4$. 但是对于我们称为**代理** (agent) 的 AI 机器人或者诸如金鱼或仓鼠的动物来说, 学会寻找正确路线的方法需要通过训练.

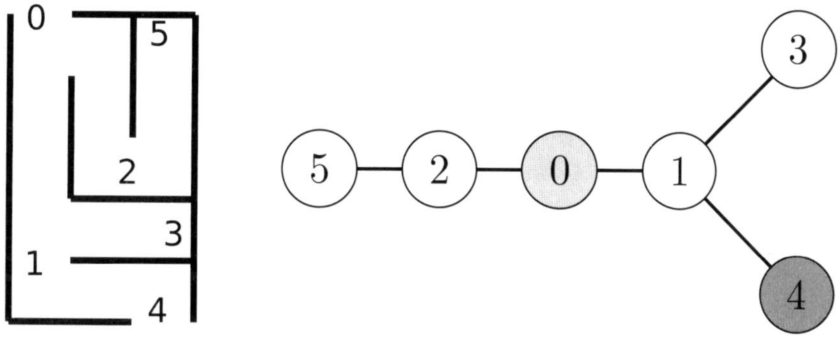

图 15.2.2　例 15.2 迷宫 (左) 和等价的路径 (右)

这个例子的环境设为:

- 出发点是 0, 1, 2, 3, 5 等 5 个状态中的任意一个 (状态 4 是终点, 作为出发点没有意义).
- 每一步必须移动到连通的邻接位置, 不能停留.
- 下一个状态如果是状态 4 (出口), 则奖励 100 分, 否则 0 分,

例 15.2 形式上的奖励矩阵为从第 t 步开始, 从一个状态 (行号) ($s_t \in (0,1,2,3,4,5)$) 到另一个状态 (列号) ($a_t \Rightarrow s_{t+1} \in (0,1,2,3,4,5)$) 的 6×6 一步奖励矩阵 $\{r_{t+1} = r_{t+1|s_t \to s_{t+1}}\}$ (x= 由于行列两个状态不相邻而无行动):

```
[[x,  0,  0,  x,    x,  x],
 [0,  x,  x,  0,  100,  x],
 [0,  x,  x,  x,    x,  0],
 [x,  0,  x,  x,    x,  x],
 [x,  0,  x,  x,  100,  x],
 [x,  x,  0,  x,    x,  x]]
```

该矩阵第 5 行 (从状态 4 出发) 实际上应该删除, 因为到了状态 4 游戏结束, 不会再返回 1. 整个矩阵很稀疏, 实际只有 9 种转移, 其中除了一种奖励为 100 之外其余 8 个奖励皆为 0. 虽然在类似的编程中常常使用这种奖励矩阵, 但我们后面的代码直接用 `dict` 代替了奖励矩阵.

1. 例 15.2 的 Q 学习计算代码

我们关于例 15.2 的 Q 学习计算代码包括标准 Q 学习和贝叶斯 Q 学习计算. 具体代码为:

```
class B2: # 常规和贝叶斯两种Q学习方法
    def __init__(self):
        self.state=[0,1,2,3,4,5]
        self.next={0:[1,2],1:[0,3,4],2:[0,5],3:[1],5:[2]}
        self.reward={0:[0,0],1:[0,0,100],2:[0,0],3:[0],5:[0]}
        D={}
        for s in self.next:
            for i in self.next[s]:
                D[str([s,i])]={'s0':100,'s1':50}
        self.D=D
    def train(self,gamma=0.8, alpha=0.9, Eps=1E-7,Bayes=True):
        def renew(now_state, action, gamma, alpha):
            max_id = np.where(Q[action,] == np.max(Q[action,]))[1]
            if max_id.shape[0] > 1:
                max_id = int(np.random.choice(max_id, 1))
            else:
                max_id = int(max_id)
            max_value = Q[action, max_id]
            Id=np.argwhere(np.array(self.next[now_state])==action)[0][0]
            Q[now_state, action] = alpha*(self.reward[now_state][Id]+
                                          gamma*max_value)+(1-alpha)*Q[now_state, action]
            self.Q=Q
            if (np.max(Q) > 0):
                return(np.sum(Q/np.max(Q)*100))
            else:
                return (0)
        def Brenew(now_state, action, gamma, alpha):
            max_id = np.where(Q[action,] == np.max(Q[action,]))[1]
            if max_id.shape[0] > 1:
                max_id = int(np.random.choice(max_id, 1))
            else:
                max_id = int(max_id)
            max_value = Q[action, max_id]
            Id=np.argwhere(np.array(self.next[now_state])==action)[0][0]
            D[str([now_state, action])]['s1']=(D[str([now_state, action])]['s0']*
                                  D[str([now_state, action])]['s1'])/\
            (D[str([now_state, action])]['s0']+
                                     D[str([now_state, action])]['s1'])
            w1=D[str([now_state, action])]['s0']/(D[str([now_state, action])]['s0']+
                                     D[str([now_state, action])]['s1'])
```

```
        w2=D[str([now_state, action])]['s1']/(D[str([now_state, action])]['s0']+
                                      D[str([now_state, action])]['s1'])
        Q[now_state, action]=w1*(self.reward[now_state][Id]+gamma*max_value)+w2*Q[now_state, action]
        D[str([now_state, action])]['s0']=D[str([now_state, action])]['s1']+\
                                  D[str([now_state, action])]['s0']*alpha
        self.Q=Q
        self.D=D
        if (np.max(Q) > 0):
            return(np.sum(Q/np.max(Q)*100))
        else:
            return (0)
    d=len(self.state)
    Q=np.mat(np.zeros((d, d))*-1)
    D=self.D
    scores = []
    epsilon=10
    T=0
    k=0
    cur_state = 1
    while epsilon>Eps or Q.sum(axis=1)[[0,1,2,3,5]].min()==0:
        k+=1
        ok_act = self.next[cur_state]
        action = np.random.choice(ok_act,1)[0]
        if Bayes:
            score = Brenew(cur_state,action,gamma,alpha)
        else:
            score = renew(cur_state,action,gamma,alpha)
        scores.append(score)
        if action==4:
            T+=1
            cur_state =  np.random.choice([0,1,2,3,5],1)[0]
        else:
            cur_state=action
        if T>=1 and k>4: epsilon=abs(scores[-1]-scores[-4])
    return self.Q/np.max(self.Q)*100,T,epsilon
```

该代码包括以下几个部分.

(1) 环境部分:

1) `self.state` 代表 6 个状态.

2) `self.next` 代表与一个状态邻接的状态, 即可一步到达的状态.

3) `self.reward` 代表了奖励矩阵 (虽然不是矩阵形式).

4) `self.D` 存储每次转移 (迭代) 前后的两个方差.

(2) 训练函数 `train` 分标准 Q 学习和贝叶斯 Q 学习两个迭代更新 Q 矩阵的函数:

1) 标准 Q 学习 `renew` 函数.

2) 贝叶斯 Q 学习 `Brenew` 函数.

3) 在上面两个 Q 学习函数之后的部分就是利用每种学习方法 (利用函数 `train` 变元中的选项 `Bayes`) 迭代过程的控制. 当得分的波动 (用 `epsilon` 度量) 小于某阈值 (`Eps`) 时程序就停止. 由于每个情节结束后才有 Q 矩阵的数值变化, 我们选择至少执行 1 个情节 (episode) 并且至少迭代 5 次才计算 `epsilon`, 实际上, 情节数越大越可以保证收敛. 在这个过程中, 每个情节结束 (即到达状态 4) 之后, 重新随机选择出发点. 函数 `train` 的输出包括学习后的 Q 矩阵、情节数目和 `epsilon` 值.

2. 例 15.2 的贝叶斯 Q 学习算法两个更新函数的说明

这两种算法都在从 (全部都是 0 的) 初始状态更新 Q 矩阵. 两个函数的共同部分为: 每次都从更新后的 Q 矩阵中寻求即时奖励最大的行动. 即在式 (15.1.3) 中的状态行动对 (s', a') 满足 (注意: 在例 15.2 中行动等于下一个状态) $q(s', a') = \max_{a\in\mathcal{A}_s} q(s', a)$. 在此之后的两个程序就有所区别了.

标准 Q 学习算法 (函数 `renew`) 是按照式 (15.1.3) 进行的, 对于我们的例子即

$$q(s_{t+1}, a_{t+1}) \leftarrow \alpha(r_{t+1} + \gamma \max_{a\in\mathcal{A}_{s_t}} q(s_{t+1}, a)) + (1-\alpha)q(s_t, a_t). \tag{15.2.2}$$

而我们所选择的贝叶斯 Q 学习 (函数 `Brenew`) 则假定 Q 矩阵中的每个元素 (即待估计 Q 价值) 看成正态分布, 由于正态分布的共轭分布也是正态分布, 这使得更新分布参数有解析表达式而省去了数值积分等麻烦. 假定上式 (即式 (15.2.2)) 右边的各项分布为:

$$\begin{aligned} &q(s_t, a_t) \sim N(\mu_0, \sigma_0^2),\\ &r_{t+1} + \gamma \max_{a\in\mathcal{A}_{s_t}} q(s_{t+1}, a) \sim N(\mu_1, \sigma_1^2), \end{aligned}$$

于是式 (15.2.2)) 左边项 $q(s_{t+1}, a_{t+1}) \sim N(\mu, \sigma^2)$, 根据正态分布的共轭先验分布性质, 这些参数有关系

$$\mu = \frac{\sigma_0^2}{\sigma_0^2+\sigma_1^2}\mu_1 + \frac{\sigma_1^2}{\sigma_0^2+\sigma_1^2}\mu_0, \quad \sigma^2 = \frac{\sigma_0^2\sigma_1^2}{\sigma_0^2+\sigma_1^2}. \tag{15.2.3}$$

在这种设置下, 利用均值的更新则成为 Q 价值的更新, 即

$$\mu \leftarrow \frac{\sigma_0^2}{\sigma_0^2+\sigma_1^2}\mu_1 + \frac{\sigma_1^2}{\sigma_0^2+\sigma_1^2}\mu_0, \tag{15.2.4}$$

显然, 这里均值的更新依赖于参数 σ_0^2 和 σ_1^2 的确定. 比较式 (15.2.4) 和式 (15.2.2), 可以看出 α 和两个方差的关系. 如果 α 为常数, 则可以导出 σ_0^2 的更新为

$$\sigma_0^2 \leftarrow \sigma_1^2 + \sigma_0^2 * \alpha,$$

而 σ_1^2 的更新根据式 (15.2.3) 为

$$\sigma_1^2 \leftarrow \frac{\sigma_0^2\sigma_1^2}{\sigma_0^2+\sigma_1^2}.$$

这样, 所有的更新就都到位了.

在得到 Q 矩阵之后, 可利用下面函数来得到根据 Q 矩阵从某一状态开始到达终点的路径, 以核对计算结果:

```
def Get_path(cur_state,Q, goal=4):
    steps = [cur_state]
    while cur_state != goal:
        next_id = np.where(Q[cur_state,] == np.max(Q[cur_state,]))[1]
        if next_id.shape[0] > 1:
            next_id = int(np.random.choice(next_id, size = 1))
        else:
            next_id = int(next_id)
        steps.append(next_id)
```

```
        cur_state = next_id
    return steps
```

3. 计算过程及结果解释

利用前面类 B2 做标准 Q 学习:

```
Me=B2()
TR=Me.train(Bayes=False)
print(f'For Standard Q-learning, Q-matrix:'
      f'\n {np.round(TR[0],2)}\n #Episod={TR[1]}')
for i in [0,1,2,3,5]:
    print(f'path from state {i}: {Get_path(i,TR[0])}')
```

输出为:

```
For Standard Q-learning, Q-matrix:
 [[  0.    80.    51.2    0.     0.     0.  ]
 [ 63.99   0.     0.    64.   100.     0.  ]
 [ 64.     0.     0.     0.     0.    40.96]
 [  0.    80.     0.     0.     0.     0.  ]
 [  0.     0.     0.     0.     0.     0.  ]
 [  0.     0.    51.2    0.     0.     0.  ]]
 #Episod=12
path from state 0: [0, 1, 4]
path from state 1: [1, 4]
path from state 2: [2, 0, 1, 4]
path from state 3: [3, 1, 4]
path from state 5: [5, 2, 0, 1, 4]
```

利用前面类 B2 做贝叶斯 Q 学习:

```
Me=B2()
TB=Me.train(Bayes=True)
print(f'For Bayes Q-learning, Q-matrix:'
      f'\n {np.round(TB[0],2)}\n #Episod={TB[1]}')
for i in [0,1,2,3,5]:
    print(f'path from state {i}: {Get_path(i,TB[0])}')
```

输出为:

```
For Bayes Q-learning, Q-matrix:
 [[  0.    80.    51.2    0.     0.     0.  ]
 [ 64.     0.     0.    64.   100.     0.  ]
 [ 64.     0.     0.     0.     0.    40.96]
 [  0.    80.     0.     0.     0.     0.  ]
```

```
 [  0.      0.      0.      0.      0.      0.  ]
 [  0.      0.     51.2     0.      0.      0.  ]]
 #Episod=11
path from state 0: [0, 1, 4]
path from state 1: [1, 4]
path from state 2: [2, 0, 1, 4]
path from state 3: [3, 1, 4]
path from state 5: [5, 2, 0, 1, 4]
```

在重复计算时, 上面 Q 矩阵可能会由于随机性而有所变化, 情节多少也会不同, 但最终使用 `Get_path` 函数得到的从各个状态出发到达终点的路径为最终判断结果的标准. 从上面两个输出来看, 所得到的从 5 个状态出发的 5 个路径都是最优的 (最短的).

参考文献

[1] Anscombe, F. J. (1981). *Computing in Statistical Science Through APL*. New York: Springer–Verlag.

[2] Arnold, B. C., Castillo, E., and Sarabia, J. M. (1993). Conjugate exponential family priors for exponential family likelihoods. *Statistics,* 25: 71–77.

[3] Arnold, B. C., Castillo, E., and Sarabia, J. M. (1996). Priors with convenient posteriors. *Statistics,* 28: 347–354.

[4] Badsberg, J. H. (1995). *An Environment for Graphical Models*. Aalborg University: PhD thesis.

[5] Baum, L. E., and Petrie, T. (1966). Statistical inference for probabilistic functions of finite state Markov chains. *The Annals of Mathematical Statistics*, 37 (6): 1554–1563.

[6] Betancourt, M. (2017). A conceptual introduction to Hamiltonian Monte Carlo, arXiv preprint arXiv:1701.02434, arxiv.org.

[7] Belenky, G., Wesensten, N. J., Thorne, D. R., Thomas, M. L., Sing, H. C., Redmond, D. P., Russo, M. B., and Balkin, T. J. (2003). Patterns of performance degradation and restoration during sleep restriction and subsequent recovery: a sleep dose–response study. *Journal of Sleep Research*, 12: 1–12.

[8] Bishop, C. (2006). *Pattern Recognition and Machine Learning*. New York: Springer.

[9] Blei, D. M., Kucukelbir, A., and McAuliffe, J. D. (2017). Variational inference: a review for statisticians. *Journal of the American Statistical Association*, 112:518, 859–877,

[10] Blyth, C. (1972). On Simpson's paradox and the sure–thing principle. *Journal of the American Statistical Association*, 67: 364–366.

[11] Box, G. E. P., and Tiao, G. C. (1973). *Bayesian Inference in Statistical Analysis.* New York: John Wiley & Sons, Inc.

[12] Brennan, P., Crispo, A., Zaridze, D., Szeszenia–Dabrowska, N., Rudnai, P., Lissowska, J., Fabiánová, E., Mates, D., Bencko, V., Foretova, L., Janout, V., Fletcher, T., Boffetta, P. (2006). High cumulative risk of lung cancer death among smokers and nonsmokers in Central and Eastern Europe. *Am J Epidemiol,* 164(12):1233–1241.

[13] Christensen, R., Johnson, W., Branscum, A., and Hanson, T. E. (2010). *Bayesian Ideas and Data Analysis: An Introduction for Scientists and Statisticians.* Boca Raton, FL: CRC Press/Chapman and Hall.

[14] Clinton, J., Jackman, S., and Rivers, D. (2004). The statistical analysis of roll call data. *American Political Science Review*, 98:355–70.

[15] Cowles, Kathryn, M., and Carlin, B. (1996). Markov chain Monte Carlo convergence diagnostics: a comparative review. *Journal of the American Statistical Association*, 91:883–904.

[16] Cooper, G. F., and Herskovits, E. (1992). A Bayesian method for the induction of probabilistic networks from data. *Machine Learning*, 9:309–348.

[17] Cox, D. R. (1972). Regression models and life-tables. *Journal of the Royal Statistical Society,* Series B 34: 187–220.

[18] de Campos, L. M. (2006). A scoring function for learning Bayesian networks based on mutual information and conditional independence tests. *Journal of Machine Learning Research*, 7: 2149–2187.

[19] Dempster, A., Nathan Laird, N., and Rubin, D. (1977). Maximum likelihood from incomplete data via the EM algorithm. *Journal of the Royal Statistical Society,* Series B 39:1–38.

[20] DeGroot, M. H. (1982). Lindley's Paradox: Comment. *Journal of the American Statistical Association*, 77 (378): 336–339.

[21] Depaoli, S., and Schoot, R. (2015). Improving transparency and replication in Bayesian statistics: the WAMBS-Checklist. *Psychological Methods*. in press. `10.1037/met0000065`.

[22] Diaconis, P., and Ylvisaker, D. (1979). Conjugate priors for exponential families. *Ann. Statist,* 7: 269–281.

[23] Dispenzieri, A., Katzmann, J., Kyle, R., Larson, D., Therneau, T., Colby, C., Clark, R., Mead, G., Kumar, S., Melton III, L. J. and Rajkumar, S. V. (2012). Use of monclonal serum immunoglobulin free light chains to predict overall survival in the general population. *Mayo Clinic Proceedings*, 87:512–523.

[24] Durbin, R., Eddy, S. R., Krogh, A., and Mitchison, G. (1999). *Biological Sequence Analysis: Probabilistic Models of Proteins and Nucleic Acids.* Cambridge, UK: Cambridge University Press.

[25] Efron, B., Hastie, T., Johnstone, I., and Tibshiran, R. (2004). Least angle regression (with discussion). *Annals of Statistics,* 32 (2): 407–451.

[26] Everitt, B. S., and Rabe–Hesketh, S. (2001). *Analysing Medical Data Using S–PLUS*. New York: Springer.

[27] Gamerman, D., Lopes, H. F. (2006). *Markov chain Monte Carlo: Stochastic Simulation for Bayesian Inference*. Boca Raton: Chapman & hall/CRC.

[28] George, E. I., Makov, U. E., and Smith, A. F. M. (1993). Conjugate likelihood distributions. *Scand. J. Statist,* 20: 147–156.

[29] Gelfand, A., and Smith, A. F. M. (1990). Sampling based approaches to calculating marginal densities. *Journal of the American Statistical Association*, 85:398–409.

[30] Gelman, A., Carlin, J. B., Stern, H. S., Dunson, D. B., Vehtari, A., and Rubin, D. B. (2014). *Bayesian Data Analysis*. 3rd ed. Boca Raton, FL: CRC Press.

[31] Gelman, A., Carlin, J., Stern, H., Rubin, D. (2003). *Bayesian Data Analysis*. 2nd ed. Boca Raton, FL: CRC Press,

[32] Gelman, A., and Hill, J. (2007). *Data Analysis Using Regression and Multilevel/Hierarchical Models*. Cambridge, UK: Cambridge University Press.

[33] Gelman, A., and Rubin, D. B. (1992). Inference from iterative simulation using multiple sequences (with discussion). *Statistical Science*, 7, 457–511.

[34] Geman, S., and Geman, D. (1984). Stochastic relaxation, Gibbs distributions and the Bayesian restoration of images. *IEEE Transactions on Pattern Analysis and Machine Intelligence*, 6:721–41.

[35] Gilks, W. R., Richardson, S., and Spiegelhalter, D. J. (Eds.) (1996). *Markov Chain Monte Carlo in Practice*. Boca Raton, FL: Chapman and Hall/CRC Press.

[36] Gill, J. (2004). Is partial – dimension convergence a problem for inferences from MCMC algorithms? *Political Analysis*, 12:153–78.

[37] Ghahramani, Z. (2015). Probabilistic machine learning and artificial intelligence. *Nature*, 521(7553): 452–459.

[38] Goodfellow, I., Bengio, Y., and Courville, A. (2016). *Deep Learning*. Cambridge, MA: MIT Press. `http://www.deeplearningbook.org`.

[39] Goodman, S. N. (2005). Introduction to Bayesian methods I: measuring the strength of evidence, *Clinical Trials*, 2: 282–290.

[40] Goodman, S. N. (2008). A dirty dozen: twelve p–value misconceptions. *Seminars in Hematology*, 45 (3): 135–140.

[41] Heckerman, D., Geiger, D., and Chickering, D. M. (1995). Learning Bayesian networks: the combination of knowledge and statistical data. *Machine Learning*, 20:197–243.

[42] Hoffman, M. D., and Gelman, A. (2014). The no-u-turn sampler: adaptively setting path lengths in Hamiltonian Monte Carlo. *Journal of Machine Learning Research* 15: 1351–1381.

[43] Ibrahim, J. G., Chen, M., and Sinha, D. (2001). *Bayesian Survival Analysis*. New York: Springer.

[44] Jaynes, E. T. (2003). *Probability Theory: The Logic of Science*. Cambridge, UK: Cambridge University Press.

[45] Jeffreys, H. (1939). *Theory of Probability.* Oxford, UK: Oxford University Press.

[46] Jeffreys, H. (1961). *Theory of Probability*. 3rd ed. New York: Oxford University Press.

[47] Jeffrey, R. (1982). The sure thing principle. *Proceedings of the Biennial Meeting of the Philosophy of Science Association*, 2: 719–730.

[48] Jordan, M., Ghahramani, Z., Jaakkola, T., and Saul, L. K. (1999). An introduction to variational methods for graphical models. *Machine Learning*, 37:183–233.

[49] Kalbfleisch, D., and Prentice, R. L. (1980). *The Statistical Analysis of Failure Time Data*. New York: Wiley.

[50] Kass, R. E. (1990). Data-translated likelihood and Jeffereys' rule. *Biometrika,* 77: 104–114.

[51] Kass, R., and Raftery, A. E. (1995). Bayes factors. *Journal of the American Statistical Association*, 90 (430): 791.

[52] Kass, R. E. and Wasserman, L. (1996). The selection of prior distributions by formal rules. *Journal of the American Statistical Association,* 91: 1343–1368.

[53] Kucukelbir, A., Tran, D., Ranganath, R., Gelman, A., and Blei, D. M. (2017). Automatic differentiation variational inference. *Journal of Machine Learning Research*, 18: 1–45.

[54] Kyle, R., Therneau, T., Rajkumar, S. V., Larson, D., Plevak, M., Offord, J., Dispenzieri, A., Katzmann, J., and Melton III, L. J. (2006). Prevalence of monoclonal gammopathy of undetermined significance. *New England J Medicine*, 354:1362–1369.

[55] Lavine, M., and Schervish, M. J. (1999). What they are and what they are not. *The American Statistician*, 53 (2): 119–122.

[56] LeCun, Y., Bengio, Y., and Hinton, G. (2015). Deep learning. *Nature*, 521(7553): 436–444.

[57] Lee, S., Kim, H., and Lee, J. (2022). Adversarial robustness of randomized neural networks via gradient diversity regularization. *IEEE Transactions on Pattern Analysis and Machine Intelligence*.

[58] Lesnoff, M., Laval, G., Bonnet, P., Abdicho, S., Workalemahu, A., Kifle, D., Peyraud, A., Lancelot, R., and Thiaucourt, F. (2004). Within-herd spread of contagious bovine pleuropneumonia in Ethiopian highlands. *Preventive Veterinary Medicine*, 64: 27–40.

[59] Lindley, D. V. (1957). A statistical paradox. *Biometrika*, 44 (1–2): 187–192.

[60] Lunn, D., Jackson, C., Best, N., Thomas, A., and Spiegelhalter, D. (2012). *The BUGS Book –A Practical Introduction to Bayesian Analysis*. Boca Raton, FL: CRC Press/Chapman and Hall.

[61] MacKay, D. J. (1992). Bayesian interpolation. *Neural Computation*, 4: 415–447.

[62] McCullagh, P., and Nelder, J. A. (1989). *Generalized Linear Models*. 2nd ed. Boca Raton, FL: Chapman and Hall/CRC Press.

[63] Neal, R. M. (1996). Bayesian learning for neural networks. No. 118 in *Lecture Notes in Statistics*, New York: Springer.

[64] Nelder, J. A., and Wedderburn, R. W. M. (1972). Generalized linear models. *Journal of the Royal Statistical Society*, Series A, 135: 370–384.

[65] Page, L., Brin, S., Motwani, R., and Winograd, T. (1998). The PageRank citation ranking: bringing order to the Web. *Stanford Digital Libraries Working Paper*.

[66] Pearl, J. (1988). *Probabilistic Reasoning in Intelligent Systems*. San Mateo, CA: Morgan and Kaufman.

[67] Robert, C. P. (2014). On the Jeffreys–Lindley paradox. *Philosophy of Science*, 81 (2): 216–232.

[68] Rubin, D.B. (1981). Estimation in parallel randomized experiments. *Journal of Educational Statistics*, 6: 377–400.

[69] Rupert G. M. (1997). *Survival Analysis*. New York: John Wiley & Sons.

[70] Samet, D. (2008). The sure–thing principle and independence of irrelevant knowledge. *Israel Institute of Business Research*.

[71] Savage, L. J. (1954). *The Foundations of Statistics*. New York: John Wiley & Sons Inc.

[72] Spanos, A. (2013). Who should be afraid of the Jeffreys–Lindley paradox? *Philosophy of Science*, 80 (1): 73–93.

[73] Stratonovich, R. L. (1960). Conditional Markov processes. *Theory of Probability and Its Applications*, 5 (2): 156–178.

[74] Sturtz, S., Ligges, U., and Gelman, A. (2005). R2WinBUGS: a package for running WinBUGS from R. *Journal of Statistical Software*, 3 (12): 1–16.

[75] Tarone, R.E., (1982). The use of historical control information in testing for a trend in proportions. *Biometrics*: 215–220.

[76] Tenenbaum, J. B., Kemp, C., Griffiths, T. L., and Goodman, N. D. (2011). How to grow a mind: statistics, structure, and abstraction. *Science*, 331(6022): 1279–1285.

[77] Tipping, M. E. (2000). *The Relevance Vector Machine*. NIPS (pp. 652 – 658). Cambridge, MA: The MIT Press.

[78] Verma, T., and Pearl, J. (1988). Influence diagrams and d–separation, UCLA cognitive systems laboratory. *Technical Report*, 880052 (R–101).

[79] Wang, B., and Titterington, D. M. (2004). Convergence and asymptotic normality of variational Bayesian approximations for exponential family models with missing values. *Proceedings of the 20th Conference on Uncertainty in Artificial Intelligence*, 20:577–84.

[80] Wetzels, R., Matzke, D., Lee, M. D., Rouder, J. N., Iverson, G. J., and Wagenmakers, E–J. (2011). Statistical evidence in experimental psychology an empirical comparison using 855 t tests. *Perspect Psychol Sci*, 6:291–298.

[81] Winn, J. M., and Bishop, C. (2005). Variational Message Passing. *Journal of Machine Learning Research*, 6: 661–694.

[82] 吴喜之. 复杂数据统计方法——基于 R 的应用. 3 版. 北京: 中国人民大学出版社, 2015.

图书在版编目 (CIP) 数据

贝叶斯数据分析: 基于 R 与 Python 的实现 / 吴喜之,
张敏编著. -- 2 版. -- 北京: 中国人民大学出版社,
2025. 6. -- (基于 R 应用的统计学丛书). -- ISBN 978
-7-300-33967-2

I. O212. 8

中国国家版本馆 CIP 数据核字第 2025A9A709 号

基于 R 应用的统计学丛书

贝叶斯数据分析——基于 R 与 Python 的实现 (第 2 版)

吴喜之 张 敏 编著

Beiyesi Shuju Fenxi——Jiyu R yu Python de Shixian

出版发行	中国人民大学出版社		
社　址	北京中关村大街 31 号	**邮政编码**	100080
电　话	010-62511242 (总编室)		010-62511770 (质管部)
	010-82501766 (邮购部)		010-62514148 (门市部)
	010-62511173 (发行公司)		010-62515275 (盗版举报)
网　址	http://www.crup.com.cn		
经　销	新华书店		
印　刷	天津鑫丰华印务有限公司	**版　次**	2020 年 7 月第 1 版
开　本	787mm× 1092mm 1/16		2025 年 6 月第 2 版
印　张	17.25 插页 1	**印　次**	2025 年 6 月第 1 次印刷
字　数	412 000	**定　价**	49.00 元

中国人民大学出版社　理工出版分社

教师教学服务说明

中国人民大学出版社理工出版分社以出版经典、高品质的统计学、数学、心理学、物理学、化学、计算机、电子信息、人工智能、环境科学与工程、生物工程、智能制造等领域的各层次教材为宗旨。

为了更好地为一线教师服务，理工出版分社着力建设了一批数字化、立体化的网络教学资源。教师可以通过以下方式获得免费下载教学资源的权限：

- 在中国人民大学出版社网站 www.crup.com.cn 进行注册，注册后进入“会员中心”，在左侧点击“我的教师认证”，填写相关信息，提交后等待审核。我们将在一个工作日内为您开通相关资源的下载权限。

- 如您急需教学资源或需要其他帮助，请加入教师 QQ 群或在工作时间与我们联络。

中国人民大学出版社　理工出版分社

教师 QQ 群： 229223561(统计2组) 982483700(数据科学) 361267775(统计1组)
教师群仅限教师加入，入群请备注（学校＋姓名）

联系电话： 010-62511967，62511076

电子邮箱： lgcbfs@crup.com.cn

通讯地址： 北京市海淀区中关村大街 31 号中国人民大学出版社 802 室（100080）